渐开线少齿差内啮合齿轮副的特性曲线研究

短齿、插齿刀计算系统

● 赵维丰　著

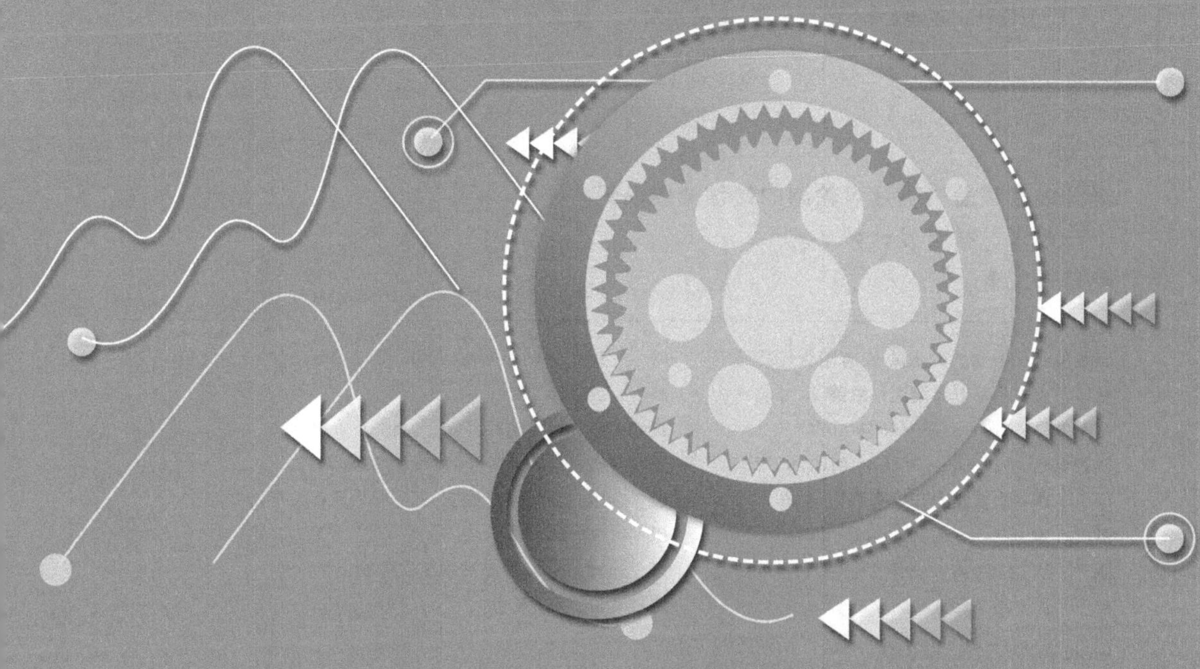

知识产权出版社
全国百佳图书出版单位
—北京—

图书在版编目（CIP）数据

渐开线少齿差内啮合齿轮副的特性曲线研究：短齿、插齿刀计算系统/赵维丰著．—北京：知识产权出版社，2020.1

ISBN 978-7-5130-6501-6

Ⅰ．①渐… Ⅱ．①赵… Ⅲ．①渐开线齿轮—研究 Ⅳ．①TH132.413

中国版本图书馆 CIP 数据核字（2019）第 214334 号

责任编辑：张　冰　　**责任校对**：王　岩
封面设计：正典设计　　**责任印制**：刘译文

渐开线少齿差内啮合齿轮副的特性曲线研究
——短齿、插齿刀计算系统
赵维丰　著

出版发行：知识产权出版社有限责任公司		**网　　址**：http://www.ipph.cn	
社　　址：北京市海淀区气象路 50 号院		**邮　　编**：100081	
责编电话：010－82000860 转 8024		**责编邮箱**：740666854@qq.com	
发行电话：010－82000860 转 8101/8102		**发行传真**：010－82000893/82003270	
印　　刷：北京建宏印刷有限公司		**经　　销**：各大网上书店、新华书店及相关专业书店	
开　　本：787mm×1092mm　1/16		**印　　张**：23	
版　　次：2020 年 1 月第 1 版		**印　　次**：2020 年 1 月第 1 次印刷	
字　　数：557 千字		**定　　价**：89.00 元	

ISBN 978-7-5130-6501-6

出 版 说 明

本书是赵维丰先生对渐开线少齿差内啮合齿轮副特性曲线研究的说明和总结。针对这一新的研究思路和方向，赵维丰先生反复演算和求证，做出了大量基础性工作，可谓倾尽毕生精力。

本书详细介绍了该方法的设计程序，附有计算步骤翔实的实例和计算用表，为便于读者查阅，本书编辑过程中仅将以物理量排序的表号、图号按照章节顺序重新编排，并基于赵维丰先生手稿进行了规范化整理，对于设计程序和计算步骤，力求以原貌展示赵维丰先生的研究成果。

本书涉及大量数据，许红女士对书稿中的数据进行了多次复核，在此表示感谢。

渐开线少齿差内啮合齿轮副特性曲线研究，是赵维丰先生为少齿差的研究、变位系数的优化选择探索出的一条新的途径，有待进一步研究和完善，希望本书的出版，能为相关学者研究渐开线少齿差内啮合齿轮副特性曲线提供基础性参考资料。

序　言

渐开线少齿差内啮合齿轮副特性曲线研究就是对少齿差的研究，其关键归根结底是对变位系数和主要参数间关系的研究，本书对此给予了很好的解决。

本书中提出了渐开线少齿差内啮合齿轮副的特性曲线法，自成系统，对少齿差理论研究提出了新思路，对少齿差设计理论提出了新的研究方向，是尝试采用新理论科学地解决少齿差问题的新方法。

应用特性曲线法推导出的公式计算或用所得出的图表查对数据，异常迅速，一目了然，能直观地比较和优选工艺、设计参数而不会产生各种干涉，并避免试探多次和重复计算工作，将相当复杂、繁重的技术程序简化并保证准确、可靠。特别是对少齿差的设计、生产，可节省几倍到十几倍的时间，大大提高工作效率。应用在减速器上，可提高减速器的质量，延长减速器的使用寿命。该法实用性强，能应用在工业、农业、电力、石油、化工、冶金、交通运输、国防、建筑、水处理等各行各业，既有重大的实用价值、经济价值，又有理论上的修订意义。它的提出，将对科研、教学、生产以及我国的标准化都会有一定作用。

是为序。

许红

2018 年 11 月

前　言

当代对少齿差内啮合齿轮副各种系统的计算研究，归根结底仍然处于在限制条件值内通过齿轮副的齿数，用试凑法、演算法，经过多次转换成不产生各种干涉的变位系数，方法并没有较大改进，仍然停留或偏重于在一定限制条件值内，使啮合角 α 和重叠系数 ε 在数值上变化。如何确定限制条件值，又如何在确定的限制条件内用最简捷、最可靠的方法来确定不同齿数齿轮副的变位系数，是少齿差内啮合齿轮副的两项主要计算内容。若以确定的限制条件值为定值，则计算出来的齿轮副的变位系数也是定值，参数间的函数关系也都是定值关系。但变位系数一般都不提供，只提供限制条件值，不提供的变位系数由读者自行解决，这也是习以为常、不可更改的事了。

经研究发现，少齿差各种计算系统的齿轮副都用固有的特性曲线表现其特性，显示其与其他齿数不同的齿轮副有所不同。即使是相同限制条件值，不同齿数的齿轮副所表现的变位系数也不会相同，特性曲线也会有所变化。其参数间的数值、相互关系、各种干涉均随变位系数沿特性曲线作有序、有规律的变化。

本书中所尝试采用的方法是将同一齿数差、齿轮副的全部内容、全部参数都反映在同一幅图上，将各齿轮副的“参数”与“图”的关系表现在同一幅图上，通过“数”与“图”的结合，比一幅图内只能表现一个齿数的齿轮副的传统研究方法优越得多，这种方法为少齿差的研究、变位系数的优化选择探索出一条新的途径。

当用同一齿数 z_c 的插齿刀计算系统计算少齿差内啮合齿轮副时，若外齿轮的变位系数 ξ_1 以任意数为定值，则与之相啮合的内齿轮变位系数 ξ_2 必有一最小的原始集 ξ_{02} 相对应，使之不产生齿廓重叠干涉，即 $\Omega=0$。凡大于原始集 ξ_{02} 的一切子集，都属于 $\Omega>0$ 时内齿轮变位系数 ξ_2 的群集，均不产生干涉；反之，凡小于原始集 ξ_{02} 的一切子集，都属于 $\Omega<0$ 时内齿轮变位系数 ξ_2 的群集，必定产生齿廓重叠干涉。原始集 ξ_{02} 是介于产生干涉与否的内齿轮变位系数的分界值，且传动啮合角 α 最小，$\Omega=0$。

特性曲线最高点是重叠系数 ε 限制点，当外齿轮的变位系数 ξ_1 沿特性曲线下移时，第一个出现的下限制点是范成顶切 q_1 限制点，规定和指令 x 值只

能在上、下限制点间取值。将各齿轮副特性曲线上限制点、下限制点分别连成线称为 ε 上限制线或范成顶切 q_1 下限制线。

本书详细介绍了设计程序并附有计算步骤翔实的实例，可供设计或计算时参考。本书列出特性曲线计算用表550例，亦可直接采用其中的数值或供计算、设计时参考。

本书应用范围较广，可作为教学必要参考资料，亦可作为科研、设计部门必不可少的工具书，是研究、设计少齿差减速器的必备参考书。

由于编者水平有限且时间仓促，书中难免存在不少缺点甚至错误之处，恳切希望广大读者提出宝贵意见和批评。

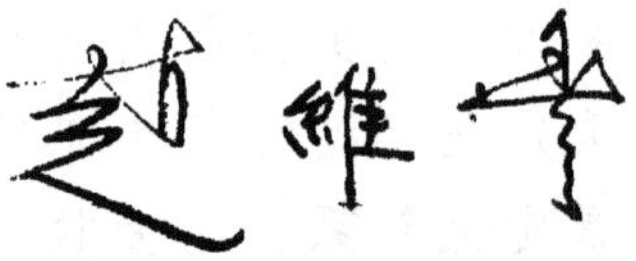

目　录

第 1 章　渐开线少齿差内啮合齿轮副的特性曲线 …… 1

第 2 章　几何参数沿特性曲线的变化情况 …… 7

2.1　机床切削啮合角 α_c …… 7

2.2　分度圆齿厚增量系数 Δ …… 10

2.3　传动啮合角 α …… 15

2.4　实际啮合中心距 A …… 21

2.5　中心距分离系数 λ …… 23

2.6　齿顶高变动系数 γ …… 25

2.7　齿顶高 h'、齿根高 h''、齿全高 h …… 28

2.8　齿顶圆半径 R …… 32

2.9　齿顶圆压力角 α_e …… 35

第 3 章　决定特性曲线的三组参数 …… 43

3.1　变位系数 …… 44

3.2　插齿刀的 m/z_c …… 51

3.3　齿轮齿数 z …… 58

第 4 章　少齿差的干涉和限制条件 …… 70

4.1　少齿差的干涉和限制条件 …… 70

4.2　重叠系数 ε …… 72

4.3　齿廓重叠干涉 …… 77

4.4　外齿轮根切 …… 81

4.5　外齿轮顶切 …… 85

4.6　内齿轮齿顶圆不小于基圆的限制条件 …… 87

4.7　安装条件 …… 90

4.8　过渡曲线干涉 …… 92

4.9　内齿轮顶切 …… 107

4.10　齿顶圆弧齿厚 S_a …… 115

4.11　干涉出现的顺序 …… 121

第 5 章　用特性曲线法解决少齿差内啮合齿轮副中存在的一些问题 …… 125

5.1　传动啮合角为零度时，是否会产生齿廓重叠干涉 …… 125

5.2　一齿差内啮合齿轮副的内齿轮变位系数 ξ_2 是否可为零而不产生齿廓重叠干涉 …… 128

5.3　传动啮合角 α 与齿轮齿数的关系 …… 131

第 6 章　特性曲线计算用表——变位系数求法 …… 138
6.1　计算用表法 …… 138
6.2　计算用表中间 4 齿数的变位系数计算 …… 139
6.3　表 6.2 中若无所要求的插齿刀齿数 z_c，齿轮副变位系数的求法 …… 295
6.4　在插齿刀计算系统计算少齿差内啮合齿轮副的简化方法 …… 302
6.5　选择齿轮副的变位系数和计算程序的注意事项 …… 311
附录 A　渐开线少齿差内啮合齿轮副齿轮传动几何计算公式 …… 325
附录 B　直齿插齿刀部分产品规格（$\alpha=20°$） …… 331
附录 C　基节 $t_0=\pi m\cos\alpha_0$ 数值（$\alpha_0=20°$） …… 333
附录 D　$z\mathrm{inv}\alpha_0/\pi$、$\pi/2z$ 的数值（$\alpha_0=20°$） …… 334
附录 E　公法线长度的最小偏差 $\Delta_m L$ 和公差 δL …… 335
附录 F　特性曲线图和 ξ_1-z_1 限制图 …… 336
后记 …… 344

第 1 章　渐开线少齿差内啮合齿轮副的特性曲线

正确设计渐开线少齿差内啮合齿轮副是正确设计少齿差行星齿轮减速器的关键。如何选择少齿差内啮合齿轮副的变位系数关系到内啮合齿轮副的成败。

根据渐开线齿轮副的变位和啮合原理，少齿差内啮合齿轮副在加工、安装和运转时会受到各种干涉，对其变位系数的选择要考虑种种限制条件，在设计计算时往往由于变位系数选择得不准确而造成失败或啮合质量不佳。少齿差内啮合齿轮副采用任何计算系统计算，都普遍存在以下棘手的问题：①由于变量多、变量的组合复杂，难以将参数的函数关系简洁、完整地表现在图上；②由于计算数据要求精确，难以在图上提供可靠的参数数据；③在设计时虽有资料可寻，但不够系统、不够全面，有一鳞半爪之感。由于这些因素，为少齿差的研究和设计工作带来一定的难度。

应用少齿差内啮合齿轮副的特性曲线计算、选择变位系数的基本内容如下。

采用插齿刀计算系统计算的各齿数差（z_2-z_1）、各不同齿数组合的少齿差内啮合齿轮副是由外齿轮的变位系数 ξ_1 为定值、内齿轮的变位系数 ξ_2 为变值组合而成的变位系统，内齿轮的变位系数 ξ_2 取决于齿轮齿数 z 和插齿刀齿数 z_c。外齿轮的变位系数 ξ_1 以任何数为定值，用一定齿数 z_c 的插齿刀计算，保证和满足不产生齿廓重叠干涉值 Ω 为最小的正值或为指令值；与之相啮合的内齿轮变位系数 ξ_2 是研究少齿差内啮合齿轮副的核心内容，研究的目的归根结底是如何确定和提供正确的、合理的内齿轮的变位系数 ξ_2，使之没有任何干涉而正常啮合运转。

当用一定齿数 z_c 的插齿刀计算少齿差内啮合齿轮副时，若外齿轮的变位系数 ξ_1 以任意值为定值，则与之相啮合的内齿轮变位系数必有一原始集 ξ_{02} 相对应，使之不产生齿廓重叠干涉，即 $\Omega=0$，原始集 ξ_{02} 是当外齿轮变位系数 ξ_1 为此定值不产生齿廓重叠干涉的内齿轮变位系数的最小值，凡大于原始集 ξ_{02} 的一切子集，都属于 $\Omega>0$ 时内齿轮变位系数 ξ_2 的群集，均不产生齿廓重叠干涉；反之，凡是小于原始集 ξ_{02} 的一切子集，都属于 $\Omega<0$ 时内齿轮变位系数 ξ_2 的群集，必定产生齿廓重叠干涉。原始集 ξ_{02} 是介于产生与不产生齿廓重叠干涉的内齿轮变位系数的分界值，且传动啮合角 α 最小。在群集中随内齿轮变位系数 ξ_2 值的增加，其不产生齿廓重叠干涉值 Ω 和传动啮合角 α 也随之增加。对于不同的齿轮齿数组合、不同齿数 z_c 的插齿刀计算，为保证和满足不产生齿廓重叠干涉值 $\Omega=0$，外齿轮的变位系数 ξ_1 虽取之相等，但其对应的内齿轮最小变位系数原始集 ξ_{02} 也不会相等。

采用插齿刀计算系统计算的少齿差内啮合齿轮副，其几何参数，诸如机床切削啮合角 α_c、分度圆齿厚增量系数 Δ、实际啮合中心距 A、中心距分离系数 λ、齿顶高变动系数 γ、传动啮合角 α、齿顶圆压力角 α_e、重叠系数 ε、齿顶圆弧齿厚系数 S_a/m 等，由齿轮副的齿轮齿数、变位系数和插齿刀的齿数三项基本参数决定。如果齿轮副的齿轮齿数和插齿刀的

齿数不变，当外齿轮的变位系数 ξ_1 为定值，在保证不产生齿廓重叠干涉值 Ω 为最小的正值或指定为某一定值时，这些参数则是由其所对应的内齿轮变位系数 ξ_{02} 或 ξ_2 来决定。选择外齿轮的变位系数会有许多的 ξ_1 可作为定值，每个定值 ξ_1 都有一个原始集 ξ_{02} 与之对应，与定值 ξ_1 保持使不产生齿廓重叠干涉值 $\Omega=0$ 的关系。如果将每个定值 ξ_1 与其对应的 ξ_{02} 组成的若干点连成线反映在直角坐标系中，显然为一条曲线——少齿差内啮合齿轮副的特性曲线。在特性曲线上，任何一点（ξ_{02}、ξ_1），不产生齿廓重叠干涉值 $\Omega=0$，故特性曲线是一条 $\Omega=0$ 的没有齿廓重叠干涉的曲线。

齿轮副特性曲线实质内容的基本特点是每个少齿差内啮合齿轮副都固有一条用来表现和描述本身特点的特性曲线，其几何参数的变化、参数间的相互关系、参数与干涉的关系都一一包含在特性曲线之中，且沿特性曲线做有规律的变化。这个基本特点的被发现为少齿差的研究、变位系数的优化选择探索出一条新途径。

当少齿差内啮合齿轮副的外齿轮变位系数 ξ_1 沿特性曲线向上移动、其值由小逐渐递增时，与之对应的内齿轮变位系数 ξ_2 亦随之逐渐递增，而 $\xi_2-\xi_1$ 差值则逐渐递减，即由 $\xi_2>\xi_1\rightarrow\xi_2=\xi_1\rightarrow\xi_2<\xi_1$，其结果必然引起各参数不同的变化，例如传动啮合角 α、重叠系数 ε 等随之减小，而齿顶圆压力角 α_e、齿顶圆弧齿厚 S_a（或齿顶圆弧齿厚系数 S_a/m）等随之递增。其中传动啮合角 α 的减小，说明选择较大的变位系数有利于获得较小的传动啮合角 α，这对齿数差（z_2-z_1）偏少的内啮合齿轮副十分重要。但变位系数又不能选取得太大，若超过特性曲线的上限制点——重叠系数 ε 限制点，会产生重叠系数 $\varepsilon<1$。

当外齿轮的变位系数 ξ_1 沿其特性曲线向下移动、其值逐渐减小时，出现的最大特点是 $\xi_2-\xi_1$ 值、重叠系数 ε 和传动啮合角 α 逐渐增加，干涉现象逐渐增多，其他参数亦随之发生变化。外齿轮变位系数 ξ_1 值小到一定程度会出现第一个干涉点，即特性曲线的下限制点，下限制点出现机会最多的是插齿刀切削内齿轮时产生的范成顶切 q_1 限制点。随齿数差、齿轮齿数和插齿刀齿数 z_c 的不同，第一个出现干涉的下限制点略有变动。随 ξ_1 值的继续减小，还会出现其他干涉限制点，如外齿轮顶切 d 限制点、外齿轮过渡曲线干涉 G_B 限制点、齿顶圆弧齿厚系数 S_a/m 限制点等，直到特性曲线尾端的终止点而止，终止点即内齿轮齿顶圆不大于基圆 y 限制点。有的齿轮副的特性曲线尾端在未与直角坐标系的纵坐标 ξ_1 轴相交前，已出现曲线的终止点。由于干涉的存在，使一齿差和其他齿数差齿数少的齿轮副的特性曲线没有与纵坐标 ξ_1 轴相交，故内齿轮变位系数不会取得 $\xi_2=0$。任何少齿差内啮合齿轮副的特性曲线都存在上、下限制点，以及限制变位系数的最大值与最小值的取值范围。避免各种干涉，这对各齿轮副选择变位系数提供了很大方便。

用相同齿数 z_c 的插齿刀计算同一齿数差不同齿数组合的两组齿轮副，分别将两特性曲线上相同的限制点连成线，如重叠系数（$\varepsilon-\varepsilon$）限制线、内齿轮范成顶切（q_1-q_1）限制线、外齿轮过渡曲线干涉（G_B-G_B）限制线、外齿轮顶切（$d-d$）限制线、内齿轮齿顶圆不大于基圆（$y-y$）限制线、齿顶圆弧齿厚系数 S_a/m（S_a-S_a）限制线等，构成同一齿数差、同一齿数 z_c 的特性曲线图介于两组齿轮副之间的任何齿数的齿轮副，其各种限制点均包括在各对应的限制线上。若将同一齿数不同插尺刀齿数 z_c 的各特性曲线图，全部反映在同一幅图上，则构成同一齿数差的特性曲线图。一齿差的特性曲线图比较简单，其他齿数差的特性曲线图则相当复杂而且图幅很大。为了应用方便，可将特性曲线图

转换成 $\xi_1 - z_1$ 限制图。同一齿数差的特性曲线图和 $\xi_1 - z_1$ 限制图均能将各齿轮副的“参数”与“图”的关系分别表现在同一幅图上，这种“数”与“图”的结合，要比一幅图中只能表现一个齿轮副的传统研究方法优越得多。

从特性曲线图和 $\xi_1 - z_1$ 限制图分析，齿轮副的组合齿数少、插齿刀齿数 z_c 少是各种干涉的密集区，要想避免或使之不产生各种干涉，必须采取较大的变位系数才有可能，尤其是外齿轮顶切、外齿轮过渡曲线干涉这种情况更为明显。齿轮副的各种干涉的变化、各种干涉出现的先后顺序，由齿轮副的组合齿数、变位系数和插齿刀齿数 z_c 来决定。随齿轮副组合齿数、插齿刀齿数 z_c 不断增多，外齿轮顶切（$d-d$）限制线、内齿轮范成顶切（q_1-q_1）限制线、外齿轮过渡曲线干涉（G_B-G_B）限制线和内齿轮齿顶圆不大于基圆（$y-y$）限制线等，其相对位置均随之向下移动，使之产生干涉的变位系数变得很小，对避免干涉十分有利；而内齿轮的径向进刀顶切（q_2-q_2）限制线则与之相反。

若外齿轮变位系数 ξ_1 为正值，一般不会产生内齿轮齿顶圆小于基圆的情况，齿数差 $z_2-z_1=1,2,3$，外齿轮变位系数 ξ_1 为正值，不会产生内齿轮的径向进刀顶切。如果内齿轮齿数 z_z 为定值，可采取较多齿数 z_c 的插齿刀进行计算，有利于避免加工内齿轮的范成顶切，但插齿刀齿数 z_c 过多，容易产生内齿轮的径向进刀顶切；若从 $\xi_1 - z_1$ 限制图分析可不必考虑，因为不产生范成顶切，一般也不会产生径向进刀顶切。以上情况详见本书表 1.1（见书后插页 1）、图 1.1 以及本书第 4 章和附录 F 中的相关内容。

外齿轮的变位系数 ξ_1 沿特性曲线上移到一定位置，会出现内齿轮的变位系数 $\xi_2=\xi_1$，此后再沿曲线向上移动，则产生 $\xi_2<\xi_1$，使传动啮合角 α 递减，当 ξ_1 值大到不能再大时，各齿数差的各齿轮副分度圆齿厚增量系数和分别为 $\Delta_2+\Delta_1=0.0149044\ (z_2-z_1)$，出现传动啮合角 $\alpha=0$ 的情况，由于是在曲线上取值，仍保持值 $\Omega\geqslant0$ 的特点，不会产生齿廓重叠干涉。外齿轮变位系数 ξ_1 沿特性曲线下移有出现 $\xi_2-\xi_1=0$的机会，即内齿轮的变位系数 ξ_2 与外齿轮的变位系数 ξ_1 的绝对值相等，但 ξ_1 必须为负值时才会出现。其结果是齿轮副经变位修正后，互相内啮合的内、外两齿轮的齿顶高、齿根高分别相等。

当齿数差相同的两组不同齿轮齿数的少齿差内啮合齿轮副采用同一把插齿刀计算，在保证不产生齿廓重叠干涉值 $\Omega=0$ 时，两个齿轮副的特性曲线的交点可以取得两外齿轮的变位系数 ξ_1 相等、两内齿轮的变位系数 ξ_2 也相等的机会，且两组齿轮副的传动啮合角 α 也相等。在交点上方取同样大小的 ξ_1，齿轮齿数多的其传动啮合角 α 大于齿轮齿数少的；反之，在交点下方取同样大小的 ξ_1，齿轮齿数多的其传动啮合角 α 小于齿轮齿数少的，这说明齿轮副存在特性曲线。

齿数差相同，采取相同齿数 z_c 的插齿刀计算，若想取得同样大小的重叠系数 ε，齿轮齿数少的所需要的变位系数要比齿轮齿数多的变位系数小，因为 z_c 相同、齿数差相同的重叠系数（$\varepsilon-\varepsilon$）限制线是一倾斜的曲线。如果齿数相同的齿轮副，按齿数 z_c 少的插齿刀计算，将迫使齿轮副应用较大的变位系数，可获得相对小的而又不产生齿廓重叠干涉的传动啮合角 α，这是因为齿数 z_c 少的重叠系数（$\varepsilon-\varepsilon$）限制线要高于齿数 z_c 多的重叠系数（$\varepsilon-\varepsilon$）限制线。

齿轮副的特性曲线普遍存在于少齿差的各种计算系统中，插齿刀计算系统除了常用的一种外（见附录 A 中 A.1 插齿刀计算系统计算），还有计算程序比较简单的另一种计算系

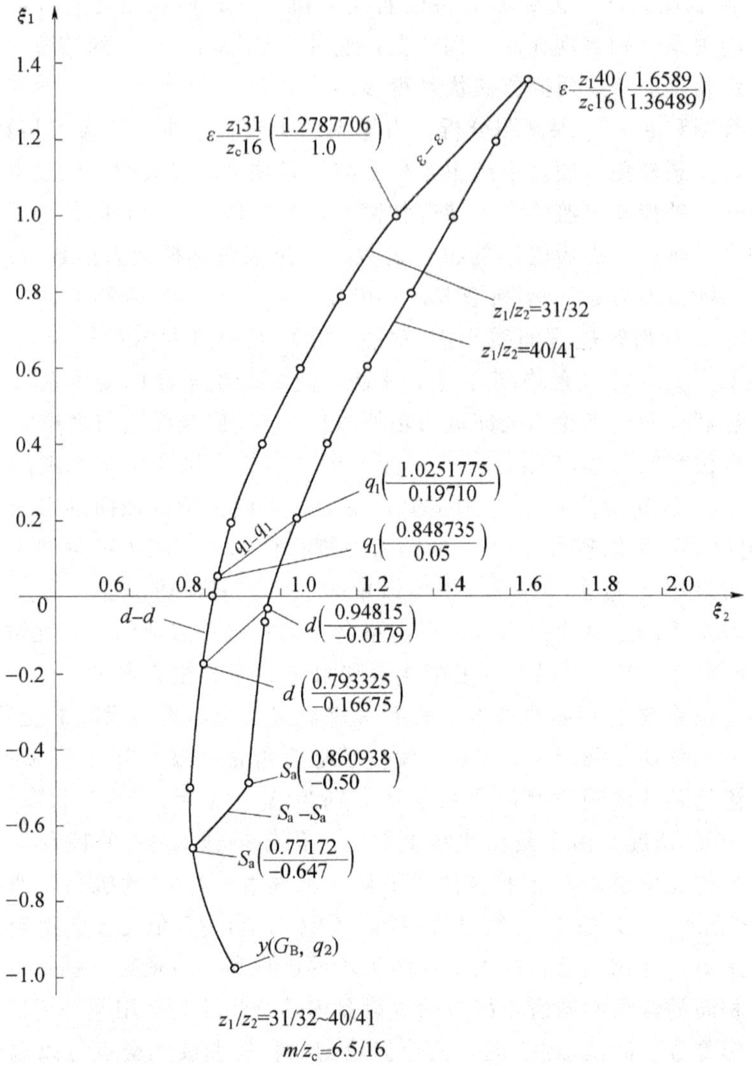

图 1.1 特性曲线图

ε－ε—重叠系数限制线；q_1－q_1—插齿刀切削内齿轮的范成顶切限制线；
d－d—外齿轮顶切限制线；S_a－S_a—齿顶圆弧齿厚系数（$S_a/m \leqslant 0.4$）限制线；
y—内齿轮齿顶圆不大于基圆限制点；G_B—外齿轮不发生过渡曲线干涉点

统，其齿顶高按下列公式计算：

$$h_1' = m(f + \xi_1)$$

$$h_2' = m(f - \xi_2)$$

齿顶圆半径为

$$R_1 = \frac{mz_1}{2} + m(f + \xi_1)$$

$$R_2 = \frac{mz_2}{2} - m(f - \xi_2)$$

实际啮合中心距为

$$A=\frac{mz_1}{2}(z_2-z_1)\frac{\cos\alpha_0}{\cos\alpha}=\frac{A_0\cos\alpha_0}{\cos\alpha}$$

式中　f——齿顶高系数，$f=0.6\sim0.8$。

在齿轮副的计算过程中，插齿刀齿数 z_c 并没有直接介入，只是在加工时需要计算出内齿轮的机床切削啮合角 α_{c2}、切削中心距和计算插齿刀刃磨后的变位系数 ξ_c 时才介入。这种计算的特点是齿轮副的齿数逐渐递增到一定程度，不产生齿廓重叠干涉值 Ω 则随之递减到一定数值不再变化而趋于一个常数的特性。当限制条件值传动啮合角 α 和重叠系数 ε 被确定后，齿轮副的变位系数和 Ω 都是定值。采用这种方法计算的同一齿数差的特性曲线由 $z_1-\xi$ 曲线和 $z_1-\Omega$ 曲线组成，前者基本上为一条直线，而后者近似于一条直线，实际上可将这两条线合二为一，只用一条 $z_1-\xi$ 曲线表示同一齿数差全部齿轮副的特性曲线，即将与 ξ_1 相对应的 Ω 值附于 ξ_1 值后（参见本书第 6 章有关内容及图 6.9～图 6.13）。

各齿轮副的重叠系数 ε、传动啮合角 α 和 $\xi_2-\xi_1$ 值均保持不变。各齿轮副的 ξ_1 和 Ω 值沿曲线随齿轮齿数而改变：ξ_1 随齿轮齿数增多而变大，而 Ω 值随齿轮齿数增多而减小。在曲线上选择变位系数，不会产生齿廓重叠干涉，但齿轮副外、内齿轮在组装时产生的径向干涉不能避免，用插齿刀切削内齿轮有时还会产生径向进刀顶切现象。

采用滚齿刀计算系统计算，即相啮合的齿轮副，外齿轮加工为滚切，内齿轮加工为插削，计算公式见附录 A 中 A.2 的滚齿刀计算系统计算。这种计算系统也存在齿轮副的特性曲线，在计算中由于插齿刀齿数 z_c 的介入，其特性曲线与常用的插齿刀计算系统计算的特性曲线相类似。例如，一齿差齿轮副，在不产生齿廓重叠干涉值为最小的正值和为避免其他各种干涉，内齿轮的变位系数 ξ_2 一般不会取得 $\xi_2=0$，这是因为采用这种计算方法，为了保证不产生齿廓重叠干涉值 $\Omega=0$，齿轮副最少齿数组合为 $z_1/z_2=80/81$，此时，虽然可取得 $\xi_2=0$，但在未取得 $\xi_2=0$ 以前，已产生了其他干涉。例如，内啮合齿轮副 $z_1/z_2=95/96$，用齿数 $z_c=34$ 的插齿刀计算，虽然可取得 $\xi_2=0$，在未取得 $\xi_2=0$ 前，已出现内、外齿轮的齿顶圆厚度都在减薄，即齿顶都在变尖，齿顶厚系数 $S_a/m<0.4$，故内齿轮的变位系数 ξ_2 不能取得 $\xi_2=0$（见图 1.2、表1.2）。

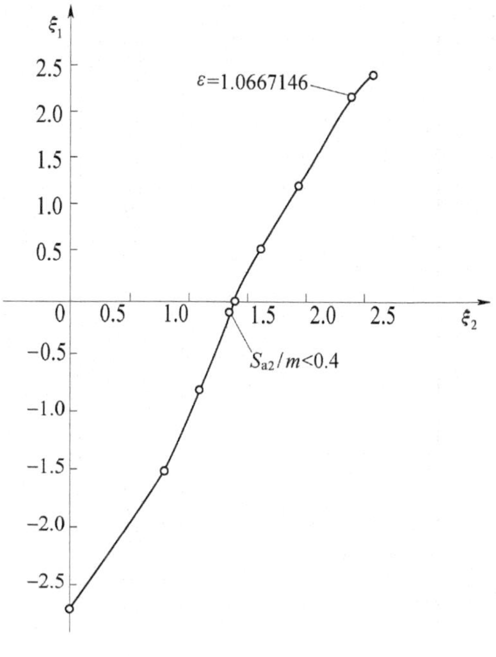

图 1.2　滚齿刀计算系统的齿轮副特性曲线示意

应用少齿差的特性曲线，是将不同的齿数差和不同齿轮齿数的齿轮副限制在一定大小的区间范围内选择变位系数，不会产生各种干涉。理论上，特性曲线是齿廓重叠干涉值 $\Omega=0$ 的一条曲线。曲线上任取一外齿轮变位系数 ξ_1，都会有内齿轮变位系数 ξ_2 与之对应，使之保证 $\Omega=0$。变位系数计算见本书第 6 章有关部分。

表 1.2　滚齿刀计算系统计算时各参数沿特性曲线的变化情况

($z_1/z_2=95/96$，$m/z_c=3/34$)

变位系数 ξ		传动啮合角 α	中心分离系数 λ_{c2}	实际啮合中心距 A	齿顶高减低系数 σ	齿顶圆半径 R		齿顶圆弧齿厚系数 S_a/m		重叠系数 ε	不产生齿廓重叠干涉值 Ω
ξ_1	ξ_2					R_1	R_2	S_{a1}/m	S_{a2}/m		
1.908	2.53081	55° 0.1313393′	2.0911305	2.4575526	0.1360537	150.215839	148.2815526	0.8023751	0.8995459	1.0667146	0.0000549
1.70	2.394549	56° 23.5979939′	1.9924052	2.5466435	0.0564760	149.830572	147.7466435	0.7706757	0.8402537	1.1314904	≐0
1.20	2.08152	59° 26.9017121′	1.7614103	2.7729649	−0.1370886	148.9112658	146.4729649	0.6875610	0.7042333	1.2940309	0.000056
0.50	1.6766375	63° 7.4332694′	1.4532107	3.1180152	−0.4138723	147.6416168	144.7180152	0.554523	0.5303741	1.5418833	0.0000732
0	1.409369	65° 22.6266432′	1.2429467	3.3830773	−0.6152543	146.7457627	143.4830773	0.4480976	0.4196488	1.7371982	0.0000119
−0.75	1.0382008	68° 15.6976227′	0.9403489	3.8057702	−0.9217589	145.4152766	141.6557702	0.2718258	0.2787859	2.0695759	0.0000014
−1.50	0.69102	70° 37.0163159′	0.6438424	4.2471058	−1.2281405	144.0844215	139.8471058	0.07976047	0.1781410	2.4714331	0.0000563
−2.7438037	0	73° 4.9446623′	0	4.8438439	−1.6291891	141.5561561	136.7124328	−0.2020121	0.2225843	3.5056305	0.0000535

第 2 章　几何参数沿特性曲线的变化情况

2.1　机床切削啮合角 α_c

机床切削啮合角 α_c 按下列公式计算：

$$\cos\alpha_{c1}=\frac{z_1+z_c}{z_1+z_c+2\xi_1}\cos\alpha_0$$

$$\cos\alpha_{c2}=\frac{z_2-z_c}{z_2-z_c+2\xi_2}\cos\alpha_0$$

上两式中，α_c 是齿轮齿数 z、插齿刀齿数 z_c 和齿轮副变位系数 ξ_1/ξ_2 的函数，由于 α_c 是插齿刀计算系统起始的计算程序值，对少齿差内啮合齿轮副设计计算的全过程起着非同小可的作用，直接影响分度圆齿厚增量系数 Δ、传动啮合角 α、齿轮副齿顶圆直径等几何参数值的大小。根据设计上的要求，在确定了齿轮副的齿数组合形式（包括齿数差、齿轮齿数)、插齿刀参数（包括齿数 z_c、模数 m）和外齿轮变位系数 ξ_1（其最大值受重叠系数 ε 的限制）后，α_c 值基本上作为定值，而与 ξ_1 相对应的内齿轮变位系数 ξ_2 值是在满足和保证不产生齿廓重叠干涉值为最小的正值或某一定值时，通过加工内齿轮的机床切削啮合角 α_{c2}来完成齿轮副的全部计算程序。

2.1.1　机床切削啮合角 α_c 沿特性曲线的变化情况

内啮合齿轮副的外齿轮变位系数 ξ_1 值由大向小沿其自身的特性曲线向下移动时，α_c 值受变位系数 ξ_1 递减的影响，沿特性曲线下移也是由大向小变化，即 ξ_1 大（或 ξ_2 大)，α_c 也大；ξ_1 小，α_c 也小（见表 2.1、表 2.2)。

表 2.1　　α_c、Δ 与 ξ 的关系

ξ_1	α_{c1}	Δ_1	ξ_2	α_{c2}	Δ_2
$\xi_1>0$	$>20°$	>0	$\xi_2>0$	$>20°$	<0
$\xi_1=0$	$=20°$	$=0$	$\xi_2=0$	$=20°$	$=0$
$\xi_1<0$	$<20°$	<0	$\xi_2<0$	$<20°$	>0

在一定的限制条件下，为满足一定大小的重叠系数 ε，齿轮副的变位系数应选取大些，使 α_c 值大，会减小 $|\Delta_1+\Delta_2|$ 的差值，使传动啮合角 α 有所减小。如果变位系数选取太小，使 α_c 值小，会引起干涉，若 α_e 小，则容易产生过渡曲线干涉；若 α_{c1}小，往往容易引起外齿轮的根切。

表 2.2　　α_c 沿特性曲线的变化情况

($z_1/z_2=80/84$，$m/z_c=4/25$)

ξ_1	ξ_2	α_c		α	Ω
		α_{c2}	α_{c1}		
0.68	0.7565598	23° 37.4329957′	21° 55.4670902′	26° 19.7415417′	0
0	0.1447931	20° 45.3133712′	20°	27° 44.18683330′	0
−0.1576001	0	20°	19° 31.2305957′	28° 2.8406583′	0
−0.30	−0.130830	19° 17.1922893′	19° 4.4838737′	28° 22.4422857′	0.0031370

对于插齿刀计算系统，计算 $z_2-z_1=1$和其他少齿差齿数较少的齿轮副，由于存在干涉和条件限制，尤其是内齿轮齿顶圆不得小于基圆的条件限制，往往使内齿轮的变位系数 ξ_2 一般不会有 $\xi_2\leqslant 0$ 的情况。

2.1.2　插齿刀齿数 z_c 与切削啮合角 α_c 的关系

若将齿轮副的齿数 z_1/z_2、外齿轮变位系数 ξ_1 视为定值，采用不同齿数 z_c 的插齿刀进行设计计算，由于 z_c 不同，使之保证不产生齿廓重叠干涉值为最小的正值（或指定值）所需要内齿轮的最小变位系数不相等，z_c 多时的 ξ_2 要比 z_c 少时的 ξ_2 小。表 2.3 是用齿数 z_c 不同的两把插齿刀计算的 z_1、z_2、ξ_1 相同的两组齿轮副的例子，以不产生齿廓重叠干涉的最小值为两齿轮副的限制条件，ξ_2 值不同，影响传动啮合角 α 就不一样，ξ_2 大，α 也大。在设计计算时，若齿轮齿数和外齿轮的变位系数 ξ_1 已确定不变，选用较多齿数 z_c 的插齿刀有利，这在齿数差越少时越能明显地反映出来。

齿轮副的组合齿轮 z_1/z_2 为定值时，当 $\xi_1>0$（$\xi_1=0$ 除外）时，z_c 多时 α_{c2}的值比 z_c 少时的大；当 $\xi_1<0$ 时，z_c 的多少对 α_{c2}的影响不大。当 $\xi_1>0$ 或$\xi_1<0$（$\xi_2=0$ 除外）时，z_c 对 α_{e1}的影响不大，可忽略不计。

表 2.3　　z_1、ξ_1 一定时，α_c 与 z_c 的关系

($z_2-z_1=2$，$z_1/z_2=55/57$)

m/z_c	ξ_1	ξ_2	α_c		Ω	α	Δ_2	Δ_1
			α_{c2}	α_{c1}				
3/34	0.8	0.9424615	29° 42.80812165′	22° 37.0072654′	0	39° 19.599640′	−0.8555858	0.6196147
4/25	0.8	1.0050688	27° 51.1520152′	22° 53.2769081′	0.000020	40° 2.01540′	−0.8764772	0.6235199

2.1.3　齿轮齿数与切削啮合角 α_c 的关系

齿数差不变，插齿刀齿数 z_c 和外齿轮变位系数 ξ_1 为定值，以不产生齿廓重叠干涉值

Ω 最小为限制条件，ξ_1 为任意值，齿轮齿数少的 α_{c2} 值均较大于齿轮齿数多的；当 $\xi_1>0$（除 $\xi_1=0$ 外）时，齿轮齿数少的 α_{c1} 偏大些；当 $\xi_1<0$ 时，齿轮齿数少的 α_{c1} 偏小，但与齿数多的 α_{c1} 值相差很小（见表 2.4、表 2.5）。

表 2.4　　切削啮合角 α_c 与齿轮齿数的关系

（ξ_1、插齿刀齿数 z_c 一定，$m/z_c=3/34$）

z_1/z_2	ξ_1	ξ_2	Ω	α	α_{c2}	α_{c1}	$\alpha_{c2}-\alpha_{c1}$
85/86	—	1.6880067	0	60° 41.5944717′	28° 3.9759529′	22° 27.4735374′	5° 36.5024155′
100/101	—	1.7965499	0	61° 43.5093050′	26° 53.4990002′	22° 11.9727843′	4° 41.5262159′
60/61	−0.30	0.89532	0.00002642	65° 3.4953104′	28° 12.4020509′	18° 57.7738730′	9° 14.6281779′
75/76	−0.30	1.017320	−0.0003448	65° 54.7247358′	26° 19.6497054′	19° 6.5782563′	7° 13.0714496′

表 2.5　　切削啮合角 α_c 与齿轮齿数的关系

（ξ_1、插齿刀齿数 z_c 一定，$m/z_c=4/25$）

z_1/z_2	ξ_1	ξ_2	Ω	α	α_{c2}	α_{c1}	$\alpha_{c2}-\alpha_{c1}$
50/56	0.1	0.1116521	0	20° 41.1710′	21° 5.8226838′	20° 24.8735996′	40.9490842′
100/106	0.1	0.1140	0.0000166	20° 44.3295610′	20° 26.2365846′	20° 14.9980834′	11.2385012′
50/56	0	0.0192075	0.0000021	20° 57.7122750′	20° 11.6356474′	20°	11.6356474′
100/106	0	0.0175214	0.0000001	20° 52.6613417′	20° 4.0777544′	20°	4.0777544′
50/56	−0.0180752	0.00260	0.00061271	21° 1.4261628′	20° 1.583′	19° 55.4369454′	6.1463879′
100/106	−0.0180752	0	0	20° 54.2374917′	20°	19° 57.2644480′	2.7355520′

齿轮副的齿数、插齿刀齿数 z_c 确定后进行计算，齿轮副的变位系数对机床切削啮合角 α_c 有很大的影响，不同的齿数差、不同的齿数组合直接影响 $\alpha_{c2}-\alpha_{c1}$ 值，这主要是由于其所对应的 $\xi_2-\xi_1$ 值不同的结果，也决定在外齿轮变位系数 ξ_1 相同时，不同齿数差、不同齿数组合反映出不同的传动啮合角 α，这是少齿差的特征。当 z_c、齿轮齿数一定，$\alpha_{c2}-\alpha_{c1}$ 沿特性曲线向下移动时，对于一齿差其值是逐渐递增，而对于其他齿数差则为逐渐递减。

2.1.4　条件一定，加大内齿轮变位系数 ξ_2 对切削啮合角 α_c 的影响

齿轮副齿数、插齿刀齿数 z_c 和外齿轮的变位系数 ξ_1 不变，如果与之对应的内齿轮变

位系数 ξ_2 取值偏大，会增加传动啮合角 α 值；如果取值偏小，虽然没有产生齿廓重叠干涉，往往会引起加工、组装、测量上的难度，有时取值太小还会产生齿廓重叠干涉。

应用特性曲线方法，外齿轮变位系数一定时，所求出的内齿轮变位系数 ξ_2 是保证和满足不产生齿廓重叠的最小值。一般 ξ_2 值偏小，若将 ξ_2 加大些，α_{c1} 值不变，α_{c2} 值、$|\Delta_2|$ 值均会引起增加，最后直接促使传动啮合角 α 变大。由于 ξ_2 的增加量不是很大，对其他几何参数的影响可不必考虑。计算时，往往通过改变 ξ_2 值的大小来调节传动啮合角 α 和 Ω 值的大小。

2.2 分度圆齿厚增量系数 Δ

分度圆齿厚增量系数 Δ 的大小，直接影响传动啮合角 α 的大小，并影响齿顶圆弧齿厚的增减。分度圆齿厚增量系数 Δ 值受齿轮齿数、插齿刀齿数 z_c 和机床切削啮合角 α_c 的影响，若齿轮齿数、插齿刀齿数 z_c 为定值，只受机床切削啮合角 α_c 的影响，即变位系数 ξ 的影响，并且这种影响直接控制传动啮合角 α 的大小。

2.2.1 分度圆齿厚增量系数 Δ 沿特性曲线变化的情况

由机床切削啮合角 α_c 公式：

$$\cos\alpha_{c1}=\frac{z_1+z_c}{z_1+z_c+2\xi_1}\cos\alpha_0$$

$$\cos\alpha_{c2}=\frac{z_2-z_c}{z_2-z_c+2\xi_2}\cos\alpha_0$$

和分度圆齿厚增量系数 Δ 公式：

$$\Delta_1=(z_1+z_c)(\mathrm{inv}\alpha_{c1}-\mathrm{inv}\alpha_0)$$

$$\Delta_2=(z_2-z_c)(\mathrm{inv}\alpha_0-\mathrm{inv}\alpha_{c2})$$

两者相结合分析，可知，在齿轮齿数、插齿刀齿数 z_c 为定值时，有以下规律（见表 2.1）：

当 $\xi_1>0$ 时，$\alpha_{c1}>20°$，$\Delta_1>0$。

当 $\xi_1=0$ 时，$\alpha_{c1}=20°$，$\Delta_1=0$。

当 $\xi_1<0$ 时，$\alpha_{c1}<20°$，$\Delta_1<0$。

当 $\xi_2>0$ 时，$\alpha_{c2}>20°$，$\Delta_2<0$。

当 $\xi_2=0$ 时，$\alpha_{c2}=20°$，$\Delta_2=0$。

当 $\xi_2<0$ 时，$\alpha_{c2}<20°$，$\Delta_2>0$。

也就是 ξ_1 值由大向小沿特性曲线（$\xi_1>0\rightarrow\xi_1=0\rightarrow\xi_1<0$）逐渐下移时（$\xi_2$ 值亦如此下移），α_{c1}、α_{c2} 和 Δ_1 值亦由大向小沿曲线下移，只有 Δ_2 值是由小向大沿曲线下移，而 Δ_1 是由正值向负值变化，Δ_2 是由负值向正值变化。Δ 变化情况如表 2.6 所示。随着 ξ_1 值由大向小沿特性曲线向下移动，$\xi_2-\xi_1$ 沿特性曲线向下移动所表现出的特点也是由小向大递变，并且将此特点通过沿曲线下移时 $|\Delta_2+\Delta_1|$ 的递增，传递给传动啮合角 α，使其也具有沿曲线向下移动时表现出递增的特性，所以在设计时，在重叠系数 ε 允许的条件下，尽量将变位系数选取大些，以减小（$\xi_2-\xi_1$）、$|\Delta_2+\Delta_1|$ 值，使传动啮合角 α 小。

表 2.6　　**Δ 沿特性曲线的变化情况**

($z_1/z_2=100/103$，$m/z_c=3/34$)

ξ_1	ξ_2	α	Ω	Δ		$\Delta_2+\Delta_1$
				Δ_2	Δ_1	
2.30	2.24045	28°37.3955632′	0.0000771	−1.9629995	1.8691895	−0.093810
1.38	1.4551526	30°45.1033592′	0.0000216	−1.2076009	1.0775351	−0.1300657
0.80	0.9559851	32°1.7908407′	0.0000008	−0.7625341	0.6075451	−0.1549890
0	0.2550776	33°39.9978992′	0	−0.1907350	0	−0.1907350
−0.2836466	0	34°11.4290833′	0.0000004	0	−0.2031465	−0.2031465
−0.40	−0.1062594	34°23.4827279′	0	0.07645048	−0.2844892	−0.2080387

对于少齿差内啮合齿轮副，若要避免各种干涉就不可能同时存在 $\xi_1=\xi_2=0$，即 Δ_1 与 Δ_2 同时为零。

在特性曲线上，上、下限制点间任何一个 ξ_1 与其相对应的 ξ_2 最小值，彼此互相依存、互相制约，以保持齿廓重叠干涉值为最小的正值。

2.2.2　插齿刀齿数 z_c 与分度圆齿厚增量系数 Δ 的关系

分度圆齿厚增量系数 Δ 和插齿刀齿数 z_c 之间的相互关系，只能是在齿轮副的组合齿数和变位系数 ξ_1 为定值、不产生齿廓重叠干涉值为最小的正值时才能正确地反映出来。插齿刀齿数 z_c 多时，Δ_2 值一般比 z_c 少时大（$\xi_1=0$ 除外），Δ_1 则比齿数 z_c 少时小，而齿数 z_c 多的 $|\Delta_2+\Delta_1|$ 比齿数 z_c 少的 $|\Delta_2+\Delta_1|$ 小，齿轮副的变位系数偏大时的 $|\Delta_2+\Delta_1|$ 比变位系数偏小时的 $|\Delta_2+\Delta_1|$ 小。根据这种情况，在特性曲线的上、下限制点间选取变位系数应大些，插齿刀齿数 z_c 应多些，对减小传动啮合角 α 有利。当齿数差 z_2-z_1 越多（如 $z_2-z_1=3$，4，5，6），尤其是 ξ_1 为负值时，齿数 z_c 对 Δ、$|\Delta_2+\Delta_1|$ 的影响越来越小，可不必考虑（见表 2.7、表 3.7、表 3.9～表 3.18）。

表 2.7　　**z_1/z_2、ξ_1 一定时，z_c 与 Δ 的关系**

($z_1/z_2=55/56$，$\xi_1=0.8$)

m/z_c	ξ_2	Ω	α	Δ		α_c	
				Δ_2	Δ_1	α_{c2}	α_{c1}
3/25	1.3818266	0.0000036	59°35.0187214′	−1.2720312	0.6235199	30°22.2166553′	22°53.2769081′
3/34	1.2513932	0.000019	58°13.9633776′	−1.2032565	0.6196147	32°27.9632031′	22°37.0072654′

2.2.3　加大 ξ_2 对分度圆齿厚增量系数 Δ 的影响

无论内齿轮变位系数 ξ_2 是正值还是负值，为了避免、不产生齿廓重叠干涉，或为调节传动啮合角 α 和 Ω 值的大小，在限制条件不变的情况下，可用加大 ξ_2 值的方法解决，加大 ξ_2 使 $\xi_2-\xi_1$ 值增加，同时 $|\Delta_2|$ 变大，由于 Δ_1 值不变，将引起 $|\Delta_2+\Delta_1|$ 增加，使传动啮合角加大（见表 2.8、表 2.9）。

表 2.8　　当 ξ_1 为正值时，加大 ξ_2 对 Δ 的影响

（$z_1/z_2=100/103$，$m/z_c=3/34$）

ξ_1	ξ_2	α	Ω	Δ		$\Delta_2+\Delta_1$
				Δ_2	Δ_1	
2.30	2.24045	28° 37.3955632′	0.0000771	−1.9629995	1.8691894	−0.093810
2.30	$\xi_2+0.12$	34° 39.6185468′	0.3669986	−2.0838922	1.8691894	−0.2147027

表 2.9　　当 ξ_1 为负值时，加大 ξ_2 对 Δ 的影响

（$z_1/z_2=70/72$，$m/z_c=3/34$）

ξ_1	ξ_2	α	Ω	Δ		$\Delta_2+\Delta_1$
				Δ_2	Δ_1	
−0.85	−0.18282	46° 22.9558063′	0.006139	0.1280855	−0.5781483	−0.4500629
−0.85	$\xi_2+0.12$	48° 23.4931984′	0.2253278	0.0451522	−0.5781483	−0.5329962

2.2.4　齿轮齿数与分度圆齿厚增量系数 Δ 的关系

齿轮齿数与分度圆齿厚增量系数 Δ 两者的关系是在一定的限制条件下，如齿数差相同、用齿数 z_c 相同的插齿刀、取同样大小的外齿轮变位系数 ξ_1 并使之保证和满足不产生齿廓重叠干涉值为最小的正值所必需的内齿轮变位系数 ξ_2 的大小与齿轮齿数的多少有关。由于齿轮齿数的多少，所引起内齿轮变位系数 ξ_2 不同，必然产生传动啮合角 α 和分度圆齿厚增量系数 Δ 有大小之分，究竟是齿轮齿数多的 Δ 大，还是齿轮齿数少的 Δ 大，应由具体情况而定。例如，一齿差，在 ξ_1、z_c 相同的情况下，齿轮齿数多的 ξ_2、$|\Delta_2|$ 和 $|\Delta_2+\Delta_1|$ 值大于齿轮齿数少的 ξ_2、$|\Delta_2|$ 和 $|\Delta_2+\Delta_1|$ 值，即齿数多的齿轮副，其传动啮合角 α 要大于齿数少的齿轮副（见表 2.10）。而其他齿数差则不然，如表 2.5 所示的三组齿轮副中的 $z_1/z_2=50/56$ 和 $z_1/z_2=100/106$，当 $\xi_1=0.1$ 时，齿数多的齿轮副 $z_1/z_2=100/106$ 的传动啮合角 α 大，与上述的一齿差情况相同，当 $\xi_1=0$ 和 $\xi_1=-0.0180752$ 时，则转变为齿数少的齿轮副的传动啮合角 α 大（其相差值的大小由齿数差的多少和变位系数的大小决定）。

用特性曲线解释如下：任何少齿差内啮合齿轮副，用同样齿数 z_c 的插齿刀进行设计时，齿数差相同的任何两个齿轮副的特性曲线（除一齿差外）都有一个交点 s，交点 s 的位置与齿数差有关，齿数差 $z_2-z_1=6,5$ 时，交点 s 在第一象限；齿数差 $z_2-z_1=4,3,2$ 时，交点 s 逐渐下移到第四象限，而其中 $z_2-z_1=5$ 为中间过渡，采用插齿刀计算系统计算；当 $z_2-z_1=1$ 时，因为不存在 $\xi_2=0$，无交点 s，可按第四象限处理。根据特性曲线的特性，两不同齿数的齿轮副，在交点处的 ξ_1、ξ_2、传动啮合角 α 均分别相等，且具有同样大小不产生齿廓重叠干涉的最小值。距交点 s 越远，同一 ξ_1、不同齿数的 ξ_2 值相差就越大。在交点 s 上方齿数多的齿轮副的 ξ_2 大，大的原因，就是在相同的限制条件下，齿数多的内啮合齿轮副为了满足和保证不产生齿廓重叠干涉值为最小的正值时所需要的变位系数 ξ_2 要大，否则不会符合限制条件。如图 2.1（a）所示的五齿差，齿数多的齿轮副 $z_1/z_2=95/100$ 和齿数少的齿轮副 $z_1/z_2=45/50$，两齿轮副的特性曲线的交点 s 位于第一象限。如果选取同样大小的外齿轮变位系数 ξ_1，在交点 s 上方，不产生齿廓重叠干涉为最小值时，齿数多的齿轮副 $z_1/z_2=95/100$ 的 ξ_2 大些；在交点 s 下方，齿数少的齿轮副 $z_1/z_2=45/50$ 的 ξ_2 大些（见表 2.11）。又如，图 2.1（b）所示的二齿差，齿数少的齿数副 $z_1/z_2=80/82$ 和齿数多的齿轮副 $z_1/z_2=100/102$ 其特性曲线的交点在第四象限，在交点 s 上方选取同样大小的 ξ_1，不产生齿廓重叠干涉的最小变位系数 ξ_2，齿数多的齿轮副 $z_1/z_2=100/102$ 要大些；而在交点 s 下方选取同样大小的 ξ_1，齿数少的齿轮副 $z_1/z_2=80/82$ 的 ξ_2 值就大些（见表 2.12）。

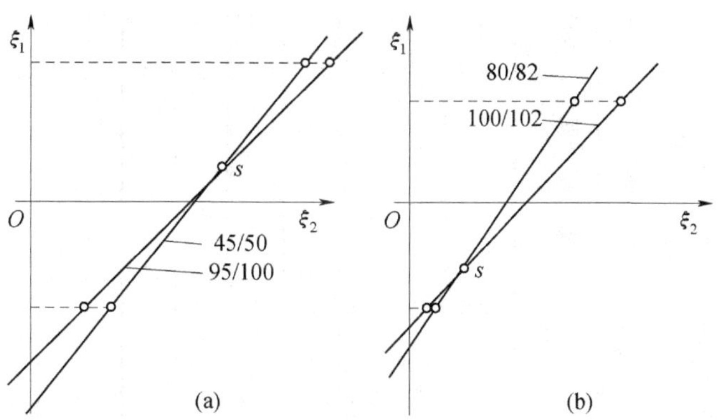

图 2.1　交点 s 的变化

据表 2.10、表 2.11 和表 2.12 分析，齿轮副的组合齿数对齿轮分度圆齿厚增量系数 Δ 有一定影响，但其影响程度随齿数差、齿轮齿数的多少而定，一般情况下，齿数差少尤其是齿数差少而齿轮齿数多时影响就大些。齿轮齿数对外齿轮的机床切削啮合角 α_{c1} 的影响小些，因此对 Δ_1 的影响也就小些。由于齿轮齿数的不同，内齿轮为了满足保证使不产生齿廓重叠干涉值为最小的正值，所需要的变位系数不同，一般在特性曲线交点 s 的上方，齿轮齿数多的 ξ_2 值就大些，随之 $|\Delta_2|$、$|\Delta_2+\Delta_1|$ 有所增加，促使传动啮合角 α 要比齿轮齿数少的 α 大。

（1）对于 Δ_2：在特性曲线交点 s 上方取 ξ_1 时，Δ_2 值是齿轮齿数多的比齿轮齿数少的偏小；在交点 s 下方取 ξ_1 时，是齿轮齿数多的 Δ_2 偏大。

（2）对于 Δ_1：无论是在特性曲线交点 s 的上方还是下方取 ξ_1 时，一般是齿轮齿数少

表 2.10　ξ_1、z_c 一定时，齿轮齿数与 Δ 的关系

$(m/z_c=3/34)$

z_1/z_2	ξ_1	ξ_2	α	Ω	α_c		Δ		$\Delta_2+\Delta_1$
					α_{c2}	α_{c1}	Δ_2	Δ_1	
85/86	1	1.6880067	60° 41.5944717′	0	28° 3.9759529′	22° 27.4735374′	−1.4789114	0.7716289	−0.7072825
100/101	1	1.7965499	61° 43.5093050′	0	26° 53.4990002′	22° 11.9727843′	−1.5338662	0.7669213	−0.7669449
60/61	−0.3	0.895320	65° 3.4953104′	0.0000264	28° 12.4020509′	18° 57.7738731′	−0.7868170	−0.2130123	−0.9998293
70/71	−0.3	0.9813160	65° 39.8837866′	0.0000614	26° 49.7343597′	19° 3.9340947′	−0.8366671	−0.2134815	−1.0501486

表 2.11　ξ_1、z_c 一定时，齿轮齿数与 Δ 的关系

$(m/z_c=4/25)$

z_1/z_2	ξ_1	ξ_2	α	Ω	α_c		Δ		$\Delta_2+\Delta_1$	备注
					α_{c2}	α_{c1}	Δ_2	Δ_1		
45/50	0.2	0.2465015	23° 9.7535283′	0	22° 51.0397168′	20° 52.5637705′	−0.1919666	0.1486689	−0.0432977	在交点上方
95/100	0.2	0.2618621	23° 27.5977277′	0	21° 3.6713876′	20° 30.996104′	−0.1955302	0.1474128	−0.0481174	在交点上方
45/50	0	0.0728772	23° 49.4′	0	20° 53.6019′	20°	−0.054197	0	−0.054197	在交点下方
95/100	0	0.0727717	23° 46.340675′	0	20° 18.1616973′	20°	−0.0533301	0	−0.053330	在交点下方
45/50	−0.0763736	0.00453	24° 4.2237069′	0.0000625	20° 3.4170541′	19° 39.1717058′	−0.0032966	−0.0551513	−0.0584479	在交点下方
95/100	−0.0763736	0	23° 53.3775′	0	20°	19° 47.9040379′	0	−0.0553256	−0.0553256	在交点下方

表 2.12　ξ_1、z_c 一定时，齿轮齿数与 Δ 的关系

$(m/z_c=2.25/45)$

z_1/z_2	ξ_1	ξ_2	Ω	α	Δ		$\Delta_2+\Delta_1$	备注
					Δ_2	Δ_1		
80/82	0	0.4410131	0.0000038	43° 26.3776667′	−0.3477876	0	−0.3477876	在交点上方
100/102	0	0.4609008	0.0000001	43° 39.953250′	−0.3549268	0	−0.3549268	在交点上方
80/82	−0.5714899	0.01025	0.0000056	45° 15.7916067′	−0.0074803	−0.4011859	−0.4086662	在交点下方
100/102	−0.5714899	0	0.0000001	45° 6.624950′	0	−0.4032662	−0.4032662	在交点下方

的 Δ_1 都比齿轮齿数多的 Δ_1 略偏大（除 $\xi_1=0$ 外）。

根据（1）（2）两条：相同的限制条件，ξ_2 值大的，除 $\xi_2=0$ 外，Δ_2 值偏小，而 Δ_1 值一般是齿轮齿数少者偏大（除 $\xi_1=0$ 外）。但总的情况是，齿轮齿数对齿轮分度圆齿厚增量系数 Δ_1 值的影响不大。

（3）对于 $|\Delta_2+\Delta_1|$：同一齿数差，ξ_1、z_c 相同的齿轮副，在特性曲线交点 s 上方，齿轮齿数多的 $|\Delta_2+\Delta_1|$ 比齿数少的 $|\Delta_2+\Delta_1|$ 偏大；在交点 s 下方，齿数少的 $|\Delta_2+\Delta_1|$ 比齿数多的 $|\Delta_2+\Delta_1|$ 偏大，其值大小直接影响传动啮合角 α 的大小。

2.3　传动啮合角 α

渐开线少齿差内啮合齿轮副的传动啮合角 α 随齿数差、齿轮齿数的不同而不同。用相同齿数 z_c 的插齿刀计算，取同样大小的外齿轮变位系数 ξ_1，为保证和满足齿轮副不产生齿廓重叠干涉值为最小的正值时，不同齿轮副所需要内齿轮的变位系数 ξ_2 不相等，齿轮齿数多的 ξ_2 大，导致传动啮合角也大。已被确定的传动啮合角 α 在互相内啮合的齿轮副中的作用，是使之增大内齿轮的齿间宽度，在减小外齿轮的齿顶圆弧齿厚的同时，为避免各种干涉，尤其是避免齿廓重叠干涉提供实际啮合中心距 A 和齿轮副齿顶圆的最佳值。

从少齿差内啮合齿轮副的传动啮合角 α 计算公式分析：

$$\mathrm{inv}\alpha=\mathrm{inv}\alpha_0-\frac{\Delta_1+\Delta_2}{z_2-z_1}$$

式中，$\Delta_1+\Delta_2$ 是代数值，一般表现为负值。齿数差越多，$|\Delta_1+\Delta_2|$ 越小，使传动啮合角 α 也越小；齿数差越少，α 越大。为了避免各种干涉，少齿差内啮合齿轮副的传动啮合角 α 一般都很大，尤其是齿数差很少的一齿差、二齿差。由于传动啮合角 α 直接会影响齿轮的、轴承的径向力并影响传动的效率，从而导致啮合时的效率损失和轴承承受的压力过大，使寿命过短，所以在确定少齿差内啮合齿轮副的各种参数，在不产生齿廓重叠干涉时，应将传动啮合角 α 最小视为主要条件。传动啮合角 α 受 $\Delta_2+\Delta_1$、z_c、z_2-z_1 和齿轮齿数的影响，若齿轮齿数和插齿刀齿数一定，$\Delta_2+\Delta_1$ 只受 $\xi_2-\xi_1$ 的影响。α 是少齿差内啮合齿轮副的主要参数之一，直接影响实际啮合中心距 A（即曲轴的偏心）、中心距分离系数 λ 和一些干涉值等。

2.3.1　传动啮合角 α 沿特性曲线的变化情况

当外齿轮的变位系数 ξ_1 值由大向小沿自身的特性曲线逐渐下移（由正值逐渐向负值递变）时，内齿轮变位系数 ξ_2 值亦由大向小变化（但由于干涉的存在，一齿差不会递变为零和负值）。变化的结果是，$\xi_2-\xi_1$ 值沿特性曲线向下移动，由小值逐渐递增；而 Δ_2 由小向大、Δ_1 由大向小沿特性曲线下移，遂使 $|\Delta_2+\Delta_1|$ 值沿着曲线下移时也是逐渐递增。这样，对传动啮合角的计算公式进行分析，α 值沿特性曲线下移时也是由小向大的变化，各种齿数差均具有这一特性。差值 $\xi_2-\xi_1$ 越大，传动啮合角 α 越大。根据特性曲线的这一特性，对于齿数差少的齿轮副，特别是对齿数差 $z_2-z_1=1,2$，应在重叠系数 ε 限制点（或线）下附近，或在重叠系数允许的条件下取变位系数 ξ_1，即取较大的 ξ_1，使 $\xi_2-\xi_1$ 值

减小，以获取较小的传动啮合角 α。α 沿特性曲线的变化情况如表 2.13 所示。

表 2.13　z_c、齿轮齿数一定时，α 沿特性曲线的变化情况

（$z_1/z_2=51/53$，$m/z_c=2.5/20$）

ξ_1	ξ_2	α	Ω	Δ		$\Delta_2+\Delta_1$	$\xi_2-\xi_1$
				Δ_2	Δ_1		
1.05	1.2037618	39° 6.4848251′	0.00000012	−1.0729747	0.8420896	−0.2308851	0.1537618
0.5	0.7915163	41° 14.7691826′	0.0000061	−0.6665614	0.3824164	−0.284145	0.2915163
0	0.4315640	43° 16.5033154′	0.0000003	−0.3426729	0	−0.3426729	0.4315640
−0.664530	0	46° 18.1933344′	0.0000021	0	−0.4470149	−0.4470149	0.664530

2.3.2　条件不变，加大内齿轮变位系数 ξ_2 对传动啮合角 α 的影响

为了取得满意的设计参数，有时需要调整传动啮合角 α、不产生齿廓重叠干涉值的大小，在不改动原有设计参数的基础上，若不变动齿轮副齿数、插齿刀齿数 z_c 和外齿轮的变位系数 ξ_1，只改变内齿轮的变位系数 ξ_2（因为 ξ_2 的变动量很小），除对 α 和 Ω 值有改变外，对其他参数的影响不大。加大 ξ_2，即加大了 $\xi_2-\xi_1$ 的差值，显然，α 和 Ω 值均会有所增加；减小 ξ_2，即减小 $\xi_2-\xi_1$ 差值，α 和 Ω 值均随之减小，甚至有时还会产生齿廓重叠干涉。表 2.14 即为加大内齿轮变位系数 ξ_2 的例子。四齿差内啮合齿轮副 $z_1/z_2=100/104$，用 $m/z_c=3/34$ 的插齿刀计算，因原有的设计参数，使不产生齿廓重叠干涉值 $\Omega=0$ 太小，会给加工、制造、组装带来一定难度，如果将内齿轮的变位系数 ξ_2 加大 0.06，即 $\xi_2=2.1866990+0.06$，而其他参数不变，结果 α 和 Ω 值均加大，从 α 和 Ω 加大的情况来看，对于四齿差，将 ξ_2 加大 0.06 是偏大了，显然没有必要，当齿数差少时，ξ_2 的加大量可偏大些；当齿数差多时，ξ_2 的加大量可偏小些。

表 2.14　条件一定时，加大 ξ_2 对 α 的影响

（$z_1/z_2=100/104$，$m/z_c=3/34$）

ξ_1	ξ_2	α	Ω
2.30	2.1866990	23° 17.5437407′	0
2.30	2.1866990+0.06	27° 8.2384675′	0.1860876

2.3.3　插齿刀齿数 z_c 对传动啮合角 α 的影响

若齿轮副的设计基本参数如齿轮副组合齿数 z_1/z_2 和外齿轮的变位系数 ξ_1 不变，并以

不产生齿廓重叠干涉最小的正值为限制条件，采用两把不同齿数 z_c 的插齿刀进行计算，结果是不同的 z_c 为了满足和保证不产生齿廓重叠干涉值为最小的正值时，所需要的内齿轮变位系数 ξ_2 不同。这是由于不同的 z_c，即使是 z_1/z_2 和 ξ_1 相同，但各自的特性曲线和变位系数比 ξ_k 不同所致，插齿刀齿数 z_c 少所需要的最小 ξ_2 要比 z_c 多的大，ξ_2 值大，则 α 值也大，即 z_c 少的，α 值就大些。当 z_2-z_1 多，如五齿差、六齿差，如果两插齿刀齿数相差不多，z_c 对 α 的影响不是很大，如表 2.15 所示。齿数差少或两插齿刀齿数相差较多，z_c 对 α 的影响就大（见表 2.7）。若将表 2.7 中 ξ_2 值对调，再进行计算，插齿刀齿数少的 $z_c=25$，一定会产生齿廓重叠干涉。

表 2.15　　传动啮合角 α 与插齿刀齿数 z_c 的关系

（$z_1/z_2=50/55$，$\xi_1=0$）

组	m/z_c	ξ_2	α	Ω
一	3/25	0.0727894	23° 48.4835′	0.0000000087
二	3/34	0.0722096	23° 48.2220417′	0.0000005032

少齿差内啮合齿轮副的传动啮合角 α 和不产生齿廓重叠干涉值的大小与齿轮副的组合齿数 z_1/z_2 及其变位系数 ξ_1/ξ_2 和插齿刀齿数 z_c 有关，而与插齿刀模数 m 无关。以表 2.16 所示数据进行说明：三齿差内啮合齿轮副 $z_1/z_2=50/53$，变位系数 $\xi_1=0.6$，$\xi_2=0.75$，分别用齿数 z_c 相同、模数 m 不同的 $m/z_c=3/25$、$m/z_c=4/25$ 两把插齿刀进行计算，其结果说明传动啮合角 α、齿廓重叠干涉与模数无关。

表 2.16　　模数 m 与 α、Ω 的关系

（$z_1/z_2=50/53$，$\xi_1=0.6$）

组	m/z_c	ξ_2	Ω	α
一	3/25	0.75 (0.7222+0.0277)	0.1284975	33° 7.6444545′
二	4/25	0.75 (0.7222+0.0277)	0.1284975	33° 7.6444545′

2.3.4　齿轮齿数对传动啮合角 α 的影响

同一齿数差，不同齿数的齿轮副，用相同齿数 z_c 的插齿刀计算，如果取同样大小的外齿轮变位系数 ξ_1 为条件，不同齿轮齿数对传动啮合角 α 的影响各异，同一齿轮齿数不同的具体情况对 α 的影响也各不相同，这是因为同一齿数差内任何两个不同齿数的齿轮副，其特性曲线都有一个交点 s，根据交点 s 的位置有以下三种类型：

（1）Ⅰ类。齿数差 $z_2-z_1=6$，5，其交点 s 在第一象限。

（2）Ⅱ类。齿数差 $z_2-z_1=4,3,2$，其交点 s 由第一象限下移至第四象限，其中 $z_2-z_1=5$ 为中间过渡，交点 s 可能在第一象限，也可能在第四象限。

（3）Ⅲ类。如果少齿差内啮合齿轮副采用插齿刀计算系统计算，一齿差 $z_2-z_1=1$ 的

特性曲线和其他齿数差某些齿数偏少的齿轮副，其特性曲线与纵坐标 ξ_1 轴没有交点，由于各种干涉的存在，内齿轮的变位系数不会有 $\xi_2=0$ 的情况，特性曲线的交点按第四象限处理。表 2.17～表 2.21 与图 2.2～图 2.6 相对应（$z_2-z_1=1$有表 2.22 无图），是根据不同齿数差，用 $m/z_c=4/25$ 插齿刀计算，以不产生齿廓重叠干涉值 $\Omega\doteq 0$ 为限制条件。齿轮副的变位系数基数原始集，就是当 $\xi_1=0$，使之不产生齿廓重叠干涉值 $\Omega=0$ 时所需要内齿轮的最小变位系数为内齿轮的基数原始集 ξ_2；当 $\xi_2=0$，使之不产生齿廓重叠干涉值 $\Omega=0$ 时所需要外齿轮的最小变位系数为外齿轮的基数原始集 ξ_1，形成坐标轴上二点（ξ_2，0）（0，$-\xi_1$），连成线（实为曲线），即是齿轮副的特性曲线的一部分，齿数差相同而齿数不同的两组齿轮副，采用相同齿数 z_c 的插齿刀计算，其两条特性曲线必有一交点 s，从理论上，交点 s 处的两齿轮副的变位系数 ξ_1、ξ_2 和不产生齿廓重叠干涉值均分别对应相等，这说明特性曲线的实际存在和特性曲线在少齿差内啮合齿轮副中的重要作用，实为少齿差内啮合齿轮副的特殊之例。

表 2.17　　齿轮齿数对传动啮合角 α 的影响

（$z_2-z_1=6$，$m/z_c=4/25$）

z_1/z_2	ξ_1	ξ_2	α	Ω
40/46	0	0.0205252	21° 1.5483333′	0
100/106	0	0.0175214	20° 52.6613417′	0
40/46	−0.0223040	0	21° 6.1050′	0
100/106	−0.01807520	0	20° 54.2374917′	0

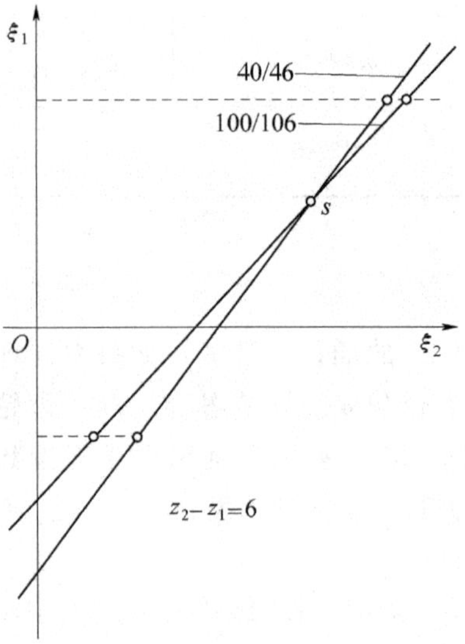

图 2.2　交点 s 的变化（$z_2-z_1=6$）

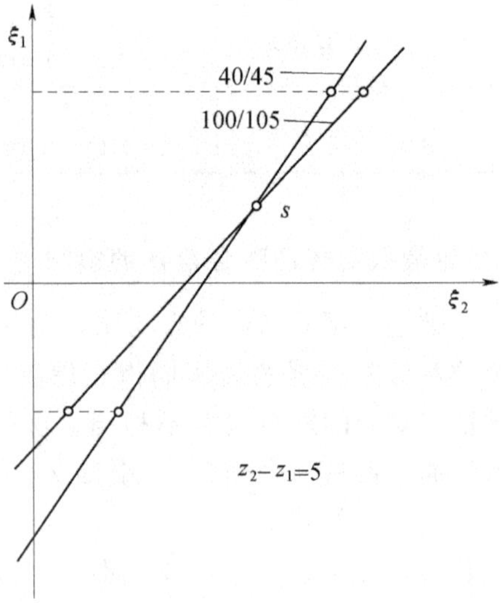

图 2.3　交点 s 的变化（$z_2-z_1=5$）

表 2.18　　齿轮齿数对传动啮合角 α 的影响

（$z_2-z_1=5$，$m/z_c=4/25$）

z_1/z_2	ξ_1	ξ_2	α	Ω
40/45	0	0.0730107	23° 50.745′	0
100/105	0	0.0726951	23° 46.2564317′	0
40/45	−0.0829394	0	24° 8.8516667′	0
100/105	−0.0762402	0	23° 53.0170233′	0

表 2.19　　齿轮齿数对传动啮合角 α 的影响

（$z_2-z_1=4$，$m/z_c=4/25$）

z_1/z_2	ξ_1	ξ_2	α	Ω
40/44	0	0.1392115	27° 42.2274167′	0.0000005
100/104	0	0.1458048	27° 44.9824167′	0.0000005
40/44	−0.1680483	0	28° 22.32350′	0
100/104	−0.1557556	0	27° 59.7194417′	0.0000005

表 2.20　　齿轮齿数对传动啮合角 α 的影响

（$z_2-z_1=3$，$m/z_c=4/25$）

z_1/z_2	ξ_1	ξ_2	α	Ω
40/43	0	0.2325106	33° 23.6166667′	0.0000018
100/103	0	0.2561152	33° 40.5881517′	0.0000011
40/43	−0.3119642	0	34° 48.8832950′	0
100/103	−0.2841623	0	34° 11.7404167′	0.0000002

表 2.21　　齿轮齿数对传动啮合角 α 的影响

（$z_2-z_1=2$，$m/z_c=4/25$）

z_1/z_2	ξ_1	ξ_2	α	Ω
40/42	0	0.3935548	42° 51.6778333′	0.0000002
100/102	0	0.4711362	43° 46.00650′	0.0000023
40/42	−0.7242802	0	47° 6.6908333′	0.0000006
100/102	−0.5779560	0	45° 10.5093333′	0

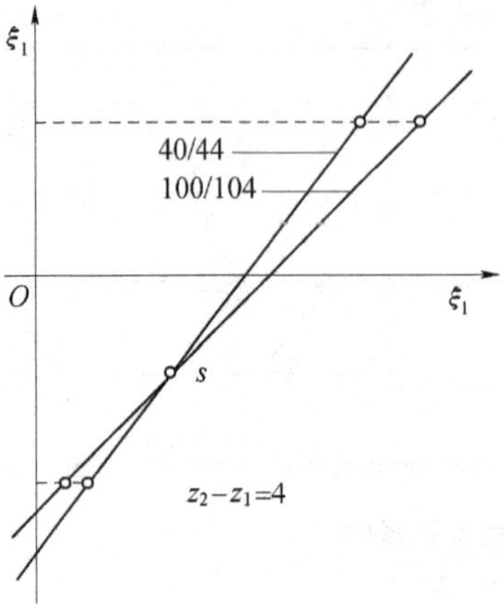

图 2.4　交点 s 的变化（$z_2-z_1=4$）

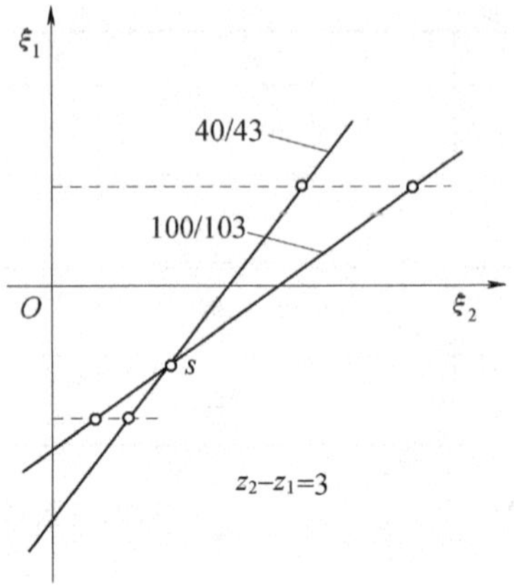

图 2.5　交点 s 的变化（$z_2-z_1=3$）

表 2.22　　齿轮齿数对传动啮合角 α 的影响

（$z_2-z_1=1$，$m/z_c=4/25$）

z_1/z_2	ξ_1	ξ_2	α	Ω
40/41	0	0.8380350	$62°9.5\dot{3}'$	0.0000007
100/101	0	1.3114659	$65°51.2003\dot{6}'$	0

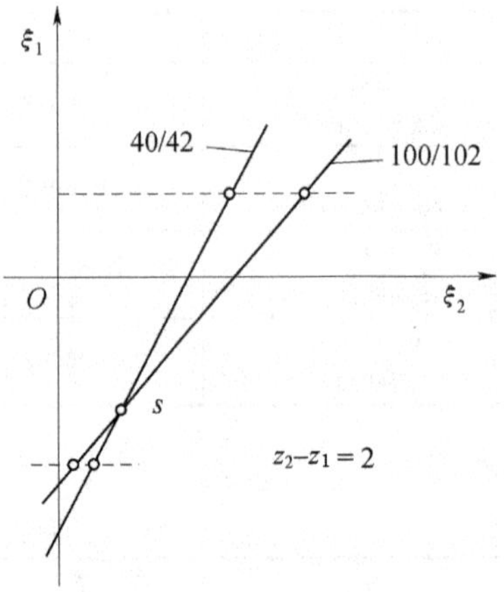

图 2.6　交点 s 的变化（$z_2-z_1=2$）

齿轮副特性曲线的交点 s 若在第一象限，齿轮齿数少的基数原始集 ξ_2 大于齿轮齿数多的基数原始集 ξ_2；若交点发生在第四象限，则情况与上述相反，齿轮齿数少的基数原始集 ξ_2 小于齿轮齿数多的基数原始集 ξ_2，但无论交点 s 在何象限，齿轮齿数多的基数原始集 ξ_1 大于齿轮齿数少的基数原始集 ξ_1。如果在交点 s 的上方选取同样大小的 ξ_1，不产生齿廓重叠干涉值为最小的正值时所需要内齿轮最小的变位系数 ξ_2，是齿轮齿数多的 ξ_2 大于齿轮齿数少的 ξ_2；在交点 s 的下方选取同样大小的 ξ_1，则情况与此相反。内齿轮的变位系数 ξ_2 偏大，其传动啮合角 α 就大些。

传动啮合角 α 是少齿差内啮合齿轮副重要参数之一，对齿廓重叠干涉验算值 Ω，传动啮合角 α 是以 $(z_2-z_1)\text{inv}\alpha$ 的形式影响的；对过渡曲线干涉，α 是以 $(z_2-z_1)\tan\alpha$ 的形式影响的；对重叠系数 ε、实际啮合中心距 A，α 分别是以 $\tan\alpha$、$\cos\alpha$ 的形式影响的。

2.4　实际啮合中心距 A

实际啮合中心距 A，也就是偏心轴的偏心距，由于偏心轴作为驱动和输出机构，导致传递功率和传动效率都要受到一定限制。实际啮合中心距 A 受传动啮合角 α 影响很大，传动啮合角 α 偏大会导致轴承加大不同程度的磨损，如果将实际啮合中心距计算出的基本尺寸和上、下偏差采取正值，对避免齿廓重叠干涉和过渡曲线干涉，以及在组装时加大 $A+R_2\geqslant R_1$ 有利。

从实际啮合中心距 A 的计算公式分析：

$$A=\frac{A_0}{\cos\alpha}\cos\alpha_0$$

实际啮合中心距 A 与标准中心距 A_0 有直接关系，A_0、α 值大，都会促使 A 值有所增加。若模数取值为 $m=1$，A_0 由一齿差到六齿差的变化为 $0.5y$，其中 $y=1,2,3,4,5,6$，即齿数差 z_2-z_1 越多，A_0 越大。由于 $A_0=\frac{m(z_2-z_1)}{2}$，代入上式，得

$$A=m\frac{z_2-z_1}{2}\frac{\cos\alpha_0}{\cos\alpha}$$

显然，实际啮合中心距 A 与模数 m、齿数差 z_2-z_1 和传动啮合角 α 有密切关系，当模数 m 和齿数差 z_2-z_1 被确定后，实际啮合中心距 A 只与传动啮合角 α 有关，当外齿轮变位系数 ξ_1 值由大向小沿特性曲线逐渐向下移动时，α 怎样变化，A 也就怎样变化，α 值是由小向大沿特性曲线下移，A 值沿特性曲线下移，其值也是由小向大，也就是变位系数 ξ_1 大，而传动啮合角 α 小、实际啮合中心距 A 也小。

2.4.1　齿轮齿数对实际啮合中心距 A 的影响

齿数差和外齿轮的变位系数 ξ_1 相同，用齿数 z_c、模数 m 皆相同的插齿刀计算齿数不一样的齿轮副，在不产生齿廓重叠干涉值为最小的正值的条件下，齿轮齿数对实际啮合中心距 A 也产生一定影响。例如，有两组二齿差内啮合齿轮副，$z_1/z_2=45/47$，$z_1/z_2=80/82$，用 $m/z_c=4/25$ 插齿刀计算，分别取 $\xi_1=0$ 和 $\xi_2=0$ 两种情况（见表 2.23），A 值是随 α 值的变化而变化的，α 大，A 也大；α 小，A 也小。在两组齿轮副的特性曲线交点的上方选取同样大小的外齿轮变位系数 ξ_1，齿数多的齿轮副 $z_1/z_2=80/82$ 的传动啮合角 α 大于齿数少的齿轮副 $z_1/z_2=45/47$ 的传动啮合角 α，在交点下方取同样大小的 ξ_1 则相反，齿数多的传动啮合角 α 比齿数少的偏小（见表 2.23）。由于 A 值沿特性曲线变化的情况相同，且两者变化成正比，所以，在交点的上方齿轮齿数多的其实际啮合中心距 A 偏大，而在交点的下方齿轮齿数多的 A 值偏小。

表 2.23　　齿轮齿数对实际啮合中心距 A 的影响

($z_2-z_1=2$，$m/z_c=4/25$)

z_1/z_2	ξ_1	ξ_2	Ω	α	A	λ	备注
45/47	0	0.4093843	0.0000002	43° 2.172750′	5.1425019	0.2856255	在交点上方
80/82	0	0.4589934	0	43° 37.0363833′	5.1919307	0.2979827	
45/47	−0.6828923	0	0	46° 34.7473167′	5.4684781	0.3671195	在交点下方
80/82	−0.5948257	0	0	45° 24.2057668′	5.3535314	0.3383828	

2.4.2　插齿刀齿数 z_c 对实际啮合中心距 A 的影响

表 2.24 是模数 m 相同（消除 m 不同时引出的干扰）而齿数 z_c 不同的两把插齿刀分别计算两组齿数相同、五齿差内啮合齿轮副，以外齿轮变位系数 ξ_1 相等且使不产生齿廓重叠干涉值为最小的正值作共同的限制条件。表 2.25 反映的是二齿差内啮合齿轮副的情况。两表同样表现出，z_c 少的 α 和 A 均较 z_c 多的大，z_c 多的 α 和 A 均较 z_c 少的偏小。这是因为条件相同，取同样大小的 ξ_1，为满足和保证不产生齿廓重叠干涉值最小时，所需要内齿轮变位系数 ξ_2 不同所引起的，z_c 少，ξ_2 就大些，导致 α 和 A 也就大些。如果齿数差 z_2-z_1 较多，实际啮合中心距 A 受 z_c 的影响很小。若齿数为定值，将 z_c 取得多些能获得偏小的 α 或对避免内齿轮顶切有利。从 z_c 与 A 的关系来看，少齿差内啮合齿轮副如果采用插齿刀计算系统计算，加工和计算的 z_c 必须要统一，否则会产生某种干涉。

表 2.24　　插齿刀齿数 z_c 对实际啮合中心距 A 的影响

($z_2-z_1=5$，$z_1/z_2=50/55$)

组别	m/z_c	ξ_1	ξ_2	Ω	α	A
一	3/25	0	0.0727894	0	23° 48.48350′	7.7032159
二	3/34	0	0.0722096	0.0000005	23° 48.2220417′	7.7029573

表 2.25　　插齿刀齿数 z_c 对实际啮合中心距 A 的影响

($z_2-z_1=2$，$z_1/z_2=55/57$)

组别	m/z_c	ξ_1	ξ_2	Ω	α	A
一	3/25	0.80	1.0050688	0.0000205	40° 2.015240′	3.6818562
二	3/34	0.80	0.9424615	0	39° 19.599640′	3.6443599

2.4.3　实际啮合中心距 A 与齿廓重叠干涉的关系

计算出来的实际啮合中心距 A——基本尺寸，由于加工、测量误差和尺寸公差的存在，即使是实际尺寸的实际偏差处于图纸标注的上、下偏差范围内，A 值的大小对不产生齿廓重叠干涉值的影响也不同。由于 Ω 值直接与 A 和齿轮副的齿顶圆有关，如果将计算出来的基本尺寸用偏差的形式，使实际尺寸大于、等于、小于基本尺寸，分别计算出其对应的齿顶圆半径 R_1、R_2，然后再计算 Ω 值，无论齿轮副的变位系数是正值还是负值，结论是一样的。当实际尺寸＞基本尺寸时，Ω 值偏大（见表 2.26 和表 2.27）。实际啮合中心距 A 应以工艺要求的形式，取上、下偏差均为正值，对避免齿廓重叠干涉和避免过渡曲线干涉均较有利。

表 2.26　A 值对齿廓重叠干涉的影响

（$z_1/z_2=45/49$，$m/z_c=2.5/20$，$\xi_1=-0.3397$，$\xi_2=-0.15245$）

A 值的变化情况	实际啮合中心距 A	Ω 值的变化情况
基本尺寸	5.3663998	0.0000463
实际尺寸＞基本尺寸	5.375	0.0110454
实际尺寸＜基本尺寸	5.358	−0.0107817

表 2.27　A 值对齿廓重叠干涉的影响

（$z_1/z_2=50/52$，$m/z_c=2.5/20$，$\xi_1=1.05$，$\xi_2=1.19774$）

A 值的变化情况	实际啮合中心距 A	Ω 值的变化情况
基本尺寸	3.0235842	0.0000069
实际尺寸＞基本尺寸	3.03	0.0131515
实际尺寸＜基本尺寸	3.02	−0.0073896

若其他条件不变，只加大内齿轮的变位系数 ξ_2，会使实际啮合中心距 A 值有所增加。

2.5　中心距分离系数 λ

少齿差内啮合齿轮副的实际啮合中心距 A 与标准中心距 A_0 之差用 $m\lambda$ 表示，即

$$m\lambda=A-A_0 \text{ 或 } \lambda=\frac{A-A_0}{m}$$

上式为中心距变动量与模数之比。λ 称为中心距分离系数，上式还可以化成

$$\begin{aligned}\lambda&=\frac{A-A_0}{m}\\&=\frac{1}{m}\left(\frac{A_0}{\cos\alpha}\cos\alpha_0-A_0\right)\end{aligned}$$

$$=\frac{A_0}{m}\left(\frac{\cos\alpha_0}{\cos\alpha}-1\right)$$

$$=\frac{z_2-z_1}{2}\left(\frac{\cos\alpha_0}{\cos\alpha}-1\right)$$

由上式可知，传动啮合角 α 越大，z_2-z_1 越多，λ 值越大，但 z_2-z_1 多时，传动啮合角 α 要比 z_2-z_1 少时的 α 小很多，结果使齿数差 z_2-z_1 少的中心距分离系数 λ 比齿数差 z_2-z_1 多的 λ 要大。当齿轮副的 ξ_1 值由上向下沿特性曲线移动时，由于传动啮合角 α 值由小逐渐递增，使 λ 值也将沿特性曲线下移而由小向大递增（见表 2.28、表 2.31、表 2.42）。而 λ 值实际上与模数 m 无关，如表 2.29 所示。

表 2.28　　中心距分离系数 λ 沿特性曲线的变化情况

（$z_1=z_2=100/106$，$m/z_c=3/34$）

ξ_1	ξ_2	α	λ	γ	Ω
0.07	0.0853835	20° 47.8884048′	0.0155815	0.0001960	0.0008234
0.015	0.0320517	20° 51.381$\dot{3}$′	0.0167474	−0.0003043	0
−0.01	0.0078091	20° 53.6027143′	0.0174908	−0.000318269	0
−0.0180530	0	20° 54.2209250′	0.0176979	−0.0003551	0

表 2.29　　模数 m 与中心距分离系数 λ 的关系

（$z_1/z_2=60/61$）

m/z_c	ξ_1	ξ_2	A_0	A	α	λ	γ
3.5/22	0.8	1.532	1.75	3.4562618	61° 35.343896′	0.48750338	−0.2444966
4.5/22	0.8	1.532	2.25	4.4437651	61° 35.343896′	0.48750338	−0.2444966

齿轮副的设计参数只加大内齿轮的变位系数，而其他参数不变，由于加大了 ξ_2，会增大传动啮合角 α，引起中心距分离系数 λ 的增大（见表 2.43）。齿轮副组合齿数为定值，ξ_1 取值相等且使不产生齿廓重叠为最小的正值，采用不同齿数 z_c 插齿刀计算，结果是 z_c 少的传动啮合角 α 比 z_c 多的大，因而 z_c 少的中心距分离系数 λ 偏大。如果条件与上述情况相同，z_c 少时的中心距分离系数为 λ'、实际啮合中心距为 A'，z_c 多时的为 λ''、A''，则有

$$(\lambda'-\lambda'')=\left(\frac{A'-A_0}{m}\right)-\left(\frac{A''-A_0}{m}\right)$$

$$=\frac{A'-A''}{m}$$

因为 $A'>A''$，所以 $\lambda'>\lambda''$。也就是说，z_c 少时，λ 值偏大些。齿数差逐渐递增，z_c 对 λ 的影响逐渐递减。以上情况可参见表 2.47、表 2.48、表 3.7。

中心距分离系数 λ 通过齿顶高变动系数 γ 和齿轮副齿顶圆的大小影响 Ω 值，单从避免齿廓重叠干涉的角度来说，λ 值大些是有利的（见表 2.30）。

表 2.30　　中心距分离系数 λ 对齿廓重叠干涉的影响

（$z_1/z_2=100/101$，$m/z_c=1.5/68$，$\xi_1=2.16$，$\xi_2=2.09590568$）

λ	γ	R_1	R_2	Ω
计算值 0.25603936	0.32013077	78.95979948	78.17405917	−0.00014132
大于计算值 0.257	0.32109432	78.95835852	78.1755	0.00470205
小于计算值 0.255	0.31909432	78.96135852	78.1725	−0.00582695

同一齿数差 z_2-z_1，在 ξ_1 和 ξ_2 为定值的条件下，由齿轮齿数影响 α 值增大的，λ 也大；α 小，λ 也小些。从 λ 的计算公式也可推出这个结论（见表 2.23）。中心距分离系数 λ 对齿顶高变动系数 γ 影响很大，特别是齿数差较少时，影响更大些。

2.6　齿顶高变动系数 γ

在用插齿刀切制的齿轮传动中，齿顶高变动系数 γ 可为正、为负或为零，会使齿顶伸长或缩短。若齿顶伸长，会导致轮齿的弯曲强度降低，但由于计算时采用短齿制，齿顶高系数 $f=0.8$；又由于选取齿轮副的变位系数是在重叠系数 ε 限制点下附近（当齿数差少时），一般的变位系数不会特别大，若 γ 值出现特大的情况，不会有导致伸长的可能。同一把插齿刀每次刃磨前后加工出的齿轮副，应进行同批加工的啮合组装，不应进行不同批加工的啮合组装，这样做是较为理想的。

齿顶高变动系数 γ 的计算公式为

$$\gamma=\lambda-\xi_2+\xi_1$$

也可以诱导成下列公式

$$\begin{aligned}\gamma&=\lambda-(\xi_2-\xi_1)\\&=\frac{A-A_0}{m}-(\xi_2-\xi_1)\\&=\frac{z_2-z_1}{2}\left(\frac{\cos\alpha_0}{\cos\alpha}-1\right)-(\xi_2-\xi_1)\end{aligned}$$

2.6.1　齿顶高变动系数 γ 沿特性曲线的变化情况

在特性曲线上，齿轮副的变位系数越大，使变位系数之差 $\xi_2-\xi_1$ 和中心距分离系数 λ 越小而齿顶高变动系数 γ 越大，且表现为正值。当变位系数 ξ_1 值由大向小沿特性曲线下移时，λ、α、$\xi_2-\xi_1$ 均出现不同程度的逐渐递增，使 γ 逐渐递减变为负值，即 γ 沿特性曲线下移其值是由大向小递变（见表 2.28、表 2.31、表 2.37、表 2.38、表 2.42）。

表 2.31　　齿顶高变动系数 γ 沿特性曲线的变化情况

($z_1/z_2=100/104$，$m/z_c=3/34$)

ξ_1	ξ_2	$\xi_2-\xi_1$	α	γ	λ	Ω
0.82	0.8889028	0.0689028	26° 16.89090141′	0.0271531	0.0960559	0.0000078
0.65	0.737132	0.087132	26° 36.1559589′	0.0147738	0.1019058	0.0000051
0	0.1454242	0.1454242	27° 44.7836′	−0.0218656	0.1235585	0.0000001
−0.155625	0	0.1556250	27° 59.6463′	−0.0272060	0.1284190	0.0000002
−0.20	−0.0414664	0.1585336	28° 4.2647499′	−0.0285891	0.1299445	0.0003835

2.6.2　齿顶高变动系数 γ 与插齿刀齿数的关系

如果齿轮副的组合齿轮不变，ξ_1 为定值，采用两种齿数不同的插齿刀计算，设 z_c 少时有关参数为 γ'、λ'、ξ_1' 和 ξ_2'，齿数 z_c 多时有关参数为 γ''、λ''、ξ_1'' 和 ξ_2''，则

$$\begin{aligned}\gamma'-\gamma'' &= (\lambda'-\xi_2'+\xi_1')-(\lambda''-\xi_2''+\xi_1'')\\ &= (\lambda'-\lambda'')+(\xi_1'-\xi_1'')+(\xi_2''-\xi_2')\end{aligned}$$

式中：$\xi_1'-\xi_1''=0$；$\lambda'-\lambda''$为正值，但 λ' 与 λ'' 两者相差极微；$\xi_2''-\xi_2'$ 为负值，结果使 $\gamma'-\gamma''$ 为负值，即 $\gamma'<\gamma''$，齿数 z_c 少的 γ 值偏小。

2.6.3　齿顶高变动系数 γ 与传动啮合角 α 的关系

如果只加大内齿轮的变位系数，其他设计参数不变，实际上就是加大 $\xi_2-\xi_1$ 差值，必然会引起传动啮合角 α 的增加。根据特性曲线参数变化的特点，传动啮合角 α 大，中心距分离系数 λ 也大，而齿顶高变动系数 γ 则小（见表 2.32、表 2.43）。

表 2.32　　加大 ξ_2 对 γ 的影响

($z_1/z_2=70/72$，$m/z_c=3/34$)

ξ_1	ξ_2	γ	Ω
1.10	1.249528	0.0655348	0
	1.249528+0.06	0.0493121	0.2040487
0	0.4411364	−0.1473598	0
	0.4411364+0.06	−0.1730248	0.1608575

2.6.4　齿顶高变动系数 γ 与齿数差的关系

齿数差 z_2-z_1 越少，齿顶高变动系数 γ 越小，即使是同一齿数 z_c 的插齿刀计算，由

于不同齿数差的传动啮合角 α 的大小不等所导致的结果（见表 2.33）。

表 2.33　　齿数差 z_2-z_1 对 γ 的影响

（$\xi_1=0$，$m/z_c=4/25$）

z_1/z_2	ξ_2	γ
80/85	0.0727213	−0.0056069
80/84	0.1447931	−0.0214284
80/83	0.2526461	−0.0598536

2.6.5　齿轮齿数对齿顶高变动系数 γ 的影响

对于同一齿数差、外齿轮的变位系数 ξ_1 和插齿刀齿数为定值，并且保证不产生齿廓重叠干涉值最小的情况，齿轮齿数对 γ 值有一定的影响，其影响的大小根据两齿轮副的特性曲线交点的位置不同而有所不同。其存在的关系是：在特性曲线交点的上方取同样大小的 ξ_1 时，齿轮齿数多的比齿轮齿数少的 α 大、λ 也大，但 γ 小；在交点的下方取同样大小的 ξ_1 时，齿轮齿数少的比齿轮齿数多的 α 大，λ 也大，而 γ 小。无论何种情况，凡是 α 大的，λ 也大，而 γ 小（见表 2.34～表 2.36）。

表 2.34　　齿轮齿数对齿顶高变动系数 γ 的影响

（$z_2-z_1=5$，$m/z_c=4/25$）

z_1/z_2	ξ_1	ξ_2	α	Ω	λ	γ	备注
45/50	0.2	0.2465015	23° 9.7535283′	0	0.05519952	0.008698015	在交点上方
95/100	0.2	0.2618621	23° 27.5977277′	0	0.06092115	−0.000940946	
45/50	−0.0763736	0.00453	24° 4.2237069′	0.0000625	0.07296350	−0.007940098	在交点下方
95/100	−0.0763736	0	23° 53.3775′	0	0.06935319	−0.0070204097	

表 2.35　　齿轮齿数对齿顶高变动系数 γ 的影响

（$z_2-z_1=1$，$m/z_c=3/34$）

z_1/z_2	ξ_1	ξ_2	α	Ω	λ	γ	备注
85/86	1	1.6880067	60° 41.5944717′	0	0.4598768	−0.2281299	在交点上方
100/101	1	1.7965499	61° 43.5093050′	0	0.4918614	−0.3046885	

表 2.36　　齿轮齿数对齿顶高变动系数 γ 的影响

($z_2-z_1=2$，$m/z_c=2.25/45$)

z_1/z_2	ξ_1	ξ_2	α	Ω	λ	γ	备注
80/82	0	0.4410131	43°26.3776667′	0.0000038	0.2941655	−0.1468477	在交点上方
100/102	0	0.4609008	43°39.953250′	0.0000001	0.2990333	−0.1618676	
80/82	−0.5714899	0.01025	45°15.7916067′	0.0000056	0.3350730	−0.2466669	在交点下方
100/102	−0.5714899	0	45°6.624950′	0.0000001	0.3350729	−0.236417	

2.6.6　齿顶高变动系数 γ 与中心距分离系数 λ 相等的情况

由公式 $\gamma=\lambda-(\xi_2-\xi_1)$，当 $\xi_2=\xi_1$ 时，则齿顶高变动系数 γ 与中心距分离系数 λ 两者相等。外齿轮的变位系数 ξ_1 值沿特性曲线由小向大逐渐向上移动时，$\xi_2-\xi_1$ 差值越来越小，上移到一定程度会出现 $\xi_1=\xi_2$ 而使 $\gamma=\lambda$ 的情况，齿数差 $z_2-z_1=5,6$，因为在一般情况下变位系数选取不是很大，其他齿数差少的如一齿差、二齿差，要想使 $\xi_1=\xi_2$，变位系数必须选取很大，但这样要受到重叠系数 ε 的限制。

【例 2.1】　$\gamma=\lambda$ 或 $\xi_2=\xi_1$ 的例子。

例如，六齿差内啮合齿轮副 $z_1/z_2=31/37$，用 $m/z_c=6.5/16$ 的插齿刀计算，由公式

$$\xi_2=\xi_k\xi_1+\xi_{02}$$

则

$$\xi_2=\xi_1=\frac{\xi_{02}}{1-\xi_k}$$

由 $z_2-z_1=6$，查特性曲线计算用表（表 6.7）得 $\xi_{02}=0.0230372$，$\xi_k=0.8908139$，代入公式并整理得 $\xi_2=\xi_1=0.21099023$，$\lambda=\gamma=0.00795221$，传动啮合角 $\alpha=20°24.72675'$。

2.7　齿顶高 h'、齿根高 h''、齿全高 h

少齿差内啮合齿轮副经变位后，齿顶高 h'、齿根高 h''和齿全高 h 均发生不同程度的变化，变化的大小取决于齿轮副的变位系数，而变位系数与齿数差、齿轮齿数和插齿刀齿数有关。齿顶高 h'和齿全高 h 又直接受齿顶高变动系数 γ 的影响。齿顶高 h'是确定齿轮副齿顶圆大小的关键参数，齿顶圆的大小，必须满足一定的条件，才有可能减少或避免加工、组装、传动的干涉。当齿顶高系数 $f=0.8$，变位齿轮的齿全高 h 与标准齿轮的齿全高 h 减短了 $m\gamma$。

2.7.1　一对互相内啮合的少齿差齿轮副的齿全高相等

齿顶高公式为

$$h_1' = m(f + \xi_1 - \gamma) \tag{2.1}$$

$$h_2' = m(f - \xi_2 - \gamma) \tag{2.2}$$

齿根高公式为

$$h_1'' = m(f - \xi_1 + c_0) \tag{2.3}$$

$$h_2'' = m(f + \xi_2 + c_0) \tag{2.4}$$

式中　f——齿顶高系数，$f=0.8$；

c_0——径向间隙系数，$c_0=0.3$。

式（2.1）减式（2.2）得

$$h_1' - h_2' = m(\xi_2 + \xi_1) \tag{2.5}$$

式（2.4）减式（2.3）得

$$h_2'' - h_1'' = m(\xi_2 + \xi_1) \tag{2.6}$$

由式（2.5）和式（2.6）得

$$h_2' + h_2'' = h_1' + h_1''$$

即内齿轮的齿全高与外齿轮的齿全高经变位后，仍然保持相等，但加工时，齿全高仅作参考尺寸，不得作进刀深度。

2.7.2　内啮合齿轮副齿顶高 h' 相等的条件

由式（2.5）可知，如果外齿轮变位系数 ξ_1 很小且为负值，与之相内啮合的内齿轮变位系数 ξ_2 取值与 ξ_1 大小相等而符号相反，则出现 $h_1'=h_2'$，即互相内啮合的齿轮副齿顶高 h' 相等。由变位系数计算公式：

$$\xi_2 \geqslant \xi_{02} + \xi_k \xi_1$$

得

$$\xi_2 \geqslant \xi_{02} - \xi_k \xi_2$$

$$\xi_2 \geqslant \frac{\xi_{02}}{1+\xi_k}$$

式中的 ξ_{02}、ξ_k 查表可得，只要取等于或大于此数值的变位系数 ξ_2，内啮合齿轮副的齿顶高就会相等，取大于的目的是为了使不产生齿廓重叠干涉值大些。齿轮副的齿顶高 h' 虽然相等，但齿顶圆弧齿厚 S_a 不相等。

2.7.3　内啮合齿轮副齿根高 h'' 相等的条件

由式（2.6）

$$h_2'' - h_1'' = m(\xi_2 + \xi_1)$$

如果外齿轮变位系数很小为负值，且当 $\xi_2+\xi_1=0$，式（2.6）会出现 $h_2''=h_1''$。也就是说，当少齿差内啮合齿轮副的外齿轮变位系数 ξ_1 为负值，而内齿轮变位系数为与 ξ_1 值大小相等符号相反的正值时，即出现齿轮副的齿根高 h'' 相等。从式（2.5）和式（2.6）可知：少齿差内啮合齿轮副只要齿顶高之差或齿根高之差为零，则变位系数 ξ_1 与 ξ_2 一定是大小相等而符号相反；反之亦然，若变位系数 ξ_2 与 ξ_1 大小相等而符号相反时，则齿轮副的齿顶高之差或齿根高之差等于零，这种情况只有外齿轮的变位系数 ξ_1 为负值时才有发生的可能。

【例 2.2】 举一综合实例：四齿差内啮合齿轮副 $z_1/z_2=31/35$，用 $m/z_c=6.5/16$ 插齿刀计算，令 $\xi_2+\xi_1=0$，且 ξ_1 为负值，代入公式

$$\xi_2 \geqslant \frac{\xi_{02}}{1+\xi_k}$$

查表 6.5，得

$$\xi_{02}=0.1403687$$
$$\xi_k=0.788091$$

则 $\xi_2=0.0785019$。

为了提高不产生齿廓重叠干涉值 Ω，令

$$\xi_2=0.0785019+0.06=0.1385$$
$$\xi_1=-0.1385$$

经计算齿顶高变动系数 $\gamma=-0.0619461$。

齿顶高 h' 计算如下：

$$h_1'=m(f+\xi_1-\gamma)=6.5(0.8-0.1385+0.0619461)=4.7023994$$
$$h_2'=m(f-\xi_2-\gamma)=4.7023994$$

所以，$h_1'=h_2'$。

齿根高 h'' 计算如下：

$$h_1''=m(f-\xi_1+c_0)=6.5(0.8+0.1385+0.3)=8.05025$$
$$h_2''=m(f+\xi_2+c_0)=8.05025$$

所以，$h_1''=h_2''$。

齿全高 h 计算如下：

$$h_1=h_1'+h_1''=12.7526496$$
$$h_2=h_2'+h_2''=12.7526496$$

所以，齿全高 $h_1=h_2$。

2.7.4 齿全高 h、齿根高 h''、齿顶高 h' 沿特性曲线的变化情况

当外齿轮变位系数 ξ_1 值由大向小沿特性曲线向下移动时，将引起齿全高 h、齿根高 h'' 和齿顶高 h' 相应的变化，而后者的变化是主要的。

1. 齿全高 h 的变化情况

由式（2.1）加式（2.3），或由式（2.2）加式（2.4），得齿全高公式，即

$$h=m(2f+c_0-\gamma)$$

由于齿顶高变动系数 γ 沿特性曲线下移时，其值是由大变小直至变为负值；显然，齿全高 h 沿特性曲线下移时，其值是由小向大变化。

2. 齿根高 h'' 的变化情况

对于外齿轮齿根高 $h_1''=m(f-\xi_1+c_0)$，ξ_1 沿特性曲线下移其值逐渐递减，h_1'' 值沿特性曲线下移时则是由小向大变化。

对于内齿轮齿根高 $h_2''=m(f+\xi_2+c_0)$，ξ_2 沿特性曲线下移其值逐渐变小，h_2'' 值沿特性曲线下移时是由大变小。

3. 齿顶高 h' 的变化情况

外齿轮齿顶高 h_1'，由于变位系数 ξ_1 值沿特性曲线下移逐渐变小，为 h_1' 值沿特性曲线下移而逐渐减小形成有利条件，虽然齿顶高变动系数 γ 沿特性曲线下移时其值由正值逐渐变小为负值，但其下移的减小量比其对应 ξ_1 的减小量要小得多，h_1' 的变化主要是受 ξ_1 的支配，因而 h_1' 值沿特性曲线下移时是由大向小变化。至于内齿轮齿顶高 h_2'，γ 值沿特性曲线下移时的减小量比对应的 ξ_2 减小量要小得多，而 h_2' 值沿特性曲线下移时是由小向大（见表 2.37、表 2.38）。

表 2.37　齿顶高 h'、齿根高 h''、齿全高 h 沿特性曲线的变化情况

($z_1/z_2=31/32$，$m/z_c=6.5/16$)

ξ_1	ξ_2	齿顶高 h'		齿根高 h''		齿全高 h	γ	Ω
		h_1'	h_2'	h_1''	h_2''			
1	1.2787705	11.3175248	−3.4944833	0.65	15.4620081	11.9675248	0.0588423	0.0000008
0.5	1.02333	9.1878158	−0.7138292	3.9	13.801645	13.0878158	−0.1135101	0
0	0.8340009	7.3472963	1.9262907	7.15	12.571060	14.4972963	−0.3303533	0
−0.5	0.760817	6.016774	4.3214635	10.4	12.0953105	16.416774	−0.6256575	0.0003808

由表 2.37 和表 2.38 得出，当 ξ_1 沿特性曲线下移其值由大变小，引起 h_1'、h_2''、γ 沿曲线下移时其值分别是由大向小变化；而 h_2'、h_1'' 是由小向大变化。

2.7.5　插齿刀齿数 z_c 与齿顶高 h' 的关系

对于少齿差内啮合齿轮副，如果 z_1/z_2 相同，外齿轮变位系数 ξ_1 相等，采用不同齿数 z_c 的插齿刀设计，设齿数 z_c 少时有关参数为 $(h_1')'$、$(h_2')'$、ξ_1'、γ'、ξ_2'；齿数 z_c 多时有关参数为 $(h_1')''$、$(h_2')''$、ξ_1''、γ'' 和 ξ_2''，代入齿顶高公式，则

$$(h_1')'=m(f+\xi_1'-\gamma') \tag{2.7}$$

$$(h_1')''=m(f+\xi_1''-\gamma'') \tag{2.8}$$

式 (2.7) 减式 (2.8)，整理后得

$$\frac{(h_1')'-(h_1')''}{m}=(\xi_1'-\xi_1'')+(\gamma''-\gamma')$$

$\xi_1'-\xi_1''=0$，$\gamma''-\gamma'$ 为正值，即插齿刀齿数少时的外齿轮齿顶高比插齿刀齿数多时偏高。

同理，内齿轮齿顶高 h_2' 有

$$(h_2')'=m(f-\xi_2'-\gamma') \tag{2.9}$$

$$(h_2')''=m(f-\xi_2''-\gamma'') \tag{2.10}$$

式 (2.9) 减式 (2.10)，并整理得

$$\frac{(h_2')'-(h_2')''}{m}=(\xi_2''-\xi_2')+(\gamma''-\gamma')$$

式中：$\xi_2''-\xi_2'$为负值，虽然$\gamma''-\gamma'$为正值，但γ''与γ'变化不大，两值相差极小，即z_c少时，内齿轮齿顶高比z_c多时偏短。

2.8 齿顶圆半径 R

由于少齿差内啮合齿轮副各种干涉的存在，在选择变位系数时应满足各种限制条件，例如，内齿轮齿顶圆必须比基圆大，加工时不得产生外、内齿轮顶切，组装时不应发生过渡曲线干涉等，这些都与齿顶圆有密切关系，并直接影响齿顶圆压力角α_e的大小。当外齿轮变位系数ξ_1为定值时，齿顶圆半径R是验算齿廓重叠干涉与否的主要参数之一。根据设计要求确定齿轮齿数和插齿刀齿数z_c后，可在特性曲线上、下限制点间选择齿轮副的变位系数，一般不会产生各种干涉，只需验算不产生齿廓重叠干涉值的大小，也就是判断在ξ_1为定值时，所选取对应的ξ_2值是否适宜。

外齿轮、内齿轮的齿顶圆半径R的计算公式为

$$R_1=\frac{mz_1}{2}+h_1'=\frac{mz_1}{2}+m(f+\xi_1-\gamma)$$

$$R_2=\frac{mz_2}{2}-h_2'=\frac{mz_2}{2}-m(f-\xi_2-\gamma)$$

式中 f——齿顶高系数，$f=0.8$；

γ——齿顶高变动系数。

齿顶圆半径R与模数m、齿轮齿数和齿顶高h'有关，而h'与变位系数、齿顶高变动系数γ有关，内齿轮的变位系数ξ_2与插齿刀齿数z_c有关。

2.8.1 齿顶圆半径 R 沿特性曲线的变化情况

由于外齿轮的齿顶高h_1'沿特性曲线向下移动时，其值是由大向小变化，则外齿轮齿顶圆半径R_1随h_1'的变化也是由大逐渐变小。而内齿轮齿顶高h_2'沿特性曲线向下移动时，其值是由小向大逐渐变化，而内齿轮齿顶圆半径R_2是由大向小变化。变位系数越大，R_1和R_2也越大，但会引起外齿轮齿顶高h_1'偏高些；变位系数越小，R_1和R_2也越小，会引起内齿轮齿顶高h_2'偏高（见表2.38、表4.11）。

表2.38　齿顶圆半径 R 沿特性曲线的变化情况

（$z_2-z_1=2$，$z_1/z_2=70/72$，$m/z_c=3/34$）

ξ_1	ξ_2	α	γ	h'		h	h''		R	
				h_1'	h_2'		h_1''	h_2''	R_1	R_2
1.5	1.5462972	37° 47.1241277′	0.1427188	6.4718437	−2.6670479	5.2718437	−1.2	7.9388916	111.4718437	110.6670479
1.1	1.2495280	39° 20.5533947′	0.0655348	5.5033955	−1.5451885	5.5033955	0	7.048584	110.5033955	109.5451885

续表

ξ_1	ξ_2	α	γ	h'		h	h''		R	
				h'_1	h'_2		h''_1	h''_2	R_1	R_2
0	0.4411364	43° 25.28635′	−0.1473598	2.8420794	1.5186703	6.1420794	3.3	4.6234091	107.8420794	106.4813297
−0.25	0.257620	44° 17.6203571′	−0.1947782	2.2343345	2.2114745	6.2843334	4.05	4.07286	107.2343345	105.7885255
−0.85	−0.182820	46° 22.9558063′	−0.3049898	0.7649694	3.8634294	6.6149694	5.85	2.75154	105.7649695	104.1365706

2.8.2　确定齿顶圆尺寸的工艺措施——齿顶圆半径 *R* 与 Ω 值的关系

设计的少齿差内啮合齿轮副，在计算时确实已经避免或不存在各种干涉，而且加工出的和测量出的实际尺寸完全符合公差范围的技术要求，但在组装、啮合运转中仍会产生不大不小的干涉和引起不大不小的震动，其中最主要的干涉是齿廓重叠干涉，这是由于不产生齿廓重叠干涉值 Ω 取值偏小、影响 Ω 值的实际啮合中心距 A 和齿顶圆上下偏差取值不妥所致。如何选取齿顶圆半径的基本尺寸及其偏差值是很重要的技术问题。现以二齿差内啮合齿轮副为例进行说明。

【例 2.3】　$z_1/z_2=50/52$、用 $m/z_c=2.5/20$ 的插齿刀计算，外齿轮的变位系数 $\xi_1=1.05$，内齿轮的变位系数 $\xi_2=1.197740$，计算出外齿轮齿顶圆半径 $R_1=66.97076584$，内齿轮齿顶圆半径 $R_2=66.14858416$，不产生齿廓重叠干涉值 $\Omega=0.0000069$。为了说明方便，取基本尺寸 $R_1=66.97$，$R_2=66.15$，此时 $\Omega=0.0119521>0$，根据 R_1、R_2 的大小可组合成如表 2.39 所示的几种情况。

表 2.39　　齿顶圆半径 *R* 的偏差与 Ω 值的关系

外齿轮 R_1 变化情况	内齿轮 R_2 变化情况	Ω 值变化情况
R_1 不变： $R_1=66.97$	R_2 不变：$R_2=66.15$	0.011952
	R_2 加大：$R_2+0.05=66.20$	0.0313072
	R_2 减小：$R_2-0.05=66.10$	−0.0272615
R_1 加大： $R_1=66.97+0.05$	R_2 不变：$R_2=66.15$	−0.0247447
	R_2 加大：$R_2+0.05=66.20$	0.0062537
	R_2 减小：$R_2-0.05=66.10$	−0.0538514
R_1 减小： $R_1=66.97-0.05$	R_2 不变：$R_2=66.15$	0.0255078
	R_2 加大：$R_2+0.05=66.20$	0.0556675
	R_2 减小：$R_2-0.05=66.10$	−0.0011743

从表 2.39 可知：①凡是 $R_2-0.05$，无论 R_1 如何变化，均产生齿廓重叠干涉；②对 R_1 不宜加大；③R_2 大而 R_1 小，对避免齿廓重叠干涉有利，可知，即使是半径 R 在数值上只有 ±0.05 之差，对 Ω 值也会有较大的影响。

【例 2.4】 四齿差 $z_1/z_2=45/49$，用 $m/z_c=2.5/20$ 的插齿刀计算，变位系数 $\xi_1=-0.3397$，$\xi_2=-0.152450$，齿顶圆半径 R 的组合的两组极端情况如表 2.40 所示。

表 2.40　齿顶圆半径 R 的上下偏差与 Ω 值的关系

变化情况	R_1	R_2	Ω	G_B	α_{e2}
基本尺寸	57.5024752	58.7671498	0.0000463	0.0002823	11° 39.0982653′
R_1 大 R_2 小	57.55	58.72	−0.0305614	−0.2003953	11° 25.5827083′
R_1 小 R_2 大	57.45	58.82	0.0326529	0.2207682	11° 53.9227045′

注　G_B 为内齿轮齿顶与相内啮合外齿轮齿根圆角的过渡曲线干涉；α_{e2} 为内齿轮齿顶圆压力角。

表 2.39、表 2.40 表明，可将计算的基本尺寸进行如下处理：对于内齿轮齿顶圆半径 R_2 的上、下偏差均采取正值，使其实际尺寸略大于基本尺寸的同时，对于外齿轮齿顶圆半径 R_1 的上、下偏差均采取负值，使其实际尺寸略小于基本尺寸，这样对避免某些干涉有利，对组装也有利。

2.8.3　插齿刀齿数 z_c 与齿顶圆半径 R 的关系

若少齿差内啮合齿轮副的齿数、外齿轮的变位系数 ξ_1 为定值，不产生齿廓重叠干涉值 Ω 为最小的正值，插齿刀齿数 z_c 与齿顶圆半径 R 之间存有一定关系，即无论是外齿轮还是内齿轮，其齿顶圆半径均是插齿刀齿数 z_c 少的要比 z_c 多的大。若插齿刀齿数 z_c 少，外齿轮有关参数为 R_1'、$(h_1')'$，内齿轮有关参数为 R_2'、$(h_2')'$；若插齿刀齿数 z_c 多，外齿轮有关参数为 R_1''、$(h_1')''$，内齿轮有关参数为 R_2''、$(h_2')''$，则

$$R_1'-R_1''=\frac{mz_1}{2}+(h_1')'-\left[\frac{mz_1}{2}+(h_1')''\right]=(h_1')'-(h_1')''>0$$

即插齿刀齿数 z_c 少时的外齿轮齿顶圆半径大于 z_c 多时的外齿轮齿顶圆半径。

同理，内齿轮有

$$R_2'-R_2''=\frac{mz_2}{2}-(h_2')'-\frac{mz_2}{2}+(h_2')''=(h_2')''-(h_2')'>0$$

显然，无论是外齿轮还是内齿轮的齿顶圆半径均是 z_c 少时的要比 z_c 多时的大。当插齿刀的齿数 z_c 少时，对 α、h_1'、R_1 的影响较大些，对 h_2'、R_2 的影响很小。齿数差（z_2-z_1）越多，插齿刀齿数 z_c 对 h' 和 R 的影响也越小（见表 2.41）。

表 2.41　插齿刀齿数 z_c 对齿顶圆半径 R 的影响

（$z_2-z_1=5$，$z_1/z_2=50/55$，$\xi_1=0$）

m/z_c	ξ_2	α	h_1'	h_2'	R_1	R_2
3/25	0.0727894	23° 48.4835′	2.4151522	2.1967841	77.4151522	80.3032159
3/34	0.0722096	23° 48.2220417′	2.4136714	2.1970427	77.4136714	80.3029573

注　表 2.41 为了消除模数 m 不同对 R 的影响，采用模数 m 相同的插齿刀。

以上插齿刀齿数 z_c 与齿顶圆半径 R 的关系，参见表 3.7 及表 3.9～表 3.18。

2.9　齿顶圆压力角 α_e

齿顶圆压力角 α_e 是少齿差内啮合齿轮副的主要参数之一，在计算过程中所有计算出的参数除机床切削啮合角 α_c、分度圆齿厚增量系数 Δ 没有直接介入 α_e 值外，其他参数都分别可介入计算公式中，如标准中心距 A_0、实际啮合中心距 A、传动啮合角 α、中心距分离系数 λ、齿顶高变动系数 γ、齿顶圆半径 R 和基圆半径 γ_0 等。在特性曲线上、下限制点间，直接影响不产生齿廓重叠干涉值 Ω 的大小。除了限制点以外（包括限制点本身），齿顶圆压力角 α_e 的影响面就非常大了，α_e 除与上限制点重叠系数 ε、与下限制点内齿轮范成顶切有牵连外，还与内齿轮的径向进刀顶切、过渡曲线干涉和齿顶圆弧齿厚 S_a 有直接关系。

齿顶圆压力角 α_e 的计算公式如下：

外齿轮 α_{e1}：

$$
\begin{aligned}
\cos\alpha_{e1} &= \frac{\gamma_{01}}{R_1} \\
&= \frac{z_1\cos\alpha_0}{z_1+2(f+\xi_1-\gamma)} \\
&= \frac{z_1\cos\alpha_0}{z_1+2(f+\xi_2-\lambda)} \\
&= \frac{z_1\cos\alpha_0}{z_1+2\left(f+\xi_2-\dfrac{A-A_0}{m}\right)} \\
&= \frac{z_1\cos\alpha_0}{z_1+2\left[f+\xi_2-\left(\dfrac{z_2-z_1}{2}\right)\left(\dfrac{\cos\alpha_0}{\cos\alpha}-1\right)\right]}
\end{aligned}
$$

内齿轮 α_{e2}：

$$
\begin{aligned}
\cos\alpha_{e2} &= \frac{\gamma_{02}}{R_2} \\
&= \frac{z_2\cos\alpha_0}{z_2-2\ (f-\xi_2-\gamma)} \\
&= \frac{z_2\cos\alpha_0}{z_2-2\ (f-\xi_1-\lambda)}
\end{aligned}
$$

$$=\frac{z_2\cos\alpha_0}{z_2-2\left[f-\xi_1-\left(\frac{A-A_0}{m}\right)\right]}$$

$$=\frac{z_2\cos\alpha_0}{z_2-2\left[f-\xi_1-\left(\frac{z_2-z_1}{2}\right)\left(\frac{\cos\alpha_0}{\cos\alpha}-1\right)\right]}$$

式中 f——齿顶高系数，$f=0.8$；

λ——中心距分离系数；

γ——齿顶高变动系数；

A——实际啮合中心距；

α——传动啮合角。

由齿顶圆压力角 α_e 的基本公式可知：齿顶圆压力角 α_e 与齿轮基圆、齿顶圆有关，而与模数 m 无关，虽然与中心分离系数 λ、齿顶高变动系数 γ、实际啮合中心距 A、传动啮合角 α 等有关，但这些参数必定是由齿轮副的齿数、变位系数和插齿刀齿数 z_c 诱导出的派生参数。

2.9.1 齿顶圆压力角 α_e 沿特性曲线的变化情况

1. 外齿轮齿顶圆压力角 α_{e1}

在特性曲线上端取较大的外齿轮变位系数 ξ_1' 及其对应的齿顶圆半径 R_1'，在特性曲线下端取较小的外齿轮变位系数 ξ_1'' 及其对应的齿顶圆半径 R_1''，由公式 $\cos\alpha_{e1}=r_{01}/R_1$，则

$$\cos\alpha_{e1}'-\cos\alpha_{e1}''=\frac{r_{01}}{R_1'}-\frac{r_{01}}{R_1''}=r_{01}\left(\frac{R_1''-R_1'}{R_1'R_1''}\right)$$

因为 $R_1''-R_1'<0$，所以 $\alpha_{e1}'>\alpha_{e1}''$，即齿顶圆压力角 α_{e1} 沿特性曲线下移时，其 α_{e1} 值是由大向小变化。或由下列公式也可推出同样的结论：

$$\cos\alpha_{e1}=\frac{z_1\cos\alpha_0}{z_1+2(f+\xi_2-\lambda)}$$

当 ξ_2 较大时，λ 值偏小，则使上式分母值较大，α_{e1} 值也较大。当 ξ_2 由较大变为较小时，λ 逐渐增大，使上式分母值减小，则 α_{e1} 也小，所以，当 ξ_1（或 ξ_2）值由大向小沿特性曲线下移，α_{e1} 值也是沿特性曲线下移时，其值是由大逐渐变小。

2. 内齿轮齿顶圆压力角 α_{e2}

在特性曲线上端取较大的变位系数 ξ_1'（或 ξ_2'）及其对应的 R_2' 和 α_{e2}'，在特性曲线下端取较小的变位系数 ξ_1''（或 ξ_2''）及其对应的 R_2'' 和 α_{e2}''，由公式 $\cos\alpha_{e2}=r_{02}/R_2$，则

$$\cos\alpha_{e2}'-\cos\alpha_{e2}''=\frac{r_{02}}{R_2'}-\frac{r_{02}}{R_2''}=r_{02}\left(\frac{R_2''-R_2'}{R_2'R_2''}\right)$$

因为 $R_2''-R_2'<0$，$\alpha_{e2}'>\alpha_{e2}''$，故沿特性曲线下移时，内齿轮齿顶圆压力角 α_{e2} 也是由大向小变化。或由下列公式也可得出同样结论：

$$\cos\alpha_{e2}=\frac{z_2\cos\alpha_0}{z_2-2(f-\xi_2-\gamma)}$$

当 ξ_2 较大时，r 也较大，则使上式分母值较大，$\cos\alpha_{e2}$ 较小，而 α_{e2} 值较大；当 ξ_2 值由大逐渐变小时，γ 也逐渐变小为负值，使分母值偏小，则 α_{e2} 值也偏小，即内齿轮齿顶圆

压力角 α_{e2} 沿特性曲线下移时，其值是由大向小变化。以上情况见表 2.42、表 4.21～表 4.24。

2.9.2　加大 ξ_2 对齿顶圆压力角 α_e 的影响

如果已确定的设计参数除将内齿轮的变位系数 ξ_2 加大外，其他参数均不变，加大 ξ_2 后会引起齿顶圆压力角 α_{e1}、α_{e2} 均有不同程度的增加。设未加大 ξ_2 前有关参数为 α'_{e2} 和 R'_2，加大 ξ_2 后有关参数为 α''_{e2} 和 R''_2，则有

$$\cos\alpha'_{e2}-\cos\alpha''_{e2}=\frac{r_{02}}{R'_2}-\frac{r_{02}}{R''_2}=r_{02}\left(\frac{R''_2-R'_2}{R'_2R''_2}\right)$$

由于加大 ξ_2 后、齿顶圆半径有所增大，使 $\cos\alpha'_{e2}>\cos\alpha''_{e2}$，则 $\alpha''_{e2}>\alpha'_{e2}$，即内齿轮的变位系数 ξ_2 加大后，齿顶圆压力角 α_{e2} 有所增大。由于加大 ξ_2，会引起中心距分离系数 λ 增大，虽然外齿轮的变位系数 ξ_1 不变，必定使 $\cos\alpha_{e2}=\dfrac{z_2\cos\alpha_0}{z_2-2(f-\xi_1-\lambda)}$ 值减小，而 α_{e2} 增大。对于公式 $\cos\alpha_{e2}=\dfrac{z_2\cos\alpha_0}{z_2-2(f-\xi_2-\gamma)}$，由于加大 ξ_2，对齿顶高变动系数 γ 有所减小，但其减小量非常之小，则使 $\cos\alpha_{e2}$ 减小，α_{e2} 值增加。同理，加大 ξ_2 值后，外齿轮齿顶圆压力角 α_{e1} 的变化与 α_{e2} 相同，均是在加大 ξ_2 后，其值有所增加。由于 ξ_1 未变，加大 ξ_2 即使有 λ、γ 值的介入，外齿轮齿顶圆半径 R_1 变化也不大，对 α_{e1} 的影响也很小。以上分析见表 2.43、表 4.9、表 4.10、表 4.17。

2.9.3　齿顶圆压力角 α_e 与重叠系数 ε 的关系

重叠系数 ε 计算公式为

$$\varepsilon=\frac{1}{2\pi}[z_1(\tan\alpha_{e1}-\tan\alpha)-z_2(\tan\alpha_{e2}-\tan\alpha)]$$

为了便于分析，可将上式化为

$$\varepsilon=\frac{1}{2\pi}(z_2-z_1)\tan\alpha+\frac{1}{2\pi}(z_1\tan\alpha_{e1}-z_2\tan\alpha_{e2})$$

该式中，重叠系数 ε 一般与齿数差 z_2-z_1、传动啮合角 α 成正比关系，但 z_2-z_1 与 α 是互相制约的，z_2-z_1 差值大，α 就小，z_2-z_1 差值小，α 就大。此外，该公式中齿顶圆压力角 α_e 也可以 $\alpha_{e1}-\alpha_{e2}$ 的形式影响重叠系数 ε，$\alpha_{e1}-\alpha_{e2}$ 越大，ε 也越大，$\alpha_{e1}-\alpha_{e2}$ 越小，ε 也越小。当 ξ_1 值由大向小沿特性曲线下移时，$\alpha_{e1}-\alpha_{e2}$ 值是由小逐渐变大，重叠系数 ε 也是由小逐渐变大，即外齿轮变位系数 ξ_1 偏大时，$\alpha_{e1}-\alpha_{e2}$ 值小，重叠系数 ε 也小；反之，当 ξ_1 值小时，$\alpha_{e1}-\alpha_{e2}$ 值大，重叠系数 ε 也大（见表 2.42、表 4.1）。

2.9.4　齿数差 z_2-z_1 与齿顶圆压力角 α_e 的关系

1. 外齿轮的变位系数为正值

由公式

$$\cos\alpha_{e1}=\frac{z_1\cos\alpha_0}{z_1+2\left[f+\xi_2-\left(\dfrac{z_2-z_1}{2}\right)\left(\dfrac{\cos\alpha_0}{\cos\alpha}-1\right)\right]}\tag{2.11}$$

表 2.42　齿顶圆压力角 α_e 沿特性曲线的变化情况

($z_2-z_1=4$，$z_1/z_2=80/84$，$m/z_c=4/25$)

ξ_1	ξ_2	α	Ω	λ	γ	α_e		$\alpha_{e1}-\alpha_{e2}$	ε
						α_{e1}	α_{e2}		
0.68	0.7565598	26° 19.7415417′	0	0.0969153	0.0203555	24° 57.5443032′	19° 54.7952323′	5° 2.7490708′	1.3979387
0	0.1447931	27° 44.1868333′	0	0.1233647	−0.0214284	22° 57.5448943′	17° 14.3119871′	5° 43.2329071′	1.580347
−0.1576001	0	28° 2.8406583′	0	0.1294717	−0.0281284	22° 27.1175319′	16° 32.7340839′	5° 54.383448′	1.6289479
−0.30	−0.130830	28° 22.4422857′	0.003137	0.1319952	−0.0331748	21° 58.6410846′	15° 53.6704391′	6° 4.9706454′	1.6753537

表 2.43　加大 ξ_2 对齿顶圆压力角 α_e 的影响

($z_2-z_1=3$，$z_1/z_2=100/103$，$m/z_c=3/34$，$\xi_1=2.3$)

ξ_2	α	Ω	λ	γ	α_{e1}	α_{e2}
2.240450	28° 37.3955632′	0.0000771	0.1057841	0.1653341	27° 25.6335149′	24° 19.0402554′
2.240450+0.12	34° 39.6185467′	0.3669986	0.2136455	0.1531955	27° 27.1512379′	24° 34.3849132′

齿数差 z_2-z_1 少时的内齿轮变位系数 ξ_2 要比 z_2-z_1 多时的 ξ_2 大得多（即使是齿数差少、传动啮合角 α 大），使上式的分母值偏大，结果 α_{e1} 值也大。

由公式：

$$\cos\alpha_{e2}=\frac{z_2\cos\alpha_0}{z_2-2\left[f-\xi_1-\left(\frac{z_2-z_1}{2}\right)\left(\frac{\cos\alpha_0}{\cos\alpha}-1\right)\right]} \tag{2.12}$$

齿数差 z_2-z_1 多时，其 ξ_1 值要比齿数差 z_2-z_1 少时小些，虽然 z_2-z_1 较多，但对应的传动啮合角 α 小，使上式的分母值偏小，显然，α_{e2} 值也偏小（见表 2.44）。

表 2.44　齿数差 z_2-z_1 与齿顶圆压力角 α_e 的关系（$m/z_c=3/34$）

z_2-z_1	z_1/z_2	ξ_1	ξ_2	α_{e1}	α_{e2}	$\cos\alpha$
3	100/103	0.8	0.9559847	24° 24.0950′	20° 29.3894794′	0.8477719
2	100/102	0.8	1.1161180	24° 33.5610339′	20° 46.6791279′	0.7469483
1	100/101	0.8	1.6777750	25° 16.9035668′	21° 32.1851966′	0.4623552

【例 2.5】　如表 2.44 所示，$z_1/z_2=100/103$、$\xi_1=0.8$，$\xi_2=0.9559847$，式（2.11）中的分母方括号内的值为

$$\begin{aligned}&\left[0.8+\xi_2-\left(\frac{z_2-z_1}{2}\right)\left(\frac{\cos\alpha_0}{\cos\alpha}-1\right)\right]\\&=\left[0.8+0.9559847-\frac{3}{2}\left(\frac{0.9396926}{0.8477719}-1\right)\right]\\&=1.7559847-\frac{3}{2}\times0.1084262\\&=1.5933454\end{aligned}$$

当 $z_1/z_2=100/101$ 时，式（2.11）中的分母方括号内的值为

$$\begin{aligned}&\left[0.8+\xi_2-\left(\frac{z_2-z_2}{2}\right)\left(\frac{\cos_{20}}{\cos\alpha}-1\right)\right]\\&=\left[0.8+1.6777750-\frac{1}{2}\left(\frac{0.9396926}{0.4623552}-1\right)\right]\\&=2.477775-\frac{1}{2}\times1.0324041\\&=1.9615730\end{aligned}$$

计算结果表明：齿数差 z_2-z_1 少的（$z_1/z_2=100/101$）分母值较大，所以 α_{e1} 也就大。

当 ξ_1 为正值时，齿数差、齿轮齿数与齿顶圆压力角 α_e 的关系如表 2.45 所示。

2. 外齿轮的变位系数为负值

齿数差较多时，其 $|\xi_1|$ 较齿数差少时的 $|\xi_1|$ 小，其传动啮合角 α 也较齿数差少时的 α 小，这样分母值较齿数差少的大，α_e 值也大。这种情况如表 2.46 所示。

结论：当 $\xi_1\geqslant0$ 时，齿数差多的 α_e 小于齿数差少的 α_e；当 $\xi_1<0$ 时，齿数差多的 α_e 大

表 2.45 当 ξ_1 为正值时，齿数差、齿轮齿数与齿顶圆压力角 α_e 的关系

($m/z_c=3/34$，$\Omega=0$)

z_2-z_1	z_1/z_2	ξ_1	ξ_2	α_{e1}	α_{e2}	z_2-z_1	z_1/z_2	ξ_1	ξ_2	α_{e1}	α_{e2}
6	60/66	0	0.0184874	23° 45.3051139′	15° 44.4872724′	6	100/106	0	0.0175061	22° 20.9092256′	17° 29.2765818′
5	60/65	0	0.0723567	23° 46.4992852′	15° 58.7074289′	5	100/105	0	0.0726927	22° 21.7905501′	17° 38.1863591′
4	60/64	0	0.141720	23° 50.0184766′	16° 15.4972515′	4	100/104	0	0.1454242	22° 24.4475744′	17° 48.5809887′
3	60/63	0	0.2425216	23° 58.3412289′	16° 37.0675595′	3	100/103	0	0.2550776	22° 30.9279111′	18° 1.8598274′
2	60/62	0	0.4248677	24° 18.9449581′	17° 10.4046361′	2	100/102	0	0.4671250	22° 47.9557063′	18° 22.7629897′
1	60/61	0	0.9819233	25° 29.8949855′	18° 38.9891488′	1	100/101	0	1.2694738	24° 0.3843688′	19° 28.8066269′

表 2.46 当 ξ_1 为负值时，齿数差、齿轮齿数与齿顶圆压力角 α_e 的关系

($m/z_c=3/34$，$\Omega=0$)

z_2-z_1	z_1/z_2	ξ_1	ξ_2	α_{e1}	α_{e2}	z_2-z_1	z_1/z_2	ξ_1	ξ_2	α_{e1}	α_{e2}
6	60/66	−0.0195921	0	23° 40.3727876′	15° 37.3881146′	6	100/106	−0.0180530	0	22° 17.9372941′	17° 25.6060930′
5	60/65	−0.0786756	0	23° 27.0284683′	15° 29.9308756′	5	100/105	−0.0762564	0	22° 9.3949906′	17° 22.5907464′
4	60/64	−0.1606565	0	23° 11.4014907′	15° 16.2108176′	4	100/104	−0.1556250	0	21° 59.5005721′	17° 16.5899195′
3	60/63	−0.2939939	0	22° 50.9420389′	14° 47.4539180′	3	100/103	−0.2836466	0	21° 46.7464476′	17° 3.3287385′
2	60/62	−0.6169012	0	22° 13.6089345′	13° 16.1031790′	2	100/102	−0.5747723	0	21° 24.6807767′	16° 24.1456544′
1	60/61	—	—	—	—	1	100/101	—	—	—	—

于齿数差少的 α_e。

上述的齿轮齿数与齿轮齿顶圆压力角 α_e 的关系、齿数差与齿轮齿顶圆压力角 α_e 的关系，均要求是在一定的限制条件下，如计算时采取相同的 m/z_c 插齿刀，不产生齿廓重叠干涉 Ω 值为最小的正值。

2.9.5　齿轮齿数与齿顶圆压力角 α_e 的关系

如果齿轮副的齿数差相同，用相同 m/z_c 的插齿刀计算，取同样大小的外齿轮变位系数 ξ_1（或取同样大小的内齿轮变位系数 ξ_2），并以不产生齿廓重叠干涉值 Ω 最小作为共同的限制条件，当齿轮副的组合齿数由少到多时，如由 $z_1/z_2=60/66\sim100/106$，其齿轮副齿顶圆压力角 α_e 的变化情况是：组合齿数少的 α_{e1} 大于组合齿数多的 α_{e1}，而 α_{e2} 与此情况相反（见表 2.45、表 2.46）。如果 ξ_1 很小为负值且齿数少，α_{e2} 趋向极小，若 $\alpha_{e2}=0°$，$\cos\alpha_{e2}=D_{02}/D_2=1$，则基圆＝齿顶圆，为了保证齿轮齿顶部分变位后仍为渐开线齿廓，必须使 $\alpha_{e2}>0°$，必须使齿顶圆大于或等于基圆。

2.9.6　插齿刀齿数 z_c 与齿顶圆压力角 α_e 的关系

当 ξ_1 值一定，且不产生齿廓重叠干涉值 Ω 最小时，用不同齿数 z_c 的插齿刀计算同一齿数组合的内啮合齿轮副，所反映出的 z_c 与 α_e 的关系，是通过中心分离系数 λ 和齿顶高变动系数来影响齿顶圆及其齿顶圆压力角 α_e 大小。

由内齿轮齿顶圆压力角 α_{e2} 计算公式为

$$\cos\alpha_{e2}=\frac{z_2\cos\alpha_0}{z_2-2(f-\xi_1-\lambda)} \tag{2.13}$$

同样的条件，插齿刀齿数 z_c 少的内啮合齿轮副的传动啮合角要比插齿刀齿数 z_c 多的内啮合齿轮副的传动啮合角大。一般情况下，ξ_1 为定值时，传动啮合角 α 大使中心距分离系数 λ 也大，因而 z_c 少的 λ 值也就比 z_c 多的 λ 值大。由式（2.13）可知，z_c 少的内齿轮齿顶圆压力角 α_{e2} 要大些。例如，一齿差内啮合齿轮副 $z_1/z_2=80/81$，取定值 $\xi_1=1$，且使不产生齿廓重叠干涉值最小，分别用模数相同而齿数 z_c 不同的两把插齿刀计算，结果是 z_c 少的齿顶圆压力角 α_{e2} 偏大些（见表 2.47）。

表 2.47　插齿刀齿数 z_c 与齿顶圆压力角 α_e 的关系

（$z_1/z_2=80/81$，$f=0.8$）

m/z_c	ξ_1	ξ_2	α	Ω	λ	γ	α_{e1}	α_{e2}
3/34	1	1.6457338	60° 16.4158085′	0.0000089	0.4475452	−0.1981886	26° 29.6181003′	22° 20.76208001′
3/25	1	1.7308894	61° 4.6861193′	0	0.4715258	−0.2593636	26° 39.6203303′	22° 25.6249017′

外齿轮齿顶圆压力角 α_{e1} 计算公式为

$$\cos\alpha_{e1}=\frac{z_1\cos\alpha_0}{z_1+2(f+\xi_1-\gamma)} \tag{2.14}$$

当外齿轮变位系数 ξ_1 为定值时，插齿刀齿数 z_c 少的齿顶高变动系数 γ 要比 z_c 多的 γ 值小，由式（2.14）可知，z_c 少的 α_{e1} 值偏大些（见表 2.48、表 3.8 等）。

表 2.48　插齿刀齿数 z_c 与齿顶圆压力角 α_e 的关系

（$z_1/z_2=50/55$，$f=0.8$）

m/z_c	ξ_1	ξ_2	α	Ω	λ	γ	α_{e1}	α_{e2}
3/34	0	0.0722096	23° 48.2220417′	0	0.0676524	−0.0045571	24° 26.4083124′	15° 6.9307497′
3/25	0	0.0727894	23° 48.4835′	0	0.0677386	−0.0050507	24° 26.5529498′	15° 6.9717728′

插齿刀齿数 z_c 对齿轮齿顶圆压力角 α_e 的影响并不十分明显，尤其是齿数差较多时，如 $z_2-z_1=4,5,6$，影响就更小些。

第 3 章　决定特性曲线的三组参数

采用插齿刀计算系统计算少齿差内啮合齿轮副，其齿轮副的组合齿数 z_1/z_2、齿轮副的变位系数 ξ_1/ξ_2 和插齿刀的参数 m/z_c 三者之间存在一定的函数关系，其中任何一个参数一旦发生变动，其他两个参数也必然随之发生变动，重新组合来满足三者之间的函数关系。这种关系是由内齿轮变位系数 ξ_2 在保证和满足外齿轮变位系数 ξ_1 为定值和不产生齿廓重叠干涉为最小的正值时来实现，三者之间的函数关系完全包容在齿轮副的特性曲线之中。不同的齿数差、不同的齿轮齿数、不同的插齿刀齿数 z_c，在一定的限制条件下，内齿轮所提供的变位系数 ξ_2 不相同，即在特性曲线上任一外齿轮的变位系数 ξ_1，根据不同的插齿刀齿数 z_c、齿轮齿数，在保证不产生齿廓重叠干涉值为最小的正值时，内齿轮都有最小的变位系数 ξ_2 与之对应。

任何齿轮副的特性曲线上端都有重叠系数 ε 限制点，外齿轮变位系数 ξ_1 的最大值不得越过此点；特性曲线下端有下限制点，一般为内齿轮加工时的范成顶切 q_1 限制点，作为 ξ_1 的最小取值限制。从理论上，特性曲线上齿轮副不产生齿廓重叠干涉的 Ω 值为零，即特性曲线是 $\Omega=0$ 的限制曲线。在上、下限制点间取变位系数，除了验算 Ω 值的大小外，没有其他各种干涉。当外齿轮变位系数 ξ_1 值由大向小沿特性曲线向下移动时，齿轮副的全部几何参数均在曲线上作有规律的变化，沿特性曲线下移其值逐渐递减的有机床切削啮合角 α_c、外齿轮分度圆齿厚增量系数 Δ_1、齿顶高变动系数 γ、齿顶圆半径 R、齿轮的齿顶圆压力角 α_e 和外齿轮的齿顶高 h_1'；沿特性曲线向下移其值逐渐递增的有传动啮合角 α、内齿轮分度圆齿厚增量系数 Δ_2、中心距分离系数 λ、实际啮合中心距 A、重叠系数 ε 和内齿轮齿顶高 h_2'等，其中最重要的是传动啮合角 α 和重叠系数 ε。这些参数的变化规律，沿特性曲线上下移动时表现出来，即这些参数完全包容在曲线之中，这是齿轮副特性曲线的最大特点。根据这一特点，如果将变位系数值取大些，传动啮合角 α 小，重叠系数 ε 也小；如果将变位系数值取小些，会使 α、ε 两值增大。本书以外齿轮的变位系数 ξ_1 为起始的设计参数，而不是惯用的根据不同齿数差提供传动啮合角 α 取值范围，烦琐地试凑、试算多次才能确定变位系数。

少齿差内啮合齿轮副研究的中心内容是对变位系数的研究，是对外齿轮变位系数 ξ_1 为定值时，根据不同的齿轮齿数、不同的插齿刀齿数 z_c，在一定的限制条件下，如何确定与之相内啮合的内齿轮变位系数 ξ_2，使之满足和保证不产生齿廓重叠干涉值为最小的正值的研究。

少齿差内啮合齿轮副的组合齿数 z_1/z_2 相同，即使是外齿轮的变位系数 ξ_1 也相同，在保证和满足不产生齿廓重叠干涉值为最小的正值时，采用不同齿数 z_c 计算，则内齿轮所必需的变位系数 ξ_2 也不一样，因而特性曲线也不一样，导致各点的变位系数比 ξ_k 也不一样。

如果选取大小相同的外齿轮变位系数 ξ_1，采用同一齿数 z_c 的插齿刀计算内啮合齿轮

副，不同的齿轮齿数的特性曲线不相同，这是由于在相同的限制条件下，满足和保证 Ω 为最小的正值，内齿轮所必需的变位系数 ξ_2 大小不一样所致。

3.1 变位系数

3.1.1 变位系数沿特性曲线向下移动时的变化情况

1. $\xi_1 \geqslant \xi_2$

当外齿轮的变位系数 ξ_1 由重叠系数 ε 上限制点开始向下移动（包含上限制点），变位系数很大，ξ_1、ξ_2 皆为正值。对于一齿差 $z_2-z_1=1$，由于受到重叠系数 ε 的限制，不会出现 $\xi_1 \geqslant \xi_2$ 的情况，插齿刀齿数 z_c 少，齿轮齿数也少，其特性曲线上、下限制点间的距离较短，而且下限制点的变位系数相当大。对于 $z_2-z_1=2,3$（或 4），比较容易出现 $\xi_1 \geqslant \xi_2$ 的情况，齿轮副容易取得比较小的传动啮合角 α，但重叠系数 ε 相对比较小。至于 $z_2-z_1=(4)5,6$，一般不会取很大的变位系数。远离重叠系数 ε 上限制点，会有足够大的重叠系数 ε。当齿轮齿数少、插齿刀齿数 z_c 少，如 $z_c=10,13,16$，容易出现加工内齿轮的范成顶切作为齿轮副特性曲线下限制点。$\xi_1 \geqslant \xi_2$ 的例子如表 3.1 所示。

表 3.1　$\xi_1 \geqslant \xi_2$ 的例子

m/z_2	z_1/z_2	ξ_1	ξ_2	Ω	ε	α
2.25/45	80/82	1.91750	1.821852	0.0000095	1.0256461	35° 50.1059079′
2.25/45	100/102	2.460	2.3752	0.0003019	1.0257762	35° 54.2194221′
6.5/16	31/34	1	0.968795	0.0000771	1.0833714	28° 27.735151′

2. $\xi_1=\xi_2$

$\xi_1=\xi_2$，则 $\gamma=\lambda$。

3. $\xi_1<\xi_2$

ξ_1、ξ_2 皆大于零，属于常用的变位系数范围。对于齿数差少的齿轮副，一般是在重叠系数 ε 限制点以下附近取变位系数，齿顶高变动系数 γ 表现为正值，传动啮合角比较适宜。齿数差多的，变位系数一般取值比较小。$z_2-z_1=5,6$，采用齿数 z_c 相同的插齿刀计算，会出现齿轮齿数少的 ξ_1、ξ_2 和齿轮齿数多的 ξ_1、ξ_2 分别相等，且不产生齿廓重叠干涉值的最小值也相等。当齿轮副齿数少、插齿刀齿数 z_c 少时，容易产生各种干涉，各齿轮副的特性曲线的下限制点大部分是插齿刀切削内齿轮时产生的范成顶切，而且对应的变位系数比较大。

4. $\xi_1=0$

若 $\xi_1=0$，内齿轮的变位系数 ξ_2 为正值，此时传动啮合角 α、重叠系数 ε 均较 $\xi_1>0$ 时大，齿顶高变动系数 γ 为负值。虽然 $\xi_1=0$，外齿轮分度圆齿厚增量系数 $\Delta_1=0$，但外齿

轮仍然受变位后齿顶高变动系数 γ 的影响。$\xi_1=0$ 的情况，也就是特性曲线与横坐标 ξ_2 轴的交点，交点的位置，即 $\xi_1=0$ 时，ξ_2 值的大小由齿轮齿数决定。

5. $\xi_1<0$

$\xi_1<0$，ξ_1 沿特性曲线下移，其 ξ_1 值越来越小，使传动啮合角 α 和重叠系数 ε 越来越大，一般是产生各种干涉的集中区，但产生各种干涉的变位系数 ξ_1 都比较小。根据 ξ_2 的大小会有四种情况，即 $\xi_2>0$、$\xi_2+\xi_1=0$、$\xi_2=0$、$\xi_2<0$。

（1）$\xi_2>0$，是指特性曲线与纵坐标 ξ_1 轴未相交前的情况。当齿数差 $z_2-z_1=2,3(4)$，用相同齿数 z_c 插齿刀计算，会出现齿轮副组合齿数少的 ξ_1、ξ_2 和组合齿数多的 ξ_1、ξ_2 分别对应相等，不产生齿廓重叠干涉值也相等的情况。在同一齿数差两不同齿数的特性曲线的交点处取变位系数会出现这种情况。

（2）$\xi_2+\xi_1=0$，即 ξ_1 与 ξ_2 在数值上是大小相等而符号相反，只有 ξ_1 为负值时才会出现这种情况。这样互相内啮合的齿轮副，其齿顶高 h'、齿根高 h'' 和齿全高 h 分别相等，其条件是

$$\xi_2\geqslant\frac{\xi_{02}}{1+\xi_k}$$

式中的 ξ_{02}、ξ_k 查相关计算用表（见第 2 章 2.7 节齿顶高 h' 部分）。

（3）$\xi_2=0$，当 ξ_1 沿特性曲线继续下移时会出现 $\xi_2=0$。$\xi_2=0$，内齿轮的分度圆齿厚增量系数 $\Delta_2=0$，传动啮合角 α 只受外齿轮 Δ_1 的影响，实际上就是特性曲线与纵坐标 ξ_1 轴的交点，交点的具体位置（即 ξ_1 值的大小）由齿轮齿数决定。由于各种干涉的存在，当为一齿差（$z_2-z_1=1$）时，不会有 $\xi_2=0$。对于其他齿数差，齿数少、插齿刀齿数 z_c 少时，一般也不会出现 $\xi_2=0$。

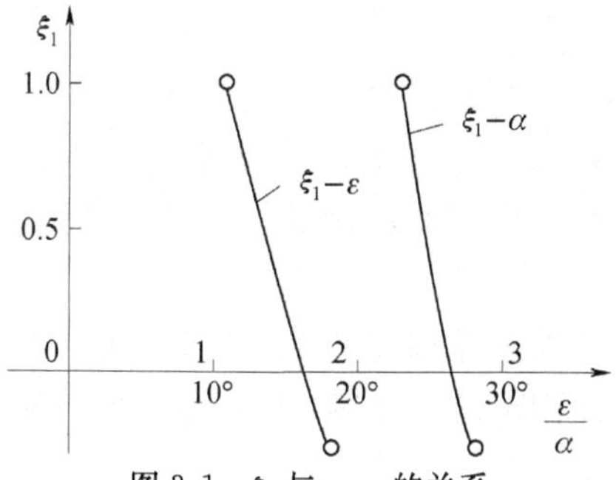

图 3.1　ξ_1 与 α、ε 的关系

（4）$\xi_2<0$，即齿轮副的变位系数 ξ_1、ξ_2 皆为负值，传动啮合角 α、重叠系数 ε 都变得非常大。在实际中，使用这样小的变位系数和这种过大的传动啮合角 α 比较少。

图 3.1 是根据少齿差内啮合齿轮副 $z_1/z_2=31/35$、插齿刀齿数 $z_c=16$，外齿轮变位系数 ξ_1 沿特性曲线变化时，ξ_1 分别与传动啮合角 α、重叠系数 ε 的关系。

3.1.2　内啮合齿轮副内、外齿轮变位系数 ξ_1、ξ_2 的关系

任何少齿差内啮合齿轮副，根据设计条件和要求，齿轮齿数、插齿刀齿数 z_c 和外齿轮的变位系数 ξ_1 都是确定的已知数，在保证和满足不产生齿廓重叠干涉值 $\Omega=0$ 时，与之相啮合的内齿轮变位系数 ξ_2 根据插齿刀齿数、齿轮齿数和外齿轮变位系数 ξ_1 的不同而不同，一般齿数差少、插齿刀齿数 z_c 少、齿轮齿数多的 ξ_2 值偏大些。齿数差少选取较大的变位系数，虽然会使 ξ_1 和 ξ_2 值都有所增加，但会使 $\xi_2-\xi_1$ 有所减小，有利于使传动啮合角 α 减小。为了计算方便，将光滑的特性曲线简化为由若干折线组合而成，折线数越多，根据下式计算出的 ξ_2 就越准确：

$$\xi_2\geqslant\xi_{02}+\xi_k(\xi_1-\xi_{01})$$

式中的 ξ_{01}、ξ_{02} 和变位系数比 ξ_k 可查相关计算用表，ξ_1 为确定的外齿轮变位系数。

在不同的条件下，$\xi_1-\xi_{01}$ 可以相同，但 ξ_{02}、ξ_k 两值是由不同的齿数差、不同的齿轮齿数和不同插齿刀齿数 z_c 所决定的。显然，各齿轮副的特性曲线都不相同，正是由于不同的 ξ_{02}、ξ_k 才组合成不同齿数差以及由不同齿轮齿数组合成内啮合齿轮副的多样性。

变位系数比 ξ_k 的性质如下。

1. 一齿差

当外齿轮变位系数值 ξ_1 由大向小沿特性曲线向下移动时，变位系数比 ξ_k 是由大向小延变。

如果齿轮齿数相同，外齿轮变位系数 ξ_1 也相同，插齿刀齿数 z_c 少的变位系数比 ξ_k 偏大。

如果插齿刀齿数 z_c 相同，外齿轮变位系数 ξ_1 也相同时，齿轮齿数多的变位系数比 ξ_k 偏大。

2. 二齿差

当 $\xi_1>0$、齿轮齿数相同、ξ_1 相同时，插齿刀齿数 z_c 少则变位系数比 ξ_k 偏大；当 $\xi_1<0$，情况相反，插齿刀齿数 z_c 少时变位系数比 ξ_k 偏小。

如果插齿刀齿数 z_c 相同，外齿轮变位系数 ξ_1 也相同，齿轮齿数多时，变位系数比 ξ_k 偏大。

当插齿刀齿数 $z_c\leqslant34$、$\xi_1>0$ 时，外齿轮变位系数 ξ_1 值由大向小沿特性曲线向下移动，变位系数比 ξ_k 则由大向小延变。当插齿刀齿数 $z_c\geqslant45$、$\xi_1>0$ 时，外齿轮变位系数 ξ_1 值由大向小沿特性曲线向下移动，变位系数比 ξ_k 基本上是由小向大延变。

3. 三齿差

当外齿轮变位系数 ξ_1 相同、齿轮齿数相同、插齿刀齿数 z_c 少时，变位系数比 ξ_k 偏大；当外齿轮的变位系数很小、插齿刀齿数 z_c 少时，z_c 对变位系数比 ξ_k 的影响很小。

当外齿轮变位系数 ξ_1 相同、插齿刀齿数 z_c 相同、齿轮齿数多时，变位系数比 ξ_k 偏大。

当插齿刀齿数 $z_c\leqslant20$、外齿轮变位系数 $\xi_1\geqslant0$ 时，外齿轮变位系数 ξ_1 值由大向小沿特性曲线向下移动，则变位系数比 ξ_k 是由大向小变化。当插齿刀齿数 $z_c\geqslant25$，外齿轮变位系数 $\xi_1\geqslant0$ 时，则情况与之相反，ξ_k 是由小向大变化。

4. 四齿差

当外齿轮的变位系数 ξ_1 相同、齿轮齿数相同，插齿刀齿数 z_c 少时，变位系数比 ξ_k 偏大。

对于外齿轮变位系数 ξ_1、插齿刀齿数 z_c 分别相同的齿轮副，齿数多的变位系数比 ξ_k 偏大。

当插齿刀齿数 $z_c\geqslant16$、齿轮副 $z_1/z_2\geqslant30/34$ 时，外齿轮变位系数 ξ_1 值由大向小沿特性曲线向下移动，变位系数比 ξ_k 由小逐渐变大。

3.1.3 加大 ξ_2 的影响——ξ_2 的取值大小

在一定限制条件下，根据公式：

$$\xi_2\geqslant\xi_{02}+\xi_k(\xi_1-\xi_{01})$$

计算出来的内齿轮变位系数 ξ_2，从理论上讲是保证不产生齿廓重叠干涉值 $\Omega=0$ 的最小值，同时传动啮合角 α 也是最小值。实际上，往往将该计算得到的 ξ_2 值略加大以调节 Ω

值的大小来满足所需要求。ξ_2 的加大值一般不是很大，因为 Ω 值本身就很小。如果 ξ_2 的加大值偏大，会引起 $\xi_2-\xi_1$ 值增加，导致传动啮合角 α 和 Ω 值都会增加；如果 ξ_2 的加大值偏小，对 Ω 值和 α 值影响并不是十分大，但应该注意到在加工时有尺寸偏差以及组装时有累积误差的存在，啮合运转时会产生轻微的齿廓重叠干涉和异常的震动。若传动啮合角 α 偏大，说明外齿轮变位系数 ξ_1 为定值时，内齿轮的变位系数 ξ_2 值偏大而应减小 ξ_2；如传动啮合角 α 偏大，除了 ξ_2 的加大值偏大外，说明起始外齿轮变位系数 ξ_1 取值偏小，在重叠系数 ε 允许的情况下应加大 ξ_1。

同样大小的 ξ_2 的加大值，对不同的齿数差、对不同的齿轮齿数的 Ω 值，所产生的影响不相同，齿数差少的如一齿差（$z_2-z_1=1$），Ω 值偏大，随齿数差的增多而 Ω 值逐渐减小。而同一齿数差的不同齿轮齿数取同样大小 ξ_2 的加大值对 Ω 值的影响是很小的。在相同的限制条件下，如果将 ξ_2 的加大值成倍增加，Ω 值一般也近似地成倍增加，但必须是在未加大值前其 Ω 值为最小的正值或为零。以上情况见表 3.2。表 3.2 并不是说明 ξ_2 的加大值为 0.01 或 0.02，只是说明加大 0.01 或 0.02 对 Ω 值的变化，该表可作为 ξ_2 加大值的参考表。

表 3.2　　加大 ξ_2 的影响——ξ_2 取值范围

($m/z_c=2/25$)

z_1/z_2	ξ_1	ξ_2	α	Ω
40/41	1.097	1.30318	55° 5.727935′	0.0000045
		1.30318+0.01	55° 26.5132370′	0.0638584
		1.30318+0.02	55° 46.7520351′	0.1259985
	0	0.838035+0.02	62° 30.7419505′	0.1203123
100/101	2.65	3.0329725	57° 15.75338′	0.000005
		3.0329725+0.01	57° 30.6803973′	0.0500602
		3.0329725+0.02	57° 45.1916299′	0.0993326
	0	1.3114659+0.02	66° 3.3894150′	0.1307718
50/52	0.9	1.047519	39° 10.8995350′	0.0000122
		1.047519+0.01	39° 37.4913947′	0.0370697
		1.047519+0.02	40° 3.2964039′	0.0738965
	0	0.4213526+0.02	43° 43.9866912′	0.05818401

续表

z_1/z_2	ξ_1	ξ_2	α	Ω
100/102	3.105	3.0971	36° 34.0209375′	0.000855
		3.0971+0.01	37° 6.2168574′	0.0374384
		3.0971+0.02	37° 37.2251634′	0.0740840
	0	0.4711362+0.02	44° 15.2225945′	0.0470992
40/43	0.62	0.6777850	30° 29.3055545′	0.0000109
		0.6777850+0.01	31° 2.8777857′	0.0359645
		0.6777850+0.02	31° 35.0694846′	0.0711292
	0	0.2325106+0.02	34° 7.6294990′	0.05632001
100/103	1.65	1.722683	30° 31.3397327′	0
		1.722683+0.01	31° 1.3482876′	0.0308473
		1.722683+0.02	31° 30.2376988′	0.0613342
	0	0.2561152+0.02	34° 19.0645791′	0.0469718
45/49	0.3	0.3860375	26° 36.6661644′	0
		0.3860375+0.01	27° 6.2962885′	0.0299081
		0.3860375+0.02	27° 34.7710959′	0.0582803
	0	0.1406450+0.02	28° 30.1769220′	0.0563495
100/104	0.89	0.9642943	26° 16.0877183′	0
		0.9642943+0.01	26° 45.3818274′	0.0276361
		0.9642943+0.02	27° 13.5066052′	0.0547206
	0	0.1458047+0.02	28° 30.1466937′	0.0467242

3.1.4　变位系数与齿数差的关系

插齿刀齿数 z_c 和外齿轮的变位系数 ξ_1 一定时，不产生齿廓重叠干涉值为最小的正值，所需要内齿轮最小变位系数 ξ_2 随齿数差的不同而不同，齿数差越少，内齿轮变位系数 ξ_2 越大，齿数差越多，则 ξ_2 越小。由于齿数差越少越容易产生各种干涉，尤其是齿廓重叠干涉，除了采用一定大小的齿顶高系数 f 外，还必须采用较大的变位系数和较大的传动啮合角 α 来解决。

表 3.3 说明，外齿轮变位系数 ξ_1 和插齿刀齿数 z_c 一定，不产生齿廓重叠干涉值 Ω 为最小的正值或 $\Omega=0$ 时，不同的齿数差内齿轮的变位系数 ξ_2 各不相同。当 $\xi_1=0$ 时，其所对应的 ξ_2 是在横坐标 ξ_2 轴上排列整齐的点，由相同的 ξ_1 分别与大小不相等的 ξ_2 才构成不同的齿数差。例如，表 3.3 中 $z_1/z_2=40/46$ 的齿轮副，采用 $m/z_c=4/25$ 的插齿刀计算，$\xi_1=0$，只有当 $\xi_2=0.0205252$，传动啮合角 $\alpha=21°1.5483333'$ 这两个最小值时，才能出现 $\Omega=0$ 的情况，其他齿数差没有 ξ_2、α 两值与 $\Omega=0$ 的这个关系。

表 3.3　　**变位系数与齿数差的关系**

($m/z_c=4/25$)

z_2-z_1	z_1/z_2	ξ_1	ξ_2	α	Ω
6	40/46	0	0.0205252	21° 1.5483333′	0
5	40/45	0	0.0730107	23° 50.745′	0
4	40/44	0	0.1392115	27° 42.2274167′	0.000005
3	40/43	0	0.2325106	33° 23.6166667′	0.0000018
2	40/42	0	0.3935548	42° 51.6778333′	0.0000002
1	40/41	0	0.8380350	62° 9.5333333′	0.0000007

表 3.4 是当内齿轮的变位系数 ξ_2 为定值（即 $\xi_2=0$）使 $\Omega=0$ 时，齿数差越少其所对应的 ξ_1 值越小，以减小外齿轮分度圆齿厚增量系数 Δ_1，使传动啮合角 α 增大。当 $\xi_1=0$ 或 $\xi_2=0$，不产生齿廓重叠干涉值 Ω 为最小时，不同齿数差所对应 ξ_2 或 ξ_1 和 α 均为最小值，一旦 ξ_2 或 ξ_1 发生变动，必然会引起 α 的变化。

表 3.4　　**变位系数与齿数差的关系**

($m/z_c=4/25$)

z_2-z_1	z_1/z_2	ξ_2	ξ_1	α	Ω
6	40/46	0	−0.022304	21° 6.105′	0

续表

z_2-z_1	z_1/z_2	ξ_2	ξ_1	α	Ω
5	40/45	0	−0.0829394	24° 8.8516667′	0
4	40/44	0	−0.1680483	28° 22.32350′	0
3	40/43	0	−0.3119642	34° 48.883295′	0
2	40/42	0	−0.7242802	47° 6.6908333′	0.0000006
1	40/41	—	—	—	—

3.1.5 以重叠系数 ε 为限制条件，变位系数与齿轮齿数的关系

在计算时，插齿刀齿数 z_c 不变，使不产生齿廓重叠干涉值为最小的正值，为了取得较小的传动啮合角 α，少齿差内啮合齿轮副往往是在重叠系数 ε 限制线以下附近选取变位系数，本书选取重叠系数 $\varepsilon \geqslant 1.026$。由于重叠系数 ε 限制线随不同的齿轮齿数为一条倾斜的曲线，齿数多的在曲线的上端，齿数少的在曲线的下端。显然，不同齿数的齿轮副为了取得同样大小的重叠系数 ε，变位系数不会相同，一般齿轮齿数少的变位系数小；而齿轮齿数多的变位系数大。变位系数不同，必然引起传动啮合角 α 的不同，齿轮齿数多的传动啮合角 α 偏大，齿轮齿数少的传动啮合角 α 偏小，但两者在数值上相差并不大。重叠系数 ε 限制线上各齿轮副的传动啮合角 α、变位系数均不相等（见表 3.5）。

表 3.5　以重叠系数 ε 为限制条件，变位系数与齿轮齿数的关系

$(m/z_c=2/25)$

z_1/z_2	ξ_1	ξ_2	α	ε	Ω
100/101	3.1970	3.454875	55°40.0446419′	1.0267087	0.0000626
95/96	3.0260	3.28296	55°39.4650222′	1.0267124	0.0001273
90/91	2.8580	3.110765	55°38.6793645′	1.0266509	0.000224
85/86	2.6840	2.93812	55°37.5259661′	1.0264851	0.0000538
80/81	2.51050	2.763425	55°36.7957597′	1.0267354	0.0001026
75/76	2.33720	2.58848	55°35.833029′	1.0268712	0.0005683
65/66	1.99325	2.237975	55°31.2370147′	1.0261689	0.0000053
55/56	1.639228	1.875850	55°25.9778082′	1.0267308	0.0000164
50/51	1.4620	1.691625	55°21.3309934′	1.0265702	0.0001698
45/46	1.28190	1.5017695	55°4.762180′	1.0264797	0.0000034

3.1.6 齿轮齿数相同，变位系数与插齿刀齿数的关系

如果少齿差内啮合齿轮副的组合齿数相同，外齿轮变位系数大小相同，为了保证同样大小或最小的不产生齿廓重叠干涉值 Ω，选用不同齿数 z_c 的插齿刀计算，所必需的内齿

轮变位系数 ξ_2 不会相同，插齿刀齿数 z_c 少的内齿轮变位系数 ξ_2 偏大，z_c 多时 ξ_2 值偏小，一般 ξ_2 偏大，会导致传动啮合角 α 也大（见表 3.6）。

表 3.6　齿轮齿数相同，变位系数与插齿刀齿数的关系

z_1/z_2	m/z_c	ξ_1	ξ_2	α	Ω
84/85	3/34	1.9	2.2430215	56°52.6380177′	0
	2.5/40	1.9	2.161002	55°54.1707063′	0
	2/50	1.9	2.011085	53°59.9527927′	0.0000049

3.2　插齿刀的 m/z_c

插齿刀计算系统计算的少齿差内啮合齿轮副，插齿刀的 m/z_c 是非常重要的参数之一。计算和加工内啮合、齿顶高系数 $f=0.8$ 的齿轮副，其内、外齿轮皆采用标准插齿刀进行设计和加工。对标准插齿刀不作任何修正，不采用特殊啮合角 α 非标准专用的插齿刀具。计算时原始齿形角 $\alpha=20°$，一般情况下，均以中等刃磨程度即 $\xi_c=0$ 作为计算齿轮副的假设值。由于加工过程中刀具的磨损和每次刃磨后，插齿刀齿顶圆直径 D_c 和插齿刀变位系数 ξ_c 都在发生变化，如有特殊要求必须精确计算，可根据插齿刀实际齿顶圆直径 D_c 计算出插齿刀的变位系数 ξ_c，即

$$D_c=m[z_c+2(\xi_c+f+c_0)] \tag{3.1}$$

可以导出：

$$\xi_c=\frac{D_c-m[z_c+2(f+c_0)]}{2m}$$

式中　f——齿顶高系数，$f=1$；

c_0——径向间隙系数，当模数 $m\leqslant 2.5$ 时 $c_0=0.25$，当模数 $m\geqslant 2.75$ 时 $c_0=0.3$。

插齿刀齿顶圆直径 D_c 刃磨到一定程度会产生加工时的某种干涉，刃磨到的最小极限尺寸，可通过式（3.1）求得。

齿轮副的组合齿数一定，如果插齿刀齿数 z_c 选择过多或偏少，在加工、组装或运转时均有可能产生干涉，如外齿轮的顶切和根切、内齿轮的顶切、过渡曲线干涉。插齿刀参数 m/z_c 直接影响传动啮合角 α、实际啮合中心距 A、中心距分离系数 λ、齿顶高变动系数 γ、齿顶高 h'、齿顶圆半径 R 和重叠系数 ε。设计计算时，可根据齿数差、被加工齿轮齿数及其变位系数，参照限制图和特性曲线图选取插齿刀齿数 z_c，这样可避免由于插齿刀参数 m/z_c 选取不当而引起的干涉。如果条件允许，将插齿刀齿数 z_c 尽可能地选取多些，这是因为用同一把插齿刀加工不产生内齿轮的范成顶切，一般也不会产生其他干涉。选取插齿刀参数 m/z_c 的条件，一般是根据齿轮副的组合齿数、传递功率以及考虑到有利于避免或不产生各种干涉为原则。

3.2.1　插齿刀齿数 z_c 与分度圆齿厚增量系数 Δ 的关系

在外齿轮变位系数 ξ_1 相等、齿轮副 z_1/z_2 相同的条件下，设插齿刀齿数 z_c 少时分度

圆齿厚增量系数为 Δ_1'、Δ_2'，机床切削啮合角为 α_{c1}'、α_{c2}'，z_2 多时则分别为 Δ_1''、Δ_2''、α_{c1}''、α_{c2}''。当 ξ_1 为正值，Ω 等于最小的正值时，有

$$\Delta_1'=(z_1+z_c')(\text{inv}\alpha_{c1}'-\text{inv}\alpha_0) \tag{3.2}$$

$$\Delta_1''=(z_1+z_c'')(\text{inv}\alpha_{c1}''-\text{inv}\alpha_0) \tag{3.3}$$

式（3.2）减式（3.3），并整理得

$$\Delta_1'-\Delta_1''=z_1(\text{inv}\alpha_{c1}'-\text{inv}\alpha_{c1}'')+\text{inv}\alpha_0(z_c''-z_c')+z_c'\text{inv}\alpha_{c1}'-z_c''\text{inv}\alpha_{c1}''$$

等式右边前三项均大于零，虽然 $z_c''>z_c'$，而 $\alpha_{c1}''<\alpha_{c1}'$，而且 $\text{inv}\alpha_{c1}''$ 也比较小，但这样合成的结果使

$$\Delta_1'-\Delta_1''>0$$

即插齿刀齿数 z_c 少时，外齿轮齿厚增量系数 Δ_1 偏大，而 z_c 多时 Δ_1 值偏小。又

$$\Delta_2'=(z_2-z_c')(\text{inv}\alpha_0-\text{inv}\alpha_{c2}') \tag{3.4}$$

$$\Delta_2''=(z_2-z_c'')(\text{inv}\alpha_0-\text{inv}\alpha_{c2}'') \tag{3.5}$$

式（3.5）减式（3.4），并整理得

$$|\Delta_2''|-|\Delta_2'|=(z_c'-z_c'')\text{inv}\alpha_0-z_2(\text{inv}\alpha_{c2}''-\text{inv}\alpha_{c2}')-z_c''\text{inv}\alpha_{c2}'-z_c'\text{inv}\alpha_{c2}'<0$$

因为内齿轮齿厚增量系数 Δ_2 为负值，插齿刀齿数 z_c 多时 Δ_2 偏大，而 z_c 少时 Δ_2 偏小。当 ξ_1 为正值，插齿刀齿数 z_c 多时的机床切削啮合角 α_{c1} 和 Δ_1 均小于 z_c 少时的 α_{c1} 和 Δ_1。齿数差 $z_2-z_1=4,5,6$，z_c 对 Δ 的影响很小。

3.2.2 插齿刀齿数 z_c 与传动啮合角 α 的关系

如果以齿轮副 z_1/z_2 相同，外齿轮 ξ_1 相等，齿廓重叠干涉值等于最小的正值或 $\Omega=0$ 为条件，设插齿刀齿数 z_c 少时有关参数为 Δ_1'、Δ_2'、α'，z_c 多时为 Δ_1''、Δ_2''、α''，根据传动啮合角 α 公式，有

$$\text{inv}\alpha'=\text{inv}\alpha_0-\frac{\Delta_1'+\Delta_2'}{z_2-z_1}$$

化为

$$\frac{\Delta_1'+\Delta_2'}{z_2-z_1}=\text{inv}\alpha_0-\text{inv}\alpha' \tag{3.6}$$

和

$$\text{inv}\alpha''=\text{inv}\alpha_0-\frac{\Delta_1''+\Delta_2''}{z_2-z_1}$$

化为

$$\frac{\Delta_1''+\Delta_2''}{z_2-z_1}=\text{inv}\alpha_0-\text{inv}\alpha'' \tag{3.7}$$

式（3.6）减式（3.7），整理后得

$$(z_2-z_1)(\text{inv}\alpha'-\text{inv}\alpha'')=(\Delta_1''-\Delta_1')+(\Delta_2''-\Delta_2')$$

因为 $\Delta_1''\leqslant\Delta_1'$，$\Delta_1''-\Delta_1'$ 为负值或为零，且差值非常小；$\Delta_2''-\Delta_2'$ 为正值，且大于 $\Delta_1''-\Delta_1'$，其差值与齿数差、插齿刀齿数 z_c 有关，使 $\text{inv}\alpha'-\text{inv}\alpha''$ 为正值，即 $\alpha'>\alpha''$，插齿刀齿数 z_c 少时的传动啮合角 α' 大于 z_c 多时的传动啮合角 α''。

3.2.3 插齿刀齿数 z_c 与实际啮合中心距 A 的关系

如果齿轮副 z_1/z_2 相同，外齿轮变位系数 ξ_1 相等，齿廓重叠干涉值等于最小的正值或

$\Omega=0$，设插齿刀齿数 z_c 少时有关参数为 A' 和 α'，z_c 多时为 A'' 和 α''，根据实际啮合中心距公式，有

$$A'=\frac{A_0\cos\alpha_0}{\cos\alpha'} \tag{3.8}$$

$$A''=\frac{A_0\cos\alpha_0}{\cos\alpha''} \tag{3.9}$$

式（3.8）减式（3.9），并整理得

$$A'-A''=A_0\cos\alpha_0\left(\frac{\cos\alpha''-\cos\alpha'}{\cos\alpha'\cos\alpha''}\right)>0$$

即插齿刀齿数 z_c 少时，实际啮合中心距比 z_c 多时偏大。

3.2.4　插齿刀齿数 z_c 与中心距分离系数 λ 的关系

如果少齿差内啮合齿轮副 z_1/z_2 相同、ξ_1 相等、齿廓重叠干涉值 Ω 等于最小的正值或 $\Omega=0$，设插齿刀齿数 z_c 少时有关参数为 λ'、A'，z_c 多时为 λ'' 和 A''，根据中心距分离系数 λ 公式，有

$$\lambda'=\frac{A'-A_0}{m} \tag{3.10}$$

$$\lambda''=\frac{A''-A_0}{m} \tag{3.11}$$

式（3.10）减式（3.11），得

$$\lambda'-\lambda''=\frac{A'-A_0}{m}-\frac{A''-A_0}{m}=\frac{1}{m}(A'-A'')>0$$

即 $\lambda'>\lambda''$，插齿刀齿数 z_c 少时中心距分离系数 λ 比 z_c 多时偏大。

3.2.5　插齿刀齿数 z_c 与齿顶高变动系数 γ 的关系

如果少齿差内啮合齿轮副 z_1/z_2 相同，ξ_1 相等、齿廓重叠干涉值 Ω 等于最小的正值或 $\Omega=0$，设插齿刀齿数 z_c 少时有关参数为 γ'、λ'、ξ_1'、ξ_2'，z_c 多时为 γ''、λ''、ξ_1''、ξ_2''，根据齿顶高变动系数 γ 公式，有

$$\gamma'=(\lambda'-\xi_2'+\xi_1') \tag{3.12}$$

$$\gamma''=(\lambda''-\xi_2''+\xi_1'') \tag{3.13}$$

式（3.12）减式（3.13）得

$$\begin{aligned}\gamma'-\gamma''&=(\lambda'-\xi_2'+\xi_1')-(\lambda''-\xi_2''+\xi_1'')\\&=(\lambda'-\lambda'')+(\xi_1'-\xi_1'')+(\xi_2''-\xi_2')\end{aligned}$$

其中 $\xi_1'-\xi_1''=0$，$\xi_2''-\xi_2'$ 为负值，$\lambda'-\lambda''$ 为正值，但 λ' 与 λ'' 两值相差很小，齿数差越大 λ' 与 λ'' 相差就越小，合成的结果使 $\gamma'-\gamma''$ 出现负值，即 $\gamma'<\gamma''$，插齿刀齿数 z_c 少时，齿顶高变动系数 γ 偏小。

3.2.6　插齿刀齿数 z_c 与齿轮齿顶高 h' 的关系

如果少齿差内啮合齿轮副 z_1/z_2 相同、ξ_1 相等，齿廓重叠干涉值 Ω 等于最小的正值或

$\Omega=0$，设插齿刀齿数 z_c 少时有关参数为 $(h_1')'$、$(h_2')'$、ξ_1'、γ'、ξ'_2，z_c 多时为 $(h_1')''$、$(h_2')''$、ξ_1''、γ''、ξ_2''，根据外齿轮齿顶高 h_1'公式有

$$(h_1')'=m(f+\xi_1'-\gamma') \tag{3.14}$$

$$(h_1')''=m(f+\xi_1''-\gamma'') \tag{3.15}$$

式（3.14）减式（3.15），并整理得

$$(h_1')'-(h_1')''=m[(\xi_1'-\xi_1'')+(\gamma''-\gamma')]$$

其中 $\xi_1'-\xi_1''=0$，$\gamma''-\gamma'$为正值，即 $(h_1')'>(h_1')''$，外齿轮齿顶高在插齿刀齿数 z_c 少时要比 z_c 多时偏高。

同理，内齿轮齿顶高 h_2'为

$$(h_2')'=m(f-\xi_2'-\gamma') \tag{3.16}$$

$$(h_2')''=m(f-\xi_2''-\gamma'') \tag{3.17}$$

式（3.16）减式（3.17），并整理得

$$(h_2')'-(h_2')''=m[(\xi_2''-\xi_2')+(\gamma''-\gamma')]$$

其中 $\xi_2''-\xi_2'$为负值，虽然 $\gamma''-\gamma'$为正值，但 γ''与 γ'随 z_c 的变化不大，其两者的差值很小，齿数差越大 γ''与 γ'的差值越小，显然插齿刀齿数 z_c 少时，内齿轮齿顶高较 z_c 多时偏短。

3.2.7 插齿刀齿数 z_c 与齿轮齿顶圆半径 R 的关系

如果少齿差内啮合齿轮副 z_1/z_2 相同，ξ_1 相等，齿廓重叠干涉值 Ω 等于最小的正值或 $\Omega=0$，设插齿刀齿数 z_c 少时，外齿轮有关参数为 R_1'、$(h_1')'$，内齿轮有关参数为 R_2'、$(h_2')'$；z_c 多时，外齿轮的有关参数为 R_1''、$(h_1')''$，内齿轮的有关参数为 R_2''、$(h_2')''$，则外齿轮有

$$R_1'-R_1''=\frac{mz_1}{2}+(h_1')'-\left[\frac{mz_1}{2}+(h_1')''\right]=(h_1')'-(h_1')''>0$$

同理，内齿轮有

$$R_2'-R_2''=\frac{mz_2}{2}-(h_2')'-\left[\frac{mz_2}{2}-(h_2')''\right]=(h_2')''-(h_2')'>0$$

结论：少齿差内啮合齿轮副，无论是外齿轮还是内齿轮，其齿顶圆半径均是插齿刀齿数 z_c 少时比 z_c 多时偏大。

3.2.8 插齿刀齿数 z_c 与齿轮副重叠系数 ε 的关系

重叠系数 ε 的计算公式为

$$\varepsilon=\frac{1}{2}\pi[z_1\tan\alpha_{e1}-z_2\tan\alpha_{e2}+(z_2-z_1)\tan\alpha]$$

式中 α_e——齿顶圆压力角；

α——传动啮合角。

如果少齿差内啮合齿轮副 z_1/z_2 相同、ξ_1 相等，齿廓重叠干涉值 Ω 等于最小的正值或 $\Omega=0$，从重叠系数 ε 公式分析，ε 与插齿刀齿数 z_c 无直接关系，而 z_c 是通过传动啮合角 α 和齿顶圆压力角 α_e 来影响 ε 值大小的。设 z_c 少时有关参数为 ε'、α'、α_{e1}'、α_{e2}'，z_c 多时有

关参数为 ε''、α''、α''_{e1}、α''_{e2}：

$$\varepsilon'=\frac{1}{2\pi}[z_1\tan\alpha'_{e1}-z_2\tan\alpha'_{e2}+(z_2-z_1)\tan\alpha'] \tag{3.18}$$

$$\varepsilon''=\frac{1}{2\pi}[z_1\tan\alpha''_{e1}-z_2\tan\alpha''_{e2}+(z_2-z_1)\tan\alpha''] \tag{3.19}$$

式（3.18）减式（3.19），并整理得

$$\varepsilon'-\varepsilon''=\frac{1}{2\pi}[z_1(\overbrace{\tan\alpha'_{e1}-\tan\alpha''_{e1}}^{\text{I}})+z_2(\overbrace{\tan\alpha''_{e2}-\tan\alpha'_{e2}}^{\text{II}})+(z_2-z_1)(\overbrace{\tan\alpha'-\tan\alpha''}^{\text{III}})]$$

其中：第Ⅰ项一般情况为正值，第Ⅱ项为负值，但 α''_{e2} 与 α'_{e2} 两值相差甚小，第Ⅲ项为正值。这三项中起主要作用的为第Ⅲ项，使 $\varepsilon'-\varepsilon''$ 为正值，即插齿刀齿数 z_c 少时，其重叠系数 ε' 大于 z_c 多时的 ε'' 值，且其差值随着齿数差的增多和变位系数的逐渐减小而逐渐减小。

3.2.9　插齿刀齿数 z_c 与齿轮副齿数的关系

若插齿刀以不同的齿数 z_c 计算同一齿数、同样大小 ξ_1 的齿轮副，为了保证使 $\Omega=0$ 所必需的内齿轮变位系数 ξ_2 各不相同，一般是插齿刀齿数 z_c 少时，其所必需的内齿轮变位系数 ξ_2 偏大，插齿刀齿数 z_c 多时，所必需的内齿轮变位系数 ξ_2 偏小，其大小与齿数差、齿轮副变位系数的大小和同一齿轮副齿数所选取的插齿刀齿数差的多少有关。由于 ξ_2 的不同，将引起各参数都有相应的变化，最能代表插齿刀齿数 z_c 的关键参数如实际啮合中心距 A、中心距分离系数 λ 和传动啮合角 α 的变化是比较大的，其中传动啮合角 α 又是齿数差少的主要参数，齿数差 $z_2-z_1=5,6$ 时，插齿刀齿数 z_c 对齿轮副齿数的影响很小。

3.2.10　插齿刀齿数 z_c 过多或过少

插齿刀齿数 z_c 过多或过少是相对于齿轮副的齿数而言，插齿刀齿数 z_c 过多或过少，在插削过程中均会引起某些顶切。

插齿刀齿数 z_c 过多：如果齿数差 z_2-z_1、内齿轮齿数 z_2 和外齿轮的变位系数 ξ_1 一定，由于插齿刀齿数 z_c 偏少，有可能将内齿轮的渐开线齿顶被刀切去一部分，形成内齿轮在加工时范成顶切（又称为内齿轮的第一种顶切）。内齿轮避免范成顶切的公式为

$$\frac{z_c}{z_2}\geqslant 1-\frac{\tan\alpha_{e2}}{\tan\alpha_{c2}}$$

从公式可知，z_2 一定，虽然 z_c 少时其 $\tan\alpha_{e2}/\tan\alpha_{c2}$ 值大于 z_c 多的，对避免范成顶切不利，甚至有产生范成顶切的可能；但在公式中起决定作用的是在定值 z_2 下的 z_c，当 z_c 满足于下式时：

$$z_c\geqslant z_2\left(1-\frac{\tan\alpha_{e2}}{\tan\alpha_{c2}}\right)$$

z_c/z_2 的变化值要大于 $\tan\alpha_{e2}/\tan\alpha_{c2}$ 的变化值，才不会在插削过程中产生内齿轮的范成顶切现象，即在一定的限制条件下，当内齿轮齿数为定值时取较多的 z_c 对避免范成顶切有利。例如，一齿差内啮合齿轮副 $z_1/z_2=55/56$，取定值 $\xi_1=1$，$m/z_c=3/25$，不产生齿廓重叠干涉值 $\Omega=0$ 的最小 $\xi_2=1.4919315$，则计算出 $\tan\alpha_{c2}=0.6008128$，$\tan\alpha_{e2}=$

表 3.7　插齿刀齿数 z_c 与各参数的关系

（齿轮副 z_1/z_2 相同，ξ_1 相等，$\Omega=0$，ξ_1 由任意值作定值，z_c 少⟶z_c 多）

插齿刀齿数 z_c	外齿轮变位系数 ξ_1	内齿轮变位系数 ξ_2	传动啮合角 α	机床切削啮合角 α_{c2}	齿厚增量系数 Δ		齿顶高 h'		中心距分离系数 λ	齿顶高变动系数 γ	实际啮合中心距 A	齿顶圆半径 R	齿顶圆压力角 α_e	齿顶圆弧齿厚 S_a	重叠系数 ε	转角 φ
					Δ_1	Δ_2	h_1'	h_2'								
z_c 少($z_c=25$) ↓ z_c 多($z_c=34$)	定值	大↓小	大↓小	小↓大	大↓小	小↓大	高↓短	短↓高	大↓小	小↓大	大↓小	大↓小	大↓小	薄↓厚	大↓小	大↓小

注　1. 当 ξ_1 和 ξ_2 为负值（或 $\xi_2=0$）时，某些参数会出现与此表相反情况，但其数值很小。

2. 当 $\xi_1=0$ 时，$\alpha_{c1}=20°$，$\Delta_1=0$；当 $\xi_2=0$ 时，$\alpha_{c2}=20°$，$\Delta_2=0$。

表 3.8　插齿刀齿数 z_c 与 α_{c1} 的关系

（齿轮副 z_1/z_2 相同，ξ_1 相等，$\Omega=0$，ξ_1 由任意值作定值，z_c 少⟶z_c 多）

插齿刀齿数 z_c	α_{c1}		
	$\xi_1>0$	$\xi_1=0$	$\xi_1<0$
z_c 少($z_c=25$) ↓ z_c 多($z_c=34$)	大↓小	相等	小↓大

0.4262226，代入公式并化简得

$$\frac{z_c}{z_2} \geqslant 1-\frac{\tan\alpha_{e2}}{\tan\alpha_{c2}}$$

$$\frac{25}{56} \geqslant 1-\frac{0.4262226}{0.6008128}$$

$$0.1558386>0$$

如果用 $m/z_c = 3/34$ 的插齿刀计算，不产生齿廓重叠干涉值 $\Omega=0$ 的最小 $\xi_2 = 1.3498085$，则 $\tan\alpha_{c2}=0.6538031$，$\tan\alpha_{e2}=0.4225011$，代入公式并化简得

$$0.2533636>0$$

显然，插齿刀齿数少，加工内齿轮时容易产生范成顶切。插齿刀齿数偏少，齿轮齿数也偏少，即使采用较大的齿轮副的变位系数也比较容易产生范成顶切。同样的限制条件，如果插齿刀齿数偏少，还容易在内齿轮齿顶与相啮合的外齿轮齿根圆角处产生过渡曲线干涉，也较容易产生外齿轮顶切，但一般情况下若不产生内齿轮的范成顶切也不会产生后两者。

插齿刀齿数 z_c 过多：在内齿轮齿数 z_2 为定值时，插齿刀齿数如果过多，容易产生插齿刀径向进刀顶切（又称为内齿轮第二种顶切），这种情况一般是在 ξ_1 为负值时容易产生，但在同一条件下，同一把插齿刀不产生范成顶切也不会产生径向进刀顶切。

3.2.11　插齿刀刃磨后产生的影响

一般前刃面未经刃磨过的新插齿刀有利于避免加工内齿轮的范成顶切、径向进刀顶切和外齿轮的顶切，随着插齿刀的不断刃磨，插齿刀的齿顶高不断变短、齿顶圆半径 R_c、变位系数 ξ_c 和齿顶圆压力角 α_{ec} 不断变小。变位系数 ξ_c 和齿顶圆压力角 α_{ec} 的减小，容易产生过渡曲线干涉，如果齿轮齿数、变位系数相同的齿轮副，对于一齿差，应首先验算外齿轮齿顶与相啮合的内齿轮齿根圆角处的过渡曲线干涉；对于其他齿数差，应首先验算内齿轮齿顶与相啮合的外齿轮齿根圆角处的过渡曲线干涉。若使插齿刀前刃面刃磨到能避免过渡曲线干涉的最小齿顶圆极限尺寸，不同齿数差的不同齿数组合和不同齿轮副的变位系数对不同齿数 z_c 插齿刀齿顶圆都有不同的要求，可参见过渡曲线干涉的有关内容。插齿刀齿顶圆半径 R_c 和变位系数 ξ_c 的减小，对避免外齿轮的根切有利。而变位系数 ξ_c 和插齿刀齿顶圆压力角 α_{ec} 的减小，对避免加工内齿轮径向进刀顶切有利。

以上情况参见表 3.7、表 3.8。这两个表是根据表 3.9～表 3.20（见书后插页）汇集而成，计算时的条件是少齿差内啮合齿轮副的 z_1/z_2 相同、外齿轮变位系数相等、齿廓重叠干涉值 $\Omega=0$，用模数 m 相同而齿数 z_c 不同的插齿刀进行计算，展示了当插齿刀齿数 z_c 由少向多、齿轮齿数由少向多、外齿轮变位系数 ξ_1 由大向小变化时各参数随之变化的结果。除外齿轮的机床切削啮合角 α_{c1} 随着 ξ_1 变为负值所产生的特例外，其他所有参数一般皆按一定的正常规律变化。

齿数差 $z_2-z_1=4,5,6$，如果外齿轮的变位系数 ξ_1 为负值，与其对应的内齿轮变位系数 ξ_2 值偏小，不产生齿廓重叠干涉值 $\Omega=0$ 时，个别参数不会出现由于插齿刀齿数 z_c 的多少引起的变化，即不受插齿刀 z_c 的影响，这种情况在齿数差越多时越明显。例如，四齿差内啮合齿轮副 $z_1/z_2=50/54$，取定值 $\xi_1=-0.05$，采用 $m/z_c=3/25$ 插齿刀计算，不

产生齿廓重叠干涉值 $\Omega=0$ 时内齿轮变位系数最小值 $\xi_2=0.0987$，此时外齿轮分度圆齿厚增量系数 $\Delta_1=-0.0362261$。若插齿刀齿数 $z_c=34$，在同样条件下，取定值 $\xi_1=-0.05$，不产生齿廓重叠干涉值 $\Omega=0$ 时，内齿轮变位系数最小值 $\xi_2=0.097444$，而 $\Delta_1=-0.0362143$。这样，同一齿轮副、ξ_1 相同，当 $\Omega=0$ 时，不同齿数 z_c 对外齿轮分度圆齿厚增量系数 Δ_1 几乎没有影响，由于 ξ_1 变为负值，Δ_1 由原来 z_c 少时大于 z_c 多时的情况而趋于相等。内齿轮分度圆齿厚增量系数 Δ_2，在 ξ_1 为负值时也有类似的情况。例如，六齿差内啮合齿轮副 $z_1/z_2=50/56$，取定值 $\xi_1=-0.0208$，如果取 $m/z_c=3/25$ 插齿刀计算，不产生齿廓重叠干涉值 $\Omega=0$ 时的最小值 $\xi_2=-0.0002$，此时内齿轮分度圆齿厚增量系数 $\Delta_2=0.000156$。若插齿刀 $m/z_c=3/34$，齿轮副、ξ_1 值不变，不产生齿廓重叠干涉值 $\Omega=0$ 时的最小值 $\xi_2=-0.0001913$，此时，$\Delta_2=0.0001461$。也就是说，当 ξ_1 为负值，插齿刀齿数 z_c 对 Δ_2 值的影响极小，Δ_2 值几乎相等。

外齿轮变位系数 ξ_1 为负值、插齿刀齿数 z_c 除了对上述参数没有多大影响外，对内齿轮在加工时的机床切削啮合角 α_{c2} 和齿顶高变动系数 γ 的影响也不大。

此外，有的个别参数如果一旦发生上述这种情况，会产生直接影响一些参数的连锁反应。例如，齿顶高 h_1' 发生这种情况时会直接影响外齿轮齿顶圆半径 R_1 和外齿轮齿顶圆压力角 α_{e1}，而 α_{e1} 又影响重叠系数 ε 和内齿轮齿顶圆弧齿厚 S_{a2}，但在数值上相差极微，可近似相等。

3.3 齿轮齿数 z

对于少齿差内啮合齿轮副，外齿轮齿数 z_1 为定值可改动内齿轮齿数 z_2 得到不同的齿数差，如一齿差、二齿差等。在同一齿数差内通过不同齿数组合，可以获得不同的齿轮副。齿数差越少，齿轮齿数越少，越容易产生各种干涉，当齿数差少到一定程度时，必须对相互内啮合的齿轮副进行修正和采取必要措施，否则会产生各种干涉，影响正常啮合。齿数差越少效率越低。渐开线少齿差内啮合齿轮副减速器的最大特点是结构简单紧凑，加工、装配比较方便，用较少的构件就能获得极大的传动比 i。传动比 i 除与齿轮齿数不同的组合有关外，还决定于机构的传动型式。

一般少齿差内啮合齿轮副的减速器，齿轮传动型式有两种：一种是 K—H—V 型齿轮传动，另一种是 2K—H 型齿轮传动。

3.3.1 K—H—V 型齿轮传动

K—H—V 型齿轮传动按输出型式分为低速轴输出和内齿轮连同机壳一起输出两种，低速轴输出有销轴式、十字滑块式、浮动盘式和双曲柄式等，其中在高速连续运转且功率大的场合可采用浮动盘式或销轴式，同时效率也高些。

图 3.2 是 K—H—V 型齿轮传动机构的简图，这种传动机构由内齿轮、系杆、联轴节和输出轴组成。当电动机带动偏心轴 3（系杆 H）高速传动，由于内齿轮 2（即 K，死轮）不动，依靠偏心轴的偏心作用，遂使行星齿轮 1 在固定不动的内齿轮内围绕中心 O_2 作公转的同时，又绕其自身的轴心 O_1 作反向的自转，然后再借助于联轴节 W 机构将行星齿轮的低速

传递给输出轴 V（销轴），这是最简单的销轴式输出机构的少齿差减速器传动原理。应用比较广的销轴式输出机构的少齿差减速器如图 3.3 所示。在两件完全相同的行星齿轮的轮副上同一圆周均布的孔，插入与行星齿轮有相同的几何位置、数目相同的销轴，即输出轴上的销轴，孔与销轴直径相差为偏心距的 2 倍，偏心轴 3 采用双偏心，使两个行星齿轮 1 与内齿轮 2 相啮合的位置上下相差 180°，运转过程中永远保持销轴与孔接触，使之运转平稳。行星齿轮 1 沿啮合线作公转外，还以自身的轴心作跳跃式的反方自转，将低速经销轴传递给输出轴 V。

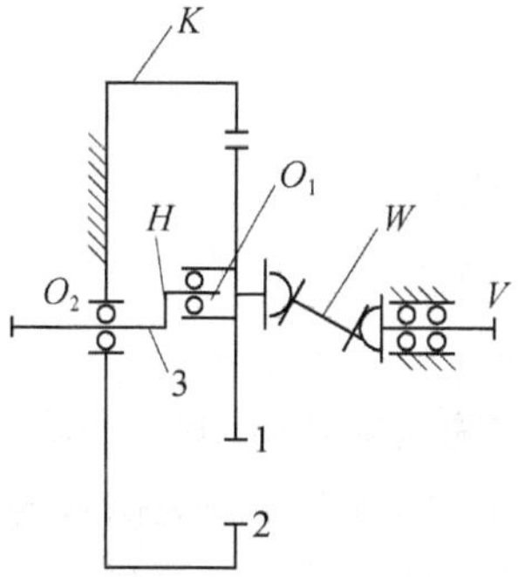

图 3.2　K—H—V 型齿轮传动机构简图

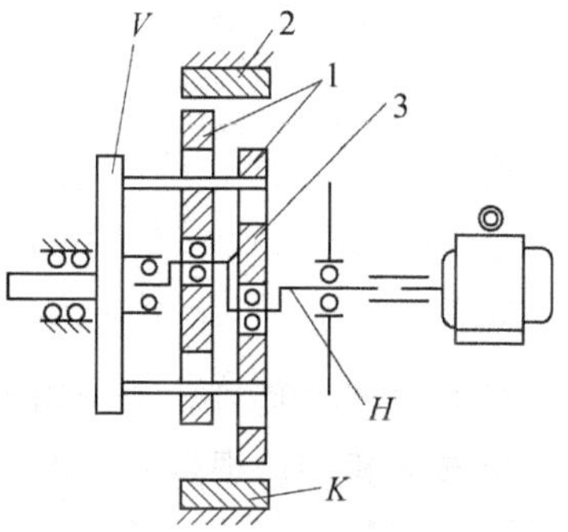

图 3.3　销轴式输出机构的少齿差减速器

两个行星齿轮 1 的主要工序及其精加工（包括插齿），应在一起同时加工，并打印编号，啮合组装时应成对插入销轴，并使之在最高点处与内齿轮 2 啮合，然后将最上面的行星齿轮取出，顺时针旋转 180°，不得错位，再插入销轴，旋转到啮合位置。此外，为了减少销轴与孔的磨损，可在销轴上装销轴套。要想改善销轴的受力、磨损不均匀的情况，可采取一些必要措施进行补救，并能提高效率。

下面再来讨论一下 K—H—V 型少齿差齿轮传动的传动比 i（少齿差齿轮在减速器计算中也常称为减速比 i 或速比 i）。

设内齿轮的齿数为 z_2，其转动角速度为 ω_2，行星外齿轮的齿数为 z_1，其转动角速度为 ω_1，偏心轴的转动角速度为 ω_H，给行星轮系各个构件都加以同一个角速度（$-\omega_H$），则 ω_1、ω_2 分别变为

$$\omega_1^H = \omega_1 - \omega_H$$

$$\omega_2^H = \omega_2 - \omega_H$$

将行星轮系转化为定轴轮系计算：

$$i_{12}^H = \frac{\omega_1^H}{\omega_2^H} = \frac{\omega_1 - \omega_H}{\omega_2 - \omega_H} = \frac{z_2}{z_1} \tag{3.20}$$

当内齿轮不动，即 $\omega_2 = 0$，式（3.20）变为

$$i_{12}^H = \frac{\omega_1 - \omega_H}{\omega_2 - \omega_H} = -\frac{\omega_1}{\omega_H} + 1 = -i_{1H} + 1$$

或化为

$$i_{1H} = 1 - i_{12}^H$$

代入式(3.20)得

$$i_{1H}=\frac{z_1-z_2}{z_1}$$

则

$$i_{H1}=\frac{z_1}{z_1-z_2}=-\frac{z_1}{z_2-z_1} \tag{3.21}$$

如果输出轴固定不动而内齿轮转动时用传动比计算（此时行星外齿轮只作公转不作自转）行星外齿轮的转动角速度 $\omega_1=0$，则

$$i_{12}^{H}=\frac{\omega_1-\omega_H}{\omega_2-\omega_H}=\frac{1}{-i_{2H}+1}=\frac{z_2}{z_1}$$

或化成

$$i_{2H}=1-\frac{z_1}{z_2}=\frac{z_2-z_1}{z_2}$$

$$i_{H2}=\frac{z_2}{z_2-z_1} \tag{3.22}$$

式（3.21）等式右侧的负号，表示输出轴转向与输入轴转向相反。式（3.22）表示输出轴转向与输入轴转向相同。根据式（3.21）、式（3.22），要获得大的减速比，必须使齿数差要少，齿轮副的齿数要多；齿数差越多而且齿轮副的齿数少可获得较小的减速比。但齿数差越少，传动啮合角 α 越大，效率偏低。

3.3.2 2K—H 型齿轮传动

ZK—H 型齿轮传动机构由两对少齿差齿轮副组成，分别承担减速，它的特点是不需要其他输出机构，可由齿轮轴或内齿轮直接输出。根据传动型式不同，可分以下三种，其齿轮传动的速比计算如下。

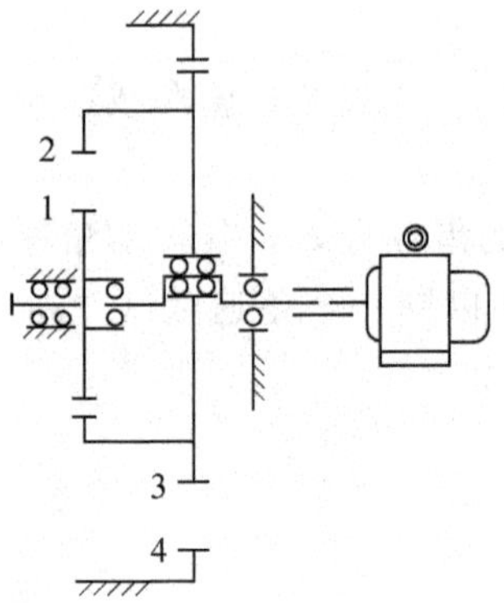

图 3.4 ZK—H 型齿轮传动形式 1

第 1 种：如图 3.4 所示，内齿轮 2 与行星外齿轮 3 为双联齿轮，分别与固定不动的内齿轮 4 和输出轴外齿轮 1 相啮合，其转动角速度分别为 $\omega_4=0$，$\omega_2=\omega_3$，则

$$i_{34}^{H}=\frac{\omega_3^{H}}{\omega_4^{H}}=\frac{\omega_3-\omega_H}{\omega_4-\omega_H}=-\frac{\omega_3}{\omega_H}+1=1-i_{3H}=\frac{z_4}{z_3}$$

$$i_{3H}=1-\frac{z_4}{z_3}$$

$$i_{12}^{H}=\frac{\omega_1-\omega_H}{\omega_2-\omega_H}=\frac{\omega_1-\omega_H}{\omega_3-\omega_H}=\frac{i_{1H}-1}{i_{3H}-1}=\frac{z_2}{z_1}$$

$$i_{1H}=1+\frac{z_2}{z_1}(i_{3H}-1)=1-\frac{z_2}{z_1}\frac{z_4}{z_3}$$

$$i_{H1}=-\frac{z_1z_3}{z_2z_4-z_1z_3} \tag{3.23}$$

式（3.23）等式右侧的负号表示输出轴转向与输入轴转向相反。当 z_2z_4 为定值时，选取较大 z_1z_3 可获得比较理想的速比。此种结构两内啮合齿轮副的偏心距要保持相等，简单的方法是计算出其中一齿轮副的传动啮合角 α 和实际啮合中心距 A（即偏心距），以此为两齿轮副的共同参数，外齿轮变位系数为定值 ξ_1，可计算出另一齿轮副的内齿轮变位

系数 ξ_2。

第 2 种，如图 3.5 所示传动型式，双联齿轮 3、2 为两个外齿轮，分别与两个内齿轮组合成双内啮合齿轮副，内齿轮 4 固定不动，内齿轮 1 作为低速输出，转动角速度 $\omega_4=0,\omega_2=\omega_3$，此种机构的速比计算式与式（3.23）相同，即

$$i_{\mathrm{H1}}=-\frac{z_1 z_3}{z_2 z_4-z_1 z_3} \tag{3.24}$$

因此，四个齿轮齿数如何搭配，是确定速比 i 的关键。

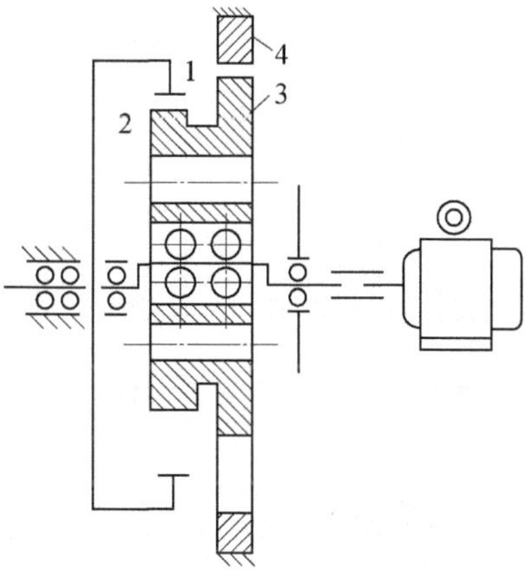

图 3.5　ZK—H 型齿轮传动形式 2

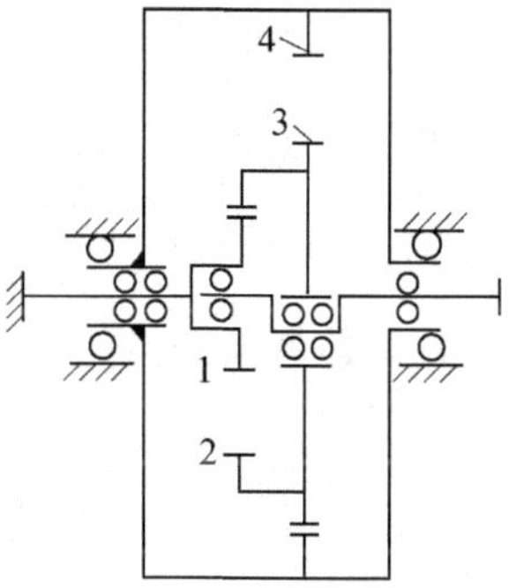

图 3.6　ZK—H 型齿轮传动形式 3

第 3 种，如图 3.6 所示传动型式，由两对少齿差内啮合齿轮副共同完成减速，这种结构型式一般用于驱动车轮。外齿轮 1 固定不动，与双联内齿轮 2 啮合，内齿轮 4 和双联外齿轮 3 啮合并与输出轴相连，其转动角速度为 $\omega_1=0$，$\omega_2=\omega_3$，则

$$i_{12}^{\mathrm{H}}=\frac{\omega_1-\omega_{\mathrm{H}}}{\omega_2-\omega_{\mathrm{H}}}=\frac{-\omega_{\mathrm{H}}}{\omega_2-\omega_{\mathrm{H}}}=\frac{1}{1-i_{2\mathrm{H}}}=\frac{z_2}{z_1}$$

$$i_{2\mathrm{H}}=1-\frac{z_1}{z_2}$$

$$i_{34}^{\mathrm{H}}=\frac{\omega_3-\omega_{\mathrm{H}}}{\omega_4-\omega_{\mathrm{H}}}=\frac{\omega_2-\omega_{\mathrm{H}}}{\omega_4-\omega_{\mathrm{H}}}=\frac{i_{2\mathrm{H}}-1}{i_{4\mathrm{H}}-1}=\frac{z_4}{z_3}$$

$$i_{4\mathrm{H}}=\frac{z_3}{z_4}(i_{2\mathrm{H}}-1)+1=1-\frac{z_1 z_3}{z_2 z_4}$$

$$i_{\mathrm{H4}}=\frac{z_2 z_4}{z_2 z_4-z_1 z_3}$$

内齿轮 4 与输入轴转向相同。

3.3.3　不同齿轮传动机构的选择

根据传动的速比，选择齿轮齿数、确定齿数差和机构的传动型式。不同的机构传动型式，即使是相同的速比，也可以有不同的齿数差及不同的齿轮齿数组合。要想设计比较理想的少齿差内啮合齿轮副的减速机构，应从使用情况、质量要求等多方面考虑。如果设计一少齿差减速器，其传动的速比要求为 $i=18$，从机构不同的传动型式，满足 $i=18$ 可采

用不同的齿轮齿数组合。

1. 采取 K—H—V 型齿轮传动机构

按式（3.21），速比 $i=-\frac{z_1}{z_2-z_1}$，齿数可组合如下。

一齿差：$z_2-z_1=1$，$i=-\frac{18}{19-18}=-18$

二齿差：$z_2-z_1=2$，$i=-\frac{36}{38-36}=-18$

三齿差：$z_2-z_1=3$，$i=-\frac{54}{57-54}=-18$

四齿差：$z_2-z_1=4$，$i=-\frac{72}{76-72}=-18$

2. 采取 2K—H 型齿轮传动机构

按式（3.23），速比 $i=-\frac{z_1z_3}{z_2z_4-z_1z_3}$，因为 2K—H 型有两个内齿轮，齿数分别为 $z_2=31$，$z_4=48$，前者与外齿轮 $z_1=30$、后者与外齿轮 $z_3=47$ 组合成两对一齿差内啮合齿轮副，其速比为

$$i=-\frac{30\times47}{31\times48-30\times47}=-18$$

按式（3.24），速比 $i=-\frac{z_1z_3}{z_2z_4-z_1z_3}$，见图 3.5，设内齿轮 4 齿数 $z_4=42$，内齿轮 1 齿数 $z_1=34$，外齿轮 2 齿数 $z_2=26$，外齿轮 3 齿数 $z_3=34$，代入公式，则其速比为

$$i=-\frac{34\times34}{26\times42-34\times34}=-18$$

从上述 K—H—V 型齿轮传动机构按速比公式（3.21）计算的实例可知，其齿数组合可采取一齿差、两齿差等，在避免各种干涉的限制下，齿数差越少，齿轮副的变位系数、传动啮合角 α 也越大，导致齿轮的径向力增大，将引起齿面啮合损失和效率的降低。但齿数差少会获得较大的传动速比，体积也较小些。

对于 2K—H 型齿轮传动机构采用式（3.23）和式（3.24）的两个例子，齿轮齿数相差不多，体积不会有多大差异，但式（3.23）的例子是一齿差双内啮合齿轮副，而式（3.24）是八齿差双内啮合齿轮副，各种干涉较少，从各方面比较，后者优于前者。由于 K—H—V 型齿轮传动机构有输出轴会使加工精度、装配要求均高于 2K—V 型传动机构，但 2K—V 有两个内啮合齿轮副，分担减速，不需要其他输出机构。

再举例说明速比相同时，不同齿数差的不同齿数组合对某些参数的影响。如速比 $i=30$，采取 K—H—V 型齿轮传动机构，其齿轮副的齿数组合可由 $z_1/z_2=30/31$、$z_1/z_2=60/62$、$z_1/z_2=90/93$ 也就是由一齿差、二齿差和三齿差组成，有些参数的变化见表 3.21。外齿轮的变位系数为定值 $\xi_1=0$，内齿轮变位系数 ξ_2 和齿轮副的传动啮合角 α 均是在保证不产生齿廓重叠干涉值 $\Omega=0$ 时的最小值。齿数差越少，传动啮合角 α 和内齿轮变位系数 ξ_2 两值均较大，α 值越大，引起齿轮径向力也越大，一齿差的径向力要比其他齿数差大得多。外齿轮齿数比为 30∶60∶90=1∶2∶3，齿轮齿数少的组合，具有体积小和结构紧凑的特

点，但产生干涉的机会要多些。

表 3.21　　不同齿数组合，对某些参数的影响

$(i=30,\ \xi_1=0)$

z_1/z_2	m/z_c	ξ_2	α	R_1/m	R_2/m
90/93	3/34	0.2531626	$33°38.37\dot{3}'$	45.8601	$45.8930\dot{6}$
60/62	3/34	0.4248677	$43°14.200\dot{6}'$	$30.9350\dot{3}$	$30.4898\dot{3}$
30/31	6.5/16	0.8178420	$61°56.5719216'$	16.1189167	15.1989253

3.3.4　插齿刀齿数 z_c 相同、外齿轮变位系数 ξ_1 为定值时，齿轮齿数对各参数的影响

同一齿数差的不同齿轮齿数，用同一 m/z_c 插齿刀进行计算，为正确反映不同齿轮齿数间的参数变化规律和相关关系，必须要有共同的限制条件：不产生齿廓重叠干涉值为定值或 $\Omega=0$，外齿轮变位系数 ξ_1 为定值，实际上就变为齿轮齿数与内齿轮变位系数 ξ_2 之间的关系。外齿轮的变位系数 $\xi_1>0$ 时，为了保证不产生齿廓重叠干涉值为定值或 $\Omega=0$，不同齿轮齿数所必需的内齿轮变位系数 ξ_2 不相等，一般是齿轮齿数多的 ξ_2 相对于齿轮齿数少的 ξ_2 值要大，其值的大小与齿数差、变位系数和同一齿数差内的齿数相差有关，由于 ξ_2 值的不同，必然引起其他参数的反应，反应较为敏感的是传动啮合角 α、实际啮合中心距 A 和齿顶圆压力角 α_e 等（见表 3.30）。表 3.30 是根据表 3.22～表 3.29 汇总而成。外齿轮的变位系数 ξ_1 和插齿刀的 m/z_c 为定值，在一定限制条件下，当 $\xi_1>0$ 时，齿轮副齿数由少向多变化所引起各参数的变化，除内齿轮齿顶圆压力角 α_{e2} 和外齿轮的齿顶圆弧齿厚 S_{a1} 外，余者皆按一定的不变的规律变化，如参数随之变小的有机床切削啮合角 α_c、分度圆齿厚增量系数 Δ、齿顶高变动系数 γ、内齿轮齿顶高 h_2'、内齿轮齿顶圆弧齿厚 S_{a2} 和外齿轮的齿顶圆压力角 α_{e1} 等，而内齿轮的变位系数 ξ_2、外齿轮的齿顶高 h_1'、传动啮合角 α、实际啮合中心距 A、中心距分离系数 λ 和重叠系数 ε 等均随之由小变大。只有外齿轮齿顶圆弧齿厚 S_{a1} 和内齿轮的齿顶圆压力角 α_{e2} 两值，在齿数差 $z_2-z_1=1,2,3$ 时则由大向小，在齿数差 $z_2-z_1=4,5,6$ 时则由小向大变动。齿数差越少，相应的 ξ_2 差值越大，对其他参数的影响也越大（见表 3.22）。同一齿数差内的齿数相差越少，ξ_2 值也越小，对其他参数的影响也越小（见表 3.24）。

如果外齿轮的变位系数 $\xi_1\leqslant 0$ 时，除了内齿轮的机床切削啮合角 α_{c2}、分度圆齿厚增量系数 Δ_1 和 Δ_2、齿顶高变动系数 γ、外齿轮齿顶高 h_1'、外齿轮齿顶圆压力角 α_{e1}、内齿轮齿顶圆弧齿厚 S_{a2} 等变化与表 3.30 相同外，其他参数均由于齿数差的变动，尤其是齿轮副的变位系数的变小而出现与表 3.30 相反的情况。这是因为齿轮副变位系数很小则存在齿轮副的特性曲线的交点。在交点上方取同样大小的 ξ_1，齿轮齿数多时的 ξ_2 大于齿数少时的 ξ_2，导致齿数多时传动啮合角 α 大于齿数少时的传动啮合角 α，在交点的下方取同样大小的 ξ_1，情况则相反，齿数多时的 ξ_2、α 均小于齿数少时的 ξ_2 和 α，在 ξ_2 值由大向小的转

表 3.22　插齿刀 m/z_c 相同、ξ_1 为定值时，齿轮齿数对各参数的影响

（$m/z_c=3/25$，$z_2-z_1=1$）

齿轮副齿数 z_1/z_2	外齿轮变位系数 ξ_1	内齿轮变位系数 ξ_2	机床切削啮合角 α_c		分度圆齿厚增量系数 Δ		齿顶高 h'		中心距分离系数 λ
			α_{c1}	α_{c2}	Δ_2	Δ_1	h'_1	h'_2	
55/56	1	1.4919315	23° 32.4705599′	30° 59.8792924′	−1.3916497	0.7913185	5.6708323	−1.8049622	0.4016541
100/101	1	1.6818290	22° 20.85450′	26° 23.2999416′	−1.5719001	0.7696657	6.4535762	−2.1319108	0.5106369

齿轮副齿数 z/z_2	齿顶高变动系数 γ	传动啮合角 α	实际啮合中心距 A	齿顶圆压力角 α_e		齿顶圆弧齿厚 S_a		重叠系数 ε	Ω
				α_{e1}	α_{e2}	S_{a1}	S_{a2}		
55/56	−0.0902774	58° 35.6610589′	2.7049622	28° 26.8430613′	23° 5.0879404′	2.2193096	1.9926156	1.2042669	0
100/101	−0.3511921	62° 17.7702925′	3.0319108	25° 43.1562269′	22° 4.8653973′	1.7251814	1.0453095	1.4482407	0

表 3.23　插齿刀 m/z_c 相同、ξ_1 为定值时，齿轮齿数对各参数的影响

（$m/z_c=3/25$，$z_2-z_1=2$）

齿轮副齿数 z_1/z_2	外齿轮变位系数 ξ_1	内齿轮变位系数 ξ_2	机床切削啮合角 α_c		分度圆齿厚增量系数 Δ		齿顶高 h'		中心距分离系数 λ
			α_{c1}	α_{c2}	Δ_2	Δ_1	h'_1	h'_2	
55/57	1	1.1521351	23° 32.4708612′	28° 46.1051618′	−1.024932	0.7913377	5.2173296	−1.2390757	0.2130252
100/102	1	1.304228	22° 20.8545117′	24° 38.7521105′	−1.0586320	0.7696658	5.5530325	−1.3596515	0.2532172

齿轮副齿数 z_1/z_2	齿顶高变动系数 γ	传动啮合角 α	实际啮合中心距 A	齿顶圆压力角 α_e		齿顶圆弧齿厚 S_a		重叠系数 ε	Ω
				α_{e1}	α_{e2}	S_{a1}	S_{a2}		
55/57	0.06089014	39° 13.5001238′	3.6390757	27° 53.7420415′	22° 8.3707381′	2.6924685	2.6240751	1.2027698	0
100/102	−0.0510108	41° 25.4907545′	3.7596515	25° 1.3085610′	21° 20.6070699′	2.5668060	2.5812417	1.3662833	0.000004

表 3.24　插齿刀 m/z_c 相同、ξ_1 为定值时，齿轮齿数对各参数的影响

($m/z_c=3/25$，$z_2-z_1=3$)

齿轮副齿数 z_1/z_2	外齿轮变位系数 ξ_1	内齿轮变位系数 ξ_2	机床切削啮合角 α_c α_{c1}	机床切削啮合角 α_c α_{c2}	分度圆齿厚增量系数 Δ Δ_2	分度圆齿厚增量系数 Δ Δ_1	齿顶高 h' h'_1	齿顶高 h' h'_2	中心距分离系数 λ
80/83	1	1.1157304	22° 45.6465770′	25° 11.5825481′	−0.9169732	0.7771137	5.2999165	1.04727469	0.1490916
85/88	1	1.125016	22° 38.6618304′	24° 51.9986836′	−0.9177536	0.7749888	5.3199006	−1.0551474	0.1517158

齿轮副齿数 z_1/z_2	齿顶高变动系数 γ	传动啮合角 α	实际啮合中心距 A	齿顶圆压力角 α_e α_{e1}	齿顶圆压力角 α_e α_{e2}	齿顶圆弧齿厚 S_a S_{a1}	齿顶圆弧齿厚 S_a S_{a2}	重叠系数 ε	Ω
82/83	0.0333612	31° 16.1609951′	4.9472747	25° 50.9445918′	21° 16.4588441′	2.7387436	2.7704859	1.3150088	0.000040575
85/88	−0.0266998	31° 25.1358148′	4.9551474	25° 34.2322373′	21° 12.7899715′	2.7372355	2.7445075	1.3285939	0

表 3.25　插齿刀 m/z_c 相同、ξ_1 为定值时，齿轮齿数对各参数的影响

($m/z_c=3/25$，$z_2-z_1=4$)

齿轮副齿数 z_1/z_2	外齿轮变位系数 ξ_1	内齿轮变位系数 ξ_2	机床切削啮合角 α_c α_{c1}	机床切削啮合角 α_c α_{c2}	分度圆齿厚增量系数 Δ Δ_2	分度圆齿厚增量系数 Δ Δ_1	齿顶高 h' h'_1	齿顶高 h' h'_2	中心距分离系数 λ
50/54	0.35	0.43562	21° 24.4949487′	24° 10.6159469′	−0.3498074	0.2634655	3.4014759	1.0444159	0.1017947
90/94	0.35	0.4663345	20° 55.8985737′	22° 0.2171658′	−0.3560204	0.2605107	3.4650137	1.0160102	0.1113299

齿轮副齿数 z_1/z_2	齿顶高变动系数 γ	传动啮合角 α	实际啮合中心距 A	齿顶圆压力角 α_e α_{e1}	齿顶圆压力角 α_e α_{e2}	齿顶圆弧齿厚 S_a S_{a1}	齿顶圆弧齿厚 S_a S_{a2}	重叠系数 ε	Ω
50/54	0.01617471	26° 35.7930511′	6.3053841	25° 58.9827225′	17° 49.7947255′	2.7839467	2.9033955	1.4327863	0.0000057118
90/94	−0.00500455	27° 6.5281247′	6.3339898	23° 37.5915001′	18° 49.4533046′	2.8170047	2.9043091	1.4917238	0

表 3.26　　插齿刀 m/z_c 相同、ξ_1 为定值时，齿轮齿数对各参数的影响

($m/z_c=3/25$，$z_2-z_1=5$)

齿轮副齿数 z_1/z_2	外齿轮变位系数 ξ_1	内齿轮变位系数 ξ_2	机床切削啮合角 α_c		分度圆齿厚增量系数 Δ		齿顶高 h'		中心距分离系数 λ
			α_{c1}	α_{c2}	Δ_2	Δ_1	h_1'	h_2'	
50/55	0.2	0.249669	20°49.1432012′	22°26.1470297′	−0.1925642	0.1484711	2.9805720	1.6315650	0.05614499
95/100	0.2	0.261865	20°30.996104′	21°3.8720766′	−0.1955324	0.1474128	3.00282369	1.6172287	0.06092377

齿轮副齿数 z_1/z_2	齿顶高变动系数 γ	传动啮合角 α	实际啮合中心距 A	齿顶圆压力角 α_e		齿顶圆弧齿厚 S_a		重叠系数 ε	Ω
				α_{e1}	α_{e2}	S_{a1}	S_{a2}		
50/55	0.006475987	23°12.7223148′	7.6684350	25°20.4667791′	16°32.03486715′	2.8072083	3.0797862	1.5113175	0.000003
95/100	−0.000941231	23°27.6059091′	7.6827713	23°1.8046221′	18°12.4154015′	2.8655247	3.0215966	1.5376329	0

表 3.27　　插齿刀 m/z_c 相同、ξ_1 为定值时，齿轮齿数对各参数的影响

($m/z_c=3/25$，$z_2-z_1=6$)

齿轮副齿数 z_1/z_2	外齿轮变位系数 ξ_1	内齿轮变位系数 ξ_2	机床切削啮合角 α_c		分度圆齿厚增量系数 Δ		齿顶高 h'		中心距分离系数 λ
			α_{c1}	α_{c2}	Δ_2	Δ_1	h_1'	h_2'	
50/56	0.1	0.1116521	20°24.8735942′	21°5.8226825′	−0.08342024	0.07354078	2.6939111	2.0589548	0.01368175
100/106	0.1	0.1139945	20°14.9980774′	20°26.2353278′	−0.0838551	0.07319063	2.6998098	2.0578263	0.01405790

齿轮副齿数 z_1/z_2	齿顶高变动系数 γ	传动啮合角 α	实际啮合中心距 A	齿顶圆压力角 α_e		齿顶圆弧齿厚 S_a		重叠系数 ε	Ω
				α_{e1}	α_{e2}	S_{a1}	S_{a2}		
50/56	0.00202965	20°41.1701346′	9.0410452	24°54.0589822′	15°34.1842569′	2.8323853	3.0397590	1.5695057	0.000670
100/106	0.0000633979	20°44.3051433′	9.0421757	22°37.1788977′	17°49.2982864′	2.8919314	3.0001994	1.5853406	−0.000611

表 3.28　特性曲线的交点，插齿刀

$(m/z_c=3/25)$

齿轮副齿数 z_1/z_2	外齿轮变位系数 ξ_1	内齿轮变位系数 ξ_2	机床切削啮合角 α_c		分度圆齿厚增量系数 Δ		齿顶高 h'		中心距分离系数 λ
			α_{c1}	α_{c2}	Δ_2	Δ_1	h'_1	h'_2	
70/75	−0.00911	0.06415	19°58.1873384′	20°23.9455241′	−0.04714559	−0.00662961	2.3897956	2.2246756	0.06755147
80/85	−0.00911	0.06415	19°58.3601947′	20°19.9946142′	−0.04707313	−0.006628914	2.3900514	2.2249314	0.06746620

齿轮副齿数 z_1/z_2	齿顶高变动系数 γ	传动啮合角 α	实际啮合中心距 A	齿顶圆压力角 α_e		齿顶圆弧齿厚 S_a		重叠系数 ε	Ω
				α_{e1}	α_{e2}	S_{a1}	S_{a2}		
70/75	−0.00570853	23°47.9157653′	7.7026544	23°15.0872657′	16°32.0547496′	2.8780585	3.0210326	1.5834827	−0.000067
80/85	−0.0057938	23°47.6567835′	7.7023986	22°52.6146805′	16°59.0932951′	2.8864955	3.0120681	1.5911380	0.000081728

表 3.29　在特性曲线交点下方取相同的 ξ_1 时各参数的变化情况

$(m/z_c=3/25,\ z_2-z_1=5)$

齿轮副齿数 z_1/z_2	外齿轮变位系数 ξ_1	内齿轮变位系数 ξ_2	机床切削啮合角 α_c		分度圆齿厚增量系数 Δ		齿顶高 h'		中心距分离系数 λ
			α_{c1}	α_{c2}	Δ_2	Δ_1	h'_1	h'_2	
50/55	−0.02	0.054815	19°54.9501414′	20°33.9309206′	−0.0404351	−0.0145008	2.3577368	2.2532918	0.06890275
95/100	−0.02	0.053718	19°56.8464214′	20°13.4384677′	−0.03931043	−0.01454832	2.3582055	2.2570515	0.06764949

齿轮副齿数 z_1/z_2	齿顶高变动系数 γ	传动啮合角 α	实际啮合中心距 A	齿顶圆压力角 α_e		齿顶圆弧齿厚 S_a		重叠系数 ε	Ω
				α_{e1}	α_{e2}	S_{a1}	S_{a2}		
50/55	−0.00591225	23°52.0102105′	7.7067082	24°20.9289992′	14°57.9660719′	2.8550529	3.0538282	1.6133652	0.00000977
95/100	−0.00606851	23°48.2131404′	7.7029485	22°25.3619297′	17°26.2067431′	2.8977036	3.00433957	1.5911097	0.0000141

表 3.30　齿轮副齿数由少⟶多时，各参数的变化情况

（任何齿数差，当 $\xi_1>0$，插齿刀 m/z_c 为定值时）

齿轮副齿数 z_1/z_2	外齿轮变位系数 ξ_1	内齿轮变位系数 ξ_2	机床切削啮合角 α_c		分度圆齿厚增量系数 Δ		传动啮合角 α	实际啮合中心距 A	中心距分离系数 λ
			α_{c1}	α_{c2}	Δ_2	Δ_1			
少→多	定值	小→大	大→小	大→小	大→小	大→小	小→大	小→大	小→大

齿轮副齿数 z_1/z_2	齿顶高变动系数 γ	齿顶高 h'		齿顶圆压力角 α_e		齿顶圆弧齿厚 S_a		重叠系数 ε	Ω
		h_1'	h_2'	α_{e1}	α_{e2}	S_{a1}	S_{a2}		
少→多	大→小	短→高	高→短	大→小	大→小	厚→薄→厚	厚→薄	小→大	0

注　1. 当齿轮副齿数由少⟶多变化时，齿数差 $z_2-z_1=1$，2，3，α_{e2} 和 S_{a1} 的变化是由大向小；齿数差 $z_2-z_1=4$，5，6，α_{e2} 和 S_{a1} 的变化是由小向大。

2. 当 $\xi\leqslant0$ 时，除 α_{c2}、Δ_2、Δ_1、γ、h_1'、α_{e1}、S_{a2} 等其变化与上表相同外，其他参数随齿数差、齿轮齿数、齿轮副的变位系数的不同而发生变动。

变过程中，必有一过渡点，使两齿轮副具有相同的 ξ_2，从理论上分析齿轮副的特性曲线的交点即具有相同的变位系数 ξ_1、ξ_2，也具有相同的传动啮合角 α。如两组少齿差内啮合齿轮副 $z_1/z_2=70/75$ 和 $z_1/z_2=80/85$，用 $m/z_c=3/25$ 插齿刀计算，两齿轮副特性曲线的交点为 $\xi_1=-0.00911$，$\xi_2=0.06415$；如表 3.28 所示。同一齿数差中的任何两齿轮副，在保证不产生齿廓重叠干涉值为最小的正值时，除特性曲线的交点外，不会取得同样大小的变位系数。在特性曲线交点的下方取同样大小的变位系数 ξ_1 的例子如下。

有两个五齿差内啮合齿轮副 $z_1/z_2=50/55$、$z_1/z_2=95/100$（见表 3.29），由于两者的变位系数相差很小，而且是齿数多的 $z_1/z_2=95/100$ 的 ξ_2 比齿数少的 $z_1/z_2=50/55$ 的 ξ_2 偏小，显然在特性曲线交点以下附近，即使两 ξ_2 值相差很小，也能反映出对其他参数的影响。将表 3.29 与表 3.30 两表对照，不难发现参数的变化很大，随 ξ_2 值的变化比较敏感的有传动啮合角 α、实际啮合中心距 A、重叠系数 ε，而变化还不是很大的有中心距分离系数 λ、齿顶高 h_2'、机床切削啮合角 α_{c1} 等，ξ_1 值很小或在特性曲线交点下方取 ξ_1 与 $\xi_1>0$ 各参数的变化差异是很大的。

第 4 章　少齿差的干涉和限制条件

4.1　少齿差的干涉和限制条件

渐开线少齿差内啮合齿轮副，在一定的限制条件下，各齿轮副齿数和插齿刀齿数 z_c 一定时，每一个外齿轮变位系数 ξ_1，都有与之对应的内齿轮变位系数 ξ_2 群，使之不产生各种干涉。由于外、内两齿轮齿数相差太少，而又采用插齿刀进行加工，会产生各种各样的干涉，给设计带来烦琐的计算程序。为了避免和不产生这些干涉，选择变位系数要受到种种条件限制。如果根据齿轮副齿数和插齿刀齿数 z_c 的要求，在确定了外齿轮变位系数 ξ_1 值后，与其所对应的内齿轮变位系数 ξ_2 值没有满足一定的限制条件，将会对加工、安装和啮合运转等方面产生一系列的干涉现象。

4.1.1　少齿差的干涉类型

（1）重叠系数 $\varepsilon<1$。一般是由于变位系数选择得偏大、齿顶高系数 f 偏小。齿数差 $z_2-z_1=1,2$ 时容易发生重叠系数 $\varepsilon<1$。这类干涉属于设计问题。

（2）齿廓发生重叠干涉。这类干涉也属于设计问题，在安装时发生。无论任何情况下，外齿轮的变位系数 ξ_1 任何值都有产生的可能，是必须要验算的项目。如果与定值 ξ_1 相对应的 ξ_2 偏小，会容易产生齿廓重叠干涉；ξ_2 偏大，会使传动啮合角 α 增加，但对避免齿廓重叠干涉有利。

（3）外齿轮根切和外齿轮顶切。这两种干涉在设计时均可以避免。齿轮齿数较小，在加工时容易产生外齿轮根切，插齿刀刃磨后对避免外齿轮根切有利。插齿刀齿数 z_c 少，容易产生外齿轮顶切。同一齿数差，限制条件相同，加工外齿轮不产生顶切，一般也不会产生外齿轮的根切现象。

（4）内齿轮齿顶圆小于基圆。这类干涉是由于齿轮副的齿数少、变位系数偏小和计算时插齿刀齿数 z_c 偏少所造成。外齿轮变位系数 ξ_1 为正值时不会发生这种现象，与内齿轮齿数 z_c 及其变位系数 ξ_2 有关。

（5）不满足安装条件。安装时在节点对方齿顶相碰，与 $\xi_2-\xi_1$ 差值有关，外齿轮变位系数为正值时一般不会产生这种现象。齿轮齿数少、插齿刀齿数少，则容易产生这类干涉。

（6）过渡曲线干涉。这是在啮合传动时发生在内外齿轮的齿根圆角处的干涉。

1）内齿轮齿顶与相内啮合外齿轮齿根圆角的过渡曲线干涉。齿数差大的一般比齿数差小的容易产生这种干涉。齿轮副齿数少、插齿刀齿数 z_c 少容易产生，并且避免这种干涉时所选变位系数也比较大。

2）外齿轮齿顶与相内啮合内齿轮齿根圆角的过渡曲线干涉。如果不产生内齿轮齿顶与相内啮合外齿轮齿根圆角的过渡曲线干涉，一般也就不会产生外齿轮齿顶与相内啮合内齿轮齿根圆角的过渡曲线干涉。

（7）内齿轮顶切。插齿刀加工时出现的问题如下：

1）范成顶切。插齿刀齿数、齿轮副齿数、变位系数 ξ_2 三者之间没有满足一定的限制条件，插齿刀齿数少、齿轮副齿数少均容易产生。

2）径向进刀顶切。这与插齿刀参数和齿轮副参数有关。一齿差产生径向进刀顶切的机会较少，插齿刀刃磨后较为有利。齿数差 $z_2-z_1=1,2,3,4$ 时，其变位系数 ξ_1 为正值，一般不会产生径向进刀顶切。不产生内齿轮的范成顶切，也不会产生径向进刀顶切。

（8）齿顶圆弧齿厚 S_a 变薄。少齿差内啮合齿轮副，齿数差由多逐渐变少时，齿顶圆弧齿厚逐渐变薄。当齿数差 $z_2-z_1=1$时，$S_{a1}>S_{a2}$；而当 $z_2-z_1=4,5,6$ 时，$S_{a1}<S_{a2}$；当 $z_2-z_1=2,3$ 时，外齿轮的变位系数 ξ_1 较大时仍然保持 $S_{a1}>S_{a2}$，外齿轮的变位系数 ξ_1 较小时则向 $z_1-z_1=4,5,6$ 的情况倾斜，即 $S_{a1}<S_{a2}$。

解决少齿差内啮合齿轮副的干涉所采取的措施，一般是用短齿制和角变位两者相合成的办法，效果比较明显。采用短齿对齿廓不产生重叠干涉有利，但对重叠系数 ε 产生不利影响，重叠系数 ε 减小容易引起运转不平稳和冲击。角变位会引起传动啮合角的增大，引起齿轮的径向力、齿面的啮合损失都会相应增大。对于齿数差少的一齿差、二齿差，在保证重叠系数 $\varepsilon>1$ 的条件下，应尽量将齿轮副的变位系数取大些，以减小传动啮合角 α。少齿差内啮合齿轮副的各种干涉，一般在齿轮齿数少、插齿刀齿数 z_c 少和齿轮副变位系数小的情况下比较容易产生。

各种干涉的产生，追根究底毕竟是属于设计时变位系数选取不恰当所致。在任何情况下，不得将任何干涉带到加工、组装和啮合运转中去，以免造成不必要的损失。鉴于这些干涉，在设计上采取对应的限制条件，正确处理参数间的关系，可以得到圆满的解决。

4.1.2　少齿差内啮合齿轮副的三项限制条件

变位系数在任何情况下，少齿差内啮合齿轮副都有产生齿廓重叠干涉的可能，而其他各种干涉多数都遵循一定的规律、一定的顺序出现。采用插齿刀计算系统计算，为了避免在加工、安装和正常啮合运转时产生干涉，在众多的限制条件中需要验算的最主要的限制条件有三项，如果这三项限制条件得到满足，其他条件也会得到满足，需要验算的三项限制条件如下：

（1）重叠系数 $\varepsilon\geqslant1$：作为齿轮副选择变位系数的上限。

（2）齿廓不发生重叠干涉：是少齿差内啮合齿轮副必须验算的限制条件，其验算值 Ω 不得小于零。

（3）插齿刀加工内齿轮一般情况不得产生范成顶切：作为齿轮副选择变位系数的下限。

当插齿刀齿数 z_c 较多，偶尔会出现内齿轮齿顶与相啮合的外齿轮齿根圆角的过渡曲线干涉（或其他干涉）代替范成顶切的出现顺序。具体情况见附录 F 特性曲线图和 ξ_1-z_1 限制图。

齿轮副上述三项限制条件，应用特性曲线解释如下：当外齿轮变位系数 ξ_1 由特性曲线的上限，即重叠系数 $\varepsilon \geqslant 1.026$（本书取值）开始，沿特性曲线下移，$\xi_1$ 值由大向小变化时，依一定顺序会出现各种干涉，第一个出现的干涉为变位系数的取值下限。这样，任何齿轮副都只能在自己的上、下限的封闭区间内取值，在特性曲线上每一个 ξ_1 都有一个或数个与之对应的 ξ_2，使之不会产生齿廓重叠干涉的现象。如果验算值 Ω 偏小，可略微加大 ξ_2；如果验算值偏大，可略微减小 ξ_2（参见本书第 6 章特性曲线计算用表）。

各种干涉的具体分析如下。

4.2 重叠系数 ε

重叠系数 ε 为实际啮合线长与其基圆周节之比。验算重叠系数 ε 公式为

$$\varepsilon = \frac{1}{2\pi}[z_1(\tan\alpha_{e1} - \tan\alpha) - z_2(\tan\alpha_{e2} - \tan\alpha)] \geqslant 1$$

$$= \frac{1}{2\pi}[(z_2 - z_1)\tan\alpha + z_1\tan\alpha_{e1} - z_2\tan\alpha_{e2}] \geqslant 1$$

式中 α_e——齿轮齿顶圆压力角；

α——传动啮合角。

在设计选择参数时要保证有足够的重叠系数 ε，其大小实际上就是齿轮副在啮合传动过程中参与啮合齿数对的多少，重叠系数 ε 越大，在每一瞬间，啮合的齿数对越多，传动起来越能保证平稳的连续运行，以减少冲击载荷。重叠系数 ε 偏小的原因是由于齿轮副的变位系数偏大和齿顶高系数 f 取值偏小等。变位系数偏大主要是由齿数差较少的一齿差、二齿差为了获得较小的传动啮合角 α 所致，故对少齿差（$z_2 - z_1 = 1,2$）的重叠系数 ε，本书取最小值 $\varepsilon = 1.026$。对于齿轮齿顶高系数 f，建议取 $f = 0.8$ 较为合适，不会因此给避免或使之不产生各种干涉带来烦琐的计算。如此限制重叠系数和齿顶高系数，毕竟是针对齿数差少的一齿差、二齿差，其他齿数差完全可以放宽。

由重叠系数 ε 验算公式可知，重叠系数 ε 与齿轮齿数、传动啮合角 α 和齿轮的齿顶圆压力角 α_e 有关，而 α、α_e 两值的大小由插齿刀齿数和齿轮副的变位系数确定。

4.2.1 重叠系数 ε 沿特性曲线的变化情况

少齿差内啮合齿轮副的外齿轮变位系数 ξ_1，沿其自身的特性曲线由最高点向下移动，其值由大向小逐渐递减时，与之对应的内齿轮变位系数 ξ_2 沿特性曲线下移，亦随之逐渐递减，而 $\xi_2 - \xi_1$ 差值是沿曲线下移逐渐递增，递增的结果必然引起传动啮合角 α 沿特性曲线下移时逐渐递增，这样取较小的变位系数会使传动啮合角 α 增加，对加大重叠系数 ε 值有利。虽然齿轮的齿顶圆压力角 α_{e1}、α_{e2} 均随变位系数的递减而递减，但 $\alpha_{e1} - \alpha_{e2}$ 的差值却是沿特性曲线下移而逐渐递增，对重叠系数的增加有利。显然，二者合成的结果使重叠系数 ε 沿特性曲线下移，其值是逐渐递增（见表 4.1）。反之，当外齿轮的变位系数 ξ_1 沿特性曲线由下向上移动时，重叠系数 ε 和传动啮合角 α 则沿特性曲线上移，其值是逐渐递

减，ε 和 α 的这种关系对齿数差少时不利。

表 4.1　　重叠系数 ε 沿特性曲线的变化情况

($z_2-z_1=1$，$z_1/z_2=45/46$，$m/z_c=2.5/20$)

ξ_1	ξ_2	Ω	α	α_e		$\alpha_{e1}-\alpha_{e2}$	ε
				α_{e1}	α_{e2}		
1	1.4364890	0	57° 54.5051703′	29° 44.8267983′	23° 35.6040893′	6° 9.2227090′	1.14920529
0	0.9666893	0	63° 14.1796′	26° 58.2560227′	18° 8.4354346′	8° 49.8205863′	1.5615474
−0.5	0.8625980	0	66° 13.7998180′	25° 51.9054293′	14° 54.4352203′	10° 57.4702092′	1.8846459

4.2.2　插齿刀齿数 z_c 对重叠系数 ε 的影响

少齿差内啮合齿轮副组合齿数不变，限制条件为不发生齿廓重叠干涉验算值为最小的正值，由于采用不同齿数 z_c 的插齿刀进行计算，在定值 ξ_1 时，为满足上述限制条件各齿数 z_c 所必需的内齿轮的变位系数 ξ_2 不相同，插齿刀齿数 z_c 少的所需要的内齿轮变位系数 ξ_2 大些，插齿刀齿数 z_c 多的所需要的内齿轮变位系数 ξ_2 小些，ξ_1 为定值，而 ξ_2 值大些会增大 $\xi_2-\xi_1$ 差值，必然引起传动啮合角变大，这对重叠系数 ε 增值有利。若 ξ_2 值小些会减小 $\xi_2-\xi_1$ 差值，使传动啮合角相对变小，对重叠系数 ε 不利，显然，在相同的限制条件下，齿数不变，如果外齿轮变位系数 ξ_1 为定值，选择插齿刀齿数 z_c 少的有利于重叠系数 ε 的增大。当变位系数较大时，插齿刀齿数 z_c 对重叠系数 ε 的影响较大；当变位系数较小时，z_c 对 ε 的影响很小，一般可不必考虑其影响。

以上情况见表 4.2、表 3.7、表 3.9～表 3.20 以及第 3 章插齿刀部分。

表 4.2　　插齿刀齿数 z_c 与重叠系数 ε 的关系

($z_2-z_1=3$，$z_1/z_2=85/88$)

m/z_c	ξ_1	ξ_2	Ω	α	ε
3/34	0	0.2521105	0.0000002	33° 37.5341′	1.5762291
3/25	0	0.2537209	0	33° 38.4408833′	1.5772139
m/z_c	ξ_1	ξ_2	Ω	α	ε
3/34	−0.2862577	0	0.0000067	34° 14.88775′	1.665440
3/25	−0.2862577	0.00065795	0	34° 15.2452296′	1.6658524

4.2.3 齿数对重叠系数 ε 的影响

齿数差相同，插齿刀齿数 z_c 相同，以不发生齿廓重叠干涉验算值为最小的正值为限制条件，当外齿轮的变位系数 ξ_1 为定值时，不同的齿数为了保证此限制条件所必需的内齿轮变位系数 ξ_2 值大小不一样，ξ_2 大的使 $\xi_2-\xi_1$ 差值增大，一般重叠系数 ε 值也就大些；ξ_2 小的使 $\xi_2-\xi_1$ 差值减小，一般重叠系数 ε 值也就小些。由于 $\xi_2-\xi_1$ 差值不等，必定引起传动啮合角 α 有大小的变化，导致重叠系数 ε 有大小之分。在特性曲线交点的上方选取同一大小的外齿轮变位系数 ξ_1，由于齿数多的内齿轮变位系数 ξ_2 比齿数少的 ξ_2 大，使重叠系数 ε 值大；相反，在特性曲线交点下方选取同样大小的 ξ_1，齿数少的 ξ_2 比齿数多的 ξ_2 大，因此，重叠系数 ε 值要比齿数多的大些。少齿差内啮合齿轮副的齿数与重叠系数 ε 的关系是：当齿数差 $z_2-z_1=1,2,3,4$ 时，外齿轮变位系数 $\xi_1\geqslant 0$，取齿数多的对重叠系数 ε 有利；当 $z_2-z_1=5,6$ 时，$\xi_1\leqslant 0$ 取齿数少的对 ε 有利（见表 3.22～表 3.25）。

4.2.4 加大内齿轮变位系数 ξ_2 对重叠系数 ε 的影响

如果设计参数除内齿轮变位系数 ξ_2 被加大外，其他均不变，如齿轮齿数、插齿刀齿数 z_c 和外齿轮的变位系数 ξ_1 均不改变，内齿轮变位系数 ξ_2 加大的结果，必定引起 $\xi_2-\xi_1$ 差值增加，对避免齿廓重叠干涉有利，由于 ξ_2 值的加大，会引起传动啮合角 α、齿轮的齿顶圆压力角 α_{e1} 和 α_{e2} 均分别增大，外齿轮变位系数 ξ_1 为定值，虽然受齿顶高变动系数 γ 的影响，但对齿顶圆压力角 α_{e1} 的变化不大，而 $\alpha_{e1}-\alpha_{e2}$ 差值在减小；迫使传动啮合角 α 或 $\tan\alpha$ 增大量在数值上要比 $z_1\tan\alpha_{e1}-z_2\tan\alpha_{e2}$ 的减小量小得多，这样两者合成的结果，使重叠系数 ε 偏小（见表 4.3～表 4.5）。

表 4.3　加大内齿轮变位系数 ξ_2 对重叠系数 ε 的影响（一）

z_1/z_2	m/z_c	ξ_1	ξ_2	α	Ω	ε
25/30	2/13	−0.14	−0.0345810	24° 56.5854444′	0.0003997	1.9672185
		−0.14	ξ_2+0.0195810	25° 39.2696160′	0.0470955	1.9274348
95/100	3/34	−0.076633	−0.0001912	23° 53.4287018′	0.0000019	1.6054070
		−0.076633	ξ_2+0.0151912	25° 23.2375608′	0.1257220	1.5059656
z_1/z_2	m/z_c	ξ_1	ξ_2	α	Ω	ε
35/39	5/20	−0.1814425	−0.0073	28° 32.5336977′	0.0000150	1.7603149
			ξ_2+0.0223	29° 18.4616609′	0.0523913	1.7483870
		−0.2890	−0.097297	29° 1.8719658′	0	1.8763581
			ξ_2+0.017297	29° 33.5777036′	0.0340956	1.8652445

续表

z_1/z_2	m/z_c	ξ_1	ξ_2	α	Ω	ε
90/94	3/34	−0.160	−0.0033696	28° 16.0150326′	0.0174332	1.6170854
			ξ_2+0.0183696	28° 40.76932′	0.0754779	1.5607296

z_1/z_2	m/z_c	ξ_1	ξ_2	α	Ω	ε
31/34	6.5/16	−0.3880	−0.0260	35° 49.1710661′	0.0126355	2.0899735
			ξ_2+0.015	36° 12.4597326′	0.0468390	2.0709271

表 4.4　加大内齿轮变位系数 ξ_2 对重叠系数 ε 的影响（二）

条件	ξ_1	ξ_2	α	Ω	α_e		$\alpha_{e1}-\alpha_{e2}$	ε
					α_{e1}	α_{e2}		
m/z_c=6.5/16 z_1/z_2=31/34	1	0.9687950	28° 27.735151′	0.0000111	31° 56.9377648′	22° 35.9162165′	9° 21.0215483′	1.0833714
		ξ_2+0.12	35° 12.2168925′	0.4237140	31° 56.3913125′	23° 32.4853488′	8° 23.9059637′	1.0551060
	−0.3386896	0	35° 20.95750′	0	25° 0.4140002′	6° 50.6869876′	18° 9.7270126′	1.9905317
		ξ_2+0.12	38° 26.6696833′	0.2824476	25° 22.4117482′	8° 42.3912472′	16° 40.020501′	1.8903169
m/z_c=3/34 z_1/z_2=100/103	1	1.128605	31° 35.7193727′	0.0000059	24° 50.2828723′	21° 3.0468134′	3° 47.2360589′	1.3511754
		ξ_2+0.12	36° 6.5498467′	0.3247679	24° 54.5985306′	21° 18.408660′	3° 36.1895706′	1.3457923

表 4.5　加大内齿轮变位系数 ξ_2 对重叠系数 ε 的影响

（$z_1/z_2=70/72$，$m/z_c=3/34$）

ξ_1	ξ_2	α	Ω	α_e		$\alpha_{e1}-\alpha_{e2}$	ε
				α_{e1}	α_{e2}		
1.5	1.5462972	37° 47.1241277′	0.0000021	27° 43.9052437′	23° 30.1193368′	4° 13.7859069′	1.1206741
	ξ_2+0.12	42° 50.1752640′	0.4132795	27° 48.7454753′	23° 49.7512415′	3° 58.9942338′	1.1110573
1.1	1.2495280	39° 20.5533947′	0	26° 45.6552177′	22° 6.8302011′	4° 38.8250166′	1.2227355
	ξ_2+0.12	43° 45.8519404′	0.3948167	26° 51.9116362′	22° 26.5926913′	4° 25.3189449′	1.2151972

【例 4.1】　齿轮副 $z_1/z_2=31/32$，用 $m/z_c=6.5/16$ 插齿刀计算，齿轮副变位系数

$\xi_1=1$，$\xi_2=1.2787708$，如果将 ξ_2 加大 0.06（见表 4.6），加大 ξ_2 前后有关数值变化如下：

表 4.6　　加大内齿轮变位系数 ξ_2 对重叠系数 ε 的影响

（$z_1/z_2=31/32$，$m/z_c=6.5/16$）

ξ_2	Ω	$\tan\alpha$	$z_1\tan\alpha_{e1}$	$z_2\tan\alpha_{e2}$	ε
1.2787708	0.0000001	1.4758576	31×0.6333977	32×0.4581017	1.0268572
$\xi_2+0.06$	0.3668146	1.5833906	31×0.6356680	32×0.4648156	1.0209793

$\tan\alpha$ 值增多为

$$1.5833906-1.4758576=0.1075330$$

未加大 ξ_2 前

$$z_1\tan\alpha_{e1}-z_2\tan\alpha_{e2}=4.9760743$$

加大 ξ_2 后：

$$z_1\tan\alpha_{e1}-z_2\tan\alpha_{e2}=4.8316088$$

加大 ξ_2 前后的减小量值为

$$z_1\tan\alpha_{e1}-z_2\tan\alpha_{e2}=4.9760743-4.8316088=0.1444655$$

显然，从加大 ξ_2 前后的结果可知，$\tan\alpha$ 的增大值要比 $z_1\tan\alpha_{e1}-z_2\tan\alpha_{e2}$ 的减小值小得多，使重叠系数 ε 值有所减小。

【例 4.2】 少齿差内啮合齿轮副 $z_1/z_2=31/35$，用 $m/z_c=6.5/16$ 插齿刀计算，取 $\xi_1=0$，$\xi_2=0.1403687$，将 ξ_2 加大 0.06（见表 4.7），加大 ξ_2 前后有关数值变化如下：

表 4.7　　加大齿轮副变位系数 ξ_2 对重叠系数 ε 的影响

（$z_1/z_2=31/35$，$m/z_c=6.5/16$）

ξ_2	Ω	$\tan\alpha$	$z_1\tan\alpha_{e1}$	$z_2\tan\alpha_{e2}$	ε
0.1403687	0.0000005	0.5264166	31×0.5049350	35×0.2159423	1.6234873
$\xi_2+0.06$	0.1571280	0.5786581	31×0.5068076	35×0.2292885	1.5916400

$4\tan\alpha$ 值增多为

$$4\times(0.5786581-0.5264166)=0.2089662$$

未加大 ξ_2 前：

$$z_1\tan\alpha_{e1}-z_2\tan\alpha_{e2}=8.0950045$$

加大 ξ_2 后

$$z_1\tan\alpha_{e1}-z_2\tan\alpha_{e2}=7.6859381$$

加大 ξ_2 前后减小量值为

$$z_1\tan\alpha_{e1}-z_2\tan\alpha_{e2}=8.0950045-7.6859381=0.4090664$$

加大 ξ_2 后 $(z_2-z_1)\tan\alpha$ 的增大值要比 $z_1\tan\alpha_{e1}-z_2\tan\alpha_{e2}$ 减小量值小得多，会使重叠系数减小。

加大 ξ_2 值使齿廓不发生重叠干涉值 Ω 有所增加，有迫使重叠系数 ε 值减小的趋势。

4.3　齿廓重叠干涉

渐开线少齿差内啮合齿轮副的外齿轮齿廓和内齿轮齿廓在安装时发生重叠，而无法装入到正常啮合位置，这是由于齿轮副的齿数差过小而发生的齿廓重叠干涉现象。这种现象普遍存在少齿差内啮合的齿轮副中，而且在任何情况下都有发生的可能。总的措施是采用短齿形制如齿顶高系数 $f=0.8$ 和变位修正的方法来解决。若采用后者，在齿轮副组合齿数、插齿刀齿数均一定的情况下，当外齿轮变位系数 ξ_1 为定值时，为了满足和保证一定大小的不发生齿廓重叠干涉验算值所必需的内齿轮变位系数 ξ_2，如何在限制条件下进行选择是构成少齿差内啮合齿轮副的全部内容中心。齿轮副为了避免或不发生齿廓重叠干涉必须满足下列公式：

$$\Omega=z_1(\text{inv}\alpha_{e1}+\varphi_1)-z_2(\text{inv}\alpha_{e2}+\varphi_2)+(z_2-z_1)\text{inv}\alpha\geqslant 0$$

其中

$$\varphi_1=\cos^{-1}\frac{R_2^2-A^2-R_1^2}{2AR_1}\text{（弧度）}$$

$$\varphi_2=\cos^{-1}\frac{R_2^2+A^2-R_1^2}{2AR_2}\text{（弧度）}$$

式中　α_e——齿轮齿顶圆压力角；

α——传动啮合角；

R——齿顶圆半径；

A——实际啮合中心距；

φ——转角（或间隙角）。

验算值 Ω 实际上就是对内齿轮变位系数 ξ_2 取值大小的验算，如果 Ω 值大了，就说明变位系数 ξ_2 选择大了，会引起传动啮合角大；如果 Ω 值小了，就说明变位系数 ξ_2 选择小了，虽然传动啮合角会小，但有可能发生齿廓重叠干涉。在任何情况下，对少齿差内啮合齿轮副都必须进行 Ω 值的验算。从公式分析，影响验算值 Ω 的参数有齿轮齿数、传动啮合角、齿轮的齿顶圆压力角和转角（或间隙角）中所包含的齿顶圆半径和实际啮合中心距，计算这些参数应十分精确，根据计算器显示出的有效位数保持始终，最后确定的有关尺寸作公差与配合分析后，再验算 Ω 值。处理尺寸的偏差值对避免或不发生齿廓重叠干涉很重要，内齿轮齿顶圆的上、下偏值应取正值，外齿轮齿顶圆的上、下偏差应取负值；实际啮合中心距基本尺寸小数点后取 2～3 位有效数字，上偏差取 0.008，下偏差取 0.005 左右，上、下偏差不应取负值。确定验算值 Ω 的大小应根据实际加工精度和测量精度等因素，既不能太小而使制造精度有所过高，也不能太大而使传动啮合角 α 偏大，一般取值 0.015～0.2 较为适宜。对验算值 Ω 影响比较大的是齿顶圆压力角 α_e 和传动啮合角 α，尤其是 α 的影响更大。α 值直接与$\xi_2-\xi_1$ 相关，不同的齿数差的 α 值相差很大，对于齿数差少的$z_2-z_1=1,2$，虽然采用短齿形，但仍然必须用很大的传动啮合角 α，才有可能避免齿廓重叠干涉，这也是 $z_2-z_1=1,2$ 时变位系数必须选择很大使 α 值偏小的原因。最大的变位系数也不得超过重叠系数 $\varepsilon=1$ 时所对应的变位系数。条件相同，同一齿数差变位系数越小，传动啮合角越大。

4.3.1 验算值 Ω 沿特性曲线的变化情况

当外齿轮变位系数 ξ_1 值由大向小沿特性曲线由上向下移动时，在曲线上与其所对应的内齿轮变位系数 ξ_2 为了保证避免齿廓重叠干涉值 $\Omega=0$，内齿轮变位系数 ξ_2 值也是由大向小沿着特性曲线由上向下移动，这样验算值 Ω 沿特性曲线上下移动时，从理论上永远保持 $\Omega=0$。随 ξ_1 沿特性曲线下移，$\xi_2-\xi_1$ 差值越来越大，使传动啮合角 α 沿特性曲线下移也越来越大，α 值的增大是为了保证和满足验算值 $\Omega=0$，显然在特性曲线的上、下限制点间，曲线上的 ξ_1 和对应的 ξ_2 使之保证和满足验算值 $\Omega=0$ 不会发生齿廓重叠干涉，故特性曲线也可以称为验算值 $\Omega=0$ 或为没有齿廓重叠干涉的限制线。条件一定，在定值 ξ_1 使之不发生齿廓重叠干涉值 $\Omega=0$ 时，所必需的内齿轮变位系数 ξ_2 和传动啮合角 α 均为最小值，称之为此 ξ_1 的基数值，小于基数值的 ξ_2 和 α，均会发生齿廓重叠干涉；大于基数值的 ξ_2 或 α，则验算值 Ω 增大（见表 4.8）。当 ξ_2 比基数只小 0.0000645 时，传动啮合角也变小，使验算值 Ω 变成负值，发生了齿廓重叠干涉，可见此时的 ξ_2 和 α 是 $\xi_1=0$ 使之不发生齿廓重叠干涉验算值 $\Omega=0$ 时的最小值，特性曲线就是齿廓重叠干涉发生与否的分界线。显然，当 ξ_1 为定值会有 ξ_2 值群与之相对应，只不过各 ξ_2 的 α 值不同而已。

表 4.8　特性曲线的特征

（$z_1/z_2=90/92$，$m/z_c=3/34$，$\xi_1=0$）

ξ_2	α	Ω	备注
ξ_2＝基数 $\xi_2=0.4607645$	43° 39.0653333′	0	无干涉
ξ_2＜基数 $\xi_2=0.4607$	43° 38.9662151′	−0.0001673	干涉
ξ_2＞基数 $\xi_2=0.60$	46° 51.7484249′	0.3421608	无干涉，α 大

4.3.2 加大 ξ_2 值对齿廓重叠干涉的影响

若组合齿数、插齿刀齿数 z_c 和外齿轮的变位系数 ξ_1 这些设计参数均不变，只将内齿轮的变位系数 ξ_2 加大一些，实际上就是加大了 $\xi_2-\xi_1$ 的差值，由于外齿轮的分度圆齿厚增量系数 Δ_1 不变，而加大 ξ_2 使 $|\Delta_1+\Delta_2|$ 值增大，两者增大的结果导致传动啮合角 α 增大，对避免齿廓重叠干涉非常有利。无论外齿轮的变位系数 ξ_1 为何值，加大内齿轮变位系数 ξ_2，会使 $\varphi_1-\varphi_2$ 值有所增加，对避免齿廓重叠干涉有利。加大 ξ_2 会使齿轮的齿顶圆压力角 α_{e1}、α_{e2} 变大些，但由于 α_{e1} 值本身比 α_{e2} 值大得多，又因为加大 ξ_2，α_{e1} 的增大值要小于 α_{e2} 的增大值，会影响 $\alpha_{e1}-\alpha_{e2}$ 值有所减小，对齿廓重叠干涉的发生造成有利条件，避免齿廓重叠干涉不利。

根据以上情况，加大内齿轮变位系数 ξ_2，使 $\varphi_1-\varphi_2$ 和 α 值增加，尤其是 α 值的增加对齿廓不发生重叠干涉验算值 Ω 起决定性的作用，这样当齿轮副齿数、外齿轮变位系数 ξ_1 和插齿刀齿数 z_c 均不变时，可通过 ξ_2 的加大或减小来控制 α（或 φ_1 与 φ_2 的差值），使验算值 Ω 增大或减小，以达到和满足设计的要求。

以上情况见表 4.9、表 4.10。

表 4.9　　加大内齿轮变位系数 ξ_2 对一些参数的影响

条件	ξ_1	ξ_2	α	Ω	φ		$\varphi_1-\varphi_2$	α_e		$\alpha_{e1}-\alpha_{e2}$	S_a	
					φ_1	φ_2		α_{e1}	α_{e2}		S_{a1}	S_{a2}
$z_1/z_2=31/35$ $m/z_c=6.5/16$	0	0.1403687	27° 45.1191667′	0.0000005	79° 47.05944′	72° 38.8816733′	7° 8.17693′	26° 47.4485758′	12° 11.1284179′	14° 36.3201579′	5.9876533	6.5976697
		$\xi_2+0.06$	30° 3.3700928′	0.1571280	79° 11.8193167′	71° 56.0538167′	7° 15.7655′	26° 52.5739772′	12° 54.8425077′	13° 57.7314695′	5.9111121	6.4470044
	−0.1781123	0	28° 39.5626′	0	80° 0.82357′	72° 44.49365′	7° 16.3299167′	25° 39.3303869′	9° 18.0224592′	16° 21.3079277′	6.0870426	6.8056564
		$\xi_2+0.06$	30° 38.0343824′	0.1415082	79° 40.4051333′	72° 16.99445′	7° 23.4106833′	25° 47.0862372′	10° 9.0302924′	15° 38.0559448′	5.9835291	6.6403903

条件	ξ_1	ξ_2	α	Ω	φ		$\varphi_1-\varphi_2$	α_e		$\alpha_{e1}-\alpha_{e2}$	S_a	
					φ_1	φ_2		α_{e1}	α_{e2}		S_{a1}	S_{a2}
$z_1/z_2=100/104$ $m/z_c=3/34$	0	0.1454242	27° 44.7836′	0	77° 29.69943′	75° 10.79616′	2° 18.903267′	22° 24.4475744′	17° 48.5809888′	4° 35.8665856′	2.8582519	2.9489270
		$\xi_2+0.06$	29° 53.2460417′	0.1374715	77° 1.8735′	74° 40.46393′	2° 21.409567′	22° 27.0506391′	17° 57.7329208′	4° 29.3177183′	2.8199186	2.9037117
	−0.1556250	0	27° 59.6463′	0.0000002	77° 32.7851733′	75° 13.125415′	2° 19.6597583′	21° 59.5005721′	17° 16.5899195′	4° 42.9106526′	2.8756607	2.9730151
		$\xi_2+0.06$	30° 2.3366082′	0.1324023	77° 24.234′	74° 47.28576′	2° 22.11799′	22° 2.4260714′	17° 25.7362687′	4° 36.6898027′	2.8343989	2.9254349

表 4.10　　加大内齿轮变位系数 ξ_2 对一些参数的影响

$(z_1/z_2=31/32,\ m/z_c=6.5/16)$

ξ_1	ξ_2	α	Ω	φ		$\varphi_1-\varphi_2$	α_e		$\alpha_{e1}-\alpha_{e2}$	S_a	
				φ_1	φ_2		α_{e1}	α_{e2}		S_{a1}	S_{a2}
1	1.27877075	55° 52.7715413′	0.0000001	147° 53.8182018′	146° 21.2729485′	1° 32.5452533′	32° 21.0044701′	24° 36.7555656′	7° 44.2489045′	5.2870826	4.6390566
	$\xi_2+0.06$	57° 43.5173575′	0.3668146	141° 26.4760507′	139° 32.7365395′	1° 53.7395112′	32° 26.5689045′	24° 55.7786466′	7° 30.7902585′	5.1463173	4.3974797

4.3.3 插齿刀齿数 z_c 与齿廓重叠干涉的关系

少齿差内啮合齿轮副的组合齿数、外齿轮的变位系数 ξ_1 为定值，不同齿数 z_c 的插齿刀为了保证和满足不发生齿廓重叠干涉验算值 $\Omega=0$ 的限制条件，所必需的最小内齿轮变位系数 ξ_2 各不相同，z_c 少的 ξ_2 值大，z_c 多的 ξ_2 值小；ξ_2 值大的 α 值偏大，ξ_2 值小的则 α 值偏小，但这不能反映出 z_c 与齿廓重叠干涉的关系，因为两者都是保证和满足验算值$\Omega=0$ 的缘故。只有在相同的限制条件下，用不同齿数 z_c 的插齿刀计算变位系数相同的内啮合齿轮副，才能真实反映出插齿刀 z_c 与齿廓重叠干涉的关系。例如，二齿差内啮合齿轮副 $z_1/z_2=55/57$，外齿轮变位系数 $\xi_1=0.8$，采用 $m/z_c=3/25$ 和 $m/z_c=3/34$ 两把插齿刀分别计算，为了满足和保证验算值 $\Omega=0$，插齿刀 $m/z_c=3/25$ 所必需的内齿轮变位系数 $\xi_2=1.00506$，而插齿刀 $m/z_c=3/34$ 所必需的内齿轮变位系数 $\xi_2=0.9424615$（见表 4.11 有关参数的变化）。如果在相同的条件下，将两内啮合齿轮副的变位系数 ξ_2 取值相同，或取相同的 $\xi_2=1.00506$（见表 4.12），或取相同的 $\xi_2=0.9424615$。当取相同的 $\xi_2=1.00506$ 时，对于插齿刀齿数 $z_c=34$，是将变位系数由小值 $\xi_2=0.9424615$ 增大到 $\xi_2=1.00506$，即增大 $\xi_2-\xi_2$ 值，使传动啮合角 α 和不产生齿廓重叠干涉值 Ω 都有所增大。当取相同的 $\xi_2=0.9424615$，对插齿刀齿数少的 $z_c=25$，显然是减小变位系数 ξ_2，即减小 $\xi_2-\xi_1$ 值，使 Ω 值变为负值而产生齿廓重叠干涉。从传动啮合角 α 和变位系数的大小来分析，插齿刀齿数 z_c 多的对避免齿廓重叠干涉较为有利。

表 4.11　插齿刀齿数 z_c 与齿廓重叠干涉的关系

（$z_1/z_2=55/57$，ξ_2 取值不同）

m/z_c	ξ_1	ξ_2	α	Ω	α_e		$\alpha_{e1}-\alpha_{e2}$	$\varphi_1-\varphi_2$
					α_{e1}	α_{e2}		
3/25	0.8	1.00506	40° 1.9937143′	0.0000007	27° 17.3477436′	21° 12.6243251′	6° 4.7234185′	2° 19.9086258′
3/34	0.8	0.9424615	39° 19.599640′	0	27° 5.8079169′	21° 8.7645567′	5° 57.0433602′	2° 19.7779236′

表 4.12　插齿刀齿数 z_c 与齿廓重叠干涉的关系

（$z_1/z_2=55/57$，ξ_2 取值相同）

m/z_c	ξ_1	ξ_2	α	Ω	α_e		$\alpha_{e1}-\alpha_{e2}$	$\varphi_1-\varphi_2$
					α_{e1}	α_{e2}		
3/25	0.8	1.00506	40° 1.9937143′	0.0000007	27° 17.3477436′	21° 12.6243251′	6° 4.7234185′	2° 19.9086258′
3/34	0.8	1.00506	41° 54.8303557′	0.2277343	27° 9.1851308′	21° 23.5108444′	5° 45.6742864′	2° 26.4887113′

1. 插齿刀齿数 z_c 与转角 $\varphi(\varphi_1-\varphi_2)$ 的关系

少齿差内啮合齿轮副齿数差 $z_2-z_1=4,5,6$ 时，插齿刀齿数 z_c 对转角 φ（或间隙角）的影响很小。在相同的限制条件下，总的情况是插齿刀齿数 z_c 少的反映出转角 φ 大些，而 z_c 对 $\varphi_1-\varphi_2$ 差值影响就更小了（见表 4.11、表 4.12、表 3.7、表 3.9～表 3.20）。

2. 转角 φ 和 $\varphi_1-\varphi_2$ 沿特性曲线的变化情况

当外齿轮变位系数 ξ_1 沿特性曲线作上下移动时，φ 和 $\varphi_1-\varphi_2$ 的变化与齿数差有关，$z_2-z_1=1$ 的一齿差，φ_1 和 φ_2 随 ξ_1 沿特性曲线向下移动，其值是由小向大逐渐变化，而 $\varphi_1-\varphi_2$ 是由大向小逐渐变化，$\varphi_1>\varphi_2$ 的关系保持不变（见表 4.13）。其他齿数差，φ_1 和 φ_2 两值沿特性曲线的变化与 $z_2-z_1=1$相同，而 $\varphi_1-\varphi_2$ 沿特性曲线的变化与 $z_2-z_1=1$时相反，是沿曲线下移由小向大变化。

表 4.13　转角 φ 和 $\varphi_1-\varphi_2$ 沿特性曲线的变化情况

（$z_1/z_2=50/51$，$m/z_c=3/25$，$\Omega\doteq0$）

ξ_1	ξ_2	α	φ_1	φ_2	$\varphi_1-\varphi_2$
0.8	1.3182107	58° 54.1169875′	151° 54.308371′	150° 57.467265′	56.841105′
0	0.9685079	63° 15.816375′	160° 8.6377252′	159° 20.2260688′	48.3116564′
−0.4	0.868640	65° 35.9781638′	164° 51.9090783′	164° 10.9974′	40.9116783′

在任何情况下，不同齿数差转角 φ 的变化是很大的，即使是同一齿数差由于变位系数的不同，φ 的差值也比较大。下面是不同齿数差 φ 的参考值：

$z_2-z_1=6$，φ 在 68°左右。

$z_2-z_1=5$，φ 不超过 73°。

$z_2-z_1=4$，φ 不超过 81°。

$z_2-z_1=3$，φ 不超过 93°。

$z_2-z_1=2$，φ 不超过 115°。

$z_2-z_1=1$，φ 不超过 167°。

计算时将角度值换成弧度的角度值。

变位系数的计算，请见第 1 章渐开线少齿差内啮合齿轮副的特性曲线，第 3 章决定特性曲线的三组参数，以及第 6 章特性曲线计算用表。

4.4　外齿轮根切

用插齿刀加工变位外齿轮，如果插齿刀的齿顶圆超过啮合极限点时，外齿轮的被切轮齿就要产生根切的现象。轮齿产生根切，一方面承载最大弯矩的齿根部分被削弱，另一方面基圆以外的渐开线齿廓也被切去一部分，使内啮合齿轮副的重叠系数 ε 也会减小，会影响连续运转的平稳性。用插齿刀加工外齿轮不产生根切的验算公式如下：

$$A_c\sin\alpha_{c1}-\sqrt{R_c^2-r_{oc}^2}\geqslant0$$

其中

$$A_c=\frac{m}{2}(z_1+z_c)+m\xi_1$$

$$\cos\alpha_{c1}=\frac{(z_1+z_c)\cos\alpha_0}{z_1+z_c+2\xi_1}$$

$$r_{oc}=\frac{mz_c}{2}\cos\alpha_0$$

$$R_c=\frac{mz_c}{2}+m(\xi_c+f+c_0)$$

$$f_c=f+c_0$$

式中 A_c——切削中心距；

α_{c1}——加工外齿轮机床切削啮合角；

r_{oc}——插齿刀基圆半径；

R_c——插齿刀齿顶圆半径；

ξ_c——插齿刀变位系数（见表 4.14）；

f——齿顶高系数；

f_c——上齿高系数。

表 4.14　　　　直齿插齿刀规格参数

<table>
<tr><th rowspan="2">插齿刀型式</th><th>分度圆直径</th><th>模数</th><th>齿数</th><th>变位系数</th><th>齿顶圆直径</th><th>上齿高系数</th></tr>
<tr><th>d_c</th><th>m</th><th>z_c</th><th>ξ_c</th><th>D_c</th><th>f_c</th></tr>
<tr><td rowspan="5">锥柄（GR75—60）</td><td>27</td><td>1.5</td><td>18</td><td>0.103</td><td>31.06</td><td rowspan="5">1.25</td></tr>
<tr><td>26</td><td>2</td><td>13</td><td>0.085</td><td>31.34</td></tr>
<tr><td>27</td><td>2.25</td><td>12</td><td>0.083</td><td>33.00</td></tr>
<tr><td>25</td><td>2.5</td><td>10</td><td>0.042</td><td>31.46</td></tr>
<tr><td>27.5</td><td>2.75</td><td>10</td><td>0.038</td><td>34.58</td></tr>
<tr><td rowspan="10">盘形（GR70—60）、碗形（GR72—60）</td><td>76</td><td>1</td><td>76</td><td>0.630</td><td>79.76</td><td rowspan="6">1.25</td></tr>
<tr><td>75</td><td>1.25</td><td>60</td><td>0.582</td><td>79.57</td></tr>
<tr><td>75</td><td>1.5</td><td>50</td><td>0.503</td><td>80.26</td></tr>
<tr><td>76</td><td>2</td><td>38</td><td>0.420</td><td>82.68</td></tr>
<tr><td>76.5</td><td>2.25</td><td>34</td><td>0.261</td><td>83.30</td></tr>
<tr><td>75</td><td>2.5</td><td>30</td><td>0.230</td><td>82.41</td></tr>
<tr><td>77</td><td>2.75</td><td>28</td><td>0.224</td><td>85.37</td><td rowspan="8">1.3</td></tr>
<tr><td>75</td><td>3</td><td>25</td><td>0.167</td><td>83.81</td></tr>
<tr><td>78</td><td>3.25</td><td>24</td><td>0.149</td><td>87.42</td></tr>
<tr><td>77</td><td>3.5</td><td>22</td><td>0.126</td><td>86.98</td></tr>
<tr><td rowspan="4">盘形（GR70—60）</td><td>75</td><td>3.75</td><td>20</td><td>0.105</td><td>85.55</td></tr>
<tr><td>76</td><td>4</td><td>19</td><td>0.105</td><td>87.24</td></tr>
<tr><td>76.5</td><td>4.25</td><td>18</td><td>0.107</td><td>88.46</td></tr>
<tr><td>76.5</td><td>4.5</td><td>17</td><td>0.104</td><td>89.15</td></tr>
</table>

续表

插齿刀型式	分度圆直径 d_c	模数 m	齿数 z_c	变位系数 ξ_c	齿顶圆直径 D_c	上齿高系数 f_c
盘形（GR71－60）、碗形（GR73－60）	100	1	100	1.060	104.60	1.25
	100	1.25	80	0.842	105.22	
	102	1.5	68	0.736	107.96	
	101.5	1.75	58	0.661	108.19	
	100	2	50	0.578	107.31	
	101.25	2.25	45	0.528	109.29	
	100	2.5	40	0.442	108.46	
	99	2.75	36	0.401	108.36	1.3
	102	3	34	0.337	111.82	
	100.75	3.25	31	0.275	110.99	
	98	3.5	28	0.231	108.72	
	101.25	3.75	27	0.180	112.34	
	100	4	25	0.168	111.74	
	99	4.5	22	0.105	111.65	
	100	5	20	0.105	114.05	
	104.5	5.5	19	0.105	119.96	
	102	6	17	0.105	118.86	
	104	6.5	16	0.105	122.27	

外齿轮根切除与外齿轮的变位系数 ξ_1 有关外，还与插齿刀的参数有关。齿数差 $z_2-z_1=4,5,6$ 时，产生外齿轮根切的变位系数 ξ_1 非常小，一般为负值。当齿数差 $z_2-z_1=1,2,3$ 时，变位系数 ξ_1 为正值，一般不会产生外齿轮根切，只有外齿轮的齿数很少而变位系数 ξ_1 为负值时才有可能产生外齿轮的根切。如果条件许可，取较大的变位系数，取较多的齿轮副齿数，或插齿刀经过刃磨后对避免外齿轮根切均为有利。

当插齿刀参数被确定后，齿轮齿数对外齿轮根切有较大的影响，在一般情况下，如果条件许可尽量取较多的齿轮齿数。例如用 $m/z_c=2/13$ 新插齿刀加工外齿轮 $z_1=25$，新插齿刀变位系数 $\xi_c=0.085$，基圆半径 $r_{oc}=\frac{mz_c}{2}\cos\alpha_0=12.2160038$，齿顶圆半径 $R_c=\frac{mz_c}{2}+(\xi_c+f+c_o)m=15.67$，不产生外齿轮根切的最小变位系数 $\xi_1=-0.483775$。

切削中心距为

$$A_c=\frac{m}{2}(z_1+z_c)+m\xi_1=37.03245$$

加工外齿轮机床切削啮合角 α_{c1}：

$$\cos\alpha_{c1}=\frac{(z_1+z_c)\cos\alpha_0}{z_1+z_c+2\xi_1}=0.9642440$$

$$\sin\alpha_{c1}=0.2650159$$

代入公式，得

$$A_c\sin\alpha_{c1}-\sqrt{R_c^2-r_{oc}^2}=0.0000087>0$$

如果插齿刀参数不变，加工另一外齿轮 $z_1=40$，不产生外齿轮根切的最小变位系数 $\xi_1=-1.119262$，切削中心距为

$$A_c=\frac{m}{2}(z_1+z_c)+m\xi_1=50.761476$$

加工外齿轮机床切削啮合角 α_{c1}：

$$\cos\alpha_{c1}=\frac{(z_1+z_c)\cos\alpha_0}{z_1+z_c+2\xi_1}=0.981132$$

$$\sin\alpha_{c1}=0.19333915$$

代入公式，得

$$A_c\sin\alpha_{c1}-\sqrt{R_c^2-r_{oc}^2}=0$$

根据计算结果，显然后者不容易产生外齿轮根切，因为后者不产生外齿轮根切的最小变位系数要比前者小得多，插齿刀参数相同时，应尽量采用齿轮齿数多的，在加工时不容易产生外齿轮的根切。

插齿刀前刃面经刃磨后，齿顶高变短、齿顶圆半径 R_c 和变位系数 ξ_c 均随之变小，对加工外齿轮不产生根切有利，如有变位外齿轮 $z_1=31$，变位系数 $\xi_1=0.705333$，用 $m/z_c=6.5/16$ 的新插齿刀进行加工，按公式计算出：$R_c=61.135$，$r_{oc}=48.8640152$，$A_c=148.1653355$，$\cos\alpha_{c1}=0.9687694$，$\sin\alpha_{c1}=0.2479634$，代入验算公式得

$$A_c\sin\alpha_{c1}-\sqrt{R_c^2-r_{oc}^2}=0.0000071>0$$

若插齿刀刃磨后的齿顶圆半径 $R_c=61$，代入公式得

$$36.7395804-36.5144905=0.2250899>0$$

在 ξ_1-z_1 限制图上，外齿轮根切限制线以 $R-R$ 表示，插齿刀齿数 z_c 多的 $R-R$ 限制线高于 z_c 少的 $R-R$ 限制线，即前者较后者容易产生根切。以前面讲的一个例子为例，插齿刀 $m/z_c=2/13$，加工一外齿轮 $z_1=40$，变位系数 $\xi_1=-1.119262$，最后经过计算 $A_c\sin\alpha_{c1}-\sqrt{R_c^2-r_{oc}^2}=0$。如果改用 $m/z_c=2/25$ 插齿刀，加工同样的外齿轮即 z_1、ξ_1 与上例相同，其结果变化如下：插齿刀的变位系数 $\xi_c=0.166$，$f_c=1.25$，$r_{oc}=23.492315$，$R_c=27.832$，$A_c=62.761476$，$\cos\alpha_{c1}=0.9732088$，$\sin\alpha_{c1}=0.2299231$，将有关值代入根切检验公式，得

$$A_c\sin\alpha_{c1}-\sqrt{R_c^2-r_{oc}^2}=14.4303131-14.9241871=-0.4938740<0$$

显然，插齿刀齿数 z_c 多的比较容易产生外齿轮的根切现象。从 $R-R$ 限制图可知，根切一般集中在插齿刀齿数少、齿轮齿数少、变位系数 ξ_1 为负值区，插齿刀参数为定值取较多齿轮齿数有利于避免外齿轮根切。当外齿轮变位系数 ξ_1 沿特性曲线向下移动变化时，外齿轮根切不会第一个出现，永远拖后于其他干涉，即在产生外齿轮根切之前，已有其他干涉的产生，所以，在用插齿刀加工外齿轮，不要考虑和检验其外齿轮的根切。根切 $R-R$ 限制线与齿数差无关，外齿轮根切只与外齿轮 z_1、ξ_1 和插齿刀参数（m、z_c、ξ_c、

$f_c = f_0 + c_0$）有关。

4.5　外齿轮顶切

标准插齿刀在切削过程中，当被切外齿轮的齿顶圆超过了啮合线与插齿刀基圆的切点时，外齿轮齿顶处的渐开线齿廓将被切掉一部分，这种现象称为插齿刀加工外齿轮产生的顶切。外齿轮顶切对轮齿强度、重叠系数 ε（运动平稳性）均有很大的影响，为了避免顶切可采用变位齿轮的方法和在许可的条件下采用齿数 z_c 较多的插齿刀。

被切外齿轮不产生顶切最小啮合角 α_{dmin}：

$$\tan\alpha_{dmin} = \frac{2\sqrt{R_1^2 - r_{01}^2}}{m(z_1 + z_c)\cos\alpha_0}$$

不产生外齿轮顶切的条件是

$$\mathrm{inv}\alpha_{dmin} - \left(\mathrm{inv}\alpha_0 + \frac{\Delta_1 + \Delta_c}{z_1 + z_c}\right) \leqslant 0$$

分度圆齿厚增量系数 Δ：

$$\Delta_1 = (z_1 + z_c)(\mathrm{inv}\alpha_{c1} - \mathrm{inv}\alpha_0)$$

$$\Delta_c = 2\xi_c \tan\alpha_0$$

式中 ξ_c 见表 4.14。

外齿轮齿顶圆半径 R_1：

$$R_1 = \frac{mz_1}{2} + m(f + \xi_1 - \gamma)$$

外齿轮基圆半径 r_{01}：

$$r_{01} = \frac{mz_1}{2}\cos\alpha_0$$

加工外齿轮机床切削啮合角 α_{c1}：

$$\cos\alpha_{c1} = \frac{(z_1 + z_c)\cos\alpha_0}{z_1 + z_c + 2\xi_1}$$

外齿轮顶切与插齿刀参数如 z_c、m、ξ_c 有关，也与被切外齿轮齿数 z_1、ξ_1 有关，一般是插齿刀的 z_c 少、ξ_c 小均容易引起外齿轮的顶切。对于未经刃磨过的插齿刀，由于 ξ_c 大对避免外齿轮顶切有利。从 $\xi_1 - z_1$ 限制图（见附录 F）中的外齿轮顶切 $d-d$ 限制线随着齿数 z_c 增多逐渐向下移动，这说明随着齿数 z_c 的增多而变位系数逐渐变小，由正值逐渐变为负值，即 z_c 越多越不容易产生顶切。对于一齿差，若齿数 z_c 为定值，被切外齿轮齿数多的比齿数少的容易产生外齿轮顶切。其他齿数差的情况由 z_c 的多少来决定，z_c 少时与一齿差的情况相同，z_c 多时外齿轮齿数少的要比齿数多的容易产生顶切，这是因为顶切 $d-d$ 限制线是以齿轮齿数少的为圆心，限制线旋转的结果。例如，用 $m/z_c = 6.5/16$ 插齿刀加工齿轮副 $z_1/z_2 = 31/33 \sim 35/57$ 所组成的顶切 $d-d$ 限制线旋转变化情况。内啮合齿轮副 $z_1/z_2 = 31/33$，变位系数 $\xi_1 = -0.515$，$\xi_2 = 0.1392$，计算有关数值如下：

$$\cos\alpha_{c1} = \frac{z_1 + z_c}{z_1 + z_c + 2\xi_1}\cos\alpha_0 = 0.9607473$$

$$\mathrm{inv}\alpha_{c1}=0.0076465$$

$$\Delta_1=(z_1+z_c)(\mathrm{inv}\alpha_{c1}-\mathrm{inv}\alpha_0)=-0.3411221$$

$$\Delta_c=2\xi_c\tan\alpha_0=0.0764337 \qquad \xi_c=0.105$$

$$R_1=\frac{mz_1}{2}+m(f+\xi_1-\gamma)=\frac{6.5\times31}{2}+6.5(0.8-0.515+0.2930938)=104.5076097$$

$$r_{01}=\frac{mz_1}{2}\cos\alpha_0=94.6740295$$

$$\tan\alpha_{\mathrm{dmin}}=\frac{2\sqrt{R_1^2-r_{01}^2}}{m(z_1+z_c)\cos\alpha_0}=0.3083283$$

$$\mathrm{inv}\alpha_{\mathrm{dmin}}=0.0092675$$

代入检验顶切公式，得

$$\mathrm{inv}\alpha_{\mathrm{dmin}}-\left(\mathrm{inv}\alpha_0+\frac{\Delta_1+\Delta_c}{z_1+z_c}\right)=-0.0000052<0$$

未产生顶切。

用同一把插齿刀加工另一齿轮副 $z_1/z_2=35/37$，变位系数 $\xi_1=-0.515$，$\xi_2=0.1270$，计算有关数值如下：

$$\cos\alpha_{c1}=0.9590619$$

$$\mathrm{inv}\alpha_{c1}=0.0081596$$

$$\Delta_1=-0.3170056$$

$$R_1=117.4600510$$

$$r_{01}=106.8900333$$

$$\tan\alpha_{\mathrm{dmin}}=0.3126523$$

$$\mathrm{inv}\alpha_{\mathrm{dmin}}=0.0096162$$

代入检验顶切公式，得

$$\mathrm{inv}\alpha_{\mathrm{dmin}}-\left(\mathrm{inv}\alpha_0+\frac{\Delta_1+\Delta_c}{z_1+z_c}\right)=0.0096162-0.0097859=-0.0001697<0$$

不产生顶切。

显而易见，当 $z_c=16$ 时其外齿轮顶切 $d-d$ 限制线按顺时针已旋转成水平线，因为两齿轮的变位系数 ξ_1 相等，当 $z_c<16$、$z_c>16$ 时的 $d-d$ 限制线都是倾斜线，相互位置有变动。两齿轮副间的限制条件是不产生齿廓重叠干涉值为最小的正值。

外齿轮变位系数 ξ_1 沿特性曲线向下移动时无论何种情况，外齿轮顶切现象不会第一个出现，所以在插齿刀计算系统不必过分强调顶切，因为在产生外齿轮顶切之前，已有其他干涉产生。外齿轮顶切与相啮合的内齿轮参数有关，这是由于插齿刀计算系统计算外齿轮齿顶圆需要借助于内齿轮的齿数 z_2 和变位系数 ξ_2。

外齿轮顶切与齿数差的关系如下。

4.5.1 一齿差（$z_2-z_1=1$）

插齿刀齿数为任何值，外齿轮顶切 $d-d$ 限制线在内齿轮范成顶切 q_1-q_1 限制线以下，不产生范成顶切也不会产生外齿轮顶切。$z_c\geqslant25$，外齿轮顶切出现的顺序向后移。

$z_c \geqslant 16$，产生外齿轮顶切的变位系数 ξ_1 开始变为负值，在此种情况下，ξ_1、ξ_2 为正值时，一般不要考虑外齿轮顶切。z_c 为定值，z_1 多容易产生外齿轮顶切，z_1 为定值，z_c 多对避免外齿轮顶切有利。从 $\xi_1 - z_1$ 限制图上，z_c 少、z_1 少的集中区容易产生外齿轮顶切而且变位系数也偏大。

4.5.2　二齿差（$z_2 - z_1 = 2$）

插齿刀齿数 z_c 为任何值，无论外齿轮齿数 z_1 多少，顶切 $d-d$ 限制线在范成顶切 $q_1 - q_1$ 限制线以下，一般不产生内齿轮的范成顶切，也不会产生外齿轮顶切。由图 4.1 可知：当 $z_c < 16$ 时，z_1 多者容易产生顶切；当 $z_c > 16$ 时，z_1 少者容易产生顶切。当 $z_c = 10$ 时，不产生外齿轮顶切的最小变位系数 ξ_1、ξ_2 为正值。当 $z_c \geqslant 13$、变位系数为正值时，不会产生外齿轮顶切。z_1 为定值应取较多的 z_c，对避免外齿轮顶切有利。与 $z_2 - z_1 = 1$ 相对应的 $d-d$ 限制线相比，一齿差较容易产生外齿轮顶切（见图 4.1 和 $\xi_1 - z_1$ 限制图）。

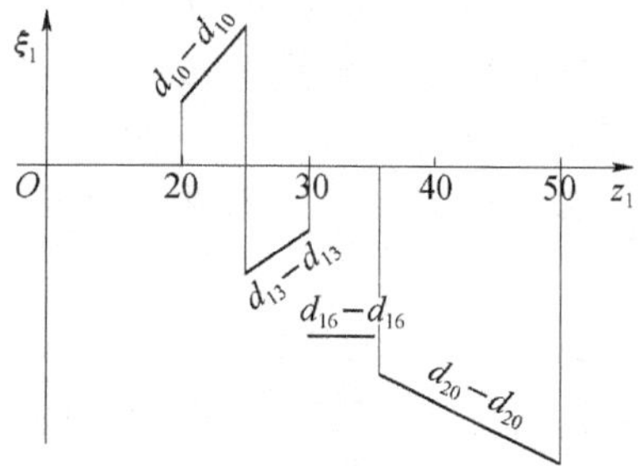

图 4.1　二齿差外齿轮顶切 $d-d$ 限制线

4.5.3　三齿差（$z_2 - z_1 = 3$）

内啮合齿轮副的变位系数是在重叠系数 ε 限制线和内齿轮加工时产生的范成顶切 $q_1 - q_1$ 限制线所组成的区间内取值，不产生外齿轮顶切的最小变位系数比较小，不产生范成顶切，也不会产生外齿轮顶切。插齿刀齿数 $z_c = 10$，齿轮齿数多的容易产生外齿轮顶切，不产生外齿轮顶切的最小变位系数为正值。当 $z_c \geqslant 13$ 时，齿轮齿数少的变成容易产生外齿轮顶切，且 ξ_1 变为负值，即此时变位系数 ξ_1 为正值，可不必考虑外齿轮顶切。外齿轮齿数 z_1 若为定值，采用较多齿数 z_c 的插齿刀有利。插齿刀齿数 z_c 逐渐增多，如 $z_c \geqslant 20$，齿轮副的变位系数 ξ_1、ξ_2 变为负值才有可能避免外齿轮顶切，变位系数远远小于且超越内齿轮齿顶圆大于基圆 $y-y$ 限制线，这样便失去了计算的条件，只能将 $d-d$ 限制线采取与基圆 $y-y$ 限制线相重合的近似方法表示。

4.5.4　齿数差 $z_2 - z_1 = 4, 5, 6$

齿数差 $z_2 - z_1 = 4, 5, 6$ 时的情况基本上与三齿差（$z_2 - z_1 = 3$）时的情况相同。齿数差偏多时，一是变位系数小；二是当外齿轮变位系数 ξ_1 沿特性曲线向下移时，外齿轮顶切出现的顺序向后推延，故齿数差偏多可不必考虑外齿轮顶切现象。

4.6　内齿轮齿顶圆不小于基圆的限制条件

为了保证变位内齿轮的正常啮合，使其齿顶部分仍为渐开线齿廓，内齿轮齿顶圆半径 R_2 必须大于或等于其基圆半径 r_{02} 为限制条件，即

$$R_2 \geqslant r_{02}$$

或
$$\frac{mz_2}{2}-h_2'\geqslant\frac{mz_2\cos\alpha_0}{2}$$

将 $h_2'=m(0.8-\xi_2-\gamma)$代入上式并整理得

$$z_2\geqslant 33.1634260472(0.8-\xi_2-\gamma) \tag{4.1}$$

这是根据插齿刀计算系统计算公式诱导出的，凡是内啮合齿轮副内齿轮齿数 z_2 满足式（4.1），则不会发生内齿轮齿顶圆半径小于基圆半径，即 $R_2<r_{02}$。发生这种情况的原因，一般是由于少齿差内啮合齿轮副的内齿轮齿数 z_2 偏少（对应插齿刀齿数 z_c 也偏少）和齿轮副的变位系数太小所造成的。保证或维持 $R_2\geqslant r_{02}$的关系是 z_2 通过与 ξ_2 和齿顶高变动系数 γ 的关系来实现，不同齿数组合，ξ_2 和 γ 都是变数。

如果令式（4.1）中的 $\xi_0=0$，则式（4.1）变为

$$z_2\geqslant 33.1634260472(0.8-\gamma) \tag{4.2}$$

式（4.2）的意思是：凡是满足式（4.2）关系的 z_2，与 z_2 组合成齿轮副的特性曲线和纵坐标 ξ_1 轴有交点，交点处的 $\xi_2=0$，穿过交点并将特性曲线延伸下去，当齿轮副的特性曲线延伸到某一点处而终止，此点为特性曲线的终止点，这类内齿轮的变位系数可以取得 $\xi_2\leqslant 0$。不符合式（4.2）的一切 z_2，并与之组合成齿轮副的特性曲线和纵坐标 ξ_1 轴没有相交到某一点而终止。推理：特性曲线的终止点也就是该齿轮副的内齿轮齿顶圆同基圆在曲线上相等的点，即 $R_2=r_{02}$。如果内齿轮齿顶圆的压力角为 α_{e2}，则终止点处的 $\cos\alpha_{e2}=1$，$\alpha_{e2}=0°$。任何少齿差内啮合齿轮副，沿其特性曲线下移时，变位系数和 α_{e2} 均逐渐变小，到曲线终止点 $\alpha_{e2}=0°$时止。凡是低于此点或小于此点的变位系数则会发生内齿轮齿顶圆小于基圆。没有与纵坐标 ξ_1 轴相交的特性曲线，其齿轮副内齿轮的变位系数 ξ_2 不会取得 $\xi_2\leqslant 0$。

例如，有一四齿差内啮合齿轮副 $z_1/z_2=20/24$。插齿刀的参数$m/z_c=2.5/10$，以齿廓重叠干涉验算值为最小的正值为限制标定条件，对该齿轮副来说，若满足上述条件，其特性曲线与纵坐标 ξ_1 轴没有交点，内齿轮的变位系数 ξ_2 不可能取得零值或负值，因为齿轮副 $z_1/z_2=20/24$，采用插齿刀 $m/z_c=2.5/10$ 的特性曲线，在 $\xi_1=-0.062$，$\xi_2=0.102306$ 为坐标点处而终止，此时 $\cos\alpha_{e2}=0.9999562\doteq 1$，即 $R_2\doteq r_{02}$。

由插齿刀计算系统计算得知：一齿差任何齿轮副的特性曲线，一般情况下，均不与纵坐标 ξ_1 轴相交，即内齿轮的变位系数不能取得 $\xi_2\leqslant 0$。其他齿数差的特性曲线与纵坐标 ξ_1 轴相交的内齿轮最少齿数 z_2 与齿数差 z_2-z_1 的多少有关，六齿差 $z_2-z_1=6$ 时最少（见表 4.15）。

表 4.15　不同齿数差的特性曲线与 ξ_1 轴相交的内齿轮最少齿数 z_2

齿数差 z_2-z_1	与 ξ_1 轴相交的 最少齿数 z_2	齿顶高变动系数 γ （最大的近似值）
6	≈27	≈−0.0047
5	≈28	≈−0.022
4	≈29	≈−0.065
3	≈32	≈−0.164
2	≈40	≈−0.40
1	—	—

由表 4.15 和 $z_1-\xi_1$ 限制图可知，发生内齿轮齿顶圆小于基圆的情况并不是很多，往往是在 z_2 少、z_c 少和变位系数很小时容易发生。

如果将同一齿数差、同一齿数 z_c 的插齿刀组合成的各齿轮副的特性曲线的终止点连接成线，称为 $y-y$ 限制线，限制各齿轮副确定变位系数不得超过此线，否则会发生 $R_2<r_{02}$。$y-y$ 限制线是一条倾斜度较大的曲线，同一齿数差的各 $y-y$ 限制线的倾斜度相差不大，各齿数差各对应的 $y-y$ 限制线，在各 $z_1-\xi_1$ 限制图中的相对位置并不一样，齿数差少的对应的 $y-y$ 限制线的位置偏低，齿数差多的则偏高，这说明齿数差少的要比齿数差多的不容易发生内齿轮齿顶部分为非渐开线齿廓。例如，一齿差和插齿刀齿数 $z_c=13$ 组合的齿轮副的 $y-y$ 限制线要比其他齿数差低很多，变位系数也要小很多。

同一齿数差、同一参数的插齿刀，其齿轮副的 $y-y$ 限制线指示：齿轮齿数多的要比齿数少的，即内齿轮齿数 z_2 多的要比内齿轮齿数 z_2 少的，或插齿刀齿数 z_c 多的要比插齿刀齿数 z_c 少的，均不容易发生 $R_2<r_{02}$。当齿轮副的齿数为定值时，取插齿刀齿数 z_c 较少的有利。若外齿轮的变位系数 ξ_1 不变，在不发生齿廓重叠干涉值许可的情况下，可略增加内齿轮变位系数 ξ_2，会使内齿轮齿顶圆有所增加，使 $\cos\alpha_{e2}$ 变小，而 α_{e2} 增大的结果，加大与基圆的差值，有利于使内齿轮齿顶圆大于基圆。例如，三齿差内啮合齿轮副 $z_1/z_2=35/38$，插齿刀为 $m/z_c=6.5/16$，若不发生齿廓重叠干涉值为最小的正值，如果保证内齿轮齿顶圆半径大于基圆半径的最小变位系数为 $\xi_1=-0.5976$，$\xi_2=-0.1929$，计算出有关数值如下：

$$R_2=116.0543709$$

$$r_{02}=116.0520361$$

$$\cos\alpha_{e2}=r_{02}/R_2=0.9999799$$

若将内齿轮变位系数加大 0.1，即 $\xi_2=-0.1929+0.1$ 则 $R_2=120.856385$，$\cos\alpha_{e2}=0.9602247$。

内齿轮齿顶圆半径小于基圆半径，不是在任何情况下都有发生的可能，当 ξ_1、ξ_2 两值均为正值时一般就不会发生，这是因为各齿数差中的各齿轮副，无论组合齿数多少，出现内齿轮齿顶圆等于基圆时与其相内啮合的外齿轮变位系数 ξ_1 均为负值，而且数值很小。至于内齿轮的变位系数 ξ_2 是正值还是负值取决于齿数差、插齿刀齿数 z_c 和齿轮副的齿数（见表 4.16）。

表 4.16　　内齿轮 $D_2=D_{02}$ 时与变位系数的关系

齿数差 z_2-z_1	外齿轮变位系数 ξ_1	内齿轮变位系数 ξ_2
1	负值	正值
2	负值	当 $z_c\geqslant20$ 时，$z_1/z_2\geqslant50/52$　ξ_2 为负值
3	负值	当 $z_c\geqslant16$ 时，$z_1/z_2\geqslant31/34$　ξ_2 为负值
4	负值	当 $z_c\geqslant10$ 时，$z_1/z_2\geqslant25/29$　ξ_2 为负值
5	负值	当 $z_c\geqslant10$ 时，$z_1/z_2\geqslant25/30$　ξ_2 为负值
6	负值	正值

总之，内齿轮齿顶圆大于或等于基圆的条件限制可不必考虑，因为一方面产生这种情况的齿轮副的变位系数太小，一般很少采用；另一方面在发生内齿轮齿顶圆小于基圆前已经发生了某些不应该有的其他干涉。

4.7 安装条件

设计少齿差内啮合齿轮副，在慎重选择齿轮副的变位系数和插齿刀参数的同时，除了要避免或不发生某些干涉外，还要考虑到齿轮副的外齿轮和内齿轮限制安装的条件，即内齿轮齿顶圆半径 R_2、外齿轮齿顶圆半径 R_1 和实际啮合中心距 A 三者之间存在一定的限制条件：

$$R_2+A-R_1\geqslant 0 \tag{4.3}$$

三者不符合式（4.3）关系的，进行啮合安装时会出现在啮合节点对方（180°方位上）的齿顶与齿顶相碰，而无法安装到啮合位置。这种情况并不是所有齿数差中各齿轮副均有发生的可能，发生这种干涉的原因主要是由于啮合齿轮副的齿数差太少造成的。齿顶高系数 $f=0.8$，采用插齿刀计算系统计算齿数差 $z_2-z_1=3,4,5,6$ 时，无论其齿轮副的变位系数和插齿刀的 m/z_c 如何，内齿轮齿顶圆半径 R_2 均大于外齿轮齿顶圆半径 R_1，齿数差相差越多，R_2 与 R_1 差值也越大，实际啮合中心距 A 也相差越大。显然，这对安装、对 $R_2+A-R_1\geqslant 0$ 较为有利。$z_2-z_1=1,2$ 时则与此种情况恰巧相反，内齿轮齿顶圆半径 R_2 永远小于外齿轮齿顶圆半径 R_1，实际啮合中心距 A 也比齿数差多时小得多，给安装造成不利，齿数差少的就要比齿数差多的齿轮副容易发生 $R_2+A-R_1<0$。

式（4.3）这个安装的限制条件，实际上是齿轮副的外、内两齿轮齿顶圆半径 R_1、R_2 与实际啮合中心距 A 的关系式，在齿轮副的组合齿数和插齿刀参数被确定后，R_2、R_1 和 A 三者的数值关系直接由齿轮副的变位系数决定，这样可以将式（4.3）简化如下：

由
$$R_2+A-R_1\geqslant 0$$
或
$$\left[\frac{mz_2}{2}-m(0.8-\xi_2-\gamma)\right]+A-\left[\frac{mz_1}{2}+m(0.8+\xi_1-\gamma)\right]\geqslant 0$$

化简后，将 $\gamma=\left(\frac{A-A_0}{m}\right)-(\xi_2-\xi_1)$ 代入，消去 γ，最后得

$$\xi_2-\xi_1\leqslant\frac{3A-A_0}{m}-1.6$$

或
$$\frac{3A-A_0}{m}-1.6-(\xi_2-\xi_1)\geqslant 0 \tag{4.4}$$

式（4.3）和式（4.4）同为验证内啮合齿轮副是否能顺利安装到啮合位置而不发生齿顶相碰的条件式。两式在数值上不相等，永远是式（4.3）大于式（4.4），同一齿数差的同一齿轮副最后验证的结果不可能出现两种相反的结论，因为两者在数值上相差模数 m 倍。从式（4.4）可知，齿轮副的变位系数差 $\xi_2-\xi_1$ 越小越会形成有利条件，齿数差多的正满足、符合这个条件，因为齿数差多的 $\xi_2-\xi_1$ 值要比齿数差少（如 $z_2-z_1=1$）的 $\xi_2-\xi_1$ 值小得多，这也是齿数差少的比齿数差多的容易在啮合节点对方齿顶发生相碰而不能将齿轮副安装到啮合位置。但也只有在齿轮齿数少、插齿刀齿数 z_c 少和齿轮副的变位

系数小的情况下才有可能发生。

如果齿轮副不发生齿廓重叠干涉，经验证明一般也不会发生 $R_2+A-R_1<0$，不会在节点对方发生齿顶相碰的现象，因为两者均与 R_2、R_1 和 A 有关。

例如，一齿差内啮合齿轮副 $z_1/z_2=95/96$，插齿刀采用 $m/z_c=4/25$，若确定外齿轮的变位系数 $\xi_1=0.2$，保证不发生齿廓重叠干涉值 $\Omega\doteq 0$ 时，选取内齿轮的变位系数 $\xi_2=1.3790473$，然后计算出有关数值如下：

$$R_2=192.0302954$$

$$A=4.4302954,\ A_0=2$$

$$R_1=196.2858938$$

按式（4.3）计算：

$$R_2+A-R_1=192.0302954+4.4302954-196.2858938=0.1746969>0$$

按式（4.4）计算：

$$\left(\frac{3A-A_0}{m}\right)-1.6-(\xi_2-\xi_1)$$

$$=\frac{3\times 4.4302954-2}{4}-1.6-(1.3790473-0.2)$$

$$=0.0436742>0$$

也就是说，不发生齿廓重叠干涉，安装时一般也不会在节点对方发生齿顶相碰。若对上述例子限制条件，只将内齿轮的变位系数由 $\xi_2=1.3790473$ 减小到 $\xi_2=1.2726$，根据以上条件计算如下：

$$R_2=191.8301295$$

$$A=4.2301295$$

$$R_1=196.0602705$$

代入式（4.3）得

$$-0.0000115<0$$

代入式（4.4）得

$$-0.0000029<0$$

结果是：由于 ξ_2 值的减小，使 $\Omega<0$，发生了齿廓重叠干涉，随之也发生了在节点对方的齿顶相碰的干涉，但由于其验算值非常小，可视为零值，这样，就可以将内齿轮变位系数 $\xi_2=1.2726$ 作为该齿轮副在节点对方未发生齿顶相碰的最小变位系数。

如果，内齿轮齿顶圆与基圆处于极端情况，即二者相等，同时也没有发生齿廓重叠干涉，使 Ω 为最小正值，这样，一般也不会在节点对方的齿顶发生相碰，而且在未发生内齿轮齿顶圆等于基圆之前不会发生齿顶相碰的现象，因为后者的发生一般滞后于前者。

现以一最容易出现各种干涉的齿数少、变位系数小的齿轮副为例：$z_1/z_2=30/31$，插齿刀参数 $m/z=2/13$，如选定外齿轮变位系数 $\xi_1=-0.965$，为了保证不发生齿廓重叠干涉，令其 $\Omega\doteq 0$，根据以上条件确定内齿轮的变位系数，$\xi_2=0.928777$，然后计算有关数值如下：

$$R_2=29.1398873$$

$$R_1=31.7876667$$

$$A=2.6698873, A_0=1$$

代入式（4.3）得

$$0.02210790>0$$

代入式（4.4）得

$$0.01105395>0$$

由式（4.3）和式（4.4）可见，不干涉值还很大，要想取得该齿轮副不发生齿顶相碰的最小变位系数，必须减小该齿轮副齿顶圆等于基圆时变位系数，但由于 $\xi_1=-0.965$，$\xi_2=0.928777$ 为坐标点正好是该齿轮副特性曲线的终止点而变为不可能，因为此时，内齿轮齿顶圆压力角 $\alpha_{e2}\doteq0°$，$\cos\alpha_{e2}\doteq1$。如果此例条件不变，只将内齿轮的变位系数取得小些，即由 $\xi_2=0.928777$ 变为 $\xi_2=0.9124$，计算其有关数值如下：

$$R_2=29.1215842$$

$$R_1=31.7732158$$

$$A=2.6515842$$

齿廓重叠干涉值 $\Omega=-0.4976807$。

代入式（4.3）得

$$-0.000047<0$$

代入式（4.4）得

$$-0.0000236<0$$

当 $\xi_2<0.928777$ 时即开始发生齿廓重叠干涉，当 $\xi_2\leqslant0.9124$ 时同时发生了 $\Omega<0$、$R_2<r_{02}$、$R_2+A-R_1<0$ 的三种情况。

为了调节齿廓重叠干涉验算值，将内齿轮的变位系数加大一些，其他条件不变，这样能增加 R_2+A-R_1 值，对避免节点对方齿顶相碰形成有利条件。例如，内啮合齿轮副 $z_1/z_2=100/101$，采用插齿刀为 $m/z_c=3/34$，外齿轮的变位系数 $\xi_1=1.90$，内齿轮的变位系数 $\xi_2=2.381244$，加大 ξ_2 后对安装条件的影响如表 4.17 所示。

表 4.17　　加大 ξ_2 对安装条件的影响

ξ_2	Ω	A	R_1	R_2	R_2+A-R_1
2.381244	0	2.69734411	158.3463879	155.9973441	0.34830031
$\xi_2+0.07$	0.3208844	2.8150485	158.4386835	156.1150485	0.4914135

在满足不发生齿廓重叠干涉的条件下，组装时一般不会发生在节点对方齿顶相碰，因为齿顶相碰是齿轮副各种干涉中最后出现的一个干涉，可不必考虑。

4.8　过渡曲线干涉

插齿刀在切削过程中，由于刀的齿顶尖角切削轮齿时，往往在齿轮齿根圆角处形成一段非渐开线的过渡曲线齿廓，若与齿轮副齿顶的渐开线齿廓在组装或运转的啮合发生干涉，称之为过渡曲线干涉。根据过渡曲线分别在外齿轮、内齿轮齿根圆角处发生，因而存

在两种过渡曲线干涉。一种是外齿轮齿顶与相啮合的内齿轮齿根圆角的过渡曲线干涉，也就是内齿轮发生的过渡曲线干涉。为使外齿轮齿顶与相啮合的内齿轮齿根圆角不发生过渡曲线干涉，应满足式（4.5）的条件限制，即

$$z_1\tan\alpha_{e1}+(z_2-z_1)\tan\alpha-(z_2-z_c)\tan\alpha_{c2}-z_c\tan\alpha_{ec}\leqslant 0 \tag{4.5}$$

在产品批量生产时，式中 $\tan\alpha_{ec}$ 为变数。

用插齿刀切制内啮合齿轮副产生的另一种过渡曲线干涉是内齿轮齿顶与相啮合的外齿轮齿根圆角的过渡曲线干涉，也就是外齿轮发生的过渡曲线干涉。为使内齿轮齿顶与相啮合的外齿轮齿根圆角不发生过渡曲线干涉，应满足式（4.6）的条件限制，即

$$z_2\tan\alpha_{e2}-(z_2-z_1)\tan\alpha-(z_1+z_c)\tan\alpha_{c1}+z_c\tan\alpha_{ec}\geqslant 0 \tag{4.6}$$

$$\cos\alpha_{ec}=\frac{z_c\cos\alpha_0}{z_c+2(f_c+\xi_c)}$$

$$D_c=m[z_c+2(f_c+\xi_c)]$$

$$f_c=(f+c_0)$$

式中　α_{e1}——外齿轮齿顶圆压力角；

α_{e2}——内齿轮齿顶圆压力角；

α_{c1}——外齿轮机床切削啮合角；

α_{c2}——内齿轮机床切削啮合角；

α——传动啮合角；

α_{ec}——插齿刀齿顶圆压力角；

D_c——插齿刀齿顶圆直径；

f_c——插齿刀上齿顶高系数，当 $1\leqslant m\leqslant 2.5$ 时 $f_c=1.25$，当 $m\geqslant 2.75$ 时 $f_c=1.3$，当 m 为小模数时 $f_c=1.35$。

由于插齿刀齿顶圆可刃磨量有限等情况，此部分计算时可取十位小数。

在确定齿轮副的变位系数时应把过渡曲线干涉作为主要的限制条件之一，切不可被忽略。两种过渡曲线干涉均是在插齿刀齿顶尖角加工时出现的问题，而在啮合运转时才反应出来的干涉，这种情况可以在设计少齿差内啮合齿轮副选择变位系数和有关参数时消除。两种过渡曲线干涉有极其相似的性质，而其中最大的不同是两者在特性曲线上干涉出现的顺序，内齿轮齿顶与其相内啮合的外齿轮齿根圆角处发生的过渡曲线干涉，即外齿轮发生的过渡曲线干涉往往超前于外齿轮齿顶与其相内啮合的内齿轮齿根圆角的过渡曲线干涉，这样，在研究两种过渡曲线干涉时以前者为主，而后者次之。

4.8.1　内齿轮齿顶与相内啮合的外齿轮齿根圆角的过渡曲线干涉

内齿轮齿顶与相内啮合的外齿轮齿根圆角的过渡曲线干涉的一般特性如下：

（1）这种过渡曲线干涉与齿数差的多少有密切关系，齿数差少的一般要比齿数差多的不容易发生这种过渡曲线干涉。

（2）若齿轮副的组合齿数为定值，选用插齿刀的齿数 z_c 越少越容易发生这种过渡曲线干涉，并且齿轮副的相应的变位系数也偏大。若限制条件允许，选用齿数 z_c 较多的插齿刀对避免这种过渡曲线干涉有利。

（3）当插齿刀的齿数 z_c 为定值时，如果设计要求、其他干涉限制许可，对齿轮副取较多的齿数组合要比取齿数组合少的有利，不容易发生内齿轮齿顶与相啮合的外齿轮齿根圆角处的过渡曲线干涉。

（4）使用新的插齿刀切制齿轮副的轮齿，有利于不发生这种过渡曲线干涉，因为新插齿刀齿顶圆压力角 α_{ec} 值最大。

（5）为调整或增大齿廓重叠干涉验算值（增值很小），若外齿轮变位系数 ξ_1 不变，而往往采取增大内齿轮变位系数 ξ_2（增大值很小），这样只会变动式（4.6）中的传动啮合角 α、内齿轮齿顶圆压力角 α_{e2} 两值的大小，对避免外齿轮齿根圆角发生的过渡曲线干涉有利。例如，一齿差内啮合齿轮副 $z_1/z_2=25/26$，采用 $m/z_c=2.5/10$ 的插齿刀切制，齿轮副的变位系数 $\xi_1=-0.69655$，$\xi_2=0.833385$，计算有关数值如下：

齿廓重叠干涉验算值为

$$\Omega=0.0000559$$

$$\tan\alpha_{c1}=0.2100407561$$

$$\tan\alpha=2.3948637643$$

$$\tan\alpha_{e2}=0.0334169337$$

$$\tan\alpha_{ec}=0.8907037814$$

代入式（4.6）得

$$0.0295878676>0$$

若将 ξ_2 加大为 $\xi_2=0.833385+0.016615$，其他条件不变，计算出有关数值如下：

$$\Omega=0.1652666861$$

$$\tan\alpha=2.4166941097$$

$$\tan\alpha_{e2}=0.051660675$$

代入式（4.6）得

$$0.4820947898>0$$

显然，提高不产生齿廓重叠干涉值 Ω 所采用加大内齿轮变位系数 ξ_2，有利于避免这种过渡曲线干涉。

1. 过渡曲线干涉 G_B-G_B 限制线

如果同一齿数差用同一齿数 z_c 的插齿刀计算各种齿数的齿轮副，在其特性曲线上将不发生过渡曲线干涉的最小变位系数组合成的坐标点连接成线，称为过渡曲线干涉 G_B-G_B 限制线，因为采用式（4.6）验证内齿轮齿顶与相啮合外齿轮齿根圆角处的过渡曲线干涉与否，用 G_B-G_B 限制线来表示。根据齿轮副的组合齿数不同，不发生过渡曲线干涉的最小变位系数也就不同，故 G_B-G_B 限制线为一倾斜的曲线，在选取齿轮副的变位系数时，应以此线为条件限制，不得小于限制线上的变位系数值。G_B-G_B 限制线对分析、探索过渡曲线干涉都会有一定的启发和帮助（见 ξ_1-z_1 限制图）。

2. G_B-B_B 限制线与齿数差 z_2-z_1 的关系

同一齿数 z_c 的 G_B-G_B 限制线在不同齿数差 ξ_1-z_1 限制图中的相对位置发生了明显的变化、明显的位移，齿数差相差越多变化越大、位移越明显。齿数差多的 G_B-G_B 限制线位置高于齿数差少的相应 G_B-G_B 限制线，位置高就意味该齿轮副容易发生外齿轮齿根角

处的过渡曲线干涉，例如，齿数差多的 $z_2-z_1=6$ 的六齿差要比齿数差少的一齿差容易发生这种干涉，而且 G_B-G_B 限制线高的齿轮副，要避免这种干涉需要较大的变位系数。同一的齿数差中，各过渡曲线干涉 G_B-G_B 限制线的倾斜度相差并不是很大，彼此间可近似地视为任一 G_B-G_B 限制线作倾斜的向上或向下平移而成，只不过彼此间的齿轮副的变位系数不同而已。

3. B_B-B_B 限制线与齿轮副的组合齿数关系

由于过渡曲线干涉 G_B-G_B 限制线乃是一倾斜曲线，齿数少的在 G_B-G_B 限制线的上端，齿数多的在 G_B-G_B 限制线的下端，在上端的比在下端的齿轮副容易发生外齿轮齿根圆角的过渡曲线干涉，取得避免这种干涉的最小变位系数也大，若限定不发生齿廓重叠干涉为最小的正值，一般许可时选取较多的齿数，有利于避免这种干涉，同时变位系数也较小。举一个例子：两组三齿差内啮合齿轮副 $z_1/z_2=31/34$ 和 $z_1/z_2=35/38$（两组的组合齿数都比较少），均用一把新的插齿刀 $m/z_c=6.5/16$ 进行设计和切削，并限定不发生齿廓重叠干涉值 $\Omega\doteq0$，根据以上限制条件计算出内齿轮齿顶与相啮合外齿轮齿根圆角不发生过渡曲线干涉的最小变位系数：

$$z_1/z_2=31/34,\ \xi_1=-0.20716,\ \xi_2=0.09228$$

$$z_1/z_2=35/38,\ \xi_1=-0.2788,\ \xi_2=0.0333$$

首先发生此种干涉的是齿轮副 $z_1/z_2=31/34$，变位系数也大于后者。

对不同齿数差的具体分析如下。

（1）一齿差。与其他齿数差相比，一齿差最大的特点是滞后于其他齿数差不容易发生此种过渡曲线干涉。当齿轮副的变位系数 ξ_1、ξ_2 为正值、组合齿数多的、插齿刀齿数多的情况，一般可不必考虑和验证外齿轮齿根圆角的过渡曲线干涉，即使有发生的可能，也只有插齿刀齿数少、齿轮齿数少而且齿轮副的变位系数很小的情况。例如，一齿差齿轮副 $z_1/z_2=25/26$，用 $m/z_c=2.5/10$ 插齿刀计算，不发生这种干涉的最小变位系数 ξ_1 为负值，ξ_2 为正值。

（2）二齿差。齿轮副的组合齿数很少如 $z_1/z_2=20/22$，插齿刀齿数也很少如 $z_c=10$，当齿轮副的最小变位系数 ξ_1、ξ_2 为正值不会发生外齿轮齿根圆角的过渡曲线干涉。随着齿轮副齿数和插齿刀齿数的增加，外齿轮的变位系数 ξ_1 逐渐变为负值，才有发生干涉的可能。插齿刀齿数 z_c 增加至 $z_c=20$，内齿轮的变位系数 ξ_2 变为负值，故当 $z_c\geqslant20$，齿轮副的变位系数为正值不会发生这种干涉。显然，随着齿轮齿数、插齿刀齿数的增加，引起变位系数的减小，就不容易发生这种干涉，与一齿差一样，仍然还是齿轮齿数少、插齿刀齿数少发生这种干涉的可能性比较大。如果条件许可，齿轮副的组合齿数固定，选择插齿刀齿数较多的，或插齿刀齿数固定，选择齿数多的齿轮副，均有利于避免内齿轮齿顶与相内啮合的外齿轮齿根圆角发生的过渡曲线干涉。二齿差的过渡曲线干涉 G_B-G_B 限制线与一齿差相对应的 G_B-G_B 限制线，在 ξ_1-z_1 限制图中的位置偏高，说明二齿差比一齿差相对应的齿轮副比较容易发生这种过渡曲线干涉。

（3）三齿差。容易在外齿轮齿根圆角处发生过渡曲线干涉的仍然是齿轮副组合齿数少和插齿刀齿数少，相应的变位系数比 $z_2-z_1=2$ 时大，即在相同的限制条件下，比二齿差容易发生这种干涉。插齿刀齿数 $z_c=10$，避免或不发生这种干涉的齿轮副的最小变位系

数 ξ_1、ξ_2 均为正值。当 $z_c=16$ 时，保证不发生这种干涉的最小变位系数 ξ_1 为负值而 ξ_2 为正值，当 z_c 逐渐增加到 $z_c=20$，ξ_2 也逐渐变为负值，显然在 $z_c\geqslant20$，变位系数 ξ_1、ξ_2 为正值且插齿刀正常的情况下，不会发生这种干涉。齿轮副的组合齿数不变，选用较多齿数的插齿刀、插齿刀齿数固定时，取齿数较多的齿轮副均较有利于避免这种干涉。

（4）四齿差。$z_2-z_1=4$ 各对应的过渡曲线干涉 G_B-G_B 限制线，均比 $z_2-z_1=3,2,1$ 的 G_B-G_B 限制线在 ξ_1-z_1 限制图中作倾斜的平移向上提升，增加对应的齿轮副的变位系数，使少于该齿数差的其他齿数差更容易发生外齿轮齿根圆角处的过渡曲线干涉。插齿刀齿数$z_c=10$、$z_c=13$，不发生该种过渡曲线干涉的齿轮副的最小变位系数 ξ_1、ξ_2 均表现为正值；$z_c=16$，变位系数 ξ_1 出现为负值，而当 $z_c=20$ 或更多，内齿轮的变位系数 ξ_2 亦逐渐变为负值，说明 $z_c\geqslant20$，变位系数 ξ_1、ξ_2 为正值时不会发生外齿轮齿根圆角处的过渡曲线干涉。插齿刀齿数 z_c 被确定后切制组合齿数较多的啮合副，或组合齿数确定的齿轮副，选用齿数 z_c 多的插齿刀，均有利避免该种过渡曲线干涉。

（5）五齿差。$z_2-z_1=5$ 的各对应的过渡曲线干涉 G_B-G_B 限制线均较 $z_2-z_1=4$ 的 G_B-G_B限制线作倾斜的平移向上提升，避免该种过渡曲线干涉的最小变位系数变大。组合齿数少，插齿刀齿数少，为了避免该种过渡曲线干涉的发生，五齿差的齿轮副的变位系数变得很大。例如，齿轮副 $z_1/z_2=20/25$，插齿刀 $m/z_c=2.5/10$，不发生该种过渡曲线干涉的齿轮副最小变位系数竟达 $\xi_1=0.354$，$\xi_2=0.3634$，而其最小变位系数的正负取决于齿轮副的组合齿数和插齿刀的齿数，当 $z_c=10$、$z_c=13$ 时，ξ_1、ξ_2 均为正值；当 $z_c=16$ 和 $z_c=20$ 时，部分齿轮副出现 ξ_1 为负值；而当 $z_c=20$、齿轮副 $z_1/z_2=45/50$，出现 ξ_1、ξ_2 皆为负值。

（6）六齿差。$z_2-z_1=6$ 各对应的过渡曲线干涉 G_B-G_B 限制线，均较齿数差少的 G_B-G_B限制线作倾斜的平移向上提升，如插齿刀齿数 $z_c=16$ 时，其 G_B-G_B 限制线的齿轮副的最小变位系数 ξ_1、ξ_2 均已提升为正值。增加各对应的避免此种过渡曲线干涉的最小变位系数，使之更容易发生。插齿刀齿数被确定后，啮合齿轮副组合齿数多的，或齿轮副的组合齿数被确定后，选用齿数较多的插齿刀均有利于避免这种过渡曲线干涉的发生。

总之，齿数差多的比齿数差少的容易发生这种过渡曲线干涉，齿数差多时其齿轮副组合齿数少、插齿刀齿数少的更容易产生，对应的变位系数也偏大。在任何限制条件下，对每个内啮合齿轮副都必须验算齿廓重叠干涉的有无，齿轮副的变位系数偏大时，要验算重叠系数 $\varepsilon\geqslant1$ 的限制条件是否得到满足。当插齿刀齿数、齿轮副的组合齿数都偏少时，如考虑加工内齿轮的范成（第一种）顶切，则齿数差 $z_2-z_1=1,2,3$ 可不必验算内齿轮齿顶与相内啮合的外齿轮齿根圆角处的过渡曲线的干涉，因为在此时已产生了内齿轮的范成顶切。当齿数差 $z_2-z_1=4,5$ 时，根据限制条件不同，范成顶切和过渡曲线干涉会有相间发生的可能，但发生后者的机会更多些。

内齿轮齿顶与相内啮合外齿轮齿根圆角不发生过渡曲线干涉对插齿刀齿顶圆刃磨要求：插齿刀前刃面刃磨后，会使插齿刀的变位系数 ξ_c、齿顶圆、齿顶圆压力角均对应减小，从式（4.6）分析，这对避免这种过渡曲线干涉产生极为不利的影响，使插齿刀的使用率大大降低，不产生齿廓重叠干涉值为最小的正值，各齿轮副内齿轮齿顶与外齿轮齿根圆角不发生过渡曲线干涉时，对插齿刀齿顶圆的刃磨量都有一定最小尺寸要求，过渡曲线

干涉以式（4.5）验算的用 D_{cA} 表示，以式（4.6）验算的用 D_{cB} 表示。

现举一例：三齿差内啮合齿轮副 $z_1/z_2=75/78$，插齿刀规格 $m/z_c=2.5/20$，如齿轮副不产生齿廓重叠干涉值为最小的正值 $\Omega\doteq 0$，并令为限制条件。当齿轮副的变位系数 $\xi_1=1.2$，$\xi_2=1.294495$，计算出有关数值：

$$\tan\alpha_{c1}=0.4363677958$$

$$\tan\alpha=0.5958080446$$

$$\tan\alpha_{e2}=0.4050888898$$

$$\tan\alpha_{ec}=0.5822715663$$

式中　α_{ec}——内齿轮齿顶与外齿轮齿根圆角不发生过渡曲线干涉时，插齿刀齿顶圆刃磨到最小尺寸的齿顶圆压力角。

根据 $\tan\alpha_{ec}$ 可计算插齿刀此时的变位系数 $\xi_c=-0.376167846$，再由公式算出 D_{cB}：

$$D_{cB}=m[z_c+2(\xi_c+f_c)]$$

$$f_c=1.25$$

$$D_{cB}=21.7476643084m=54.3691607702$$

显然在一定的限制条件下，内齿轮齿顶与外齿轮齿根圆角不发生过渡曲线干涉时，$\xi_c=-0.376167846$ 是插齿刀齿顶圆刃磨到的最小变位系数，而 $\xi_1=1.2$，$\xi_2=1.294495$ 是齿轮副所表现的最小变位系数，如果将由这些数据计算出的 $\tan\alpha_{ec}=0.5822715663$ 代入式（4.6），会使式（4.6）成为 0=0。$m/z_c=2.5/20$ 的新插齿刀齿顶圆 $D_c=56.775$，与 D_{cB} 相比，插齿刀的可刃磨量并不多，一定要慎重对待，故表 4.18 取十位小数。

表 4.18 是外齿轮齿根圆角不发生过渡曲线干涉时，插齿刀齿顶圆刃磨到的最小极限尺寸。使用表 4.18 时应注意：同一齿数差、不同齿数组合的齿轮副，D_{cB} 值相差并不大。同一齿数差，同一齿数组合的齿轮副，其变位系数的大小，对 D_{cB} 的影响不大。对于一齿差，组合齿数少的，$D_{cB}\doteq(z_c+1.4)m$ 左右，随着齿数差的增加，组合齿数多的，$D_{cB}\doteq(z_c+2.4)m$ 左右。

对表 4.18 的分析如下：

（1）若限定齿廓重叠干涉验算值为最小的正值，允许插齿刀齿顶圆刃磨到不发生这种过渡曲线干涉的最小极限值 D_{cB}、齿数少的要比齿数多的或齿数差多的要比齿数差少的，一般都要大些，在这种情况下，选取齿数多的或齿数差少的较为有利，因为 D_{cB} 值可小些。

（2）齿轮副的变位系数与 D_{cB} 值的关系。

1）一齿差。如果内啮合齿轮副的齿数不变，插齿刀的 m/z_c 不变，以不产生齿廓重叠干涉值为最小的正值为条件，取较小的变位系数比取较大的变位系数有利，因为 D_{cB} 值小些，有利于刃磨的次数多，D_{cB} 值有随齿轮副的变位系数增加而增加的倾向，即齿轮副的变位系数越大越容易发生内齿轮齿顶与相啮合的外齿轮齿根圆角的过渡曲线干涉。

2）齿数差 $z_2-z_1=2,3,4,5,6$，限制条件与一齿差相同；齿轮副组合齿数不变，插齿刀齿数不变，不产生齿廓重叠干涉值为最小的正值。当 $\Omega\doteq 0$ 时，选取较大的变位系数比选取较小的变位系数有利，因为齿轮副的变位系数大会使插齿刀齿顶圆的刃磨量大，使 D_{cB} 值偏小，刃磨次数多些，这种情况恰与一齿差 $z_2-z_1=1$ 的情况相反。

表 4.18　外齿轮不发生过渡曲线干涉时插齿刀齿顶圆刃磨的最小极限尺寸 D_{cB}

插齿刀 z_c	插齿刀 m	齿轮副 z_1/z_2	齿轮副变位系数 ξ_1/ξ_2	插齿刀齿顶圆刃磨最小尺寸 D_{cB}		齿轮副 z_1/z_2	齿轮副变位系数 ξ_1/ξ_2	插齿刀齿顶圆刃磨最小尺寸 D_{cB}
13	2 8	25/26	$\xi_1=0.8370$ $\xi_2=1.135615$	14.4805900289m	→	45/46	$\xi_1=1.65$ $\xi_2=1.985180$	14.4391510727m
			$\xi_1=0$ $\xi_2=0.781250$	14.5367994397m			$\xi_1=0$ $\xi_2=1.03418$	14.3118274662m
		25/31	$\xi_1=0.1$ $\xi_2=0.11295$	15.9644240181m	→	45/51	$\xi_1=0.1$ $\xi_2=0.1123$	15.5727212115m
			$\xi_1=0$ $\xi_2=0.0266$	16.3446553437m			$\xi_1=0$ $\xi_2=0.01982$	15.6965086596m
16	6.5 10	31/32	$\xi_1=1$ $\xi_2=1.2787705$	17.438475245m	→	60/61	$\xi_1=1.90$ $\xi_2=2.275131$	17.3966764018m
			$\xi_1=0$ $\xi_2=0.8340009$	17.4120052902m			$\xi_1=0$ $\xi_2=1.132715$	17.1961567231m
		31/37	$\xi_1=0.1$ $\xi_2=0.1112575$	18.6335768755m	→	60/66	$\xi_1=0.1$ $\xi_2=0.1135$	18.3557604401m
			$\xi_1=0$ $\xi_2=0.0230370$	18.8490036753m			$\xi_1=0$ $\xi_2=0.01898$	18.4349756373m
17	3 4.5 6 12	35/36	$\xi_1=1.2$ $\xi_2=1.4483815$	18.4304464779m	→	100/101	$\xi_1=2.65$ $\xi_2=3.1422755$	18.3628741834m
			$\xi_1=0$ $\xi_2=0.878903295$	18.3578199363m			$\xi_1=0$ $\xi_2=1.3453745$	13.0602566946m
		35/41	$\xi_1=0.1$ $\xi_2=0.11135$	19.5219205608m	→	100/106	$\xi_1=0.1$ $\xi_2=0.11426$	19.2316004907m
			$\xi_1=0$ $\xi_2=0.02177135$	19.6899627572m			$\xi_1=0$ $\xi_2=0.01753547$	19.2738937299m

续表

插齿刀		齿轮副	齿轮副变位系数	插齿刀齿顶圆刃磨最小尺寸 D_{cB}		齿轮副	齿轮副变位系数	插齿刀齿顶圆刃磨最小尺寸 D_{cB}
z_c	m	z_1/z_2	ξ_1/ξ_2			z_1/z_2	ξ_1/ξ_2	
18	1.5 2.75 4.25 11	35/36	$\xi_1=1.2$ $\xi_2=1.424605$	19.4290532825m	→	100/101	$\xi_1=2.65$ $\xi_2=3.128745$	19.3501206483m
			$\xi_1=0$ $\xi_2=0.8651995$	19.3532209958m			$\xi_1=0$ $\xi_2=1.3412375$	19.0537844133m
		35/41	$\xi_1=0.1$ $\xi_2=0.1111157$	20.4892823429m	→	100/106	$\xi_1=0.1$ $\xi_2=0.11408574$	20.204098179m
			$\xi_1=0$ $\xi_2=0.021755$	20.6541448204m			$\xi_1=0$ $\xi_2=0.0175335$	20.2455304644m
19	4 5.5	35/36	$\xi_1=1.2$ $\xi_2=1.39974889$	20.428959591m	→	100/101	$\xi_1=2.65$ $\xi_2=3.114985$	20.3481412474m
			$\xi_1=0$ $\xi_2=0.850895$	20.3500371485m			$\xi_1=0$ $\xi_2=1.3379$	20.0473918596m
		35/41	$\xi_1=0.1$ $\xi_2=0.1099405$	21.461219488m	→	100/106	$\xi_1=0.1$ $\xi_2=0.1141785$	21.1790363319m
			$\xi_1=0$ $\xi_2=0.02167948$	21.6216780672m			$\xi_1=0$ $\xi_2=0.01753153$	21.219866568m
20	1.25 2.5 3.75 5	31/32	$\xi_1=1.0$ $\xi_2=1.17275$	21.4361262682m	→	76/77	$\xi_1=2.65$ $\xi_2=2.9168535$	21.4036016083m
			$\xi_1=0$ $\xi_2=0.7664301$	21.4021188472m			$\xi_1=0$ $\xi_2=1.21185$	21.1094412341m
		35/37	$\xi_1=1.1420$ $\xi_2=1.1323604$	21.6292599562m	→	75/77	$\xi_1=1.55$ $\xi_2=1.716538$	21.616803346m
			$\xi_1=0$ $\xi_2=0.3924859$	21.9621985576m			$\xi_1=0$ $\xi_2=0.4565$	21.8037457217m

续表

插齿刀		齿轮副	齿轮副变位系数	插齿刀齿顶圆刃磨最小尺寸 D_{cB}		齿轮副	齿轮副变位系数	插齿刀齿顶圆刃磨最小尺寸 D_{cB}
z_c	m	z_1/z_2	ξ_1/ξ_2			z_1/z_2	ξ_1/ξ_2	
20	1.25 2.5 3.75 5	31/34	$\xi_1=0.5$ $\xi_2=0.5695$	21.8813825974m	→	75/78	$\xi_1=1.2$ $\xi_2=1.294495$	21.7476643084m
			$\xi_1=0$ $\xi_2=0.2268$	22.2928004496m			$\xi_1=0$ $\xi_2=0.253$	22.2726435386m
		31/35	$\xi_1=0.23$ $\xi_2=0.3124302$	22.1649447088m	→	75/79	$\xi_1=0.63$ $\xi_2=0.713865$	21.9185108606m
			$\xi_1=0$ $\xi_2=0.1383499$	22.4721893439m			$\xi_1=0$ $\xi_2=0.1447$	22.2957271409m
		31/36	$\xi_1=0.2$ $\xi_2=0.2372554$	22.2864625035m	→	75/80	$\xi_1=0.2$ $\xi_2=0.253455$	22.1008987951m
			$\xi_1=0$ $\xi_2=0.0744113$	22.6012122145m			$\xi_1=0$ $\xi_2=0.074465$	22.2109163237m
		31/37	$\xi_1=0.1$ $\xi_2=0.11005$	22.5025355469m	→	75/81	$\xi_1=0.1$ $\xi_2=0.11335$	22.1988879414m
			$\xi_1=0$ $\xi_2=0.023885$	22.6982856151m			$\xi_1=0$ $\xi_2=0.0185$	22.2545601533m
22	2.25 3.5 4.5 9	40/41	$\xi_1=1.4$ $\xi_2=1.5426551$	23.4262169662m	→	100/101	$\xi_1=2.65$ $\xi_2=3.064987$	23.348829887m
			$\xi_1=0$ $\xi_2=0.8811775$	23.2936942022m			$\xi_1=0$ $\xi_2=1.32453725$	23.0343587931m
		40/46	$\xi_1=0.1$ $\xi_2=0.110929$	24.3250161153m	→	100/106	$\xi_1=0.1$ $\xi_2=0.114065$	24.1163364155m
			$\xi_1=0$ $\xi_2=0.02053635$	24.4501208096m			$\xi_1=0$ $\xi_2=0.01752645$	24.155321656m

续表

插齿刀		齿轮副	齿轮副变位系数	插齿刀齿顶圆		齿轮副	齿轮副变位系数	插齿刀齿顶圆
z_c	m	z_1/z_2	ξ_1/ξ_2	刃磨最小尺寸 D_{cB}		z_1/z_2	ξ_1/ξ_2	刃磨最小尺寸 D_{cB}
25	1 2 3 4 5 (6.5) 8	40/41	$\xi_1=1.2$ $\xi_2=1.6572825$	26.434452945m	→	100/101	$\xi_1=2.9$ $\xi_2=3.2244117$	26.3694720645m
			$\xi_1=0$ $\xi_2=0.838035$	26.2951988357m			$\xi_1=0$ $\xi_2=1.3114659$	26.056503322m
		40/42	$\xi_1=0.7$ $\xi_2=0.83079$	26.6536586635m	→	100/102	$\xi_1=3.105$ $\xi_2=3.0971$	26.5718466999m
			$\xi_1=0$ $\xi_2=0.3935548$	26.8507946585m			$\xi_1=0$ $\xi_2=0.4711362$	26.7058633988m
		40/43	$\xi_1=0.62$ $\xi_2=0.677785$	26.7748172572m	→	100/103	$\xi_1=1.65$ $\xi_2=1.722683$	26.6755703481m
			$\xi_1=0$ $\xi_2=0.2325106$	27.0849249993m			$\xi_1=0$ $\xi_2=0.2561152$	26.9092738709m
		40/44	$\xi_1=0.25$ $\xi_2=0.3370564$	27.0206685919m	→	100/104	$\xi_1=0.89$ $\xi_2=0.9642943$	26.8105048978m
			$\xi_1=0$ $\xi_2=0.1392115$	27.2253379765m			$\xi_1=0$ $\xi_2=0.1458047$	27.0128638654m
		40/45	$\xi_1=0.2$ $\xi_2=0.2420875$	27.1228667577m	→	100/105	$\xi_1=0.2$ $\xi_2=0.2624865$	27.0064104675m
			$\xi_1=0$ $\xi_2=0.0730107$	27.3143885819m			$\xi_1=0$ $\xi_2=0.0726951$	27.0719148473m
		40/46	$\xi_1=0.1$ $\xi_2=0.1103754$	27.2685661255m	→	100/106	$\xi_1=0.1$ $\xi_2=0.1139945$	27.0671779515m
			$\xi_1=0$ $\xi_2=0.0205252$	27.3886939758m			$\xi_1=0$ $\xi_2=0.0175214$	27.1047963476m

续表

插齿刀		齿轮副	齿轮副变位系数	插齿刀齿顶圆刃磨最小尺寸 D_{cB}		齿轮副	齿轮副变位系数	插齿刀齿顶圆刃磨最小尺寸 D_{cB}
z_c	m	z_1/z_2	ξ_1/ξ_2			z_1/z_2	ξ_1/ξ_2	
28	0.9 2.75 3.5 4.5	45/46	$\xi_1=1.4$ $\xi_2=1.499225$	29.4174290306m	→	100/101	$\xi_1=2.65$ $\xi_2=2.992129$	29.3548002696m
			$\xi_1=0$ $\xi_2=0.869202$	29.2536453907m			$\xi_1=0$ $\xi_2=1.2979705$	29.0199445088m
		45/51	$\xi_1=0.1$ $\xi_2=0.11065$	30.1826359604m	→	100/106	$\xi_1=0.1$ $\xi_2=0.1146$	30.0279541629m
			$\xi_1=0$ $\xi_2=0.019742$	30.6248345027m			$\xi_1=0$ $\xi_2=0.0175165$	30.064518492m
30	2.5	45/46	$\xi_1=1.4$ $\xi_2=1.44881$	31.4257598333m	→	100/101	$\xi_1=2.4$ $\xi_2=2.781375$	31.3330941383m
			$\xi_1=0$ $\xi_2=0.839715$	31.2633856989m			$\xi_1=0$ $\xi_2=1.2887605$	31.0173579384m
		45/51	$\xi_1=0.1$ $\xi_2=0.1101658$	32.1580083118m	→	100/106	$\xi_1=0.1$ $\xi_2=0.1138$	32.0060835973m
			$\xi_1=0$ $\xi_2=0.0197341$	32.2538550282m			$\xi_1=0$ $\xi_2=0.017515$	32.0417494836m
34	1.5 2.25 3	55/56	$\xi_1=1.4$ $\xi_2=1.5605$	35.3865693083m	→	100/101	$\xi_1=2.65$ $\xi_2=2.9100354$	35.3717828214m
			$\xi_1=0$ $\xi_2=0.9244708$	35.187180927m			$\xi_1=0$ $\xi_2=1.2694738$	35.05333930m
		55/57	$\xi_1=0.8$ $\xi_2=0.942461$	35.5827011305m	→	100/102	$\xi_1=1.75$ $\xi_2=1.88961$	35.5627323612m
			$\xi_1=0$ $\xi_2=0.4135903$	35.7073274133m			$\xi_1=0$ $\xi_2=0.4671249$	35.634928321m

续表

插齿刀		齿轮副	齿轮副变位系数	插齿刀齿顶圆刃磨最小尺寸 D_{cB}		齿轮副	齿轮副变位系数	插齿刀齿顶圆刃磨最小尺寸 D_{cB}
z_c	m	z_1/z_2	ξ_1/ξ_2			z_1/z_2	ξ_1/ξ_2	
34	1.5 2.25 3	55/58	$\xi_1=0.65$ $\xi_2=0.7279010$	35.7074162375m	→	100/103	$\xi_1=1.38$ $\xi_2=1.4551526$	35.6435996592m
			$\xi_1=0$ $\xi_2=0.2389538$	35.9057112314m			$\xi_1=0$ $\xi_2=0.2550776$	35.822910722m
		55/59	$\xi_1=0.32$ $\xi_2=0.4039085$	35.8654581669m	→	100/104	$\xi_1=0.82$ $\xi_2=0.8889028$	35.7491063579m
			$\xi_1=0$ $\xi_2=0.1406672$	36.0174427893m			$\xi_1=0$ $\xi_2=0.1454242$	35.9183951733m
		55/60	$\xi_1=0.2$ $\xi_2=0.2473334$	35.9654706964m	→	100/105	$\xi_1=0.2$ $\xi_2=0.2614010$	35.9234281082m
			$\xi_1=0$ $\xi_2=0.0722945$	36.0861522532m			$\xi_1=0$ $\xi_2=0.0726927$	35.9732501909m
		55/61	$\xi_1=0.1$ $\xi_2=0.1110175$	36.0641196221m	→	100/106	$\xi_1=0.1$ $\xi_2=0.1138772$	35.9605271931m
			$\xi_1=0$ $\xi_2=0.0188146$	36.1355354905m			$\xi_1=0$ $\xi_2=0.0175062$	36.0037460727m
38	2	55/56	$\xi_1=1.4$ $\xi_2=1.473545$	39.4036498819m	→	100/101	$\xi_1=2.4$ $\xi_2=2.67899$	39.3577666352m
			$\xi_1=0$ $\xi_2=0.871955$	39.2041326667m			$\xi_1=0$ $\xi_2=1.2489825$	39.0148398777m
		55/61	$\xi_1=0.1$ $\xi_2=0.11035$	40.0323618544m	→	100/106	$\xi_1=0.1$ $\xi_2=0.113825$	39.9396112532m
			$\xi_1=0$ $\xi_2=0.01877975$	40.101071897m			$\xi_1=0$ $\xi_2=0.017510$	39.9733404755m

续表

插齿刀 z_c	插齿刀 m	齿轮副 z_1/z_2	齿轮副变位系数 ξ_1/ξ_2	插齿刀齿顶圆刃磨最小尺寸 D_{cB}		齿轮副 z_1/z_2	齿轮副变位系数 ξ_1/ξ_2	插齿刀齿顶圆刃磨最小尺寸 D_{cB}
40	0.6 1.25 2.5	65/66	$\xi_1=1.65$ $\xi_2=1.75423799$	41.3965407965m	→	100/101	$\xi_1=2.4$ $\xi_2=2.652855$	41.0150130747m
			$\xi_1=0$ $\xi_2=0.97253$	41.1462122548m			$\xi_1=0$ $\xi_2=1.2365$	41.0169596527m
		65/71	$\xi_1=0.1$ $\xi_2=0.1114876$	41.9899770274m	→	100/106	$\xi_1=0.1$ $\xi_2=0.1138$	41.9269359888m
			$\xi_1=0$ $\xi_2=0.0182457$	42.0408851872m			$\xi_1=0$ $\xi_2=0.01765$	41.960229758m
43	1.75	65/66	$\xi_1=1.65$ $\xi_2=1.6940$	44.840543977m	→	100/101	$\xi_1=2.4$ $\xi_2=2.61327$	44.3740517349m
			$\xi_1=0$ $\xi_2=0.938725$	44.1546047208m			$\xi_1=0$ $\xi_2=1.222635$	44.0175827829m
		65/71	$\xi_1=0.1$ $\xi_2=0.111210$	44.6675393905m	→	100/106	$\xi_1=0.1$ $\xi_2=0.113680$	44.659254012m
			$\xi_1=0$ $\xi_2=0.0181465$	45.0222860654m			$\xi_1=0$ $\xi_2=0.017505$	44.9428970313m
45	2.25	65/66	$\xi_1=1.6$ $\xi_2=1.6251114$	46.4115172484m	→	100/101	$\xi_1=2.4$ $\xi_2=2.58625$	46.3812206993m
			$\xi_1=0$ $\xi_2=0.914349$	46.1615889553m			$\xi_1=0$ $\xi_2=1.210$	46.0194361821m
		65/71	$\xi_1=0.1$ $\xi_2=0.111045$	46.9574946365m	→	100/106	$\xi_1=0.1$ $\xi_2=0.1137335$	46.8999657675m
			$\xi_1=0$ $\xi_2=0.01822$	47.0111745029m			$\xi_1=0$ $\xi_2=0.017487$	46.9325426731m

续表

插齿刀 z_c	插齿刀 m	齿轮副 z_1/z_2	齿轮副变位系数 ξ_1/ξ_2	插齿刀齿顶圆刃磨最小尺寸 D_{cB}		齿轮副 z_1/z_2	齿轮副变位系数 ξ_1/ξ_2	插齿刀齿顶圆刃磨最小尺寸 D_{cB}
50	0.5 0.8 1 1.5 2	66/67	$\xi_1=1.4$ $\xi_2=1.4324967$	51.3997687298m	→	100/101	$\xi_1=2.4$ $\xi_2=2.517275$	51.3999450547m
			$\xi_1=0$ $\xi_2=0.85965$	51.1768870682m			$\xi_1=0$ $\xi_2=1.1805742$	51.1157465063m
		65/71	$\xi_1=0.1$ $\xi_2=0.11$	51.9347905882m	→	100/106	$\xi_1=0.1$ $\xi_2=0.1134$	51.878316964m
			$\xi_1=0$ $\xi_2=0.01842$	51.9869981721m			$\xi_1=0$ $\xi_2=0.01745$	51.9103959851m
58	1.75	75/76	$\xi_1=1.5$ $\xi_2=1.4930325$	59.4058129681m	→	100/101	$\xi_1=2.15$ $\xi_2=2.24615$	59.3949185531m
			$\xi_1=0$ $\xi_2=0.8755155$	59.154667191m			$\xi_1=0$ $\xi_2=1.1270$	59.0396660256m
		75/81	$\xi_1=0.1$ $\xi_2=0.11046$	59.884629066m	→	100/106	$\xi_1=0.1$ $\xi_2=0.1128485$	59.8458466289m
			$\xi_1=0$ $\xi_2=0.017945$	59.9172913787m			$\xi_1=0$ $\xi_2=0.01747$	59.881990512m
60	1.25	75/76	$\xi_1=1.65$ $\xi_2=1.517713$	61.4413613967m	→	100/101	$\xi_1=2.4$ $\xi_2=2.3684575$	61.4404411361m
			$\xi_1=0$ $\xi_2=0.8456123$	61.1653134815m			$\xi_1=0$ $\xi_2=1.11207645$	61.0442022673m
		75/81	$\xi_1=0.1$ $\xi_2=0.11032$	61.8787665471m	→	100/106	$\xi_1=0.1$ $\xi_2=0.113001$	61.8454164561m
			$\xi_1=0$ $\xi_2=0.0179405$	61.9212896282m			$\xi_1=0$ $\xi_2=0.0174625$	61.87611388m
68	1.5	85/86	$\xi_1=1.65$ $\xi_2=1.55470$	69.4270064617m	→	100/101	$\xi_1=2.15$ $\xi_2=2.090225$	69.4356100975m
			$\xi_1=0$ $\xi_2=0.876735$	69.1405332055m			$\xi_1=0$ $\xi_2=1.04651715$	69.0653068392m
		85/91	$\xi_1=0.1$ $\xi_2=0.11053005$	69.8429950436m	→	100/106	$\xi_1=0.1$ $\xi_2=0.1122985$	69.8250038358m
			$\xi_1=0$ $\xi_2=0.0176685$	69.8790061269m			$\xi_1=0$ $\xi_2=0.01744695$	69.856127031m

4.8.2 外齿轮齿顶与其相啮合的内齿轮齿根圆角的过渡曲线干涉

互相内啮合齿轮副的齿顶与齿根圆角发生干涉的还有一种是外齿轮齿顶与其相内啮合的内齿轮齿根圆角的过渡曲线干涉，一般称为内齿轮发生的过渡曲线干涉。实际上，在同样的限制条件下，用一把新的插齿刀切削内啮合齿轮副时，组装和运转的啮合中，不发生内齿轮齿顶与其相啮合的外齿轮齿根圆角的过渡曲线干涉，一般也就不会发生外齿轮齿顶与其相啮合的内齿轮齿根圆角的过渡曲线干涉，即外齿轮不发生过渡曲线干涉，一般也就不会发生内齿轮的过渡曲线干涉，这是因为在同一的条件中首先发生的是外齿轮的过渡曲线干涉，由于两者在发生各自过渡曲线干涉的齿轮副的变位系数并不一样，前者大于后者。

现举两例如下。

【例 4.3】 一齿差内啮合齿轮副 $z_1/z_2=25/26$，采用新插齿刀 $m/z_c=2.5/10$ 切制，如果齿轮副的变位系数取 $\xi_1=-0.69655$，$\xi_2=0.833385$，计算出有关数值：不产生齿廓重叠干涉值 $\Omega=0.0000559261$。

$$\tan\alpha_{c1}=0.2100407561$$

$$\tan\alpha_{c2}=0.61701774275$$

$$\tan\alpha=2.3948637643$$

$$\tan\alpha_{e1}=0.551493126$$

$$\tan\alpha_{e2}=0.0334169339$$

和新插齿刀：

$$\tan\alpha_{ec}=0.8907037814$$

将诸值分别代入式（4.7）和式（4.8）：

$$z_1\tan\alpha_{e1}+(z_2-z_1)\tan\alpha-(z_2-z_c)\tan\alpha_{c2}-z_c\tan\alpha_{ec}\leqslant 0 \tag{4.7}$$

$$z_2\tan\alpha_{e2}-(z_2-z_1)\tan\alpha-(z_1+z_c)\tan\alpha_{c1}+z_c\tan\alpha_{ec}\geqslant 0 \tag{4.8}$$

由式（4.7）得

$$-2.5971297857<0$$

由式（4.8）得

$$0.0295878676>0$$

【例 4.4】 二齿差内啮合齿轮副 $z_1/z_2=45/47$，变位系数 $\xi_1=-0.85$，$\xi_2=-0.0825$，采用新插齿刀 $m/z_c=4/25$ 切制，计算出有关数值：不产生齿廓重叠干涉值 $\Omega=0.0017150358$。

$$\tan\alpha_{c1}=0.2795289025$$

$$\tan\alpha_{c2}=0.3399279436$$

$$\tan\alpha=1.0942976691$$

$$\tan\alpha_{e1}=0.4066643442$$

$$\tan\alpha_{e2}=0.1206778916$$

和新插齿刀：

$$\tan\alpha_{ec}=0.6434189230$$

由式（4.7）得

$$-3.0753969648<0$$

由式（4.8）得

$$0.001715427>0$$

上述两例的结果说明，未发生过渡曲线干涉，而且也说明未发生内齿轮齿顶与其相啮合的外齿轮齿根圆角的过渡曲线干涉，也就不会发生外齿轮齿顶与其相啮合的内齿轮齿根圆角的过渡曲线干涉。由式（4.7）、式（4.8）两式验算值的大小可以判定，首先发生内齿轮齿顶与其相啮合的外齿轮齿根圆角的过渡曲线干涉，然后才发生外齿轮齿顶与其相啮合的内齿轮齿根圆角的过渡曲线干涉。

当外齿轮齿顶与相啮合的内齿轮齿根圆角不发生过渡曲线干涉时，对插齿刀齿顶圆刃磨程度的要求：

（1）对这种过渡曲线干涉的研究是以内齿轮齿顶与其啮合的外齿轮齿根圆角不发生过渡曲线干涉时对插齿刀齿顶圆刃磨到最小极限尺寸 D_{cB} 为基础的，因为两种过渡曲线干涉在啮合运转时首先发生的是内齿轮齿顶与其相啮合的外齿轮齿根圆角处的过渡曲线干涉。

（2）限制条件相同，任何少齿差内啮合齿轮副的外齿轮齿顶与其相啮合的内齿轮齿根圆角处为了保证不发生过渡曲线干涉，对插齿刀允许刃磨程度，根据不同的齿数差、不同齿数、不同变位系数都有具体的最小值 D_{cA} 的要求。

1）对于一齿差：

a. 齿轮副齿数由少逐渐增多时，验算值 D_{cA} 是由大逐渐变小，但数值相差并不太多。

b. 齿数相同而齿轮副的变位系数不同，变位系数大者一般 D_{cA} 值也偏大些。以上情况，D_{cA} 的变化情况基本与 D_{cB} 相同。

2）对于其他齿数差：

a. 齿数差相同，齿数由少逐渐增多时，D_{cA} 值是由大逐渐变小。二齿差与此相反。

b. 齿数差相同，齿数相同而变位系数不同时，变位系数值由大逐渐变小，一般是 D_{cA} 值由小逐渐变大。二齿差与此相反，数值差很小。

（3）插齿刀齿顶圆刃磨后 D_{cA} 和 D_{cB} 两值的大小。

1）一齿差的情况：齿数、变位系数相同的齿轮副，插齿刀齿顶圆刃磨到一定程度，首先发生的是外齿轮齿顶与其相啮合的内齿轮齿根圆角的过渡曲线干涉，因为 $D_{cA}>D_{cB}$，此时，应验算 D_{cA} 值。

2）其他齿数差的情况：齿数差相同、齿数相同、变位系数也相同的齿轮副，一般是 $D_{cB}>D_{cA}$，即首先发生的是内齿轮齿顶与其相内啮合的外齿轮齿根圆角的过渡曲线干涉。

以上情况见表 4.19。

4.9　内齿轮顶切

用插齿刀切制内齿轮时，往往由于插齿刀齿数 z_c 与被切内齿轮齿数 z_2 和齿轮副的变位系数没有满足一定的限制条件，插齿刀将内齿轮渐开线的齿顶切去一部分，发生加工内齿轮的顶切现象，这种顶切现象有两种类型：一种是内齿轮的范成顶切，也称为内齿轮的第一种顶切或干涉顶切；另一种是内齿轮的径向进刀顶切，也称为内齿轮的第二种顶切或切入顶切。

表 4.19　齿轮副不发生过渡曲线干涉时插齿刀齿顶圆刃磨的最小极限尺寸 D_c

插齿刀 m/z_c	齿轮副 齿数 z_1/z_2	齿轮副 变位系数 ξ_1/ξ_2	D_{cB}、D_{cA}		齿轮副 齿数 z_1/z_2	齿轮副 变位系数 ξ_1/ξ_2	D_{cB}、D_{cA}
2.5/30	45/46	$\xi_1=1.4$ $\xi_2=1.44881$	$D_{cB}=31.4257598333m$ $D_{cA}=31.4664823246m$	→	100/101	$\xi_1=2.4$ $\xi_2=2.781375$	$D_{cB}=31.3330941383m$ $D_{cA}=31.424298064m$
		$\xi_1=0$ $\xi_2=0.839715$	$D_{cB}=31.2633856989m$ $D_{cA}=31.2983625279m$			$\xi_1=0$ $\xi_2=1.2887605$	$D_{cB}=31.0173579387m$ $D_{cA}=31.0337527779m$
	45/51	$\xi_1=0.1$ $\xi_2=0.1101658$	$D_{cB}=32.1580083118m$ $D_{cA}=31.6391041136m$	→	100/106	$\xi_1=0.1$ $\xi_2=0.1138$	$D_{cB}=32.0060835975m$ $D_{cA}=31.6337909452m$
3/34	55/56	$\xi_1=1.4$ $\xi_2=1.5605$	$D_{cB}=35.3865693089m$ $D_{cA}=35.6047478035m$	→	100/101	$\xi_1=2.65$ $\xi_2=2.9100354$	$D_{cB}=35.3717828214m$ $D_{cA}=35.483558758m$
		$\xi_1=0$ $\xi_2=0.9244708$	$D_{cB}=35.187180927m$ $D_{cA}=35.2466042848m$			$\xi_1=0$ $\xi_2=1.2694738$	$D_{cB}=35.0533393551m$ $D_{cA}=35.0417385778m$
	55/57	$\xi_1=0.8$ $\xi_2=0.942461$	$D_{cB}=35.5827011305m$ $D_{cA}=35.5736372756m$	→	100/102	$\xi_1=1.75$ $\xi_2=1.88961$	$D_{cB}=35.5442647268m$ $D_{cA}=34.9035340237m$
		$\xi_1=0$ $\xi_2=0.4135903$	$D_{cB}=35.70732740133m$ $D_{cA}=35.474359566m$			$\xi_1=0$ $\xi_2=0.4671249$	$D_{cB}=35.634928321m$ $D_{cA}=35.482772094m$
	55/58	$\xi_1=0.65$ $\xi_2=0.727901$	$D_{cB}=35.7074162375m$ $D_{cA}=35.5956731844m$	→	100/103	$\xi_1=1.38$ $\xi_2=1.4551526$	$D_{cB}=35.6435996592m$ $D_{cA}=35.588422872m$
		$\xi_1=0$ $\xi_2=0.2389538$	$D_{cB}=35.9057112314m$ $D_{cA}=35.5822313396m$			$\xi_1=0$ $\xi_2=0.2550776$	$D_{cB}=35.822910722m$ $D_{cA}=35.6335470488m$
	55/59	$\xi_1=0.32$ $\xi_2=0.4039085$	$D_{cB}=35.8654581669m$ $D_{cA}=35.6059022016m$	→	100/104	$\xi_1=0.82$ $\xi_2=0.8889028$	$D_{cB}=35.7491063579m$ $D_{cA}=35.6234731112m$
		$\xi_1=0$ $\xi_2=0.1406672$	$D_{cB}=36.0174427893m$ $D_{cA}=35.6405018675m$			$\xi_1=0$ $\xi_2=0.1454246$	$D_{cB}=35.9183951733m$ $D_{cA}=35.7067171858m$
	55/60	$\xi_1=0.2$ $\xi_2=0.2473334$	$D_{cB}=35.9654706964m$ $D_{cA}=35.5931470635m$	→	100/105	$\xi_1=0.2$ $\xi_2=0.261401$	$D_{cB}=35.9234281082m$ $D_{cA}=35.7053339109m$
		$\xi_1=0$ $\xi_2=0.0722945$	$D_{cB}=36.0861522532m$ $D_{cA}=35.6707351296m$			$\xi_1=0$ $\xi_2=0.0726927$	$D_{cB}=35.9732501909m$ $D_{cA}=35.7430912437m$
	55/61	$\xi_1=0.1$ $\xi_2=0.1110175$	$D_{cB}=36.0641196221m$ $D_{cA}=35.6438939495m$	→	100/106	$\xi_1=0.1$ $\xi_2=0.1138772$	$D_{cB}=35.9605271931m$ $D_{cA}=35.7416091919m$
		$\xi_1=0$ $\xi_2=0.0188146$	$D_{cB}=36.1348189863m$ $D_{cA}=35.6826864554m$			$\xi_1=0$ $\xi_2=0.0175062$	$D_{cB}=36.0037460727m$ $D_{cA}=35.7567744379m$

4.9.1　内齿轮的范成顶切——第一种顶切或干涉顶切

插齿刀切制内齿轮时，如果内齿轮齿顶圆超越了啮合线与插齿刀基圆的切点，则被切内齿轮齿顶产生范成顶切，将内齿轮齿顶切去一部分。为了避免内齿轮的范成顶切，应满足下列检验范成顶切的公式：

$$\frac{z_c}{z_2}\geqslant 1-\frac{\tan\alpha_{e2}}{\tan\alpha_{c2}} \tag{4.9}$$

或

$$\frac{z_c}{z_2}+\frac{\tan\alpha_{e2}}{\tan\alpha_{c2}}-1\geqslant 0 \tag{4.10}$$

式中　α_{e2}——内齿轮齿顶圆压力角；

α_{c2}——切削内齿轮的机床切削啮合角。

式（4.9）中，z_c/z_2 值的大小，并不能完全表达清楚范成顶切的产生与否，如 z_c 为定值，取较多的 z_2 还是取较少的 z_2 更不容易产生范成顶切？而将式（4.10）写成 $\frac{z_c}{z_2}+\frac{\tan\alpha_{e2}}{\tan\alpha_{c2}}$ 的形式，因为两值是相辅相成的，$\frac{z_c}{z_2}$ 值大些，$\frac{\tan\alpha_{e2}}{\tan\alpha_{c2}}$ 值就小些；$\frac{z_c}{z_2}$ 值小些，$\frac{\tan\alpha_{e2}}{\tan\alpha_{c2}}$ 值就大些，两值永远保持下式所示关系：

$$\frac{z_c}{z_2}+\frac{\tan\alpha_{e2}}{\tan\alpha_{c2}}\geqslant 1$$

这种关系是根据由 z_2、z_c 所确定的变位系数在其中进行调配，其变位系数的大小，还必须是不产生内齿轮范成顶切检验值的最小值和不发生齿廓重叠干涉值为最小的正值（作为任何 z_2、z_c 的共同参照值）。显而易见，内齿轮范成顶切是由 z_2、z_c 和变位系数 ξ 决定的，而变位系数 ξ 是通过 $\tan\alpha_{e2}$ 和 $\tan\alpha_{c2}$ 表现出来的。

1. 范成顶切与插齿刀齿数 z_c、内齿轮齿数 z_2、齿轮副的变位系数关系

（1）当插齿刀齿数 z_c、内齿轮齿数 z_2 均比较少时，容易产生范成顶切，避免范成顶切需要较大的变位系数。

（2）齿轮副的齿数一定时，选择齿数 z_c 较多的插齿刀对避免范成顶切有利。

（3）当插齿刀齿数 z_c 较少时，一般 $10\leqslant z_c\leqslant 13$，取较少的内齿轮齿数 z_2；对于一齿差，无论插齿刀齿数多少，一般取齿数少的齿轮副，均有利于避免内齿轮范成顶切。

（4）其他齿数差，z_c 较多时（一般 $z_c\geqslant 16$）齿轮副齿数取较多的，有利于避免内齿轮范成顶切（见后面有关部分）。

（5）条件相同时，$z_c\leqslant 16$，齿数差较多的要比齿数差少的容易产生内齿轮的范成顶切。

（6）当齿轮副的齿数和插齿刀的齿数为定值时，选择较大的变位系数。这是因为 z_c/z_2 为定值，取较大的变位系数会引起 $\tan\alpha_{e2}$、$\tan\alpha_{c2}$ 两值增大，同时更关键的是也增大了两值的差值，使 $\tan\alpha_{e2}/\tan\alpha_{c2}$ 值增加，有利于避免内齿轮的范成顶切。

例如，四齿差内啮合齿轮副 $z_1/z_2=30/34$，用 $m/z_c=2/13$ 插齿刀进行计算，取变位系数大小不等的两组，但均使不发生齿廓重叠干涉值为最小的正值，即 $\Omega\doteq 0$（见表 4.20）。

表 4.20　　变位系数与范成顶切的关系

ξ_1	ξ_2	z_c/z_2	$\tan\alpha_{e2}/\tan\alpha_{c2}$	$z_c/z_2+\tan\alpha_{e2}/\tan\alpha_{c2}$	$(z_c/z_2+\tan\alpha_{e2}/\tan\alpha_{c2})-1$
0.41	0.4722	0.3823529	0.6268209	1.0091738	0.0091738
0.50	0.5451	0.3823529	0.6407235	1.0230765	0.0230765

显然，相同的限制条件下，齿轮副取较大的变位系数有利于避免内齿轮的范成顶切。

2. 范成顶切 q_1-q_1 限制线

同一齿数差，如果用同样齿数 z_c 的插齿刀切制不同齿数 z_2 的内齿轮，将特性曲线上不产生范成顶切的最小变位系数为坐标点连成线，称为该齿数 z_c 的范成顶切 q_1-q_1 限制线或第一种顶切 q_1-q_1 限制线（见 ξ_1-z_1 限制图）。相同齿数 z_c 的范成顶切 q_1-q_1 限制线，在不同齿数差中的相对位置不相同，z_c 少时，齿数差多的要比齿数差少的相对位置偏高，即齿数差多的比齿数少的容易产生内齿轮的范成顶切，且避免该顶切的变位系数也较大。各齿数差的各齿数 z_c 的范成顶切 q_1-q_1 限制线，均以齿轮齿数少的一端为圆心顺时针方向转动大小不等的角度，除一齿差以外的其他齿数差，当 $z_c\geqslant16$ 时，其范成顶切 q_1-q_1 限制线已基本转成齿轮副齿数多的在限制线的低端，在这种情况下选取齿轮齿数较多的有利于避免内齿轮范成顶切，也就是取齿数较多的齿轮副不容易产生范成顶切。

【例 4.5】 五齿差内啮合齿轮副 $z_1/z_2=31/36$，用 $m/z_c=2.5/20$ 插齿刀进行计算。该插齿刀切制内齿轮不产生范成顶切的最小变位系数：$\xi_1=-0.2008$，$\xi_2=-0.0986$，计算出不产生齿廓重叠干涉值 $\Omega=0.0006859$。

$$\tan\alpha_{e2}=0.1440801$$
$$\tan\alpha_{c2}=0.3236215$$

代入式（4.10）得

$$\begin{aligned}&\frac{z_c}{z_2}+\frac{\tan\alpha_{e2}}{\tan\alpha_{c2}}-1\\=&\frac{20}{36}+\frac{0.1440801}{0.3236215}-1\\=&0.\dot{5}+0.4452118-1\\=&1.0007673-1\\=&0.0007673>0\end{aligned}$$

为了验证齿轮齿数的多少与内齿轮范成顶切关系，举一比上例齿数 $z_1/z_2=31/36$ 略多的齿轮副 $z'_1/z'_2=45/50$，仍用上例 $m/z_c=2.5/20$ 的插齿刀切制，不产生内齿轮范成顶切的最小变位系数：$\xi'_1=-0.505$，$\xi'_2=-0.40627$，计算出有关数值，不产生齿廓重叠干涉值 $\Omega=0.0010004$。

$$\tan\alpha_{e2}=0.1611054$$
$$\tan\alpha_{c2}=0.2684532$$

代入式（4.10）得

$$\frac{20}{50}+\frac{0.1611054}{0.2684532}-1=0.4+0.6001247-1=0.0001247>0$$

显然，由计算结果可知，齿轮副组合齿数多的比齿数少的不容易产生内齿轮的范成顶

切现象，因为齿数多的（$z'_1/z'_2=45/50$）避免或不产生范成顶切的最小变位系数 ξ'_1、ξ'_2，要比齿数少的（$z_1/z_2=31/36$）小得多。除一齿差以外的其他齿数差在 $10\leqslant z_c\leqslant 13$ 和一齿差采用任何齿数 z_c 的插齿刀的情况与上述相反，各齿数 z_c 的范成顶切 q_1-q_1 限制线，以齿数少的限制线最低端为圆心转动限制线，未改变齿数多的最高端位置，仍然是齿数少的在限制线的最低端，齿数多的在限制线的最高端，此时，同一齿数 z_c 的插齿刀，应取较少的齿轮齿数，有利于避免或不容易产生内齿轮的范成顶切。在任何情况下，z_c/z_2 与 $\tan\alpha_{e2}/\tan\alpha_{c2}$ 两值互相搭配，使两者的和不小于 1，即 $z_c/z_2+\tan\alpha_{e2}/\tan\alpha_{c2}\geqslant 1$ 是不产生范成顶切的关键，其与 1 的差值，即不产生范成顶切检验值的大小。

上例均是以不发生齿廓重叠干涉值为最小的正值和不产生范成顶切的检验为最小值来保证其最小变位系数的准确性。

3. 范成顶切与齿数差的关系

(1) 一齿差（$z_2-z_1=1$）。当齿轮副的齿数较少，插齿刀齿数 z_c 也较少时，容易产生切削内齿轮的范成顶切，必须用较大的变位系数才能避免范成顶切的产生。当插齿刀齿数 $z_c=10$，13,16 时，切削内齿轮不产生范成顶切的最小变位系数 ξ_1、ξ_2 皆为正值，如果 ξ_1、ξ_2 二值为负值，必然会产生范成顶切。随着插齿刀齿数 z_c 不断增加，变位系数则逐渐减小。当插齿刀齿数 $z_c\geqslant 20$ 时，外齿轮的变位系数 ξ_1 变成负值才会产生范成顶切，ξ_1、ξ_2 为正值不会产生范成顶切。采用插齿刀计算系统计算，插齿刀齿数为任何数，内齿轮变位系数 ξ_2 不会取得负值。一齿差各 z_c 的范成顶切 q_1-q_1 限制线，因为齿轮副齿数少的位于限制线的低端，这样，同一齿数 z_c 的插齿刀，在 $z_c\leqslant 34$ 时，齿数少的齿轮副要比齿数多的齿轮副容易避免或不容易产生内齿轮的范成顶切。当齿轮副的齿数一定时，取较多齿数 z_c 的插齿刀有利，齿轮副的齿数和插齿刀的齿数越多，表现出越不容易产生范成顶切。

(2) 二齿差（$z_2-z_2=2$）。当插齿刀齿数 $z_c=10,13,16$ 时，不产生内齿轮范成顶切的最小变位系数 ξ_1、ξ_2 均为正值，且避免范成顶切需用较大的变位系数。此时如果变位系数出现负值，必然会出现内齿轮的范成顶切。插齿刀齿数 $z_c=16$ 的范成顶切限制线，以齿数少的一端为圆心，顺时针将限制线旋转成水平位置，这样，当 $z_c>16$ 时，基本上将范成顶切 q_1-q_1 限制线旋转成齿数多的居于限制线的最低端，在这种情况下，选择齿数多的比选择齿数少的有利。当插齿刀齿数 $z_c=20$ 时，ξ_1 转变负值为不产生范成顶切的最小值；而当插齿刀齿数 $z_c=34$ 时，齿轮副 $z_1/z_2=55/57$ 时，不产生范成顶切的齿轮副最小变位系数 ξ_1、ξ_2 皆变成负值，即插齿刀齿数 $z_c\geqslant 20$，如果 ξ_1、ξ_2 为正值，不必检验内齿轮的范成顶切。齿轮副的组合齿数一定时，一般选取较多的插齿刀齿数 z_c 有利。二齿差 $z_2-z_1=2$ 时，容易产生范成顶切现象的仍然是插齿刀齿数少，齿轮副组合齿数少，此时要取较大的变位系数才有可能避免范成顶切。

(3) 三齿差（$z_2-z_1=3$）。当插齿刀齿数 $z_c=10,13$ 时，不产生内齿轮范成顶切的最小变位系数 ξ_1、ξ_2 均为正值，此种情况下，齿轮副选取齿数较少的有利。当插齿刀齿数 $z_c=16$ 时，由原来选取齿数较少的转变为选取齿数多的对不产生范成顶切有利。当插齿刀齿数 $z_c\geqslant 20$ 时，不产生范成顶切的最小变位系数 ξ_1、ξ_2 已转变为负值。显然，齿轮副变位系数为正值一般不会产生范成顶切现象。若齿轮副的组合齿数为定值，选择较多齿数的插齿刀有利。当插齿刀齿数较少且齿轮副的变位系数为正值时，应验算内齿轮范成顶

切。限制条件相同，同一齿数 z_c 的插齿刀，且 z_c 少时，三齿差要比一齿差、二齿差更容易产生切削内齿轮的范成顶切现象。

(4) 四齿差（$z_2-z_1=4$）。当插齿刀齿数 $z_c=10,13,16$ 时，加工内齿轮不产生范成顶切的最小变位系数为正值，若变位系数为负值时，必定会产生范成顶切。当插齿刀齿数 $z_c=10,13$ 时，齿轮副组合齿数取较少的有利。由于插齿刀齿数 $z_c=13$ 的内齿轮范成顶切 q_1-q_1 限制线已基本旋转成水平，但齿数多的一端仍略有偏高，故插齿刀齿数 $z_c\geqslant16$，在相同齿数 z_c 的插齿刀条件下，取齿数较多的齿轮副有利。当插齿刀齿数 $z_c\geqslant20$ 时，不产生范成顶切的最小变位系数 ξ_1、ξ_2 已变成负值，在这种情况下，变位系数为正值，不会产生顶切，当齿轮副的齿数已确定则选取较多齿数的插齿刀有利。如果插齿刀的齿数相同，对应的限制条件相同，当 $z_c\leqslant16$ 时，四齿差要比齿数差少的内啮合齿轮副更容易产生内齿轮的范成顶切。当插齿刀齿数 $z_c=10,13,16$ 时，若齿轮副的变位系数为正值，应验证内齿轮的范成顶切。

(5) 五齿差（$z_2-z_1=5$）。当 $z_c=10,13,16$ 时，不产生内齿轮范成顶切的最小变位系数 ξ_1、ξ_2 为正值，若变位系数出现负值，将会产生范成顶切现象。当插齿刀齿数 $z_c=10,13$ 时，取较少的齿数有利；当插齿刀齿数 $z_c\geqslant16$ 时，取较多的齿数有利。当插齿刀齿数 $z_c\geqslant20$ 时，避免内齿轮范成顶切的最小变位系数 ξ_1、ξ_2 为负值，而且很小。如果插齿刀齿数相同，对应的限制条件也相同，当 $z_c\leqslant16$ 时，五齿差要比其他齿数差少的容易产生范成顶切，且对应避免顶切的最小变位系数也偏大。当 $z_c=10,13,16$ 时，要验算内齿轮范成顶切。如果齿轮副的组合齿数相同应选取齿数 z_c 较多的插齿刀。

六齿差基本与五齿差相同，不同的是，当 z_c 少时，较容易产生顶切，并且对应的最小变位系数也大。

4. 加大内齿轮变位系数 ξ_2，对内齿轮范成顶切的影响

齿轮副齿数、插齿刀齿数和外齿轮变位系数 ξ_1 不变，只加大内齿轮的变位系数 ξ_2（一般加大值很小），无论齿轮副的齿数如何，对切削内齿轮的范成顶切影响并不是很大，可忽略不计，因为根据式（4.10）内齿轮范成顶切验算值，加大内齿轮变位系数前后相差极小。

【例 4.6】 二齿差内啮合齿轮副 $z_1/z_2=20/22$，采用 $m/z_c=2.5/10$ 插齿刀计算并切制，齿轮副变位系数取 $\xi_1=0.54$，$\xi_2=0.6889069$，计算有关数值。不发生齿廓重叠干涉的最小值，$\Omega\doteq0$。

$$\tan\alpha_{e2}=0.3480696$$

$$\tan\alpha_{c2}=0.6383262$$

代入式（4.10），得

$$\frac{z_c}{z_2}+\frac{\tan\alpha_{e2}}{\tan\alpha_{c2}}-1=\frac{10}{22}+\frac{0.3480696}{0.6383262}-1=0.4545455+0.5452848-1=-0.0001697<0$$

显然，有较小的内齿轮范成顶切。

若将内齿轮的变位系数加大 0.1，即 $\xi_2=0.6889069+0.1$，其他条件不变，计算出有关数值如下：

$$\tan\alpha_{e2}=0.3695447$$

$$\tan\alpha_{c2}=0.6707148$$

代入式（4.10），得

$$\frac{z_c}{z_2}+\frac{\tan\alpha_{e2}}{\tan\alpha_{c2}}-1=\frac{10}{22}+\frac{0.3695447}{0.6707148}-1=0.4545455+0.5509714-1=0.0055169$$

可见，加大 ξ_2 后，对内齿轮范成顶切影响不太大。

4.9.2　内齿轮径向进刀顶切

切入顶切、齿廓重叠顶切，又称为内齿轮第二种顶切。

插齿刀加工内齿轮时，插齿刀的齿顶，可能切去内齿轮齿顶一部分，这是由于在径向进刀切削过程中，插齿刀齿顶到中心线的距离大于内齿轮相应齿顶到中心线的距离，实际上也就是插齿刀齿顶齿廓将与被切内齿轮齿顶齿廓发生重叠，在切削过程中将切掉这个重叠部分，而形成内齿轮的顶切。插齿刀计算系统所产生的内齿轮径向进刀顶切与齿数（z_1、z_2、z_c）和变位系数（ξ_1、ξ_2、ξ_c）有关，其中内齿轮齿数 z_2 及其变位系数 ξ_2 在计算内啮合齿轮副有关参数时是必不可少的，直接影响内齿轮齿顶圆、齿顶圆压力角的大小。

从内齿轮径向进刀顶切 q_2-q_2 限制线（见附录 F）可知：

（1）若插齿刀齿数 z_c 为定值，取较多的齿数 z_2，以及齿数 z_2 为定值，取较少的齿数 z_c，均对避免内齿轮径向进刀顶切有利。

（2）取较大的变位系数不容易产生径向进刀顶切；z_c 少、z_2 少、变位系数比较小，容易产生径向进刀顶切。一般情况下，变位系数 ξ_1 为正值时，产生径向进刀顶切的机会并不多。

（3）齿数差 z_2-z_1 对径向进刀顶切的影响不一样，一齿差就比六齿差较不容易产生径向进刀顶切。总之采取较大的变位系数 ξ_2 和较少的齿数差 z_2-z_1，对避免径向进刀顶切有利。z_2-z_c 较少、z_2 为定值，取较多的 z_c，或者 z_c 为定值，取较少的 z_2，要比 z_2-z_c 较多、z_2 为定值取较少的 z_c，或者 z_c 为定值，取较多的 z_2，均比较容易产生径向进刀顶切。

（4）同一齿轮副，同样的条件，不产生内齿轮的范成顶切，一般也不会产生径向进刀顶切。

避免或检验内齿轮径向进刀顶切应满足下列公式：

$$\sin^{-1}\sqrt{\frac{1-(\cos\alpha_{ec}/\cos\alpha_{e2})^2}{1-(z_c/z_2)^2}}+\mathrm{inv}\alpha_{ec}-\mathrm{inv}\alpha_{c2}-\frac{z_2}{z_c}\left[\sin^{-1}\sqrt{\frac{(\cos\alpha_{e2}/\cos\alpha_{ec})-1}{(z_2/z_c)^2-1}}+\mathrm{inv}\alpha_{e2}-\mathrm{inv}\alpha_{c2}\right]\geqslant 0$$

其中

$$\cos\alpha_{ec}=\frac{z_c\cos\alpha_0}{z_c+2(f_c+\xi_c)}$$

$$\cos\alpha_{c2}=\frac{z_2-z_c}{z_2-z_c+2\xi_2}\cos\alpha_0$$

$$R_2=\frac{mz_2}{2}-m(f-\xi_2-\gamma)$$

式中　α_{ec}——插齿刀齿顶圆压力角；

α_{c2}——加工内齿轮机床切削啮合角；

R_2——内齿轮齿顶圆半径；

α_{e2}——内齿轮齿顶圆压力角；

f_c——上齿高系数。

插齿刀刃磨后、齿顶圆 D_c、变位系数 ξ_c、上齿高系数 f_c 和齿顶圆压力角 α_{ec} 均会发生

变化，有利于避免径向进刀顶切。例如，三齿差内啮合齿轮副 $z_1/z_2=25/28$，短齿 $f=0.8$，变位系数 $\xi_1=-0.24$，$\xi_2=0.0851$，采用新插齿刀加工，$m/z_c=2/13$，插齿刀齿顶圆直径 $D_c=31.34$，$f_c=1.25$，$\xi_c=0.085$，计算有关数值：$\cos\alpha_{ec}=0.7795791$，$\text{inv}\alpha_{ec}=0.1265819$，$\text{inv}\alpha_{c2}=0.0192046$，$R_2=\dfrac{mz_2}{2}-m(f-\xi_2-\gamma)=26.3731440$，$\gamma=-0.098528$，$\cos\alpha_{e2}=0.9976586$，$\text{inv}\alpha_{e2}=0.0001071$，将以上有关数值代入避免径向进刀顶切公式，得

$$\sin^{-1}(0.7045610)+0.1265819-0.0192046-\frac{28}{13}[\sin^{-1}(0.4186255)+0.0001071-0.0192046]$$

$$=0.7818044+0.1265819-0.0192046-\frac{28}{13}\times(0.4319313+0.0001071-0.0192046)$$

$$=0.8891817-0.8891804$$

$$=0.0000013>0$$

不产生齿廓重叠干涉值 $\Omega=0.0174926$。

若将插齿刀齿顶圆直径由 $D_c=31.34$ 刃磨至 $D_c=31.30$，则 $\xi_c=0.075$，$\cos\alpha_{ec}=0.7805753$，$\text{inv}\alpha_{ec}=0.1255586$，齿轮副参数不变，将有关数值代入避免径向进刀顶切公式得 0.0002436>0，显然插齿刀经刃磨后对避免径向进刀顶切有利。数值变化不是很大，是由于刃磨量太少。

少齿差内啮合齿轮副如将不产生齿廓重叠干涉值加大些，其他齿轮副的参数、插齿刀参数均不变动，仅加大内齿轮变位系数，对避免径向进刀顶切有利。如上例将内齿轮变位系数 ξ_2 加大至 $\xi_2=0.0851+0.1$，$\text{inv}\alpha_{c2}=0.0246603$，$\cos\alpha_{e2}=0.9928156$，$\text{inv}\alpha_{e2}=0.0005785$，代入避免径向进刀顶切公式得 0.0100756>0。

齿数差与径向进刀顶切的关系：

(1) 六齿差($z_2-z_1=6$)。当插齿刀齿数 z_c 和内齿轮齿数 z_2 偏少时，如 $z_2=26$($z_1=20$)，插齿刀 $m/z_c=2.5/10$ 径向进刀顶切 q_2-q_2 限制线与内齿轮齿顶圆大于或等于基圆 $y-y$ 限制线采取两重合的办法，这是因为 $\Omega=0$，保证不产生径向进刀顶切的最小变位系数比保证内齿轮齿顶圆大于或等于基圆的最小变位系数还要小得多，而无法进行运算。如本例保证内齿轮齿顶圆等于基圆的最小变位系数是 $\xi_1=-0.0195354$，$\xi_2=0.0174857$，因为这样计算出的 $D_2=61.0800187$，基圆直径 $D_{02}=61.080019$，齿顶圆压力角为 α_{e2}，$\cos\alpha_{e2}=D_{02}/D_2=1$。采用 $m/z_c=2.5/10$ 插齿刀加工，已知 $\xi_c=0.042$，$D_c=31.46$，$f_c=1.25$，计算有关数值，代入检验径向进刀顶切公式得 0.0041931>0，虽然没有产生径向进刀顶切，但不是最小值，要想保证不产生径向进刀顶切的最小值，必须将变位系数减小，减小必定产生内齿轮齿顶圆小于基圆，故而采取 q_2-q_2 限制线与 $y-y$ 限制线相重合的办法。插齿刀齿数 z_c 为定值，齿数 z_2 多的比齿数 z_2 少的不容易产生径向进刀顶切。如果 z_2 为定值，取 z_c 少的有利避免径向进刀顶切。

(2) 五齿差（$z_2-z_1=5$）。基本上与 $z_2-z_1=6$ 相类似，不同点只是插齿刀齿数相同时，径向进刀顶切 q_2-q_2 限制线比 $z_2-z_1=6$ 相对位置低，有利于避免径向进刀顶切，且对应的变位系数也小。

(3) 四齿差(z_2-z_1)=4。$z_c=10$，相同的条件，情况与 $z_2-z_1=6$时相似，只有 $z_c=16$，齿轮副 $z_1/z_2=25/29$ 不产生径向进刀顶切的最小变位系数为正值。

(4) 小齿差($z_2-z_1=3,2,1$)。随着齿数差逐渐减少，当 ξ_1 为正值时，一般不会产生径向进刀顶切。齿数差越少比齿数差多的越有利于避免径向进刀顶切。当 z_c 为定值取较少的 z_2 时、或在 z_2 为定值取较多的 z_c 时，均比较容易产生径向进刀顶切。

当外齿轮变位系数 ξ_1 沿特性曲线逐渐下移时，第一个出现的干涉不是径向进刀顶切，同时，相同的条件，同一齿轮副不产生内齿轮范成顶切，也不会产生内齿轮的径向进刀顶切，所以，不必考虑径向进刀顶切。

4.10　齿顶圆弧齿厚 S_a

插齿刀计算系统计算齿顶圆弧齿厚 S_a 的公式为

$$S_{a1}=\frac{m\cos\alpha_0}{\cos\alpha_{e1}}\left[\frac{\pi}{2}+\Delta_1-z_1(\mathrm{inv}\alpha_{e1}-\mathrm{inv}\alpha_0)\right]$$

$$S_{a2}=\frac{m\cos\alpha_0}{\cos\alpha_{e2}}\left[\frac{\pi}{2}+\Delta_2+z_2(\mathrm{inv}\alpha_{e2}-\mathrm{inv}\alpha_0)\right]$$

式中　α_e——齿轮齿顶圆压力角；

Δ——分度圆齿厚增量系数；

m——模数。

S_a 是 m、z、Δ、α_e 的函数，当插齿刀参数、齿轮副齿数被确定后，S_a 是 Δ 和 α_e 的函数，实际上也就是齿轮副的变位系数的函数。

若将以上两式化为下列通式：

$$\frac{S_a}{m}=\frac{\cos\alpha_0}{\cos\alpha_e}\left[\frac{\pi}{2}+\Delta\pm z(\mathrm{inv}\alpha_e-\mathrm{inv}\alpha_0)\right]$$

S_a/m 称为齿顶厚系数，表示齿顶圆齿顶变尖的程度，使之保证齿顶有一定的厚度。

为了保证齿轮齿顶有足够的强度和耐用度，对于热处理过的其硬度 $HRC>38$ 的齿轮，对齿顶厚系数 S_a/m 的要求是 $S_a/m\geqslant 0.4$，这样可将上式写成检验齿顶圆齿顶不变尖的通式：

$$\frac{S_a}{m}=\frac{\cos\alpha_0}{\cos\alpha_e}\left[\frac{\pi}{2}+\Delta\pm z(\mathrm{inv}\alpha_e-\mathrm{inv}\alpha_0)\right]\geqslant 0.4$$

对于不经热处理或经热处理而其硬度 $HRC<38$ 的齿轮，齿顶厚系数可取 $S_a/m\geqslant 0.25$。由于少齿差内啮合齿轮副采用短齿、齿顶高系数 $f=0.8$，对保证齿顶圆弧齿厚 S_a 有一定作用。从公式分析，S_a 与 α_e 和 Δ 有关，而 α_e 和 Δ 直接与插齿刀参数、齿数差、齿轮副的变位系数有关。

4.10.1　齿顶圆弧齿厚 S_a 与齿数差的关系

插齿刀参数 m/z_c 相同，满足不发生齿廓重叠干涉值 $\Omega\doteq 0$ 为限制条件，齿数差多的，由于齿轮副的变位系数小，其齿顶圆弧齿厚 S_a 要比齿数差少的齿顶圆弧齿厚 S_a 厚得多。例如，用 $m/z_c=3/34$ 插齿刀计算少齿差内啮合轮副 $z_1/z_2=100/106$ 和 $z_1/z_2=100/101$ 两种不同的齿数差，外齿轮的变位系数皆取相同值 $\xi_1=0$，为了满足 $\Omega\doteq 0$ 的限制条件，内齿轮的变位系数 ξ_2 分别是 $\xi_2=0.0175062$ 和 $\xi_2=1.2694731$。计算 S_a 值如表 4.21 所示。

表 4.21　　不同齿数差对应的齿顶圆弧齿厚 S_a

z_1/z_2	100/106	100/101
S_{a1}	2.9102196	1.3086079
S_{a2}	3.0576687	1.2292617

可知，齿数差少的 $z_2-z_1=1$ 的一齿差，$S_{a1}>S_{a2}$；而齿数差多的 $z_2-z_1=6$ 的六齿差，$S_{a1}<S_{a2}$。与一齿数差情况相同，无论齿轮齿数多少，S_a 的变化大致相同，齿数差不同，S_{a1} 与 S_{a2} 两者之间的关系也不相同，例如按 $z_2-z_1=1 \rightarrow z_2-z_1=6$ 变化顺序，相应的 S_{a1} 与 S_{a2} 关系的变化顺序是：$S_{a1}>S_{a2} \xrightarrow{\text{过渡}} S_{a1}<S_{a2}$。齿数差越少且齿轮副变位系数越小，齿顶圆弧齿厚 S_a 越薄。一齿差如果齿轮副的齿数较多，变位系数又很小，内齿轮 S_{a2} 往往容易出现 $S_{a2}<0.4m$，而齿数差较多时就不太容易出现这种情况，所以在 ξ_1-z_1 限制图中只需对一齿差作内齿轮的 S_{a2} 限制线。以上情况见图 4.2。

4.10.2　齿顶圆弧齿厚 S_a 与齿轮副变位系数的关系

齿顶圆弧齿厚 S_a 与齿轮副变位系数的关系，即齿顶圆弧齿厚 S_a 沿特性曲线的变化。

1. 齿数差 $z_2-z_1=1$

插齿刀参数相同，保证不发生齿廓重叠干涉值 $\Omega=0$ 为限制条件，当外齿轮变位系数 ξ_1 值由大而小沿其自身的特性曲线向下移动时，齿顶圆压力角 α_e 由大逐渐递减，分度圆齿厚增量系数 Δ_1 是由大逐渐递减，而 Δ_2 是由小逐渐递增（为负值），合成的结果促使齿顶圆弧齿厚 S_{a1}、S_{a2} 沿特性曲线下移其值由厚逐渐变薄。对于 $z_2-z_1=1$ 的一齿差取较大的变位系数对避免齿顶圆弧齿厚 $S_a<0.4$ 有利，即对防止齿顶变尖有利，且外齿轮的齿顶圆弧齿厚 S_{a1} 大于内齿轮的齿顶圆弧齿厚 S_{a2}，即 $S_{a1}>S_{a2}$（见表 4.22、图 4.2）。

表 4.22　　齿顶圆弧齿厚 S_a 沿特性曲线变化（一齿差）

条件	ξ_1	ξ_2	Ω	Δ		α_e		S_a	
				Δ_2	Δ_1	α_{e1}	α_{e2}	S_{a1}	S_{a2}
$z_2-z_1=1$ $z_1/z_2=31/32$ $m/z_c=6.5/16$	1	1.2787707	0	−1.3163507	0.8306791	32° 21.0044701′	24° 36.7555656′	5.2870825	4.6390576
	0.8	1.1707919	0	−1.1831583	0.6496353	31° 37.7588794′	23° 15.2914099′	5.0384796	4.4824267
	0	0.8340009	0	−0.7890787	0	28° 51.4525452′	16° 46.7313508′	3.9285543	3.7141047
$z_2-z_1=1$ $z_1/z_2=100/101$ $m/z_c=3/34$	2.3	2.659475	0	−2.4020263	1.8691895	27° 45.5610266′	25° 0.5594472′	2.3772973	2.160460
	1	1.7965499	0	−1.5338664	0.7669213	25° 36.7743370′	22° 1.7541829′	1.8490961	1.7195650
	0	1.2694737	0	−1.0417002	0	24° 0.3843687′	19° 28.8066269′	1.3086079	1.2292617

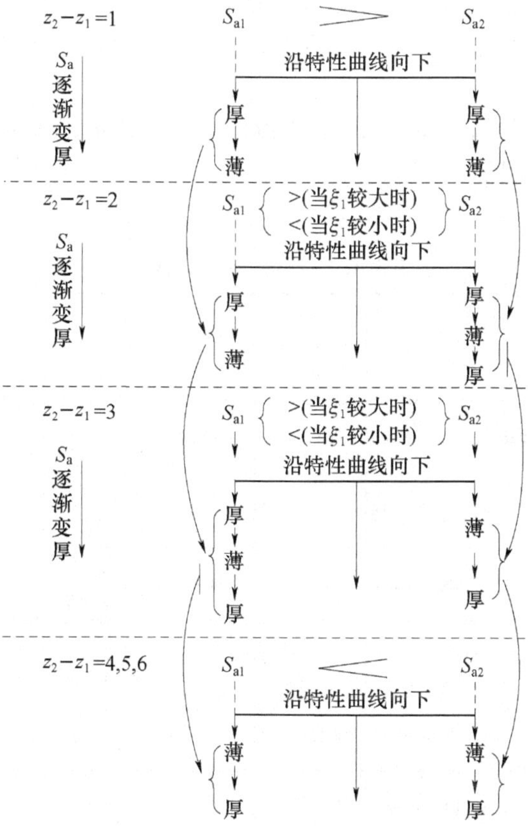

图 4.2　齿顶圆弧齿厚 S_a 的变化情况

2. 齿数差 $z_2-z_1=2$

当外齿轮的变位系数 ξ_1 值由大向小沿特性曲线下移时，Δ 和 α_e 沿特性曲线下移的变化情况与一齿差相同，而 S_{a1} 和 S_{a2} 沿曲线的变化基本上也与一齿差相同，只不过 S_{a2} 在变位系数较小时会出现回升，即 S_{a2} 的变化由厚→薄→厚，中间有一过渡，一般在变位系数 $\xi_1=0$ 附近。当 ξ_1 大时，$S_{a1}>S_{a2}$；而当 ξ_1 小时，$S_{a1}<S_{a2}$（见表 4.23、图 4.2）。一般取较大的变位系数对避免齿顶变尖有利。

3. 齿数差 $z_2-z_1=3$

Δ 和 α_e 沿特性曲线下移其变化与一齿差相同，齿顶圆弧齿厚 S_a 沿曲线下移时的变化是：S_{a2} 由薄逐渐增厚，而 S_{a1} 由厚逐渐变薄，然后经过中间过渡由薄又回升到厚，中间过渡一般在变位系数 $\xi_1=0$ 附近。当变位系数 ξ_1 大时，$S_{a1}>S_{a2}$；当 ξ_1 小时，$S_{a1}<S_{a2}$（见表 4.24、图 4.2）。

4. 齿数差 $z_2-z_1=4,5,6$

齿顶圆弧齿厚 S_{a1}、S_{a2} 沿特性曲线下移时，基本上从 $z_2-z_1=3$ 过渡到由薄逐渐变厚的情况，而 S_{a1} 与 S_{a2} 的关系也基本过渡到属于 ξ_1 小的范围，即 $S_{a1}<S_{a2}$（见表 4.25、图 4.2）。

4.10.3　齿顶圆弧齿厚 S_a 与齿轮齿数的关系

同一齿数差，相同的外齿轮变位系数 ξ_1（或相同的 ξ_2），采用同样参数 m/z_c 的插齿

刀计算时，不同齿数的齿轮副为了保证 Ω 值相等（如 $\Omega=0$）的限制条件，所必需的内齿轮变位系数 ξ_2（或 ξ_1）各不相同，有大有小，直接影响 Δ、α_e 和 S_a 值的大小。

1. 一齿差 $z_2-z_1=1$

齿轮齿数多的齿顶圆弧齿厚 S_{a1}、S_{a2} 比齿轮齿数少的齿顶圆弧齿厚 S_{a1}、S_{a2} 要薄，即齿轮齿数多的 S_a 要薄（见表 4.26、表 3.25、表 3.9 和表 3.10）。选取较少的齿轮齿数对加大 S_a 值有利。

表 4.23　　齿顶圆弧齿厚 S_a 沿特性曲线变化（二齿差）

条件	ξ_1	ξ_2	Ω	Δ		α_e		S_a	
				Δ_2	Δ_1	α_{e1}	α_{e2}	S_{a1}	S_{a2}
$z_2-z_1=2$, $z_1/z_2=46/48$, $m/z_c=2/25$	0.8	0.9486205	0.0000033	−0.8620917	0.6284184	28° 15.0580392′	21° 20.5363043′	1.8101869	1.7531642
	0	0.4120635	0.0000016	−0.3362652	0	25° 24.0312179′	16° 12.5689286′	1.677590	1.7485665
	−0.677088	0	0.0000068	0	−0.4547111	22° 44.4919929′	9° 49.3288911′	1.5861636	1.7870844
$z_2-z_1=2$, $z_1/z_2=96/98$, $m/z_c=2/25$	1.3	1.5473554	0.0000019	−1.2848327	1.0178815	25° 49.5194554′	22° 13.0059′	1.7322937	1.7292475
	0.5	0.8802715	0.0000011	−0.6947736	0.3749768	24° 4.9243302′	19° 55.1451613′	1.6873444	1.7147324
	0	0.4691450	0.0000020	−0.3573550	0	22° 54.6828180′	18° 18.6429978′	1.6640177	1.7113429
	−0.580551	0	0	0	−0.4067915	21° 27.7778196′	16° 13.1032226′	1.6409576	1.7137956

表 4.24　　齿顶圆弧齿厚 S_a 沿特性曲线变化（三齿差）

条件	ξ_1	ξ_2	Ω	Δ		α_e		S_a	
				Δ_2	Δ_1	α_{e1}	α_{e2}	S_{a1}	S_{a2}
$z_2-z_1=3$ $z_1/z_2=31/34$ $m/z_c=6.5/16$	1	0.968795	0	−0.9219956	0.8306791	31° 56.9377648′	22° 35.9162165′	5.8810073	5.8461037
	0	0.2324873	0	−0.1844377	0	26° 58.8866152′	12° 53.8527145′	5.8160327	6.3385157
	−0.3386896	0	0	0	−0.2323991	25° 0.4140024′	6° 50.6859876′	5.8662475	6.6545739
$z_2-z_1=3$ $z_1/z_2=100/103$ $m/z_c=3/34$	2.30	2.240450	0.0000771	−1.9629995	1.8691895	27° 25.6335149′	24° 19.0402254′	2.8730326	2.7887469
	0.80	0.9559851	0.0000008	−0.7625340	0.6075451	24° 24.095′	20° 29.3894696′	2.7619305	2.7930019
	−0.40	−0.1062594	0	0.07645048	−0.2844892	21° 27.7826504′	16° 38.1189436′	2.7874883	2.8884727

表 4.25　　齿顶圆弧齿厚 S_a 沿特性曲线变化（四齿差）

条件	ξ_1	ξ_2	Ω	Δ		α_e		S_a	
				Δ_2	Δ_1	α_{e1}	α_{e2}	S_{a1}	S_{a2}
$z_2-z_1=4$ $z_1/z_2=31/35$ $m/z_c=6.5/16$	0.25	0.336855	−0.0000031	−0.2746183	0.1890352	28° 15.4605011′	15° 19.5605332′	5.8837261	6.3610569
	0	0.1403687	0	−0.1076085	0	26° 47.4485758′	12° 11.1284179′	5.9876534	6.5976696
	−0.1781123	0	0	0	−0.1258302	25° 39.3303809′	9° 18.0224591′	6.0870425	6.8056565
$z_2-z_1=4$ $z_1/z_2=96/100$ $m/z_c=2/25$	0.7	0.7881985	0.0000026	−0.6162956	0.5309468	24° 17.6246321′	20° 0.1418292′	1.8642326	1.9100564
	0	0.1456768	0.0000044	−0.1075438	0	22° 30.0863342′	17° 42.9316610′	1.9037767	1.9676320
	−0.1562130	0	0.0000043	0	−0.1125779	22° 4.1486106′	17° 9.3361932′	1.9162961	1.9835450

表 4.26　　齿顶圆弧齿厚 S_a 与齿轮齿数的关系（一齿差）

条件	ξ_1	ξ_2	Ω	Δ		α_e		S_a	
				Δ_2	Δ_1	α_{e1}	α_{e2}	S_{a1}	S_{a2}
$z_2-z_1=1$ $z_1/z_2=55/56$ $m/z_c=3/34$	1	1.3498085	0.0001986	−1.3168068	0.7853804	28° 4.198890′	22° 54.2467579′	2.5269134	2.1216825
	0	0.9244708	0.000002	−0.8427004	0	25° 45.4586413′	18° 25.1332880′	1.8098854	1.6054714
$z_2-z_1=1$ $z_1/z_2=100/101$ $m/z_c=3/34$	1	1.7965499	0	−1.5338664	0.7669213	25° 36.7743370′	22° 1.7541829′	1.8490961	1.7195650
	0	1.2694738	0	−1.0417002	0	24° 0.38436875′	19° 28.8066269′	1.3086079	1.2292617

2. 二齿差 $z_2-z_1=2$

在重叠系数 ε 限制线以下附近取齿轮副的变位系数，即变位系数大时，齿轮齿数多的齿顶圆弧齿厚比齿轮齿数少的齿顶圆弧齿厚要薄，这和一齿差相同。如果在重叠系数 ε 限制线以下较远选取齿轮副的变位系数，即变位系数较小时，齿轮齿数多的 S_{a1} 要厚些，而 S_{a2} 要薄些。如表 4.27 所示，$\xi_1=0.8$，对齿轮副 $z_1/z_2=55/57$ 是偏大的，而对齿轮副 $z_1/z_2=100/102$ 是偏小的。S_{a1} 由于 $z_2-z_1=1$ 向 $z_2-z_1=3$ 过渡，有时会出现齿数多的 S_{a1} 要薄些的情况（见表 3.24）。

表 4.27　　齿顶圆弧齿厚 S_a 与齿轮齿数的关系（二齿差）

条件	ξ_1	ξ_2	Ω	Δ		α_e		S_a	
				Δ_2	Δ_1	α_{e1}	α_{e2}	S_{a1}	S_{a2}
$z_2-z_1=2$ $z_1/z_2=55/57$ $m/z_c=3/34$	0.80	0.9424615	0	−0.8555858	0.6196147	27° 5.8079169′	21° 8.7645567′	2.7871188	2.6475255
	0	0.4135903	0	−0.3376407	0	24° 37.3782322′	16° 52.8594546′	2.5405102	2.6132408
	−0.6280974	0	0	0	−0.4315265	22° 23.8284767′	12° 24.6341514′	2.4167102	2.6499167

续表

条件	ξ_1	ξ_2	Ω	Δ		α_e		S_a	
				Δ_2	Δ_1	α_{e1}	α_{e2}	S_{a1}	S_{a2}
$z_2-z_1=2$ $z_1/z_2=100/102$ $m/z_c=3/34$	0.80	1.1161180	0.0000084	−0.9033191	0.6075452	24° 33.5610339′	20° 46.6791279′	2.5885629	2.5895615
	0	0.4671249	0	−0.3568909	0	22° 47.9557063′	18° 22.7629897′	2.564085	2.5670501
	−0.5747232	0	0	0	−0.404420	21° 24.6807767′	16° 24.1456544′	2.4656097	2.5721728

3. 齿数差 $z_2-z_1=3,4,5,6$

在重叠系数 ε 限制线以下较远取齿轮副的变位系数，即变位系数偏小，一般是齿轮齿数多的 S_{a1} 厚而 S_{a2} 薄（见表 4.28、表 4.29 及表 3.22、表 3.23）。

无论齿数差如何，齿轮齿数多的齿顶圆弧齿厚 S_{a2} 比齿数少的齿顶圆弧齿厚要薄些。

表 4.28　齿顶圆弧齿厚 S_a 与齿轮齿数的关系（三齿差）

条件	ξ_1	ξ_2	Ω	Δ		α_e		S_a	
				Δ_2	Δ_1	α_{e1}	α_{e2}	S_{a1}	S_{a2}
$m/z_c=3/34$ $z_1/z_2=55/58$	0	0.2389538	0	−0.1861969	0	24° 16.8270729′	16° 16.9357843′	2.7438984	2.8741880
	−0.2963813	0	0	0	−0.2102305	23° 4.8430398′	14° 13.7312494′	2.7536591	2.9366531
$m/z_c=3/34$ $z_1/z_2=100/103$	0	0.2550776	0	−0.1907349	0	22° 30.9279111′	18° 1.8598274′	2.7624095	2.8434990
	−0.2836466	0	0	0	−0.2031465	21° 46.7464447′	17° 3.3287385′	2.7779755	2.8737985

表 4.29　齿顶圆弧齿厚 S_a 与齿轮齿数的关系（四齿差）

条件	ξ_1	ξ_2	Ω	Δ		α_e		S_a	
				Δ_2	Δ_1	α_{e1}	α_{e2}	S_{a1}	S_{a2}
$m/z_c=3/34$ $z_1/z_2=55/59$	0	0.1406672	0	−0.1065886	0	24° 8.4120607′	15° 53.5598324′	2.8249671	2.9835644
	−0.1614907	0	0	0	−0.1159108	23° 27.0013019′	14° 47.2377641′	2.8497790	3.0287255
$m/z_c=3/34$ $z_1/z_2=100/104$	0	0.1454242	0	−0.1075003	0	22° 24.4475744′	17° 48.5809887′	2.8582519	2.9498270
	−0.1556250	0	0	0	−0.1123343	21° 59.5005721′	17° 16.5899195′	2.8756607	2.9730151

4.10.4　齿顶圆弧齿厚 S_a 与插齿刀参数的关系

同一齿数差的同一齿轮副，外齿轮的变位系数 ξ_1 为定值，采用不同齿数的插齿刀计算，对齿顶圆弧齿厚 S_a 的影响不一样，模数 m 相同、插齿刀齿数 z_c 少的 S_{a1}、S_{a2} 比插齿刀齿数多的 S_{a1}、S_{a2} 要薄，齿数差越多，变位系数越小，插齿刀齿数 z_c 对 S_a 的影响就越小。以上情况如表 3.17～表 3.20 所示。从一齿差 $z_2-z_1=1$ 的 ξ_1 - z_1 限制图可知：齿顶圆弧齿厚 $S_{a2}<0.4$，一般变位系数 ξ_1 均为负值，$\Omega=0$ 为限制条件，采用相同参数 m/z_c 的插齿，进行计算，齿数少的齿轮副较齿数多的齿轮副不容易发生齿顶圆弧齿厚 $S_{a2}<0.4$，并且 z_c 少的比 z_c 多的容易出现 $S_{a2}<0.4$ 的情况。

4.11　干涉出现的顺序

少齿差内啮合齿轮副在加工、组装和运转中出现的各种干涉除了与不同齿数差的齿数组合有关外，还与插齿刀的参数有关。插齿刀计算系统计算的少齿差内啮合齿轮副的特点有两方面：一是设计程序烦琐，干涉和限制条件多；二是加工与设计时的插齿刀参数统一。如何将设计计算程序变得简单，如何将选择变位系数变得快捷乃是研究的主题。掌握和了解变位系数、齿轮齿数和插齿刀参数三者在加工、组装和运转时发生各种干涉的缘由，探索、研究干涉间发生的规律，以便根据这些内在的互相制约、互相牵连的关系，人为制定出行之有效的限制条件，从而避免各种干涉的发生。特性曲线的变位系数计算是根据设计要求所确定的齿轮副齿数和插齿刀参数 m/z_c 后，在特性曲线上选取一外齿轮变位系数 ξ_1 作为定值，为了满足不同齿数差、不同齿轮齿数不产生齿廓重叠干涉值为定值时，如何选取所必需的内齿轮变位系数 ξ_2，这就决定 ξ_1 相同，是由大小不等的 ξ_2 确定了齿数差的不同组合和齿数不同组合。齿廓重叠干涉属于必检、必须要验算的干涉之一，在变位系数所允许的取值范围内，与变位系数的大小无关。如果验算值 Ω 大，证明 ξ_2 值大了；如果产生了齿廓重叠干涉，证明 ξ_2 值选择小了。显然，根据干涉提出的各种限制条件，可以简化为一个，即对 ξ_2 取值大小的限制。任何齿数差的齿轮副，最大变位系数不应超越重叠系数 ε 限制线（见限制图），作为取值上限，若齿数差多就没有必要这样限制，因为变位系数都比较小。当 ξ_1 沿特性曲线其值由大逐渐递减向下移动时，首先出现的干涉作为选择变位系数的下限，任何齿轮副变位系数的取值范围只限制在上限与下限所组成的封闭区间内。一般干涉大部分是在齿轮齿数少、插齿刀齿数 z_c 少和齿轮副的变位系数小时容易发生。

4.11.1　一齿差 $z_2-z_1=1$

变位系数上限取值应在重叠系数 ε 限制线下附近。下限取值，当插齿刀齿数 $z_c\leqslant 20$ 时，为插齿刀加工内齿轮的范成顶切 q_1 - q_1 限制线；当 $z_c\geqslant 25$ 时，下限为内齿轮齿顶圆弧齿厚 S_{a2} 限制线。z_c 少和齿轮齿数少，要避免范成顶切就需要较大的变位系数。同一齿数 z_c 的插齿刀，取较少齿数的齿轮副；同一齿数组合的齿轮副，取较多齿数 z_c，对避免范成顶切均较有利。z_c 相同，齿轮齿数少的用较小的变位系数可以与齿数多的用较大变

位系数取得同样大小的重叠系数 ε，相同齿数的齿轮副如果取同样大小的 ε，z_c 少的，变位系数大。

4.11.2　二齿差 $z_2-z_1=2$

当外齿轮变位系数 ξ_1 沿特性曲线下移时，第一个出现的是加工内齿轮产生的范成顶切，选取齿轮副的变位系数应在重叠系数 ε 限制线和范成顶切 q_1-q_1 限制线间，不产生范成顶切也就不会产生其他干涉，两限制间只存有必检的齿廓重叠干涉。插齿刀齿数 z_c 越少，避免范成顶切的变位系数越大。当 $z_c \geqslant 18$ 时，ξ_1 为正值不会产生范成顶切。变位系数偏大、齿数又偏多的齿轮副可不必考虑范成顶切。当 $10 \leqslant z_c \leqslant 16$ 时，同一齿数 z_c 取齿数少的有利，$z_c \geqslant 18$ 取齿数多的有利，同一齿数的齿轮副取较多的 z_c 有利（见 $z_2-z_1=2$ 的 ξ_1-z_1 限制图）。

4.11.3　三齿差 $z_2-z_1=3$

当外齿轮变位系数 ξ_1 沿特性曲线向下移动时，无论插齿刀齿数 z_c 和齿轮副齿数如何，第一个出现的是内齿轮的范成顶切，选择齿轮副的变位系数应在重叠系数 ε 限制线和范成顶切 q_1-q_1 限制线间，其变位系数的最大值比 $z_2-z_1=1,2$ 时小得多，可不必考虑 ε 值，因为此时有足够大小的 ε 值。同样的 z_c，相应的齿轮副，当 z_c 很少时，三齿差比二齿差、一齿差容易产生范成顶切。齿轮副齿数多、z_c 多、变位系数偏大时一般不会产生范成顶切。当 $z_c \geqslant 16$，z_c 相同时，取齿轮齿数多的、相同的齿轮齿数取较多的 z_c 对避免范成顶切有利（见 $z_2-z_1=3$ 的 ξ_1-z_1 限制图）。

4.11.4　四齿差 $z_2-z_1=4$

因为 $z_2-z_1=4$ 时，少齿差内啮合齿轮副的变位系数不是很大，一般可不必计算重叠系数 ε 值。当插齿刀齿数 $z_c \leqslant 16$ 时，变位系数的最小值不得越过范成顶切 q_1-q_1 限制线。当 $z_c \geqslant 20$ 时，变位系数最小值不得越过外齿轮不发生过渡曲线干涉 G_B-G_B 限制线，此时 ξ_1 很小，为负值。当 $z_c \leqslant 16$ 时同一齿数 z_c 所对应的齿轮副，其变位系数比 $z_2-z_1=1,2,3$ 要大得多，才能避免范成顶切。当 z_c 为定值，取较多齿数的齿轮副有利于避免范成顶切、外齿轮的过渡曲线干涉。同样的齿轮齿数，选择齿数 z_c 较多的插齿刀有利（见 $z_2-z_1=4$ 的 ξ_1-z_1 限制图）。

4.11.5　五齿差 $z_2-z_1=5$

由于齿轮副的变位系数值选取的较小，有足够大的重叠系数 ε 值。当插齿刀齿数 $z_c \leqslant 16$ 时，齿轮副的最小变位系数不应越过范成顶切 q_1-q_1 限制线，此时 ξ_1 为正值。当 $z_c \geqslant 20$ 时，最小变位系数不应越过外齿轮过渡曲线干涉 G_B-G_B 限制线，此时 ξ_1 为负值。当 $z_c \leqslant 13$ 时，避免范成顶切的变位系数很大。z_c 为任意值，取较多的齿数对避免外齿轮过渡曲线干涉有利。当 $z_c \geqslant 16$ 时，取较多的齿数对避免范成顶切有利（见 $z_2-z_1=5$ 的 ξ_1-z_1 限制图）。

4.11.6　六齿差 $z_2-z_1=6$

当 $z_1=20\sim25$，$z_c\leqslant13$ 时，避免范成顶切的变位系数比较大，尽量不要采用。$z_c=16$，变位系数最小值不应越过范成顶切 q_1-q_1 限制线。当 $z_c\geqslant20$ 时，变位系数应在外齿轮过渡曲线以上取（见 $z_2-z_1=6$ 的 ξ_1-z_1 限制图）。

变位系数 ξ 由顶点沿特性曲线下移时，干涉出现的顺序如表 4.30 所示。

表 4.30　变位系数 ξ 由顶点沿特性曲线下移时干涉出现的顺序

齿数差 z_2-z_1	插齿刀齿数 z_c	干涉出现顺序	第一出现干涉的变位系数 ξ_1	第一出现干涉的变位系数 ξ_2	齿轮齿数与干涉的关系（z_c 为定值）
1	10	$q_1\to d\to R\to G_B\to y$	正值较大	正值较大	对 q_1、d 取齿数少有利；对 R、G_B、y 取齿数多有利
	13	$q_1\to d\to R\to G_B\to y$	正值	正值	
	16	$q_1\to d\to S_a\to R\to G_B$；$y$	正值　递减	正值　递减	对 q_1、d、S_a 取齿数少有利；对 R 取齿数多有利
	20	$q_1\to d\to S_a\to R$	负值	正值	
	25	$S_a\to q_1\to d$	负值	正值	对 S_a、q_1、d 取齿数少有利
	34	$S_a\to q_1$	负值 ↓	正值 ↓	对 S_a、q_1 取齿数少有利
2	10	$q_1\to d\to G_B\to q_2\to y\to R$	正值较大	正值较大	对 q_1、d 取齿数少有利；对 G_B、q_2、y 取齿数多有利
	13	$q_1\to d\to G_B\to q_2\to y\to R$	正值	正值	
	16	$q_1\to G_B\to d\to q_2\to y\to R$	正值　递减	正值　递减	对 q_1 取齿数少有利；对 G_B、q_2、y 取齿数多有利
	20	q_1 {齿数少 $q_2\to G_B\to d\to y\to R$；齿数多 $G_B\to d\to q_2\to y\to R$}	负值 ↓	正值 ↓	对 q_1、q_2、G_B、d、y 取齿数多有利
3	10	q_1 {齿数少 $G_B\to d\to y$；齿数多 $d\to G_B\to y$}	正值较大	正值较大	对 q_1、d 取齿数少有利；对 G_B、y 取齿数多有利
	13	q_1 G_B {齿数少 $q_2\to d\to y$；齿数多 $d\to q_2\to y$}	正值	正值	对 q_1 取齿数少有利；对 G_B、d、q_2、y 取齿数多有利
	16	$q_1\to G_B\to q_2\to y$（d）	正值　递减	正值　递减	对 q_1、G_B、q_2、y 取齿数多有利
	20	$q_1\to G_B\to q_2\to y$（d）	负值	负值	
	25	q_1	负值 ↓	负值 ↓	对 q_1 取齿数多的有利
4	10	（q_1）$\to G_B\to d\to$（q_2）y	正值较大	正值较大	对 d 取齿较少的有利；对 G_B、q_2、y 取齿数多的有利
	13	$q_1\to G_B\to q_2\to$（d）y	正值	正值	对 G_B、q_2、y（d）取齿数多的有利
	16	q_1 {齿数少 $q_2\to G_B\to y$；齿数多 $G_B\to q_2\to y$}	正值　递减	正值　递减	对 G_B、q_2、y、q_1 取齿数多的有利
	20	$G_B\to q_1\to q_2\to y$	负值 ↓	负值 正值 ↓	对 G_B、q_1、q_2、y 取齿数多的有利

续表

齿数差 z_2-z_1	插齿刀齿数 z_c	干涉出现顺序	第一出现干涉的变位系数		齿轮齿数与干涉的关系（z_c 为定值）
			ξ_1	ξ_2	
5	10	$(q_1)\to G_B\to d\to y\ (q_2)$	正值较大	正值较大	对 q_1、d 取齿数少的有利； 对 G_B、q_2、y 取齿数多的有利
	13	$q_1\to G_B\to q_2\to (d)\ y$	正值 递减	正值 递减	对 q_1 取齿数少的有利； 对 G_B、q_2、y、d 取齿数多的有利
	16	$q_1\to G_B\to q_2\to y$	正值	正值	对 q_1、G_B、q_2、y 取齿数多的有利
	20	G_B 齿数少时 $q_2\to q_1\to y$ G_B 齿数多时 $q_1\to q_2\to y$	负值	负值 正值	
6	10	$(q_1)\to (G_B)\to d\to (q_2)\,y$	正值较大	正值较大	对 d 取齿数少的有利； 对 q_1、y 取齿数多的有利
	16	$q_1\to G_B\to q_2\to (y)$	正值 递减	正值 递减	对 q_1、G_B、q_2 取齿数多的有利
	20	$G_B\to q_1$	负值	负值 正值	

第 5 章　用特性曲线法解决少齿差内啮合齿轮副中存在的一些问题

5.1　传动啮合角为零度时，是否会产生齿廓重叠干涉

验算不产生齿廓重叠干涉的公式为

$$\Omega = z_1(\mathrm{inv}\alpha_{e1} + \varphi_1) - z_2(\mathrm{inv}\alpha_{e2} + \varphi_2) + (z_2 - z_1)\mathrm{inv}\alpha \geqslant 0$$

当传动啮合角 $\alpha=0°$时，上式变为

$$\Omega = z_1(\mathrm{inv}\alpha_{e1} + \varphi_1) - z_2(\mathrm{inv}\alpha_{e2} + \varphi_2) \geqslant 0$$

当 $\alpha=0°$时，在计算数值上减少了（z_2-z_1）$\mathrm{inv}\alpha$，对避免齿廓重叠干涉极为不利。随后此种干涉的产生与否，就由 $\alpha_{e1}-\alpha_{e2}$、$\varphi_1-\varphi_2$ 的差值的变化大小来决定，但是，在内啮合齿轮副变位系数很大的情况下，其差值仍然很小，对 Ω 值的影响微乎其微，尤其是对 $\varphi_1-\varphi_2$。又何况在小于 φ 值的计算过程中，实际啮合中心距 A 也只视为一定值，且$A<A_0$，对 Ω 值作用不大。

外齿轮变位系数 ξ_1 沿特性曲线向上滑移，其值由小逐渐递增时，内、外两齿轮的变位系数差 $\xi_2-\xi_1$、传动啮合角 α、重叠系数 ε 等均作递减变化，即变位系数逐渐递增时，呈现以下规律

$\xi_2-\xi_1$　由$>0\rightarrow=0\rightarrow<0$

α　由$>20°\rightarrow=20°\rightarrow<20°$或更小

ε　由$>1\rightarrow=1\rightarrow<1$

ξ_2 与 ξ_1 差值随齿轮副变位系数增大而逐渐变小，由 $\xi_2-\xi_1>0$ 的关系会逐渐变为 $\xi_2-\xi_1<0$，遂使齿轮副内、外两齿轮的分度圆齿厚增量系数和（$\Delta_2+\Delta_1$）变大，从而使传动啮合角 α 变小。根据这一情况，提供了使传动啮合角 $\alpha=0°$的条件。

由于少齿差内啮合齿轮副特性曲线本身存在的特点是：齿轮副凡是在特性曲线上选取的变位系数，均不会产生齿廓重叠干涉，因为特性曲线是不产生齿廓重叠干涉的最小值 $\Omega=0$的、不会产生齿廓重叠干涉的一条曲线。

为了弥补由于传动啮合角 $\alpha=0°$对避免齿廓重叠干涉产生的不利影响，必须取较大的变位系数减小 $\xi_2-\xi_1$ 的差值，才有可能使传动啮合角 $\alpha=0°$而又不会产生齿廓重叠干涉，这就相当于啮合角 α 为定值而通过增大变位系数来提高 Ω 值。

采用插齿刀计算系统计算少齿差内啮合齿轮副，传动啮合角 $\alpha=0°$的条件是

$$\left.\begin{aligned} &\mathrm{inv}\alpha_0 = \frac{\Delta_2+\Delta_1}{z_2-z_1} \\ &\Omega \geqslant 0 \end{aligned}\right\} \tag{5.1}$$

采用滚齿刀计算系统计算少齿差内啮合齿轮副（内齿轮、外齿轮分别用插齿刀、滚齿刀加工），传动啮合角 $\alpha=0°$的条件是

$$\left.\begin{aligned}&\mathrm{inv}\alpha_0=\frac{\xi_1-\xi_2}{z_2-z_1}2\tan\alpha_0\\&\Omega\geqslant 0\end{aligned}\right\}\tag{5.2}$$

式（5.1）、式（5.2）中的 $\Omega\geqslant 0$，是制约变位系数大小的，而不是任意值。

采用插齿刀计算系统计算内啮合齿轮副时，各齿数差 z_2-z_1 为了保证传动啮合角 $\alpha=0°$，选择齿轮副的变位系数应满足 $\Delta_1+\Delta_2$ 值的限制要求（见表 5.1）。

采用滚齿刀（外齿轮滚齿）计算系统计算内啮合齿轮副，各齿数差 z_2-z_1 为了保证传动啮合角 $\alpha=0°$，在选择齿轮副的变位系数时应满足一定的限制值（见表 5.2）。

表 5.1　插齿刀计算——$\alpha=0°$时，$\Delta_1+\Delta_2$ 的限制值

z_2-z_1	$\Delta_1+\Delta_2$	Ω
8	0.1192352	0
7	0.1043308	0
6	0.0894264	0
5	0.074522	0
4	0.0596176	0
3	0.0447132	0
2	0.0298088	0
1	0.0149044	0

表 5.2　滚齿刀计算——$\alpha=0°$时，$\xi_1-\xi_2$ 的限制值

z_2-z_1	$\xi_1-\xi_2$	Ω
8	0.1637980	0
7	01433233	0
6	0.1228485	0
5	0.1023738	0
4	0.0818990	0
3	0.0614243	0
2	0.0409495	0
1	0.0204748	0

表 5.3 是采用插齿刀计算系统计算的一齿差和四齿差两个内啮合齿轮副的例子。齿顶高系数 $f=0.8$ 和 $f=1$ 分别计算，在选择齿轮副的变位系数时，两例均满足 $\Delta_1+\Delta_2$ 为定值的条件，使传动啮合角 $\alpha=0°$，而没有产生齿廓重叠干涉。

表 5.3　　插齿刀计算系统计算（一齿差、四齿差）

z_1/z_2	m/z_c	f	ξ_1	ξ_2	Δ_1	Δ_2	ε	Ω
31/32	6.5/16	0.8	8.05	6.5637705	9.8700598	−9.8551554	−0.0107485	0.0001196
		1	10.30	8.4597068	13.397558	−13.3826536	−0.0013716	0.0001131
31/35	6.5/16	0.8	7.0	5.8499667	8.3007934	−8.2411758	−0.0173655	0.0001258
		1	8.9	7.4727609	11.1782263	−11.1186088	−0.002445	0.0001388

表 5.4 是用滚齿刀计算系统计算（外齿轮用滚齿刀加工）四齿差内啮合齿轮副的例子，齿顶高系数 $f=0.8$ 和 $f=1$ 分别计算。齿顶高计算公式为

外齿轮齿顶高：　　$h_1'=m(f+\xi_1-\sigma)$

内齿轮齿顶高：　　$h_2'=m(f-\lambda_{c2}-\sigma)$

表 5.4　　滚齿刀计算系统计算

（$m/z_c=6.5/16$）

齿数 z_1/z_2	齿顶高系数 f	变位系数		插齿刀中心分离系数 λ_{c2}	齿顶高变动系数 σ	重叠系数 ε	不产生齿廓重叠干涉值 Ω
		ξ_1	ξ_2				
31/35	0.8	4.05	3.968101	2.5068445	1.4225407	−0.12482	0.0082481
	1	4.73	4.64810	2.8487965	1.7605887	−0.10712	0.0047470

计算时，变位系数满足 $\xi_1-\xi_2$ 为定值的要求，使之保证传动啮合角 $\alpha=0°$，不产生齿廓重叠干涉。

表 5.5 中齿轮副的齿顶高 h' 是采用下列公式计算的：

外齿轮齿顶高：　　$h_1'=m(f+\xi_1)$

内齿轮齿顶高：　　$h_2'=m(f-\xi_2)$

表 5.5　　插齿刀计算系统计算（七齿差、八齿差）

z_2-z_1	z_1/z_2	m/z_c	f	ξ_1	ξ_2	ε	Ω
8	31/39	2/25	0.8	13.1637980	13	−0.0865386	0.0004533
			1	15.1637980	15	0.0239422	0.0000845
7	31/38	2/25	0.8	17.1433233	17	−0.0782349	0.0004771
			1	21.1433233	21	0.0129119	0.0089172

计算方法和步骤都比较简单，见第 6 章的有关内容。传动啮合角 $\alpha=0°$的 $\xi_1-\xi_2$ 的限制条件应满足：

$$\begin{cases}\mathrm{inv}\alpha_0=\dfrac{\xi_1-\xi_2}{z_2-z_1}2\tan\alpha_0\\ \Omega\geqslant 0\end{cases}$$

少齿差内啮合齿轮副以上的几种计算方法，若不考虑其他条件的限制，如重叠系数 ε 和变位系数的限制，均存在传动啮合角 $\alpha=0°$，而没有产生齿廓重叠干涉即 $\Omega\geqslant 0$ 的情况。

齿轮副只满足限制条件 0.0149044(z_2-z_1)或只满足限制条件 0.0204748(z_2-z_1)不一定会取得传动啮合角 $\alpha=0°$，还必须同时保证不产生齿廓重叠干涉值 $\Omega\geqslant0$。$\Omega\geqslant0$ 是限制变位系数应沿特性曲线向上移动，其值由小向大，大到一定程度才会产生 $\alpha=0°$，即变位系数不是任意值。对于同一齿数差，传动啮合角 $\alpha(\alpha=0°)$ 和实际啮合中心距 A 都成为定值，唯一的只有增大变位系数改变齿顶圆的大小来影响 Ω 值，但对各种计算系统增大变位系数对 Ω 值的影响和作用并不完全一样，表 5.3 采用插齿刀计算系统计算，影响就比较大，如果将齿轮副 $z_1/z_2=31/32$ 的变位系数由 $\xi_1=8.05$、$\xi_2=6.5637705$ 分别增大到 $\xi_1=8.8$、$\xi_2=7.1914908$，使之仍然满足 $\Delta_1-\Delta_2=0.0149044$ 的限制条件，这样可将 Ω 值由 0.0001196 增加到 0.03450374，而对表 5.5 所采用的计算系统影响就比较小，齿轮副 $z_1/z_2=31/39$，插齿刀 $m/z_c=2/25$，取齿顶高系数 $f=0.8$、$\xi_2=8$、$\xi_1=8.1637980$ 计算，齿廓重叠干涉值 $\Omega=-0.0003119$，同样条件，要想将 Ω 值由$\Omega=-0.0003119$ 变为 $\Omega=0.0004533$，变位系数要增大到 $\xi_2=13$、$\xi_1=13.1637980$ 才能保证传动啮合角 $\alpha=0°$，这也是变位系数取值比较大的原因。其实也可以将如此大的变位系数变得小些。在本例中，当 $\xi_2=8$、$\xi_1=8.163798$ 时的齿顶圆半径 $R_1=48.9275961$、$R_2=53.4$ 变为 $R_1=48.6$、$R_2=53.75$，则不产生齿廓重叠干涉值 $\Omega=0.0002221$，这就等于将 $\xi_2=13$ 减小到 $\xi_2=8$，仍满足传动啮合角 $\alpha=0°$的限制条件，$\xi_1-\xi_2=0.1637980$。

齿轮副的变位系数最大的取值极限，不得超越特性曲线上的重叠系数 ε 限制点，超越该点则会产生重叠系数 $\varepsilon<1$ 的情况，再来研究传动啮合角 α 的大小对齿廓重叠干涉的影响就没有多大的必要了，因为当传动啮合角 $\alpha=0°$时，变位系数远离重叠系数 ε 限制点，使重叠系数 ε 变得如此的小，使齿轮副无法正常啮合、无法正常运转、无法传递功率。

当重叠系数 $\varepsilon\geqslant1$ 时，无疑传动啮合角 α 对 Ω 值的影响是相当大的，是以(z_2-z_1) invα的形式影响 Ω 值的。

5.2 一齿差内啮合齿轮副的内齿轮变位系数 ξ_2 是否可为零而不产生齿廓重叠干涉

5.2.1 插齿刀计算系统

外齿轮变位系数 ξ_1 由大向小沿特性曲线向下移动，通过下限（第一个出现的干涉）还会依次出现各种干涉，最后到某一点 ξ_1 不能再小而终止，此点称为特性曲线的终止点。终止点仍能满足内齿轮齿顶圆 $D_2\geqslant$基圆 D_{02}，如外齿轮变位系数 ξ_1 再继续变小，会出现内齿轮齿顶圆小于基圆的情况，使内齿轮齿顶部分为非渐开线齿廓，又由于齿顶圆压力角 α_e 与其他干涉有密切的关系，一旦出现这种情况，便失去验算某些干涉的条件。

为了保证内齿轮变位后，其齿顶部分仍为渐开线齿廓，齿顶圆半径 R_2 应不小于基圆半径 r_{02}，即 $R_2\geqslant r_{02}$，或

$$\frac{mz_2}{2}-h_2'\geqslant\frac{1}{2}mz_2\cos\alpha_0$$

$$\frac{mz_2}{2}-m(f-\xi_2-\gamma)\geqslant\frac{1}{2}mz_2\cos\alpha_0$$

整理后，得

$$z_2 \geqslant 33.1634261(f-\xi_2-\gamma) \tag{5.3}$$

若 $\xi_2=0$，$f=0.8$，则

$$z_2 \geqslant 33.1634261(0.8-\gamma) \tag{5.4}$$

满足式（5.4）的，即表示含 z_2 的特性曲线与纵坐标 ξ_1 轴相交；不满足式（5.4）的，则表示含 z_2 的特性曲线与纵坐标 ξ_1 轴没有交点。根据不同的齿数差、不同的齿数组合，终止点的 ξ_2 可能出现 $\xi_2>0$、$\xi_2=0$ 或 $\xi_2<0$。一齿差在任何情况下，内齿轮的变位系数只有 $\xi_2>0$，不会取得 $\xi_2\leqslant 0$。

【例 5.1】 一齿差齿轮副 $z_1/z_2=25/26$，用 $m/z_c=2/13$ 的插齿刀进行设计，变位系数 $\xi_1=-0.673$，$\xi_2=0.757865$ 是齿轮副 $z_1/z_2=25/26$ 特性曲线的终止点，没有条件与纵坐标 ξ_1 轴相交，不会出现 $\xi_2=0$，因为 $\cos\alpha_{e2}=r_{02}/R_2=\dfrac{24.4326994}{24.4320076}=1$，又因为此时齿顶高变动系数 $\gamma=-0.7415101$，代入式（5.4），可知特性曲线不与纵坐标 ξ_1 轴相交，ξ_2 不会取得零值。齿轮副的传动啮合角 $\alpha=66°43.8742051'$，$\Omega=0.0000664$。

对于一齿差随着外齿轮变位系数 ξ_1 沿特性曲线下移，其值逐渐变小，当小到一定程度时，内齿轮的变位系数 ξ_2 由小开始逐渐变大，使特性曲线尾部有远离纵坐标 ξ_1 轴的倾向，不与之相交，使 ξ_2 值不会取得零值（见表 5.6）。当 $\xi_1=-0.647$ 时，ξ_2 值已开始变大，开始远离纵坐标 ξ_1 轴。其他齿数差也有这种情况，只不过数量不多，不像一齿差全部齿轮副均不能取得 $\xi_2=0$ 的情况。

表 5.6　特性曲线的尾部情况

$z_1/z_2=31/32$，$m/z_c=6.5/16$

ξ_1	ξ_2	α	γ	ε	Ω
−0.20	0.787008	63°25.8697603′	−0.4365385	1.6257249	0.000020
−0.50	0.760817	65°32.9835907′	−0.6256575	1.8995342	0.0003808
−0.647	0.771720	66°37.8218827′	−0.7342180	2.0736015	0.0000141
−0.990	0.871960	69°14.0773374′	−1.0367394	2.9115807	0.0000141

5.2.2　滚齿刀计算系统计算

滚齿刀计算系统，即内齿轮用插齿刀计算，外齿轮用滚齿刀加工。

若按附录 A 中 A.2 滚齿刀计算系统计算公式的计算方法，插齿刀加工内齿轮的切削啮合角 α_{c2} 为

$$\mathrm{inv}\alpha_{c2}=\mathrm{inv}\alpha_0+\frac{\xi_2-\xi_c}{z_2-z_c}2\tan\alpha_0$$

当 $\xi_2=0$ 时（取 $\xi_c=0$ 计算），则 $\alpha_{c2}=\alpha_0=20°$。

中心分离系数为

$$\lambda_{c2}=\frac{z_2-z_c}{2}\left(\frac{\cos\alpha_0}{\cos\alpha_{c2}}-1\right)=0$$

为了保持内齿轮齿顶部分仍为渐开线齿廓，齿顶圆半径 R_2 应大于或等于基圆半径 r_{02}，即

$$R_2\geqslant r_{02}$$

或

$$\frac{mz_2}{2}-h_2'\geqslant\frac{1}{2}mz_2\cos\alpha_0$$

将 $h_2'=(0.8-\lambda_{c2}-\sigma)$，$\lambda_{c2}=0$ 代入上式，整理后，得

$$z_2\geqslant 33.1634261(0.8-\sigma) \tag{5.5}$$

凡满足式（5.5），即表示特性曲线与纵坐标 ξ_1 轴有交点，ξ_2 可以取得零值。保证不产生齿廓重叠干涉值为最小的正值，当 $\xi_2=0$，随齿轮副齿数由多逐渐向少变化时，其中 ξ_1、α 和 σ 的变化不大，只是随齿数的减少，$|\xi_1|$、α、$|\sigma|$ 增大，遂而 $\cos\alpha_{e2}$ 值增大，当增大到一定程度而不能再增大时，齿轮副的齿数称为能使 $\xi_2=0$ 的最少齿数。如表 5.7 所示，插齿刀为 $m/z_c=3/34$，齿轮副的最少齿数组合为 $z_1/z_2=80/81$，也就是 $z_1/z_2\geqslant 80/81$ 时，ξ_2 均可取得 $\xi_2=0$，不会产生齿廓重叠干涉。但是齿轮副 $z_1/z_2=80/81$，内齿轮变位系数在未 $\xi_2=0$ 之前已经产生齿顶圆弧齿厚 $S_a<0.4m$。同时，齿轮副 $z_1/z_2=80/81$不满足 $z_1\geqslant z_2(1-\tan\alpha_{e2}/\tan\alpha)$，产生渐开线干涉，因为

$$z_2(1-\tan\alpha_{e2}/\tan\alpha)=81(1-0.0158457/3.2982564)=80.611$$

表 5.7　　滚齿刀计算系统计算

（$\xi_2=0$，$m/z_c=3/34$）

z_1/z_2	ξ_1	α	σ	$\cos\alpha_{e2}$	$\cos\varphi$		Ω	备注
					$\cos\varphi_1$	$\cos\varphi_2$		
100/101	−2.743255	73° 4.8176604′	−1.6288365	0.9871714	−0.9999995	−0.9999996	0.0015862	ξ_1 不能再小，受 $\cos\varphi$ 限制
95/96	−2.7438037	73° 4.9446623′	−1.6291891	0.9897837	−0.9999759	−0.9999742	0.0000535	
90/91	−2.745625	73° 5.3662197′	−1.6303591	0.9927181	−0.9998969	−0.999889	0.0000732	
85/86	−2.7494335	73° 6.2463925′	−1.6328061	0.9960458	−0.9997330	−0.9997113	0.0000179	
80/81	−2.757005	73° 7.9916871′	−1.6376707	0.9998744	−0.9994089	−0.9993576	0.0000252	

对于表 5.7 中的 $z_1/z_2=100/101$ 的齿轮副，在 $\xi_2=0$ 时，外齿轮的变位系数 ξ_1 除要受到 $\cos\varphi$ 值限制外，还要受到 $R_2+A<R_1$ 齿顶相碰的限制，例如本例 $R_1=149.0568180$，$R_2=144.213417$，$A=4.84318198$，则 $R_2+A-R_1=-0.0002190$，在啮合安装时产生在啮合节点对方的齿顶与齿顶相碰，无法安装到啮合位置。

滚齿刀计算系统计算一齿差内啮合齿轮时，在不产生齿廓重叠干涉的条件下，内齿轮的最小变位系数不会取得 $\xi_2=0$。

无论是采用插齿刀计算还是采用滚齿刀计算，对于一齿差没有必要选取如此小的变位系数，除了容易产生各种干涉外还会使 α 增大，若没有特殊情况，尽量将变位系数选取大些。

5.3　传动啮合角 α 与齿轮齿数的关系

同一齿数差，齿轮齿数与传动啮合角 α 的关系只有在一定的条件下，才能真实地反映出来，在一般情况下，影响传动啮合角 α 大小的除了齿轮齿数外，还与齿轮副的齿数差、变位系数和插齿刀齿数 z_c 有密切关系，其中任何一个参数如果发生了变化，都直接影响传动啮合角 α 的大小。当插齿刀齿数 z_c、齿数差和外齿轮的变位系数 ξ_1 一定时，使之保证不产生齿廓重叠干涉值 Ω 为最小的正值，这些条件都可以在内啮合齿轮副的特性曲线上得到保证，同时反映出不同的齿轮齿数所必需的内齿轮变位系数 ξ_2 不相等，其中 ξ_1 为定值是指在特性曲线上重叠系数 ε 相等的情况下，所对应的 ξ_1 而不是任意值，这说明在一定的条件下，内齿轮变位系数 ξ_2 与齿轮齿数之间存在值的内在关系，由于 $\xi_2-\xi_1$ 值的变化，必定影响传动啮合角 α 的大小，因而，影响 α 大小的不是只有齿数差和齿轮齿数。

关于齿轮副齿数，如何正确地根据提供的传动啮合角 α 的数据，选择啮合角 α 大小的问题，存在以下三种提法。

第一种提法：啮合角 α 的选用范围如下：

当 $z_2-z_1=1$时，可取 $\alpha=54°\sim56°$。

当 $z_2-z_1=2$时，可取 $\alpha=40°\sim45°$。

当 $z_2-z_1=3$时，可取 $\alpha=28°\sim30°$。

当 $z_2-z_1=4$时，可取 $\alpha=25°\sim26°$。

齿轮齿数多时，α 可取偏大值，反之取偏小值。

第二种提法：啮合角 α 的选用范围如表 5.8 所示。

表 5.8　　第二种提法啮合角 α 的选用范围

齿数差 z_2-z_1	啮合角 α 的选用范围	齿数差	啮合角 α 的选用范围
1	54°～56°	3	28°～30°
2	38°～40°	4	26°～28°

啮合角 α 的选用范围中，当齿轮的齿数多时，α 取小值；齿轮的齿数少时，α 取大值。

第三种提法：啮合角的选择如表 5.9 所示。

表 5.9　　第三种提法啮合角 α 的选用范围

齿数差 z_2-z_1	啮合角 α 的选用范围	齿数差	啮合角 α 的选用范围
1	54°～56°	3	29°～31°
2	39°～41°	4	26°～28°

(1) 本身适用于 $\alpha_0=20°$的短齿齿轮。

（2）齿数少时，用较大的啮合角。

三种提法中，其中有两种相同，任何一种提法都是为了力求使传动啮合角 α 小。尤其是对齿数差少的一齿差、二齿差的各种提法都出现了非常大的传动啮合角 α。

表 5.10、表 5.11 是采用插齿刀计算系统计算的与第一种提法反、正面的两个例子。

表 5.10　　插齿刀计算系统计算第一种提法的反例

参　数	$z_1/z_2=100/101$，$m/z_c=2/50$	$z_1/z_2=40/41$，$m/z_c=6.5/16$
f	0.8	0.8
ξ_1	2.333950	1.364890
ξ_2	2.474346	1.65890
ε	1.025960	1.0250
α	54°22.07740′	56°2.4550734′
Ω	0.0000404	0.0000445
$\xi_2-\xi_1$	0.140396	0.29401

表 5.11　　插齿刀计算系统计算第一种提法的正例

参　数	$z_1/z_2=100/101$，$m/z_c=4/25$	$z_1/z_2=25/26$，$m/z_c=2.5/20$
f	0.8	0.8
ξ_1	3.1970	0.650
ξ_2	3.454875	0.828865
ε	1.02671	1.02623
α	55°40.044694′	54°46.3098′
Ω	0.0000626	0.0000423
$\xi_2-\xi_1$	0.257875	0.178865

由于在三种提法中，均没有说明在使用时的附加限制条件，只说明了不同齿数差、不同齿轮齿数与传动啮合角的关系，显然，结论不够准确。任何齿数差采用相同齿数 z_c 插齿刀进行计算，为了正确反映情况，使不同齿轮齿数获得同样大小的重叠系数 ε，并使之保证不产生齿廓重叠干涉值为最小的正值，规定为不同齿轮齿数共同的限制条件，才能反映出齿轮齿数与传动啮合角 α 的真正关系。第一种提法是：齿轮齿数多时，α 可取偏大值，反之取偏小值。表 5.10 是与这种提法相反的例子，是齿轮副齿数多的 $z_1/z_2=100/101$的 α 值偏小，而齿数少的$z_1/z_2=40/41$ 的 α 值偏大。表 5.11 所举的是与第一种提法相符合的例子。两表共同的限制条件是 ε 和 Ω 两值。

表 5.12～表 5.14 是与第二种提法相矛盾的例子。表中各例是采取滚齿刀计算系统计算出的，因为第二种提法是采用滚齿刀计算系统计算的论断，但齿数间没有提出附加条件的说明。第二种提法的齿轮齿数与 α 的关系是：当齿轮齿数多时，α 取小值；当齿轮齿数少时，α 取大值（指表中啮合角 α 的选用范围），即齿轮齿数少时如果 α 取小值会产生齿廓重叠干涉，齿数多时如果 α 取大值会使 α、Ω 两值偏大，也就是同一齿数差齿轮齿数少的，其 α 值要比齿数多的大，有利避免齿廓重叠干涉。

表 5.12，按第二种提法，齿数多的齿轮副 $z_1/z_2=95/96$ 的 α 值要比齿数少的齿轮副 $z_1/z_2=39/40$ 的 α 小；表 5.13 中反映出齿轮齿数的多少与 α 的大小无多大关系；表 5.14 按第二种提法在四个齿轮副中，齿数多的 $z_1/z_2=95/96$ 的 α 值应是最小，齿数少的 $z_1/z_2=40/41$ 的 α 值应是最大，α 值小的不是齿数多的，而是 $z_1/z_2=63/64$，α 值大的不是齿数少的，而是齿数多的 $z_1/z_2=95/96$，以上情况可见表 5.15。

表 5.12　　滚齿刀计算系统计算第二种提法的反例一

参数	$z_1/z_2=39/40$，$m/z_c=2.5/30$	$z_1/z_2=95/96$，$m/z_c=6.5/16$
ξ_1	0.905	2.32
ξ_2	1.4629	2.89115
ε	1.0031	1.003
α	53°36.282727′	53°54.1046536′
Ω	0.0003152	0.0004530
$\xi_2-\xi_1$	0.5579	0.57115

表 5.13　　滚齿刀计算系统计算第二种提法的反例二

参数	$z_1/z_2=39/40$，$m/z_c=2.5/30$	$z_1/z_2=99/100$，$m/z_c=2.5/30$
ξ_1	0.905	2.230
ξ_2	1.4629	2.7879
ε	1.0031	1.0041
α	53°36.282727′	53°36.282727′
Ω	0.0003152	0.0011583
$\xi_2-\xi_1$	0.5579	0.5579

表 5.14　　滚齿刀计算系统计算第二种提法的反例三

z_1/z_2	40/41	63/64	80/81	95/96
m/z_c	2.75/28	2/50	2.5/40	6.5/16
ξ_1	0.9815	1.1625	1.7538	2.32
ξ_2	1.55075	1.68825	2.30585	2.89115
ε	1.0035524	1.0040477	1.003459	1.003
α	53° 51.5717673′	52° 51.3707157′	53° 28.2903733′	53° 54.1046536′
Ω	0.0002645	0.0001099	0.0004848	0.0004530
$\xi_2-\xi_1$	0.56925	0.52575	0.55205	0.57115

表 5.15　　滚齿刀计算系统计算第二种提法三种反例的比较与分析

表格	齿轮齿数	传动啮合角 α
表 5.12	少时	偏小
	多时	偏大
表 5.13	少时	齿轮齿数的多少对 α 的大小影响不大
	多时	
表 5.14	少时	按齿轮齿数的多少取 α，无规律
	多时	

第三种提法与第二种提法相同。

显然，根据齿轮齿数的多少来选择表内的 α 值大小，会出现齿轮齿数多时，传动啮合角 α 值比齿数少时不一定大也不一定小的情况（见表 5.16）；齿轮齿数少时，传动啮合角 α 值比齿数多时不一定大也不一定小（见表 5.16）。

表 5.16　　齿轮齿数与传动啮合角 α 的关系

（同一齿数差，ε、Ω 分别相等或近似的情况）

z_2-z_1	m/z_c	z_1/z_2	ξ_1	ξ_2	α	ε	Ω
1	3/34	100/101	2.832150	3.04252	55° 9.121076′	1.026539	0.0004534
	2/50	80/81	1.7450	1.86436	54° 7.8055927′	1.0261567	0.000086
	4.5/17	50/51	1.71375	2.01115	56° 5.3337692′	1.0267660	0.0002671
z_2-z_1	m/z_c	z_1/z_2	ξ_1	ξ_2	α	ε	Ω
1	2/13	25/26	0.8370	1.135583	56° 5.0654277′	1.0266736	0.0000566
	2/13	40/41	1.4547	1.783065	56° 24.8409584′	1.0265363	0.0000371
	3/34	55/56	1.380	1.549519	54° 41.5195103′	1.0264741	0

表 5.17 为齿轮的齿数间无 Ω、ε 限制条件，前三个齿轮副的齿数相同，采用同一 z_c 的插齿刀设计，限制 Ω 值，即相当于特性曲线上三个不同变位系数的齿轮副；后一个齿轮副与前三者任一齿轮副组成齿数间没有 ε 值、Ω 值条件限制的情况，都不符合第二种提法。

表 5.17　　齿数间无 Ω、ε 两值限制情况

z_1/z_2	95/96	95/96	95/96	50/51
m/z_c	3/34	3/34	3/34	3/25
ξ_1	1.908	1.70	1.20	1.1216
ξ_2	2.53081	2.394549	2.08152	1.7945
ε	1.0667146	1.1314904	1.2940309	1.0739705
α	55° 0.1313393′	56° 23.5979939′	59° 26.9017121′	55° 59.3054612′
Ω	0.0000549	0	0.000056	0.0532901
$\xi_2-\xi_1$	0.62281	0.694549	0.88152	0.6729

三种提法（实为两种）不确切的原因在于，对不同齿轮齿数间没有共同的限制条件，如插齿刀齿数 z_c、重叠系数 ε 和齿廓不产生重叠干涉值的大小，在一定条件下插齿刀齿数与齿轮齿数对传动啮合角 α 的影响不同，一般是前者大于后者，如果不同的齿轮齿数对 ε 和 Ω 没有统一的要求，直接将会影响 $\xi_2-\xi_1$ 值和 α 值的波动，不能够真正地反映出齿轮齿数与传动啮合角 α 的关系。例如，一齿差内啮合齿轮副 $z_1/z_2=90/91$，变位系数 $\xi_1=2.045$，$\xi_2=2.17655$，用 $m/z_c=2/50$ 插齿刀计算，$\alpha=54°16.0142214$，$\varepsilon=1.025798$，$\Omega=0.0000373$，将有关数值代入表 5.18 与之比较可知：三组不同齿数 z_c 的插齿刀计算的齿轮副，均以齿数多的 α 值偏大，而 $z_1/z_2=90/91$ 在三组中齿数的排列如何 α 均为最小值，与表中的限制条件不符所致。

表 5.18　　齿轮齿数与传动啮合角 α 的关系

同一齿数差 $z_2-z_1=1$，ε、Ω 分别相等或近似的情况

z_2-z_1	m/z_c	z_1/z_2	ξ_1	ξ_2	α	ε	Ω
1	2.5/10	20/21	0.7030	1.027775	56° 21.1741197′	1.0265137	0.0001198
		28/29	1.044381	1.39410	56° 37.9173179′	1.0265937	0
		32/33	1.21607	1.5720	56° 42.096175′	1.0268074	0.0000299
	3/25	45/46	1.2819	1.5017695	55° 4.762180′	1.0264797	0.0000034
		65/66	1.99325	2.2379715	55° 31.2370147′	1.0261689	0.0000083
		95/96	3.0260	3.28296	55° 39.4650222′	1.0267124	0.0001273
	3/34	60/61	1.550	1.7294162	54° 48.1664517′	1.0263149	0.0000641
		75/76	2.040	2.237546	55° 0.3859153′	1.026580	0.0000489
		90/91	2.5176	2.7242	55° 6.5039233′	1.0268685	0.0003427

在确定不同的齿轮齿数与传动啮合角 α 的关系时，应以重叠系数 ε 相等和不产生齿廓重叠干涉值为最小的正值（近似相等）为共同的限制条件（见表 5.19）。

综上所述，插齿刀计算系统计算时，同一齿数差齿轮齿数与传动啮合角 α 的关系如下：

（1）齿数差相同，当插齿刀齿数 z_c 多时，α 取小值（见三种提法的相关表内）；z_c 少时，α 取大值（见表 5.16、表 5.19）。

（2）齿数 z_c 相同的插齿刀，当齿轮齿数多时，α 取大值（见三种提法的相关表内）；齿轮齿数少时，α 取小值（见表 5.18、表 5.20）。

表 5.19　　齿轮齿数与传动啮合角 α 的关系

（同一齿数差 $z_2-z_1=1,2,3$，ε、Ω 分别相等或近似的情况）

z_2-z_1	m/z_c	z_1/z_2	ξ_1	ξ_2	α	ε	Ω
1	2/50	95/96	2.186710	2.32438	54° 20.4029′	1.026704	0.0000661
	3/25	80/81	2.5105	2.763425	55° 36.7957597′	1.0267354	0.0001026
	2/13	40/41	1.45470	1.783065	56° 24.8469584′	1.0265363	0.0000371
2	2.25/45	80/82	1.9175	1.82185	35° 50.1059079′	1.025461	0.0000095
	6.5/16	35/37	1.2450	1.266806	36° 45.8536375′	1.0256163	0.0000125
	2.5/10	20/22	0.8270	0.8836685	36° 59.405450′	1.02580	0
3	3/34	80/83	0.950	1.026335	30° 54.9696442′	1.2986034	0.00000311
	2.5/30	55/58	0.70	0.7839738	30° 56.2279327′	1.2973762	0
	3/25	60/63	0.80	0.9001	31° 3.0072736′	1.2988244	0.0000324

表 5.20　　齿轮齿数与传动啮合角 α 的关系

（同一齿数差 $z_2-z_1=2,3$，ε、Ω 分别相等或近似的情况）

z_2-z_1	m/z_c	z_1/z_2	ξ_1	ξ_2	α	ε	Ω
2	2.5/10	20/22	0.8270	0.8836685	36° 59.405450′	1.02580	0
		25/27	1.0210	1.086830	37° 5.0547235′	1.0251798	0.0000034
2	2.25/45	80/82	1.91750	1.821850	35° 50.1059079′	1.0256461	0.0000095
		100/102	2.460	2.3750	35° 54.2194221′	1.0257762	0.0003019
3	3/25	45/48	0.60	0.6893744	30° 57.2909238′	1.2973585	0.0000042
		60/63	0.80	0.9001	31° 3.0072736′	1.2988244	0.0000324

滚齿刀计算系统计算时，齿顶高按下列公式计算：

$h_1'=m(f+\xi_1-\sigma)$，$h_2'=m(f-\lambda_{c2}-\sigma)$，齿轮齿数与传动啮合角 α 的关系如下：

（1）同一齿数差，当插齿刀齿数 z_c 多时，α 取小值，当齿轮齿数 z_c 少时，α 取大值（见表 5.12、表 5.14），这一点与插齿刀计算系统相同。

（2）当插齿刀齿数 z_c 相同或相近时，齿轮齿数 z_c 与传动啮合角 α 的关系不明显。

对于齿数差 $z_2-z_1=4,5,6$ 时，变位系数一般比较小，远离 ε-ε 限制线，可不必考虑 ε 的限制条件。无论采用何种计算系统计算，以 $\xi_2-\xi_1$ 的大小来确定 α 值的大小都比较确切，比较合理，见本章有关表格。

第6章　特性曲线计算用表——变位系数求法

设计少齿差内啮合齿轮副，本书采用以外齿轮变位系数 ξ_1 为设计的计算基数，然后根据加工的插齿刀齿数 z_c、齿轮齿数、不同的齿数差来确定内齿轮的变位系数 ξ_2，使之不产生齿廓重叠干涉。当齿数差 $z_2-z_1=1,2$（或3）时，对同样大小的重叠系数 ε，齿轮齿数少的，ξ_1 值可取得小些；齿数多的，ξ_1 值可取得大些；在重叠系数 $\varepsilon-\varepsilon$ 限制线下附近取变位系数 ξ_1，一般其值都比较大，主要是为了使传动啮合角 α 小。当齿数差 $z_2-z_1=7,6,5,4$（或3）时，没有必要考虑重叠系数 ε 的大小，因为这种情况变位系数 ξ_1 不是很大，ε 值一般都比较大。同一齿数差，插齿刀的齿数 z_c 偏多时，α 值偏小些；当 $\xi_1>0$，齿数差 $z_2-z_1=1,2,3,4$ 时，如果取同样大小的 ξ_1，齿数差和 z_c 也相同，齿数多的齿轮副，其 α 值偏大些。加工时与设计、计算时所采用的插齿刀齿数 z_c 必须统一、一致。采用插齿刀计算系统计算的齿轮副，外齿轮必须用插齿刀进行切削，否则会出现其他某种干涉。

特性曲线计算用表按不同齿数差分为表6.1～表6.7，其中一齿差 $z_2-z_1=1$分为两个部分，即表6.1、表6.2。

如果已确定了少齿差内啮合齿轮副的齿数 z_1、z_2，并根据设计要求也确定选用齿数为 z_c 的插齿刀进行计算，外齿轮的变位系数在特性曲线上的上、下限制点间取之为 ξ_1，用下列方法求得内齿轮的变位系数 ξ_2，不会产生齿廓重叠干涉。

6.1　计算用表法

凡符合特性曲线计算用表上的齿轮齿数 z_1、z_2 和插齿刀齿数 z_c 者，内齿轮的变位系数 ξ_2 可直接查表或计算求得，由于这样求得的 ξ_2 近似理论值，不产生齿廓重叠干涉值偏小，可将 ξ_2 值略加大些，除了对 Ω 值、传动啮合角 α 有所增加外，对其他参数的影响不大。

6.1.1　直接查表法

若表上有所求的 ξ_1，可直接查表得 ξ_2。

【例6.1】　三齿差内啮合齿轮副 $z_1/z_2=45/48$，选用 $m/z_c=2.5/20$ 的插齿刀进行切削加工，如果外齿轮的变位系数 $\xi_1=0.4$，可由特性曲线计算用表的表6.4查得不产生齿廓重叠干涉的内齿轮变位系数 $\xi_2=0.5545996$，为加工实际情况和加大不产生齿廓重叠干涉值，可加大 ξ_2 值，如 $\xi_2=0.556$，再由计算公式，一一将各参数求出，但要精确。

6.1.2　查表计算——变位系数比 ξ_k 法

设计的少齿差内啮合齿轮副的齿数 z_1、z_2 和插齿刀齿数 z_c 均与计算用表相符，但没有所选定的外齿轮变位系数 ξ_1，已知其 ξ_1 值介于两已知值之间。如图 6.1 所示，点 C 介于点 A、点 B 之间，类似于这种情况，可由下列公式求得内齿轮的变位系数 ξ_2。为了提高 Ω 值，将所求得的 ξ_2 值略加大些。

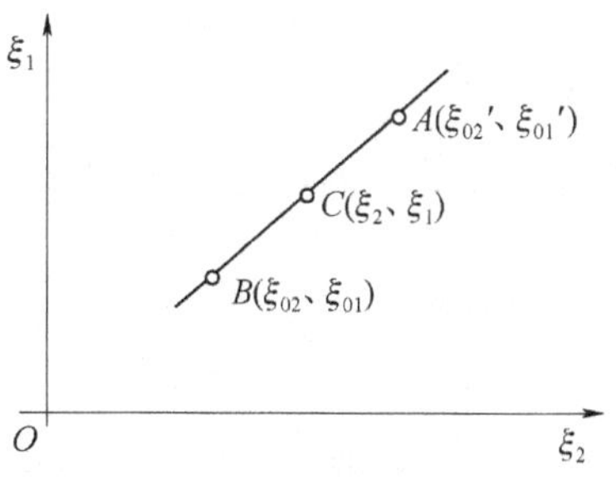

图 6.1　变位系数比 ξ_k 法分析图

$$\xi_2 \geqslant \xi_{02} + \xi_k(\xi_1 - \xi_{01})$$

或

$$\xi_2 \geqslant \xi'_{02} - \xi_k(\xi'_{01} - \xi_1)$$

式中　ξ_k——AB 线段的变位系数比，查表可知，ξ_{02}、ξ_{01}、ξ'_{02}、ξ'_{01} 为齿轮副的变位系数在特性曲线上的坐标值。

【例 6.2】　一齿差内啮合齿轮副 $z_1/z_2=40/41$，用 $m/z_c=6.5/16$ 插齿刀计算，若外齿轮的变位系数取 $\xi_1=0.85$，试求与其对应的内齿轮变位系数 ξ_2。查表 6.1 查出有关数值，因为 $\xi_1=0.85$，其值介于 ξ_1 的 0.8～1.0，查得变位系数比 $\xi_k=0.5746771$，与 $\xi_{01}=0.8$ 相对应的 $\xi_{02}=1.3191125$，代入公式得

$$\xi_2 \geqslant \xi_{02} + \xi_k(\xi_1 - \xi_{01}) = 1.3191125 + 0.5746771(0.85 - 0.8) = 1.3478464$$

【例 6.3】　一齿差内啮合齿轮副 $z_1/z_2=80/81$，用齿数 $z_c=50$ 的插齿刀进行加工，若外齿轮的变位系数 $\xi_1=-0.1$，内齿轮的变位系数 ξ_2 为何值时不会产生齿廓重叠干涉。

查表 6.1，$\xi_1=-0.1$，其值介于 -0.2～-0.05，查出有关数值：变位系数比 $\xi_k=0.3123516$，$\xi_{01}=-0.2$ 时，$\xi_{02}=0.959830$，代入公式得

$$\xi_2 = 0.959830 + 0.3123516[-0.1 - (-0.2)] = 0.9910652$$

因 $z_2-z_1=1$，ξ_1 又为负值，取 $\xi_2=0.9917$。

6.2　计算用表中间 4 齿数的变位系数计算

计算用表中，齿轮齿数有的是逐齿连续的，中间没有齿数间断，如一齿差 $z_2-z_1=1$ 的计算用表之二（见表 6.2），有的表齿数间隔为 5，只提供了上齿数、下齿数的变位系数，中间 4 个齿数的变位系数没有提供。如果加工时插齿刀齿数 z_c 与表中相同，中间 4 个齿数任何一齿数的变位系数和变位系数比 ξ_k，亦可由计算用表计算出来。

1. $z_2-z_1=2,3,4,5,6$

当 $z_2-z_1=2,3,4,5,6$ 时，内齿轮变位系数的求法如下。

上齿数 $\xi_{02}^{上}$：

$$\begin{cases} 中间第一齿数：\xi_2 = \xi_{02}^{上} \pm 0.222142y \\ 中间第二齿数：\xi_2 = \xi_{02}^{上} \pm 0.43174y \\ 中间第三齿数：\xi_2 = \xi_{02}^{上} \pm 0.630184y \\ 中间第四齿数：\xi_2 = \xi_{02}^{上} \pm 0.821782y \end{cases}$$

表 6.1 $z_2 - z_1 = 1$ 特性曲线计算用表之一

z_1/z_2	z_c (m)	不产生 y 最小值	不产生 G_B 最小值	外齿轮不产生顶切的最小值	不产生 q_1 最小值	ξ_1、ξ_2	$\xi_1=-0.05$	$\xi_1=0$
20/21	10 (2.5 2.75)	$\xi_1=-0.430$ $\xi_2=0.704070$ $\alpha=64°39.0235115'$ $\Omega=0.0000568$	$\xi_1=-0.40371$ $\xi_2=0.700890$ $\alpha=64°24.9105472'$	$\xi_1=0.39350$ $\xi_2=0.877926$ $\alpha=58°23.5312750'$ $\Omega=0.000379$	$\xi_1=0.5030$ $\xi_2=0.9276350$ $\alpha=57°39.4576319'$ $\Omega=0.0000259$	$\xi_1=-0.4$ $\xi_2=0.70114$	$\xi_2=0.7251430$	$\xi_2=0.7403034$
						变位系数比 ξ_k	0.06860	0.3032084
25/26	10	$\xi_1=-0.70$ $\xi_2=0.834677$ $\alpha=67°21.965335'$ $\Omega=0.0003638$ (含不产生 q_2 最小值)	$\xi_1=-0.643980$ $\xi_2=0.77530$ $\alpha=66°24.9569922'$	$\xi_1=0.55632$ $\xi_2=1.0582$ $\alpha=58°33.5969064'$ $\Omega=0.0003920$		$\xi_1=-0.50$ $\xi_2=0.7845510$	$\xi_2=0.8134774$	$\xi_2=0.8301069$
						变位系数比 ξ_k	0.06430	0.3325903
	13 (2 8)	$\xi_1=-0.6730$ $\xi_2=0.7578650$ $\alpha=66°43.8742057'$ $\Omega=0.0000664$			$\xi_1=0.25550$ $\xi_2=0.8641950$ $\alpha=59°50.2504977'$ $\Omega=0.0000264$	$\xi_1=-0.50$ $\xi_2=0.7286750$	$\xi_2=0.7657807$	$\xi_2=0.7813844$
						变位系数比 ξ_k	0.08246	0.3120748
28/29	10					$\xi_1=-0.50$ $\xi_2=0.819570$	$\xi_2=0.8574992$	$\xi_2=0.8747936$
						变位系数比 ξ_k	0.08430	0.3458893
	13					$\xi_1=-0.50$ $\xi_2=0.770720$	$\xi_2=0.8157531$	$\xi_2=0.8322004$
						变位系数比 ξ_k	0.10	0.3289458
30/31	13	$\xi_1=-0.965$ $\xi_2=0.928777$ $\alpha=69°23.567091'$ $\Omega=0.0000226$				$\xi_1=-0.50$ $\xi_2=0.7955726$	$\xi_2=0.8455908$	$\xi_2=0.8624948$
						变位系数比 ξ_k	0.1111517	0.3380797

$\xi_1=0.2$	$\xi_1=0.4$	$\xi_1=0.6$	$\xi_1=0.8$ (0.7)			
$\xi_2=0.8009451$	$\xi_2=0.8807928$	$\xi_2=0.9748666$	$\xi_1=0.70$ $\xi_2=1.0261460$	$\xi_1=0.7030$ $\xi_2=1.0277750$ $\alpha=56°21.1741197'$ $\varepsilon=1.0265137$ $\Omega=0.0001198$		
0.3032084	0.3992383	0.4703694	0.5127935	0.5430		
$\xi_2=0.8966250$	$\xi_2=0.9816355$	$\xi_2=1.0808350$	$\xi_1=0.70$ $\xi_2=1.1343985$	$\xi_1=0.8$ $\xi_2=1.1910962$	$\xi_1=0.9160$ $\xi_2=1.259050$ $\alpha=56°33.4668567'$ $\varepsilon=1.0262789$ $\Omega=0.0002224$	
0.3325905	0.4250525	0.4959975	0.5356350	0.5669775	0.5858086	
$\xi_2=0.8437994$	$\xi_2=0.9227058$	$\xi_2=1.0142550$	$\xi_1=0.70$ $\xi_2=1.0640148$	$\xi_1=0.8370$ $\xi_2=1.1355830$ $\alpha=56°5.0654277'$ $\varepsilon=1.0266736$ $\Omega=0.0000566$		
0.3120748	0.3945318	0.4577451	0.4975979	0.5223956		
$\xi_2=0.9439715$	$\xi_2=1.0314553$	$\xi_2=1.1328925$	$\xi_1=0.70$ $\xi_2=1.1878902$	$\xi_1=0.8$ $\xi_2=1.2452817$	$\xi_1=1.0$ $\xi_2=1.3662954$	$\xi_1=1.0443810$ $\xi_2=1.39410$ $\alpha=56°37.9173179'$ $\varepsilon=1.0265937$ $\Omega=0$
0.3458893	0.4374189	0.5071861	0.5499770	0.5739148	0.6050685	0.6264978
$\xi_2=0.8979896$	$\xi_2=0.9797357$	$\xi_2=1.0746708$	$\xi_1=0.70$ $\xi_2=1.1259340$	$\xi_1=0.8$ $\xi_2=1.1794215$	$\xi_1=0.9610$ $\xi_2=1.2696065$ $\alpha=56°11.7124262'$ $\varepsilon=1.0265156$ $\Omega=0.0000012$	
0.3289458	0.4087308	0.4746756	0.5126317	0.5348754	0.5601550	
$\xi_2=0.9301108$	$\xi_2=1.0138490$	$\xi_2=1.1103596$	$\xi_1=0.8$ $\xi_2=1.2169150$	$\xi_1=1.050$ $\xi_2=1.3738275$ $\alpha=56°22.112288'$ $\varepsilon=1.0290340$ $\Omega=0.0000103$		
0.3380797	0.4186910	0.4825530	0.5327770	0.627650		

z_1/z_2	z_c (m)	不产生 y 最小值			不产生 q_1 最小值	ξ_1、ξ_2	$\xi_1=-0.05$
30/31	16 (6.5)			满足$\frac{S_a}{m}\geqslant 0.4$的最小值 $\xi_1=-0.6720$ $\xi_2=0.7625350$ $\alpha=66°45.3456247'$ $\Omega=0.0000167$	$\xi_1=0.035$ $\xi_2=0.827960$ $\alpha=61°42.5927752'$ $\Omega=0.0004772$	$\xi_1=-0.5$ $\xi_2=0.7471210$	$\xi_2=0.8017766$
						变位系数比 ξ_k　0.1214570	0.3213075
31/32	16	$\xi_1=-0.990$ $\xi_2=0.871960$ $\alpha=69°14.0773374'$ $\Omega=0.0000141$	满足$\frac{S_a}{m}\geqslant 0.4$的最小值 $\xi_1=-0.6470$ $\xi_2=0.771720$ $\alpha=66°37.8218827'$ $\Omega=0.000014$	外齿轮不产生顶切的最小值 $\xi_1=-0.166750$ $\xi_2=0.7933250$ $\alpha=63°12.2187079'$ $\Omega=0.0000435$	$\xi_1=0.05$ $\xi_2=0.8487350$ $\alpha=61°45.4672227'$ $\Omega=0.0000894$	$\xi_1=-0.5$ $\xi_2=0.7608170$	$\xi_2=0.8177238$
						变位系数比 ξ_k　0.1264595	0.3255428
31/32	20 (1.25 2.5 3.75 5)		满足$\frac{S_a}{m}\geqslant 0.4$的最小值 $\xi_1=-0.750$ $\xi_2=0.7076450$ $\alpha=66°54.4862275'$ $\Omega=0.0001014$	外齿轮不产生顶切的最小值 $\xi_1=-0.52$ $\xi_2=0.69073$ $\alpha=65°12.9470277'$ $\Omega=0.0000191$	$\xi_1=-0.280870$ $\xi_2=0.70850$ $\alpha=63°29.2881315'$ $\Omega=0.0000052$	$\xi_1=-0.5$ $\xi_2=0.6909568$	$\xi_2=0.7513027$
						变位系数比 ξ_k　0.1341021	0.3025469
32/33	10			满足$\frac{S_a}{m}\geqslant 0.4$的最小值 $\xi_1=-0.50$ $\xi_2=0.860250$ $\alpha=66°12.5339329'$ $\Omega=0.0000111$	$\xi_1=0.9430$ $\xi_2=1.3953550$ $\alpha=57°56.0553892'$ $\Omega=0.0000292$	$\xi_1=-0.5$ $\xi_2=0.8602450$	$\xi_2=0.9088921$
						变位系数比 ξ_k　0.1081046	0.3616849
35/36	16					$\xi_1=-0.5$ $\xi_2=0.809630$	$\xi_2=0.8749092$
						变位系数比 ξ_k　0.1450650	0.3441031
35/36	20					$\xi_1=-0.5$ $\xi_2=0.7511950$	$\xi_2=0.8197953$
						变位系数比 ξ_k　0.1524451	0.3239206

续表

$\xi_1=0$	$\xi_1=0.2$	$\xi_1=0.4$	$\xi_1=0.6$	$\xi_1=0.8$		
$\xi_2=0.8178420$	$\xi_2=0.8821035$	$\xi_2=0.9608305$	$\xi_2=1.0511020$	$\xi_2=1.1505688$	$\xi_1=0.9499870$ $\xi_2=1.2301695$ $\alpha=55°54.3795172'$ $\varepsilon=1.0302855$ $\Omega=0$	
0.3213075	0.3936350	0.4513575	0.4973340	0.5307173		
$\xi_2=0.8340009$	$\xi_2=0.8991095$	$\xi_2=0.9790903$	$\xi_2=1.0703028$	$\xi_2=1.1707919$	$\xi_2=1.2787705$ $\alpha=55°52.7715413'$ $\varepsilon=1.0268572$ $\Omega=0.0000008$	
0.3255428	0.3999040	0.4560625	0.5024457	0.5398930		
$\xi_2=0.7664301$	$\xi_2=0.8269395$	$\xi_2=0.8998892$	$\xi_2=0.9831239$	$\xi_2=1.0745685$	$\xi_1=0.891880$ $\xi_2=1.118830$ $\alpha=55°18.943230'$ $\varepsilon=1.0266540$ $\Omega=0.0000879$	
0.3025469	0.3647485	0.4161737	0.4572230	0.4817316		
$\xi_2=0.9269763$	$\xi_2=0.9993133$	$\xi_2=1.0892733$	$\xi_2=1.1933321$	$\xi_2=1.3080505$	$\xi_2=1.4312467$	$\xi_1=1.216070$ $\xi_2=1.5720$ $\alpha=56°42.0961750'$ $\varepsilon=1.0268074$ $\Omega=0.0000299$
0.3616849	0.4497998	0.5202942	0.5735920	0.6159810	0.6514245	
$\xi_2=0.8921144$	$\xi_2=0.9609350$	$\xi_2=1.0439855$	$\xi_2=1.1391225$	$\xi_2=1.2431166$	$\xi_2=1.35470$	$\xi_1=1.1550$ $\xi_2=1.44540$ $\alpha=56°0.7296625'$ $\varepsilon=1.0280033$ $\Omega=0.0000567$
0.3441031	0.4152525	0.4756850	0.5199707	0.5579170	0.5851613	
$\xi_2=0.8359913$	$\xi_2=0.9007754$	$\xi_2=0.9783237$	$\xi_2=1.0661721$	$\xi_2=1.1623665$	$\xi_2=1.2654375$	$\xi_1=1.0441640$ $\xi_2=1.2890$ $\alpha=55°31.1103197'$ $\varepsilon=1.0277236$ $\Omega=0.0000010$
0.3239206	0.3877411	0.4392424	0.4809720	0.5153550	0.5335228	

z_1/z_2	z_c (m)				不产生 q_1 最小值	ξ_1、ξ_2	$\xi_1=-0.05$	$\xi_1=0$
	13			满足 $\frac{S_a}{m}\geqslant 0.4$ 的最小值 $\xi_1=-0.4250$ $\xi_2=0.89760$ $\alpha=65°56.7678979'$ $\Omega=0.0007330$	$\xi_1=0.6212740$ $\xi_2=1.2650$ $\alpha=60°8.9454517'$ $\Omega=0.000005$	$\xi_1=-0.5$ $\xi_2=0.895110$	$\xi_2=0.9663137$	$\xi_2=0.9850633$
						变位系数比 ξ_k	0.1582304	0.3749922
40/41	16		满足 $\frac{S_a}{m}\geqslant 0.4$ 的最小值 $\xi_1=-0.50$ $\xi_2=0.8609380$ $\alpha=66°13.0189567'$ $\Omega=0$	外齿轮不产生顶切的最小值 $\xi_1=-0.0179$ $\xi_2=0.948150$ $\alpha=63°13.3565009'$ $\Omega=0.0005669$	$\xi_1=0.19710$ $\xi_2=1.0251775$ $\alpha=61°59.8821893'$ $\Omega=0.0000196$	$\xi_1=-0.5$ $\xi_2=0.8609380$	$\xi_2=0.9356787$	$\xi_2=0.9538049$
						变位系数比 ξ_k	0.1660910	0.3625239
	25 (1 2 3 4) 6.5 5					$\xi_1=-0.5$ $\xi_2=0.7427770$	$\xi_2=0.8219180$	$\xi_2=0.8380350$
						变位系数比 ξ_k	0.1758690	0.3223398
45/46	20		满足 $\frac{S_a}{m}\geqslant 0.4$ 的最小值 $\xi_1=-0.450$ $\xi_2=0.8667630$ $\alpha=65°54.972109'$ $\Omega=0.0000179$	外齿轮不产生顶切的最小值 $\xi_1=-0.350$ $\xi_2=0.879860$ $\alpha=65°17.9845239'$ $\Omega=0.0003992$	$\xi_1=-0.155740$ $\xi_2=0.920850$ $\alpha=64°8.1710734'$ $\Omega=0.0000188$	$\xi_1=-0.5$ $\xi_2=0.8625980$	$\xi_2=0.9485153$	$\xi_2=0.9666893$
						变位系数比 ξ_k	0.1909274	0.3634794
	25			外齿轮不产生顶切的最小值 $\xi_1=-0.820$ $\xi_2=0.8064965$ $\alpha=67°54.5271876'$ $\Omega=0.0000816$	$\xi_1=-0.55950$ $\xi_2=0.8000170$ $\alpha=66°13.3977947'$ $\Omega=0.0000017$	$\xi_1=-0.5$ $\xi_2=0.8044350$	$\xi_2=0.8918963$	$\xi_2=0.9090907$
						变位系数比 ξ_k	0.1943585	0.3438867

续表

$\xi_1=0.2$	$\xi_1=0.4$	$\xi_1=0.6$	$\xi_1=0.8$	$\xi_1=1.0$	$\xi_1=1.2$	$\xi_1=1.4$	
$\xi_2=1.0600617$	$\xi_2=1.1505635$	$\xi_2=1.2534593$	$\xi_2=1.3661218$	$\xi_2=1.4867118$	$\xi_2=1.6137680$	$\xi_2=1.7460265$	$\xi_1=1.45470$ $\xi_2=1.7830650$ $\alpha=56°24.8409584'$ $\varepsilon=1.0265363$ $\Omega=0.0000371$
0.3749922	0.4525087	0.5144790	0.5633125	0.6022950	0.6352810	0.6612925	0.6771206
$\xi_2=1.0263097$	$\xi_2=1.1132150$	$\xi_2=1.2115505$	$\xi_2=1.3191125$	$\xi_2=1.4340479$	$\xi_2=1.5551898$	$\xi_1=1.364890$ $\xi_2=1.65890$ $\alpha=56°2.4550714'$ $\varepsilon=1.0246321$ $\Omega=0.0000405$	
0.3625239	0.4345265	0.4916775	0.5378099	0.5746771	0.6057096	0.6289660	
$\xi_2=0.9025030$	$\xi_2=0.9780275$	$\xi_2=1.0626755$	$\xi_2=1.1548796$	$\xi_2=1.2533910$	$\xi_1=1.0970$ $\xi_2=1.303180$ $\alpha=55°5.7279350'$ $\varepsilon=1.0266046$ $\Omega=0.0000045$		
0.3223398	0.3776225	0.423240	0.4610207	0.4925568	0.5132887		
$\xi_2=1.0393852$	$\xi_2=1.1250568$	$\xi_2=1.2208913$	$\xi_2=1.325250$	$\xi_2=1.4364874$	$\xi_2=1.5534895$	$\xi_1=1.350$ $\xi_2=1.6444518$	$\xi_1=1.425560$ $\xi_2=1.69120$ $\alpha=55°44.8040413'$ $\varepsilon=1.0270483$ $\Omega=0.0000676$
0.3634794	0.4283583	0.4791724	0.5217935	0.5561871	0.5850105	0.6064153	0.6186897
$\xi_2=0.9778680$	$\xi_2=1.0579175$	$\xi_2=1.1471708$	$\xi_2=1.2441635$	$\xi_2=1.347410$	$\xi_2=1.4559420$	$\xi_1=1.28190$ $\xi_2=1.5017695$ $\alpha=55°4.762180'$ $\varepsilon=1.0264797$ $\Omega=0.0000034$	
0.3438867	0.4002475	0.4462666	0.4849634	0.5162325	0.542660	0.5595543	

z_1/z_2	z_c (m)				不产生 q_1 最小值	ξ_1、ξ_2	$\xi_1=-0.05$	$\xi_1=0$
50/51	17 (3 4.5 6)					$\xi_1=-0.4$ $\xi_2=0.9442520$	$\xi_2=1.0254375$	$\xi_2=1.0449011$
						变位系数比 ξ_k	0.2319585	0.3892715
	25					$\xi_1=-0.4$ $\xi_2=0.868640$	$\xi_2=0.9504160$	$\xi_2=0.9685079$
						变位系数比 ξ_k	0.2336457	0.3618391
55/56	25					$\xi_1=-0.4$ $\xi_2=0.913930$	$\xi_2=1.0009738$	$\xi_2=1.0198267$
						变位系数比 ξ_k	0.2486967	0.377058
	34 (1.5 2.25 3)					$\xi_1=-0.4$ $\xi_2=0.8223910$	$\xi_2=0.9071874$	$\xi_2=0.9244708$
						变位系数比 ξ_k	0.2422756	0.3456663
60/61	22 (2.25 3.5 4.5)					$\xi_1=-0.3$ $\xi_2=0.998190$	$\xi_2=1.0691175$	$\xi_2=1.0890417$
						变位系数比 ξ_k	0.283710	0.3984840
	34			满足 $\frac{S_a}{m}\geqslant 0.4$ 的最小值 $\xi_1=-0.4650$ $\xi_2=0.8617910$ $\alpha=65°59.5848517'$ $\Omega=0.0000174$	$\xi_1=-1.120$ $\xi_2=0.8643955$ $\alpha=69°50.6886239'$ $\Omega=0.0003811$	$\xi_1=-0.3$ $\xi_2=0.895320$	$\xi_2=0.9636492$	$\xi_2=0.9819233$
						变位系数比 ξ_k	0.2733167	0.3654833

续表

$\xi_1=0.2$	$\xi_1=0.4$	$\xi_1=0.6$	$\xi_1=0.8$	$\xi_1=1.0$	$\xi_1=1.2$	$\xi_1=1.4$	$\xi_1=1.65$	
$\xi_2=1.1227554$	$\xi_2=1.2140336$	$\xi_2=1.3163920$	$\xi_2=1.427650$	$\xi_2=1.5460449$	$\xi_2=1.6704439$	$\xi_2=1.7999216$	$\xi_1=1.580$ $\xi_2=1.9199026$	$\xi_1=1.713750$ $\xi_2=2.011150$ $\alpha=56°5.3337692'$ $\varepsilon=1.0267660$ $\Omega=0.0002671$
0.3892715	0.4563911	0.5117919	0.556290	0.5919746	0.6219948	0.6473884	0.6665614	0.6822233
$\xi_2=1.0408757$	$\xi_2=1.1246905$	$\xi_2=1.2176262$	$\xi_2=1.3182107$	$\xi_2=1.4252657$	$\xi_2=1.5376418$	$\xi_1=1.350$ $\xi_2=1.6249277$	$\xi_1=1.4620$ $\xi_2=1.6916250$ $\alpha=55°21.3309934'$ $\varepsilon=1.0265702$ $\Omega=0.0001698$	
0.3618391	0.4190737	0.4646786	0.5029225	0.5352747	0.5618807	0.5819056	0.5955118	
$\xi_2=1.0952385$	$\xi_2=1.1829263$	$\xi_2=1.2780933$	$\xi_2=1.3818266$	$\xi_2=1.4918530$	$\xi_2=1.6073214$	$\xi_2=1.7273132$	$\xi_1=1.530$ $\xi_2=1.8074815$	$\xi_1=1.6392280$ $\xi_2=1.875850$ $\alpha=55°25.9778082'$ $\varepsilon=1.0267308$ $\Omega=0.0000164$
0.377058	0.4384391	0.4758351	0.5186661	0.5501320	0.5773423	0.5999591	0.6166789	0.6259247
$\xi_2=0.9936040$	$\xi_2=1.0721937$	$\xi_2=1.1584850$	$\xi_2=1.2513932$	$\xi_2=1.3498085$	$\xi_2=1.453050$	$\xi_1=1.380$ $\xi_2=1.549519$ $\alpha=54°41.5195103'$ $\varepsilon=1.0264741$ $\Omega=0$		
0.3456663	0.3929485	0.4314563	0.4645410	0.4920765	0.5162075	0.5359389		
$\xi_2=1.1687385$	$\xi_2=1.2606805$	$\xi_2=1.3621019$	$\xi_2=1.4716691$	$\xi_2=1.5877620$	$\xi_2=1.7094558$	$\xi_2=1.8358435$	$\xi_2=1.9993281$	$\xi_1=1.9173840$ $\xi_2=2.180$ $\alpha=55°42.8280952'$ $\varepsilon=1.0261084$ $\Omega=0.0000694$
0.3984840	0.459710	0.5071069	0.5478362	0.5804644	0.6084589	0.6319385	0.6539383	0.6757020
$\xi_2=1.055020$	$\xi_2=1.136590$	$\xi_2=1.2264235$	$\xi_2=1.3232471$	$\xi_2=1.4253736$	$\xi_2=1.5324460$	$\xi_2=1.6435688$	$\xi_1=1.550$ $\xi_2=1.7294162$ $\alpha=54°48.1664517'$ $\varepsilon=1.0263149$ $\Omega=0.0000641$	
0.3654833	0.3654833	0.407850	0.4491675	0.4846325	0.5353620	0.5556143	0.5723157	

z_1/z_2	z_c (m)					ξ_1、ξ_2	$\xi_1=-0.05$	$\xi_1=0$	$\xi_1=0.2$	$\xi_1=0.4$
65/66	25					$\xi_1=-0.3$ $\xi_2=1.0116140$	$\xi_2=1.0855548$	$\xi_2=1.1056676$	$\xi_2=1.186185$	$\xi_2=1.2778650$
						变位系数比 ξ_k	0.2957634	0.4022546	0.4022546	0.4587325
	34					$\xi_1=-0.3$ $\xi_2=0.941030$	$\xi_2=1.0127951$	$\xi_2=1.0317078$	$\xi_2=1.1073585$	$\xi_2=1.1923450$
						变位系数比 ξ_k	0.2870605	0.3782535	0.3782535	0.4249325
70/71	28 (2.75 3.5 4.5)					$\xi_1=-0.3$ $\xi_2=1.024930$	$\xi_2=1.1011957$	$\xi_2=1.1215031$	$\xi_2=1.2027325$	$\xi_2=1.2944615$
						变位系数比 ξ_k	0.3050628	0.4061472	0.4061472	0.4586450
	34					$\xi_1=-0.3$ $\xi_2=0.9813160$	$\xi_2=1.0563541$	$\xi_2=1.0758423$	$\xi_2=1.1537952$	$\xi_2=1.2416565$
						变位系数比 ξ_k	0.3001525	0.3897643	0.3897643	0.4393065
75/76	25					$\xi_1=-0.3$ $\xi_2=1.075570$	$\xi_2=1.1547883$	$\xi_2=1.1759684$	$\xi_2=1.2606890$	$\xi_2=1.3562170$
						变位系数比 ξ_k	0.3168731	0.4236029	0.4236029	0.477540
	34					$\xi_1=-0.3$ $\xi_2=1.017320$	$\xi_2=1.0952849$	$\xi_2=1.1153707$	$\xi_2=1.1957135$	$\xi_2=1.2860480$
						变位系数比 ξ_k	0.3118598	0.4017142	0.4017142	0.4516725

续表

$\xi_1=0.6$	$\xi_1=0.8$	$\xi_1=1.0$	$\xi_1=1.2$	$\xi_1=1.4$	$\xi_1=1.65$	$\xi_1=1.9$		
$\xi_2=1.3782375$	$\xi_2=1.4873235$	$\xi_2=1.6022505$	$\xi_2=1.7227125$	$\xi_2=1.8479315$	$\xi_2=2.0084205$	$\xi_1=1.750$ $\xi_2=2.0743850$	$\xi_1=1.993250$ $\xi_2=2.2379715$ $\alpha=55°31.2370147'$ $\varepsilon=1.0261689$ $\Omega=0.0000083$	
0.5018625	0.545430	0.5746350	0.602310	0.6260950	0.6419560	0.6596450	0.6725036	
$\xi_2=1.2862778$	$\xi_2=1.3853523$	$\xi_2=1.490530$	$\xi_2=1.6007505$	$\xi_2=1.7151350$	$\xi_2=1.8630478$	$\xi_1=1.7150$ $\xi_2=1.9022770$ $\alpha=54°53.493949'$ $\varepsilon=1.0265641$ $\Omega=0.0000077$		
0.4596643	0.4953724	0.525885	0.5511025	0.5719225	0.5916511	0.6035265		
$\xi_2=1.3950920$	$\xi_2=1.5029235$	$\xi_2=1.6167480$	$\xi_2=1.7357270$	$\xi_2=1.85920$	$\xi_2=2.0185408$	$\xi_2=2.1829368$	$\xi_1=2.066820$ $\xi_2=2.2950$ $\alpha=55°20.4003541'$ $\varepsilon=1.0259402$ $\Omega=0.0000463$	
0.5031525	0.5391575	0.5691225	0.5948950	0.6173650	0.6373340	0.6575838	0.6717612	
$\xi_2=1.3374816$	$\xi_2=1.4399650$	$\xi_2=1.5479933$	$\xi_2=1.6607635$	$\xi_2=1.7778435$	$\xi_2=1.9290986$	$\xi_1=1.8770$ $\xi_2=2.0705250$ $\alpha=54°57.7703085'$ $\varepsilon=1.0268973$ $\Omega=0.0000074$		
0.4791255	0.5124170	0.5401436	0.5638489	0.5854250	0.6050004	0.6230238		
$\xi_2=1.4609937$	$\xi_2=1.5732960$	$\xi_2=1.6917097$	$\xi_2=1.8155037$	$\xi_2=1.9437424$	$\xi_2=2.1093950$	$\xi_2=2.2800325$	$\xi_2=2.454880$	$\xi_1=2.33720$ $\xi_2=2.588480$ $\alpha=55°35.8330290'$ $\varepsilon=1.0268712$ $\Omega=0.0005683$
0.5238837	0.5615113	0.5920687	0.6189698	0.6411935	0.6626104	0.682550	0.699390	0.7136752
$\xi_2=1.3841265$	$\xi_2=1.4889850$	$\xi_2=1.5993018$	$\xi_2=1.7140670$	$\xi_2=1.8338095$	$\xi_2=1.9878655$	$\xi_2=2.1467505$	$\xi_1=2.040$ $\xi_2=2.2375460$ $\alpha=55°0.3859153'$ $\varepsilon=1.0265801$ $\Omega=0.0000489$	
0.4903925	0.5242935	0.5515839	0.5738261	0.5987125	0.6162240	0.635540	0.6485393	

z_1/z_2	z_c (m)					ξ_1、ξ_2	$\xi_1=-0.05$	$\xi_1=0$	$\xi_1=0.2$	$\xi_1=0.4$	$\xi_1=0.6$
80/81	25					$\xi_1=-0.2$ $\xi_2=1.134150$	$\xi_2=1.1854873$	$\xi_2=1.2070483$	$\xi_2=1.2932925$	$\xi_2=1.3907757$	$\xi_2=1.4970832$
						变位系数比 ξ_k	0.3422486	0.4312209	0.4312209	0.4874160	0.5315375
	34					$\xi_1=-0.2$ $\xi_2=1.0804510$	$\xi_2=1.1306432$	$\xi_2=1.1513286$	$\xi_2=1.2340705$	$\xi_2=1.3261405$	$\xi_2=1.4261958$
						变位系数比 ξ_k	0.3346144	0.4137094	0.4137094	0.460350	0.5002767
	50 (1 1.5 2)				满足 $\frac{S_a}{m}\geqslant 0.4$ 的最小值 $\xi_1=-0.40$ $\xi_2=0.905030$ $\alpha=65°50.6664359'$ $\Omega=0.0000180$	$\xi_1=-0.2$ $\xi_2=0.959830$	$\xi_2=1.0066827$	$\xi_2=1.0254624$	$\xi_2=1.1005810$	$\xi_2=1.1822989$	$\xi_2=1.2708509$
						变位系数比 ξ_k	0.3123516	0.3755943	0.3755943	0.4085893	0.442760
85/86	25					$\xi_1=-0.2$ $\xi_2=1.161140$	$\xi_2=1.2137318$	$\xi_2=1.2357528$	$\xi_2=1.3238367$	$\xi_2=1.4226746$	$\xi_2=1.5304705$
						变位系数比 ξ_k	0.350612	0.44042	0.44042	0.4941895	0.5389795
	34					$\xi_1=-0.2$ $\xi_2=1.111450$	$\xi_2=1.1631442$	$\xi_2=1.1842972$	$\xi_2=1.2689092$	$\xi_2=1.3629935$	$\xi_2=1.4655020$
						变位系数比 ξ_k	0.3446281	0.423060	0.423060	0.4704215	0.5101325
	50					$\xi_1=-0.2$ $\xi_2=1.002420$	$\xi_2=1.0510899$	$\xi_2=1.0704157$	$\xi_2=1.1477189$	$\xi_2=1.2319553$	$\xi_2=1.3240853$
						变位系数比 ξ_k	0.3244659	0.3865161	0.3865161	0.4211820	0.4606498

续表

$\xi_1=0.8$	$\xi_1=1.0$	$\xi_1=1.2$	$\xi_1=1.4$	$\xi_1=1.65$	$\xi_1=1.9$	$\xi_1=2.15$	$\xi_1=2.40$	
$\xi_2=1.6108271$	$\xi_2=1.7308894$	$\xi_2=1.8562637$	$\xi_2=1.9858936$	$\xi_2=2.1533371$	$\xi_2=2.3255970$	$\xi_2=2.5023450$	$\xi_2=2.6827180$	$\xi_1=2.51050$ $\xi_2=2.7634250$ $\alpha=55°36.7957597'$ $\varepsilon=1.0267354$ $\Omega=0.0001026$
0.5687196	0.6003114	0.6268717	0.6481495	0.6697738	0.6890395	0.7069922	0.7214920	0.7303801
$\xi_2=1.5330903$	$\xi_2=1.6457338$	$\xi_2=1.7629185$	$\xi_2=1.8841955$	$\xi_2=2.041380$	$\xi_2=2.2022965$	$\xi_2=2.3677605$	$\xi_1=2.20250$ $\xi_2=2.402980$ $\alpha=55°2.2418817'$ $\varepsilon=1.0261301$ $\Omega=0.0000294$	
0.5344721	0.5632175	0.5859235	0.6063850	0.6287380	0.6436661	0.6618558	0.6708480	
$\xi_2=1.3648407$	$\xi_2=1.4637957$	$\xi_2=1.5665429$	$\xi_2=1.6731360$	$\xi_2=1.8108365$	$\xi_1=1.745$ $\xi_2=1.864360$ $\alpha=54°7.8055927'$ $\varepsilon=1.0261567$ $\Omega=0.000086$			
0.4699492	0.4947749	0.5137362	0.5329654	0.5508019	0.5634052			
$\xi_2=1.6457014$	$\xi_2=1.7670295$	$\xi_2=1.8936386$	$\xi_2=2.0247850$	$\xi_2=2.1937080$	$\xi_2=2.3678075$	$\xi_2=2.5460180$	$\xi_2=2.7278560$	$\xi_1=2.6840$ $\xi_2=2.938120$ $\alpha=55°37.5259661'$ $\varepsilon=1.0264851$ $\Omega=0.0000528$
0.5761544	0.6066406	0.6330455	0.6557320	0.6756920	0.6963980	0.7128420	0.7273521	0.7403661
$\xi_2=1.5733294$	$\xi_2=1.6880067$	$\xi_2=1.8070090$	$\xi_2=1.9303575$	$\xi_2=2.0890825$	$\xi_2=2.2528250$	$\xi_2=2.420350$	$\xi_1=2.3606850$ $\xi_2=2.564440$ $\alpha=55°4.4803729'$ $\varepsilon=1.0263436$ $\Omega=0.0000091$	
0.5415468	0.5733864	0.5950117	0.6167425	0.63490	0.6544970	0.67010	0.6839120	
$\xi_2=1.4210274$	$\xi_2=1.5226743$	$\xi_2=1.6283658$	$\xi_2=1.7377538$	$\xi_2=1.8790354$	$\xi_1=1.90$ $\xi_2=2.024680$ $\alpha=54°11.3930661'$ $\varepsilon=1.0250526$ $\Omega=0.0006121$			
0.4847108	0.5082348	0.5284579	0.5469397	0.5651263	0.5825785			

z_1/z_2	z_c (m)					ξ_1、ξ_2	$\xi_1=-0.05$	$\xi_1=0$	$\xi_1=0.2$	$\xi_1=0.4$	$\xi_1=0.6$
90/91	25		对齿轮不产生顶切的最小值 $\xi_1=-0.5750$ $\xi_2=1.0893985$ $\alpha=68°6.1177053'$ $\Omega=0.0001958$	不产生 q_1 最小值 $\xi_1=-0.3020$ $\xi_2=1.153280$ $\alpha=66°49.1864421'$ $\Omega=0.0003536$	满足 $\frac{S_a}{m}\geqslant0.4$ 的最小值 $\xi_1=-0.1$ $\xi_2=1.222590$ $\alpha=65°55.9628082'$ $\Omega=0.0000729$	$\xi_1=-0.1$ $\xi_2=1.222590$	$\xi_2=1.2401395$	$\xi_2=1.2626053$	$\xi_2=1.3524681$	$\xi_3=1.4526273$	$\xi_2=1.5614415$
						变位系数比 ξ_k	0.3509908	0.4493142	0.4493142	0.5007958	0.5440713
	34			不产生 q_1 最小值 $\xi_1=-1.070$ $\xi_2=1.0252365$ $\alpha=70°22.6879877'$ $\Omega=0.0001651$	满足 $\frac{S_a}{m}\geqslant0.4$ 的最小值 $\xi_1=-0.1$ $\xi_2=1.175760$ $\alpha=65°36.7957936'$ $\Omega=0.0001361$	$\xi_1=-0.1$ $\xi_2=1.175760$	$\xi_2=1.1933112$	$\xi_2=1.2148433$	$\xi_2=1.3009720$	$\xi_2=1.3969030$	$\xi_2=1.5007445$
						变位系数比 ξ_k	0.3510234	0.4306433	0.4306433	0.4796550	0.5192075
	50				满足 $\frac{S_a}{m}\geqslant0.4$ 的最小值 $\xi_1=-0.28$ $\xi_2=1.015260$ $\alpha=65°46.0327125'$ $\Omega=0.0000601$	$\xi_1=-0.1$ $\xi_2=1.074240$	$\xi_2=1.097869$	$\xi_2=1.1107149$	$\xi_2=1.1904270$	$\xi_2=1.2776818$	$\xi_2=1.3716486$
						变位系数比 ξ_k	0.3309380	0.3985603	0.3985603	0.4362742	0.4678337
95/96	25						$\xi_2=1.2650870$	$\xi_2=1.2878634$	$\xi_2=1.3789692$	$\xi_2=1.48060$	$\xi_2=1.5910152$
						变位系数比 ξ_k		0.4555289	0.455529	0.5081540	0.5520761
	34						$\xi_2=1.2209084$	$\xi_2=1.2429447$	$\xi_2=1.331090$	$\xi_2=1.4284550$	$\xi_2=1.5336265$
						变位系数比 ξ_k		0.4407263	0.4407263	0.4868250	0.5258575
	50						$\xi_2=1.1267510$	$\xi_2=1.1471805$	$\xi_2=1.2288986$	$\xi_2=1.3184587$	$\xi_2=1.4146929$
						变位系数比 ξ_k		0.4085904	0.4085904	0.4478002	0.4811710

续表

$\xi_1=0.8$	$\xi_1=1.0$	$\xi_1=1.2$	$\xi_1=1.4$	$\xi_1=1.65$	$\xi_1=1.9$	$\xi_1=2.15$	$\xi_1=2.40$	$\xi_1=2.65$	$\xi_1=2.90$	
$\xi_2=1.6781239$	$\xi_2=1.8006710$	$\xi_2=1.9285004$	$\xi_2=2.0602150$	$\xi_2=2.2311901$	$\xi_2=2.4066368$	$\xi_2=2.5862287$	$\xi_2=2.7694961$	$\xi_2=2.9159316$	$\xi_1=2.8550$ $\xi_2=3.1107650$ $\alpha=55°38.6799645'$ $\varepsilon=1.0266509$ $\Omega=0.0002240$	
0.5834117	0.6127357	0.6391470	0.6585730	0.6839004	0.7014866	0.7183691	0.7330696	0.7457420	0.7552847	
$\xi_2=1.6108599$	$\xi_2=1.7270$	$\xi_2=1.8476657$	$\xi_2=1.9724425$	$\xi_2=2.1333927$	$\xi_2=2.298960$	$\xi_2=2.4686162$	$\xi_2=2.6416842$	$\xi_1=2.5176$ $\xi_2=2.72420$ $\alpha=55°6.5039233'$ $\varepsilon=1.0268685$ $\Omega=0.0003427$		
0.5505771	0.5807004	0.6033287	0.6238837	0.6438008	0.6622692	0.6786250	0.6922718	0.7016649		
$\xi_2=1.4710329$	$\xi_2=1.5752683$	$\xi_2=1.6833919$	$\xi_2=1.7954066$	$\xi_2=1.9399053$	$\xi_2=2.0882129$	$\xi_1=2.0450$ $\xi_2=2.176550$ $\alpha=54°16.0142214'$ $\varepsilon=1.0257980$ $\Omega=0.0000373$				
0.4969216	0.5211769	0.5406181	0.5600737	0.5779946	0.5932307	0.6092210				
$\xi_2=1.7075585$	$\xi_2=1.8323045$	$\xi_2=1.9609510$	$\xi_2=2.0944596$	$\xi_2=2.2660218$	$\xi_2=2.4428035$	$\xi_2=2.6237126$	$\xi_2=2.8081854$	$\xi_2=2.9957087$	$\xi_2=3.1860236$	$\xi_1=3.0260$ $\xi_2=3.282960$ $\alpha=55°39.4650222'$ $\varepsilon=1.0267124$ $\Omega=0.0001273$
0.5827162	0.6237302	0.6432327	0.6675428	0.6862488	0.7071270	0.7236363	0.7378911	0.7500934	0.7612597	0.7693361
$\xi_2=1.6455480$	$\xi_2=1.7630988$	$\xi_2=1.8851750$	$\xi_2=2.0114935$	$\xi_2=2.1741850$	$\xi_2=2.341570$	$\xi_2=2.5129484$	$\xi_2=2.6879274$	$\xi_1=2.680810$ $\xi_2=2.88790$ $\alpha=55°6.5628533'$ $\varepsilon=1.0255918$ $\Omega=0.0000840$		
0.5596075	0.5877540	0.6103810	0.6315925	0.6507660	0.669540	0.6855136	0.6999159	0.7121279		
$\xi_2=1.5159251$	$\xi_2=1.6227370$	$\xi_2=1.7333706$	$\xi_2=1.8474538$	$\xi_2=1.9947214$	$\xi_2=2.1460355$	$\xi_2=2.3014269$	$\xi_1=2.186710$ $\xi_2=2.324380$ $\alpha=54°20.4029'$ $\varepsilon=1.0267040$ $\Omega=0.0000661$			
0.5061610	0.5340595	0.5531684	0.5704158	0.5890706	0.6052563	0.6215656	0.6252547			

z_1/z_2	z_c (m)		$\xi_1=-0.05$	$\xi_1=0$	$\xi_1=0.2$	$\xi_1=0.4$	$\xi_1=0.6$	$\xi_1=0.8$	$\xi_1=1.0$
100/101	25			$\xi_2=1.3114659$	$\xi_2=1.4038385$	$\xi_2=1.5066900$	$\xi_2=1.6184395$	$\xi_2=1.7369046$	$\xi_2=1.8618290$
		变位系数比 ξ_k			0.4618631	0.5142570	0.5587475	0.5923253	0.6246222
	34			$\xi_2=1.2694738$	$\xi_2=1.3588450$	$\xi_2=1.4579670$	$\xi_2=1.5646350$	$\xi_2=1.6777750$	$\xi_2=1.7965499$
		变位系数比 ξ_k			0.4468561	0.495610	0.533340	0.56570	0.5938744
	50		$\xi_2=1.1596199$	$\xi_2=1.1805742$	$\xi_2=1.2643909$	$\xi_2=1.3558479$	$\xi_2=1.4537967$	$\xi_2=1.5577104$	$\xi_2=1.6650588$
		变位系数比 ξ_k	0.4190837		0.4190837	0.4572851	0.4897439	0.5195682	0.5367419

续表

$\xi_1=1.2$	$\xi_1=1.4$	$\xi_1=1.65$	$\xi_1=1.90$	$\xi_1=2.15$	$\xi_1=2.40$	$\xi_1-2.65$	$\xi_1=2.90$	
$\xi_2=1.9916310$	$\xi_2=2.1258915$	$\xi_2=2.2987498$	$\xi_2=2.4766385$	$\xi_2=2.6586860$	$\xi_2=2.8443296$	$\xi_2=3.0329725$	$\xi_2=3.2244117$	$\xi_1=3.1970$ $\xi_2=3.4548750$ $\alpha=55°40.0446419'$ $\varepsilon=1.0267087$ $\Omega=0.0000626$
0.649010	0.6713025	0.6914331	0.7115549	0.728190	0.7425746	0.7545716	0.7657568	0.7759708
$\xi_2=1.9201535$	$\xi_2=2.0478805$	$\xi_2=2.2121244$	$\xi_2=2.3812440$	$\xi_2=2.5541950$	$\xi_2=2.7305358$	$\xi_2=2.9100354$	$\xi_1=2.832150$ $\xi_2=3.042520$ $\alpha=55°9.1210760'$ $\varepsilon=1.0265392$ $\Omega=0.0004534$	
0.6180181	0.6386350	0.6569756	0.6764784	0.6918040	0.7053632	0.7179984	0.7273379	
$\xi_2=1.7787188$	$\xi_2=1.89420$	$\xi_2=2.0444332$	$\xi_2=2.1984488$	$\xi_2=2.3561859$	$\xi_1=2.333950$ $\xi_2=2.4743460$ $\alpha=54°22.07740'$ $\varepsilon=1.0259568$ $\Omega=0.0000404$			
0.5683005	0.5774057	0.6009327	0.6160626	0.6309484	0.6423490			

表 6.2 $z_2-z_1=1$ 特性曲线计算用表之二

z_1/z_2	z_c (m)	$\xi_1=0.7$	$\xi_1=0.8$	$\xi_1=1.0$	$\xi_1=1.2$	$\xi_1=1.4$	$\xi_1=1.65$	$\xi_1=1.9$
20/21	10 $\begin{pmatrix}2.5\\2.75\end{pmatrix}$	$\xi_2=1.0261460$ $\alpha=56°22.27470758'$ $A=2.12097449$ $R_1=28.69439051$ $R_2=26.87097449$ $\Omega=0.00000173$	$\xi_2=1.079929$ $\alpha=55°43.95553651'$ $A=2.08614378$ $R_1=28.86367872$ $R_2=27.08614378$ $\Omega=0.00000161$					
		变位系数比 ξ_k	0.53783					
21/22	10	$\xi_2=1.050565$ $\alpha=56°41.29402985'$ $A=2.13879767$ $R_1=29.98761483$ $R_2=28.13879767$ $\Omega=0.00003779$	$\xi_2=1.1048195$ $\alpha=56°4.09552188'$ $A=2.10427333$ $R_1=30.15777542$ $R_2=28.35427333$ $\Omega=0.00000454$					
		变位系数比 ξ_k	0.542545					
22/23	10	$\xi_2=1.07345$ $\alpha=56°58.78618841'$ $A=2.15551475$ $R_1=31.27784775$ $R_2=29.40551475$ $\Omega=0.0000508$	$\xi_2=1.12828865$ $\alpha=56°22.77350758'$ $A=2.12143724$ $R_1=31.44928436$ $R_2=29.62143724$ $\Omega=0.00000321$					
		变位系数比 ξ_k	0.5483865					
23/24	10	$\xi_2=1.094867$ $\alpha=57°15.04432817'$ $A=2.17133951$ $R_1=32.565828$ $R_2=30.67133951$ $\Omega=0.00002277$	$\xi_2=1.1503855$ $\alpha=55°40.10642537'$ $A=2.13767392$ $R_1=32.73828983$ $R_2=30.88767392$ $\Omega=0.00001557$					
		变位系数比 ξ_k	0.555185					

续表

z_1/z_2	z_c (m)	$\xi_1=0.7$	$\xi_1=0.8$	$\xi_1=1.0$	$\xi_1=1.2$	$\xi_1=1.4$	$\xi_1=1.65$	$\xi_1=1.9$
24/25	10	$\xi_2=1.1153485$ $\alpha=57°30.32202917'$ $A=2.18646816$ $R_1=33.85190309$ $R_2=31.93646816$ $\Omega=0.00012566$	$\xi_2=1.1711935$ $\alpha=56°56.17926618'$ $A=2.15300335$ $R_1=34.0249804$ $R_2=32.15300335$ $\Omega=0.00001361$					
		变位系数比 ξ_k	0.558450					
25/26	10		$\xi_2=1.1910462$ $\alpha=57°11.30366857'$ $A=2.16767385$ $R_1=35.30994165$ $R_2=33.41767385$ $\Omega=0.00001435$	$\xi_2=1.309920$ $\alpha=55°6.44111719'$ $A=2.10641052$ $R_1=35.66838948$ $R_2=33.85641052$ $\Omega=0.00001472$				
		变位系数比 ξ_k	0.594369					
25/26	13 $\binom{2}{8}$		$\xi_2=1.115850$ $\alpha=56°18.99228308'$ $A=1.69434795$ $R_1=28.13735206$ $R_2=26.69434795$ $\Omega=0.00001516$	$\xi_2=1.225436$ $\alpha=55°3.96668814'$ $A=1.6410094$ $R_1=28.4098626$ $R_2=27.0410094$ $\Omega=0.0000001$				
		变位系数比 ξ_k	0.547930					
26/27	10		$\xi_2=1.209985$ $\alpha=57°25.57736056'$ $A=2.18174266$ $R_1=36.59321984$ $R_2=34.68174266$ $\Omega=0.00029681$	$\xi_2=1.3295416$ $\alpha=56°22.19259848'$ $A=2.12089833$ $R_1=36.95295542$ $R_2=35.12089833$ $\Omega=0.00001685$				
		变位系数比 ξ_k	0.597783					

续表

z_1/z_2	z_c (m)	$\xi_1=0.7$	$\xi_1=0.8$	$\xi_1=1.0$	$\xi_1=1.2$	$\xi_1=1.4$	$\xi_1=1.65$	$\xi_1=1.9$
26/27	13		$\xi_2=1.13820$ $\alpha=56°36.21897015'$ $A=1.70720493$ $R_1=29.16919507$ $R_2=27.70720493$ $\Omega=0.00001147$	$\xi_2=1.248950$ $\alpha=55°23.42134918'$ $A=1.65443974$ $R_1=29.44346003$ $R_2=28.05443974$ $\Omega=0.00010764$				
		变位系数比 ξ_k	0.553750					
27/28	10		$\xi_2=1.22801$ $\alpha=57°38.92780959'$ $A=2.19510223$ $R_1=37.87492277$ $R_2=35.94510223$ $\Omega=0.00008692$	$\xi_2=1.3482865$ $\alpha=56°37.0380194'$ $A=2.13477746$ $R_1=38.23593879$ $R_2=36.38477746$ $\Omega=0.00003826$				
		变位系数比 ξ_k	0.6013825					
27/28	13		$\xi_2=1.159330$ $\alpha=56°52.30544118'$ $A=1.71942756$ $R_1=30.19923244$ $R_2=28.71942756$ $\Omega=0.00008431$	$\xi_2=1.271481$ $\alpha=55°41.48219841'$ $A=1.66715495$ $R_1=30.47514125$ $R_2=29.06715495$ $\Omega=0$				
		变位系数比 ξ_k	0.560755					

续表

z_1/z_2	z_c (m)	$\xi_1=0.7$	$\xi_1=0.8$	$\xi_1=1.0$	$\xi_1=1.2$	$\xi_1=1.4$	$\xi_1=1.65$	$\xi_1=1.9$
28/29	10		$\xi_2=1.2452817$ $\alpha=57°51.57722877'$ $A=2.20794331$ $R_1=39.15526094$ $R_2=37.20794331$ $\Omega=0.00000853$	$\xi_2=1.3662954$ $\alpha=56°51.10187826'$ $A=2.14813205$ $R_1=39.51760645$ $R_2=37.64813205$ $\Omega=0$				
		变位系数比 ξ_k	0.6050685					
	13		$\xi_2=1.1794215$ $\alpha=57°7.37183478'$ $A=1.73106939$ $R_1=31.22777361$ $R_2=29.73106939$ $\Omega=0.00000697$	$\xi_2=1.2921095$ $\alpha=55°58.3055375'$ $A=1.67921764$ $R_1=31.50500136$ $R_2=30.07921764$ $\Omega=0$				
		变位系数比 ξ_k	0.563440					
29/30	10		$\xi_2=1.261895$ $\alpha=58°3.62810934'$ $A=2.22034583$ $R_1=40.43439167$ $R_2=38.47034583$ $\Omega=0.00010531$	$\xi_2=1.383465$ $\alpha=57°4.33797826'$ $A=2.16088727$ $R_1=40.79777523$ $R_2=38.91088727$ $\Omega=0.0000325$				
		变位系数比 ξ_k	0.607850					
	13		$\xi_2=1.1985995$ $\alpha=57°21.57963521'$ $A=1.74222412$ $R_1=32.25497488$ $R_2=30.74222412$ $\Omega=0.00000685$	$\xi_2=1.31225$ $\alpha=56°14.33636154'$ $A=1.6909135$ $R_1=32.5335865$ $R_2=31.0909135$ $\Omega=0.00040406$				
		变位系数比 ξ_k	0.5682525					

续表

z_1/z_2	z_c (m)	$\xi_1=0.7$	$\xi_1=0.8$	$\xi_1=1.0$	$\xi_1=1.2$	$\xi_1=1.4$	$\xi_1=1.65$	$\xi_1=1.9$
30/31	10		$\xi_2=1.27785$ $\alpha=58°15.05202368'$ $A=2.23225666$ $R_1=41.71236834$ $R_2=39.73225666$ $\Omega=0.00001436$	$\xi_2=1.399995$ $\alpha=57°16.93394857'$ $A=2.17319705$ $R_1=42.07679045$ $R_2=40.17319705$ $\Omega=0.00005572$				
		变位系数比 ξ_k	0.610725					
	13		$\xi_2=1.216915$ $\alpha=57°35.02275833'$ $A=1.75293934$ $R_1=33.28089066$ $R_2=31.75293934$ $\Omega=0.000251976$	$\xi_2=1.3313607$ $\alpha=56°29.25129697'$ $A=1.70197611$ $R_1=33.5074529$ $R_2=32.10197611$ $\Omega=0$				
		变位系数比 ξ_k	0.5722285					
	16 (6.5)		$\xi_2=1.1505688$ $\alpha=56°49.91101324'$ $A=5.58218295$ $R_1=107.8465143$ $R_2=103.08218295$ $\Omega=0.000002587$	$\xi_2=1.2575735$ $\alpha=55°35.92686129'$ $A=5.4054592$ $R_1=108.7187686$ $R_2=104.2054592$ $\Omega=0.00000145$				
		变位系数比 ξ_k	0.5350235					
	20 (1.25, 2.5, 3.75, 5) 8		$\xi_2=1.049257$ $\alpha=55°37.98705968'$ $A=2.08084419$ $R_1=41.29229831$ $R_2=39.58084419$ $\Omega=0.00015744$	$\xi_2=1.146085$ $\alpha=54°1.24674286'$ $A=2.00742557$ $R_1=41.60778693$ $R_2=40.00742557$ $\Omega=0.00003262$				
		变位系数比 ξ_k	0.484140					

续表

z_1/z_2	z_c (m)		$\xi_1=0.7$	$\xi_1=0.8$	$\xi_1=1.0$	$\xi_1=1.2$	$\xi_1=1.4$	$\xi_1=1.65$	$\xi_1=1.9$
31/32	10				$\xi_2=1.41591$ $\alpha=57°28.92092222'$ $A=2.18507024$ $R_1=43.35470476$ $R_2=41.43507024$ $\Omega=0.00007796$	$\xi_2=1.54555798$ $\alpha=56°34.06296668'$ $A=2.13197855$ $R_1=43.7319164$ $R_2=41.88197855$ $\Omega=0$			
		变位系数比 ξ_k				0.6482399			
	13					$\xi_2=1.47135555$ $\alpha=55°40.25547742'$ $A=1.666283509$ $R_1=34.87642759$ $R_2=33.46628351$ $\Omega=0$	$\xi_2=1.59845$ $\alpha=54°38.05357586'$ $A=1.62353497$ $R_1=35.17336503$ $R_2=33.82353497$ $\Omega=0.00046442$		
		变位系数比 ξ_k					0.6354723		
	16			$\xi_2=1.1707919$ $\alpha=57°4.92363478'$ $A=5.61978489$ $R_1=111.1923625$ $R_2=106.36978489$ $\Omega=0.0001049$	$\xi_2=1.27877047$ $\alpha=55°52.77098254'$ $A=5.44448330$ $R_1=112.0675248$ $R_2=107.4944833$ $\Omega=0$	$\xi_2=1.39293959$ $\alpha=54°40.96127414'$ $A=5.2827864$ $R_1=112.971321$ $R_2=108.6327864$ $\Omega=0$			
		变位系数比 ξ_k			0.5398929	0.5708456			
	20			$\xi_2=1.0745685$ $\alpha=55°57.48065625'$ $A=2.09827633$ $R_1=42.58814492$ $R_2=40.84827633$ $\Omega=0.00000049$	$\xi_2=1.17275$ $\alpha=54°33.45058103'$ $A=2.02559941$ $R_1=42.90627559$ $R_2=41.27559941$ $\Omega=0.00018839$				
		变位系数比 ξ_k			0.4909075				

续表

z_1/z_2	z_c (m)	$\xi_1=0.7$	$\xi_1=0.8$	$\xi_1=1.0$	$\xi_1=1.2$	$\xi_1=1.4$	$\xi_1=1.65$	$\xi_1=1.9$
32/33	10			$\xi_2=1.43124668$ $\alpha=57°40.33258082'$ $A=2.19651957$ $R_1=44.63159712$ $R_2=42.69651957$ $\Omega=0$	$\xi_2=1.56129975$ $\alpha=56°46.36135522'$ $A=2.14360811$ $R_1=45.00964126$ $R_2=43.14360811$ $\Omega=0.00001023$			
		变位系数比 ξ_k			0.6502654			
	13				$\xi_2=1.489665$ $\alpha=55°55.04739063'$ $A=1.67685863$ $R_1=35.92247137$ $R_2=34.47685863$ $\Omega=0.00012345$	$\xi_2=1.6173705$ $\alpha=54°54.14890678'$ $A=1.63433371$ $R_1=36.20040729$ $R_2=34.83433371$ $\Omega=0.00000992$		
		变位系数比 ξ_k				0.6385275		
	16		$\xi_2=1.190105$ $\alpha=57°19.06849437'$ $A=5.65578007$ $R_1=114.5299024$ $R_2=109.6557801$ $\Omega=0.00004975$	$\xi_2=1.299065$ $\alpha=56°8.69678125'$ $A=5.4820226$ $R_1=115.4118999$ $R_2=110.7820226$ $\Omega=0.00007206$	$\xi_2=1.414113$ $\alpha=54°58.67210169'$ $A=5.32155294$ $R_1=116.3201816$ $R_2=111.92155294$ $\Omega=0.00003624$			
		变位系数比 ξ_k		0.54480	0.575240			
	20		$\xi_2=1.098227$ $\alpha=56°15.48551846'$ $A=2.11469966$ $R_1=43.88086784$ $R_2=42.11469966$ $\Omega=0$	$\xi_2=1.197825$ $\alpha=54°53.93595085'$ $A=2.04273704$ $R_1=44.20182546$ $R_2=42.54273704$ $\Omega=0.00016473$				
		变位系数比 ξ_k		0.49799				

续表

z_1/z_2	z_c (m)	$\xi_1=0.7$	$\xi_1=0.8$	$\xi_1=1.0$	$\xi_1=1.2$	$\xi_1=1.4$	$\xi_1=1.65$	$\xi_1=1.9$
33/34	10				$\xi_2=1.5765445$ $\alpha=56°58.22712319'$ $A=2.15497552$ $R_1=46.28638573$ $R_2=44.40497552$ $\Omega=0.0000025$	$\xi_2=1.712650$ $\alpha=56°6.93503906'$ $A=2.10686119$ $R_1=46.67476381$ $R_2=44.85686119$ $\Omega=0.00028845$		
		变位系数比 ξ_k				0.6805275		
	13				$\xi_2=1.507205$ $\alpha=59°9.06857231'$ $A=1.68704811$ $R_1=36.92736189$ $R_2=35.48704811$ $\Omega=0.00007487$	$\xi_2=1.635710$ $\alpha=55°9.66496833'$ $A=1.64491514$ $R_1=37.22650485$ $R_2=35.84491514$ $\Omega=0.00011709$		
		变位系数比 ξ_k				0.642525		
	16		$\xi_2=1.20851$ $\alpha=57°32.34929861'$ $A=5.69008616$ $R_1=117.8652288$ $R_2=112.9400862$ $\Omega=0.00005157$	$\xi_2=1.318385$ $\alpha=56°23.66115303'$ $A=5.51788005$ $R_1=118.7516225$ $R_2=114.0678801$ $\Omega=0.00012272$	$\xi_2=1.43440$ $\alpha=55°15.40937333'$ $A=5.35884672$ $R_1=119.6647533$ $R_2=115.2088467$ $\Omega=0.00006287$			
		变位系数比 ξ_k		0.549375	0.5800750			
	20		$\xi_2=1.1208$ $\alpha=56°32.48516119'$ $A=2.13049738$ $R_1=45.17150262$ $R_2=43.38049738$ $\Omega=0.00040016$	$\xi_2=1.221575$ $\alpha=55°13.10291475'$ $A=2.05910341$ $R_1=45.49483409$ $R_2=43.80910341$ $\Omega=0.0000061$				
		变位系数比 ξ_k		0.5038750				

续表

z_1/z_2	z_c (m)	$\xi_1=0.7$	$\xi_1=0.8$	$\xi_1=1.0$	$\xi_1=1.2$	$\xi_1=1.4$	$\xi_1=1.65$	$\xi_1=1.9$
34/35	10				$\xi_2=1.59130$ $\alpha=57°9.59472857'$ $A=2.1660047$ $R_1=47.5622453$ $R_2=45.6660047$ $\Omega=0.00008425$	$\xi_2=1.72774572$ $\alpha=56°19.1142803'$ $A=2.11804772$ $R_1=47.95131657$ $R_2=46.11804772$ $\Omega=0$		
		变位系数比 ξ_k			0.6822286			
	13				$\xi_2=1.524095$ $\alpha=56°22.42442758'$ $A=1.69689069$ $R_1=37.95129931$ $R_2=36.49689069$ $\Omega=0.0001007$	$\xi_2=1.653165$ $\alpha=55°23.24359836'$ $A=1.65501372$ $R_1=38.25131628$ $R_2=36.85501372$ $\Omega=0.00011483$		
		变位系数比 ξ_k			0.645350			
	16		$\xi_2=1.22619495$ $\alpha=57°45.05515479'$ $A=5.72338009$ $R_1=121.1968871$ $R_2=116.2233801$ $\Omega=0$	$\xi_2=1.336880$ $\alpha=56°37.79512687'$ $A=5.55227711$ $R_1=122.0874429$ $R_2=117.3522771$ $\Omega=0.00001683$	$\xi_2=1.45375564$ $\alpha=55°31.14689672'$ $A=5.39451023$ $R_1=123.0049014$ $R_2=118.4945102$ $\Omega=0$			
		变位系数比 ξ_k	0.5534253	0.5843782				
	20		$\xi_2=1.1420965$ $\alpha=56°48.19993088'$ $A=2.14535993$ $R_1=46.45988132$ $R_2=44.64535993$ $\Omega=0.00000562$	$\xi_2=1.2440875$ $\alpha=55°31.01356885'$ $A=2.07469446$ $R_1=46.78552429$ $R_2=45.07469446$ $\Omega=0.00000744$				
		变位系数比 ξ_k	0.5099550					

续表

z_1/z_2	z_c (m)	$\xi_1=0.7$	$\xi_1=0.8$	$\xi_1=1.0$	$\xi_1=1.2$	$\xi_1=1.4$	$\xi_1=1.65$	$\xi_1=1.9$
35/36	10				$\xi_2=1.605535$ $\alpha=57°20.45513521'$ $A=2.17666854$ $R_1=48.83716896$ $R_2=46.92666854$ $\Omega=0.00017851$	$\xi_2=1.74244405$ $\alpha=56°30.88364328'$ $A=2.12899687$ $R_1=49.2271133$ $R_2=47.37899687$ $\Omega=0$		
		变位系数比 ξ_k			0.6845453			
	13				$\xi_2=1.5403105$ $\alpha=56°35.07934925'$ $A=1.70634687$ $R_1=38.97427414$ $R_2=37.50634687$ $\Omega=0$	$\xi_2=1.67008$ $\alpha=55°38.20862903'$ $A=1.66483231$ $R_1=39.27532769$ $R_2=37.86483231$ $\Omega=0.00028181$		
		变位系数比 ξ_k			0.6488475			
	16			$\xi_2=1.35470$ $\alpha=56°51.27101594'$ $A=5.58556419$ $R_1=125.4199858$ $R_2=120.6355642$ $\Omega=0.00005972$	$\xi_2=1.4723167$ $\alpha=55°46.07348254'$ $A=5.42888315$ $R_1=126.3411754$ $R_2=121.7788832$ $\Omega=0$			
		变位系数比 ξ_k		0.5880835				
	20		$\xi_2=1.1623665$ $\alpha=57°3.04615942'$ $A=2.15963446$ $R_1=47.74628179$ $R_2=45.90963446$ $\Omega=0$	$\xi_2=1.2654375$ $\alpha=55°47.77986984'$ $A=2.08955633$ $R_1=48.07403742$ $R_2=46.33955633$ $\Omega=0.00000169$				
		变位系数比 ξ_k	0.5153550					

续表

z_1/z_2	z_c (m)		$\xi_1=0.7$	$\xi_1=0.8$	$\xi_1=1.0$	$\xi_1=1.2$	$\xi_1=1.4$	$\xi_1=1.65$	$\xi_1=1.9$
36/37	13						$\xi_2=1.6863155$ $\alpha=55°51.40431406'$ $A=1.67424337$ $R_1=40.29838763$ $R_2=38.87424337$ $\Omega=0$	$\xi_2=1.85535$ $\alpha=54°42.78932931'$ $A=1.62669388$ $R_1=40.68400612$ $R_2=39.32669388$ $\Omega=0.00007195$	
		变位系数比 ξ_k					0.6761380		
	16			$\xi_2=1$	$\xi_2=1.371785$ $\alpha=57°4.11614'$ $A=5.61774728$ $R_1=128.7488552$ $R_2=123.9177473$ $\Omega=0.00050803$	$\xi_2=1.490195$ $\alpha=56°0.2879125'$ $A=5.46212248$ $R_1=129.674145$ $R_2=125.0621225$ $\Omega=0.00009031$	$\xi_2=1.61366249$ $\alpha=54°56.91618448'$ $A=5.31767744$ $R_1=130.6211287$ $R_2=126.2176774$ $\Omega=0$		
		变位系数比 ξ_k			0.592050	0.6173375			
	20				$\xi_2=1.285805$ $\alpha=56°3.581525'$ $A=2.10380575$ $R_1=49.36070675$ $R_2=47.60380575$ $\Omega=0.00002975$	$\xi_2=1.395780$ $\alpha=54°49.9205559'$ $A=2.03934952$ $R_1=49.70010048$ $R_2=48.03934952$ $\Omega=0.00000493$			
		变位系数比 ξ_k			0.5498750				

续表

<table>
<tr><th>z_1/z_2</th><th>z_c (m)</th><th colspan="2">$\xi_1=0.7$</th><th colspan="2">$\xi_1=0.8$</th><th colspan="2">$\xi_1=1.0$</th><th colspan="2">$\xi_1=1.2$</th><th colspan="2">$\xi_1=1.4$</th><th colspan="2">$\xi_1=1.65$</th><th colspan="2">$\xi_1=1.9$</th></tr>
<tr><td rowspan="6">37/38</td><td rowspan="2">13</td><td colspan="2"></td><td colspan="2"></td><td colspan="2"></td><td colspan="2"></td><td colspan="2">$\xi_2=1.7020095$
$\alpha=56°4.06253846'$
$A=1.68339498$
$R_1=41.32062402$
$R_2=39.88339498$
$\Omega=0$</td><td colspan="2">$\xi_2=1.8716995$
$\alpha=54°56.815'$
$A=1.63613981$
$R_1=41.70725919$
$R_2=40.33613981$
$\Omega=0.00004804$</td><td colspan="2"></td></tr>
<tr><td>变位系数比 ξ_k</td><td colspan="2"></td><td colspan="2"></td><td colspan="2"></td><td colspan="2"></td><td colspan="2">0.678760</td><td colspan="3"></td></tr>
<tr><td rowspan="2">16</td><td colspan="2"></td><td colspan="2"></td><td colspan="2">$\xi_2=1.388165$
$\alpha=57°16.15993571'$
$A=5.64833306$
$R_1=132.0747394$
$R_2=127.1983331$
$\Omega=0.00004936$</td><td colspan="2">$\xi_2=1.507350$
$\alpha=56°13.75326308'$
$A=5.49407465$
$R_1=133.0037004$
$R_2=128.3440747$
$\Omega=0.0000538$</td><td colspan="2">$\xi_2=1.631545$
$\alpha=55°12.77157167'$
$A=5.35068566$
$R_1=133.9543568$
$R_2=129.5006857$
$\Omega=0.00003493$</td><td colspan="2"></td><td colspan="2"></td></tr>
<tr><td>变位系数比 ξ_k</td><td colspan="2"></td><td colspan="2"></td><td colspan="2">0.5959250</td><td colspan="2">0.6209750</td><td colspan="2"></td><td colspan="3"></td></tr>
<tr><td rowspan="2">20</td><td colspan="2"></td><td colspan="2"></td><td colspan="2">$\xi_2=1.3052925$
$\alpha=56°18.50416154'$
$A=2.11748393$
$R_1=50.64574733$
$R_2=48.86748393$
$\Omega=0.00000444$</td><td colspan="2">$\xi_2=1.416145$
$\alpha=55°6.0612745'$
$A=2.05352512$
$R_1=50.98683738$
$R_2=49.30352512$
$\Omega=0.00022787$</td><td colspan="2"></td><td colspan="2"></td><td colspan="2"></td></tr>
<tr><td>变位系数比 ξ_k</td><td colspan="2"></td><td colspan="2"></td><td colspan="2">0.5542625</td><td colspan="2"></td><td colspan="2"></td><td colspan="3"></td></tr>
</table>

续表

z_1/z_2	z_c (m)		$\xi_1=0.7$	$\xi_1=0.8$	$\xi_1=1.0$	$\xi_1=1.2$	$\xi_1=1.4$	$\xi_1=1.65$	$\xi_1=1.9$
38/39	13						$\xi_2=1.717180$ $\alpha=56°16.17560923'$ $A=1.69226832$ $R_1=42.34209168$ $R_2=40.89226832$ $\Omega=0.0000641$	$\xi_2=1.88750$ $\alpha=55°10.21557167'$ $A=1.64529373$ $R_1=42.72970627$ $R_2=41.34529373$ $\Omega=0.0000697$	
		变位系数比 ξ_k					0.681280		
	16				$\xi_2=1.404020$ $\alpha=57°27.76193521'$ $A=5.67817988$ $R_1=135.3979501$ $R_2=130.47817988$ $\Omega=0.0000226$	$\xi_2=1.523840$ $\alpha=56°26.57001194'$ $A=5.52491628$ $R_1=136.3300437$ $R_2=131.6249163$ $\Omega=0.0001055$	$\xi_2=1.648796$ $\alpha=55°25.94577541'$ $A=5.38265865$ $R_1=137.2845154$ $R_2=132.7826587$ $\Omega=0.0000068$		
		变位系数比 ξ_k			0.59910	0.624780			
	20				$\xi_2=1.3239745$ $\alpha=56°33.65548507'$ $A=2.13065713$ $R_1=51.92928912$ $R_2=50.13065713$ $\Omega=0$	$\xi_2=1.435720$ $\alpha=55°22.40651148'$ $A=2.06716581$ $R_1=52.27213419$ $R_2=50.56716581$ $\Omega=0.0001662$			
		变位系数比 ξ_k			0.5587275				

续表

z_1/z_2	z_c (m)	$\xi_1=0.7$	$\xi_1=0.8$	$\xi_1=1.0$	$\xi_1=1.2$	$\xi_1=1.4$	$\xi_1=1.65$	$\xi_1=1.9$
39/40	13					$\xi_2=1.731820$ $\alpha=56°27.71157121'$ $A=1.70082589$ $R_1=43.36281411$ $R_2=41.90082589$ $\Omega=0$	$\xi_2=1.90280$ $\alpha=55°23.06947377'$ $A=1.65419453$ $R_1=43.75140547$ $R_2=42.35419453$ $\Omega=0.0002162$	
		变位系数比 ξ_k				0.683920		
	16			$\xi_2=1.419306$ $\alpha=57°38.85387671'$ $A=5.70707207$ $R_1=138.7184169$ $R_2=133.7570721$ $\Omega=0.0001328$	$\xi_2=1.539788$ $\alpha=56°38.81350746'$ $A=5.55477601$ $R_1=139.653846$ $R_2=134.90477601$ $\Omega=0.0000436$	$\xi_2=1.665360$ $\alpha=55°39.40354921'$ $A=5.4134574$ $R_1=140.6113826$ $R_2=136.0634574$ $\Omega=0.0001022$		
		变位系数比 ξ_k		0.602410	0.627860			
	20			$\xi_2=1.341910$ $\alpha=56°46.11886119'$ $A=2.14337734$ $R_1=53.21139766$ $R_2=51.39337734$ $\Omega=0.0002233$	$\xi_2=1.454030$ $\alpha=55°36.99635645'$ $A=2.07996772$ $R_1=53.55510728$ $R_2=51.82996772$ $\Omega=0.0000060$			
		变位系数比 ξ_k		0.56060				

续表

z_1/z_2	z_c (m)		$\xi_1=0.7$	$\xi_1=0.8$	$\xi_1=1.0$	$\xi_1=1.2$	$\xi_1=1.4$	$\xi_1=1.65$	$\xi_1=1.9$
40/41	13						$\xi_2=1.7460265$ $\alpha=56°38.81111493'$ $A=1.70916004$ $R_1=44.38289296$ $R_2=42.90916004$ $\Omega=0.00000665$	$\xi_2=1.917650$ $\alpha=55°36.38632097'$ $A=1.6628364$ $R_1=44.7724636$ $R_2=43.3628364$ $\Omega=0.0002546$	
		变位系数比 ξ_k					0.6864940		
	16				$\xi_2=1.4340479$ $\alpha=57°49.4188589'$ $A=5.73492252$ $R_1=142.0363888$ $R_2=137.03492252$ $\Omega=0.0000040$	$\xi_2=1.5551898$ $\alpha=56°50.52052794'$ $A=5.5836977$ $R_1=142.975036$ $R_2=138.1836977$ $\Omega=0.0000018$	$\xi_2=1.68138$ $\alpha=55°52.26812742'$ $A=5.44330826$ $R_1=143.9356617$ $R_2=139.3433083$ $\Omega=0.0000628$		
		变位系数比 ξ_k			0.6057095	0.6309510			
	20					$\xi_2=1.472515$ $\alpha=55°51.55935'$ $A=2.09294342$ $R_1=54.83834408$ $R_2=53.09294342$ $\Omega=0.0000101$	$\xi_2=1.5908166$ $\alpha=54°44.18121724'$ $A=2.03453154$ $R_1=55.19250971$ $R_2=53.53453154$ $\Omega=0.0000180$		
		变位系数比 ξ_k				0.5915075			
	25 (1 2 3 4 5 6 8)				$\xi_2=1.253391$ $\alpha=55°43.88708254'$ $A=2.50329938$ $R_1=65.15687362$ $R_2=63.10329938$ $\Omega=0.00003362$	$\xi_2=1.3572825$ $\alpha=54°24.74370893'$ $A=2.42210856$ $R_1=65.54973894$ $R_2=63.62210856$ $\Omega=0.0000022$			
		变位系数比 ξ_k			0.5194575				

续表

z_1/z_2	z_c (m)		$\xi_1=0.7$	$\xi_1=0.8$	$\xi_1=1.0$	$\xi_1=1.2$	$\xi_1=1.4$	$\xi_1=1.65$	$\xi_1=1.9$
41/42	13							$\xi_2=1.93189684$ $\alpha=55°47.06309048'$ $A=1.671132876$ $R_1=45.79266079$ $R_2=44.37113288$ $\Omega=0$	$\xi_2=2.109618$ $\alpha=54°46.73625379'$ $A=1.6286673$ $R_1=46.1905687$ $R_2=44.8286673$ $\Omega=0.000101$
		变位系数比 ξ_k							0.7108846
	16						$\xi_2=1.696885$ $\alpha=56°4.6241375'$ $A=5.4723612$ $R_1=147.2573913$ $R_2=142.6223612$ $\Omega=0.0002846$	$\xi_2=1.86133655$ $\alpha=54°53.78660169'$ $A=5.31078816$ $R_1=148.4878994$ $R_2=144.0857882$ $\Omega=0$	
		变位系数比 ξ_k					0.6578062		
	20					$\xi_2=1.4899135$ $\alpha=56°5.11631385'$ $A=2.10520301$ $R_1=56.11958074$ $R_2=54.35520301$ $\Omega=0.0000132$	$\xi_2=1.608965$ $\alpha=54°59.20911667'$ $A=2.04720752$ $R_1=56.47520498$ $R_2=54.79720752$ $\Omega=0.0001323$		
		变位系数比 ξ_k				0.5952575			
	25				$\xi_2=1.2738065$ $\alpha=55°59.55052656'$ $A=2.52017827$ $R_1=66.70124123$ $R_2=64.62017827$ $\Omega=0.0000043$	$\xi_2=1.3786235$ $\alpha=54°42.26254655'$ $A=2.4395127$ $R_1=67.0963578$ $R_2=65.1395127$ $\Omega=0$			
		变位系数比 ξ_k			0.5240850				

续表

z_1/z_2	z_c (m)	$\xi_1=0.7$	$\xi_1=0.8$	$\xi_1=1.0$	$\xi_1=1.2$	$\xi_1=1.4$	$\xi_1=1.65$	$\xi_1=1.9$
42/43	13						$\xi_2=1.945835$ $\alpha=55°58.39424219'$ $A=1.67928182$ $R_1=46.8123882$ $R_2=45.37928182$ $\Omega=0.0001552$	$\xi_2=2.124$ $\alpha=54°58.09515254'$ $A=1.63700889$ $R_1=47.21099111$ $R_2=45.83700889$ $\Omega=0.0000307$
		变位系数比 ξ_k						0.712660
	16					$\xi_2=1.7118405$ $\alpha=56°16.33749231'$ $A=5.50025991$ $R_1=150.5767033$ $R_2=145.90025991$ $\Omega=0.000004$	$\xi_2=1.87703576$ $\alpha=55°6.93286333'$ $A=5.33987835$ $R_1=151.8108541$ $R_2=147.3648784$ $\Omega=0$	
		变位系数比 ξ_k					0.6607810	
	20				$\xi_2=1.506655$ $\alpha=56°18.06828769'$ $A=2.11708136$ $R_1=57.39955614$ $R_2=55.61708136$ $\Omega=0.0002548$	$\xi_2=1.6264065$ $\alpha=55°13.43666557'$ $A=2.05939137$ $R_1=57.75662488$ $R_2=56.05939137$ $\Omega=0.0000029$		
		变位系数比 ξ_k				0.5987575		
	25			$\xi_2=1.293345$ $\alpha=56°14.37528923'$ $A=2.53641322$ $R_1=68.24362178$ $R_2=66.13641322$ $\Omega=0.000047$	$\xi_2=1.399215$ $\alpha=54°58.92721186'$ $A=2.45636146$ $R_1=68.64128354$ $R_2=66.65636146$ $\Omega=0.0000078$			
		变位系数比 ξ_k			0.529350			

续表

z_1/z_2	z_c (m)	$\xi_1=0.7$	$\xi_1=0.8$	$\xi_1=1.0$	$\xi_1=1.2$	$\xi_1=1.4$	$\xi_1=1.65$	$\xi_1=1.9$
43/44	13						$\xi_2=1.959305$ $\alpha=56°9.20870154'$ $A=1.68715065$ $R_1=47.83145935$ $R_2=46.38715065$ $\Omega=0.0000457$	$\xi_2=2.13802715$ $\alpha=55°10.014985'$ $A=1.64555749$ $R_1=48.23089855$ $R_2=46.8455575$ $\Omega=0$
		变位系数比 ξ_k						0.7148886
	16					$\xi_2=1.726365$ $\alpha=56°27.64759242'$ $A=5.52752891$ $R_1=153.8938436$ $R_2=149.17752891$ $\Omega=0.0000222$	$\xi_2=1.892155$ $\alpha=56°19.4754377'$ $A=5.36800544$ $R_1=155.1310021$ $R_2=150.64300544$ $\Omega=0.0000149$	
		变位系数比 ξ_k				0.663160		
	20				$\xi_2=1.522810$ $\alpha=56°30.36351791'$ $A=2.12851007$ $R_1=58.67851493$ $R_2=56.87851007$ $\Omega=0.0000652$	$\xi_2=1.64330$ $\alpha=55°27.11764426'$ $A=2.07127833$ $R_1=59.03697167$ $R_2=57.32127833$ $\Omega=0.0001412$		
		变位系数比 ξ_k			0.602450			
	25			$\xi_2=1.312058$ $\alpha=56°28.39922576'$ $A=2.55200909$ $R_1=69.78416491$ $R_2=67.65200909$ $\Omega=0.0000267$	$\xi_2=1.418927$ $\alpha=55°14.78822333'$ $A=2.47266967$ $R_1=70.1841113$ $R_2=68.17266967$ $\Omega=0.0002614$			
		变位系数比 ξ_k		0.5343450				

续表

z_1/z_2	z_c (m)	$\xi_1=0.7$	$\xi_1=0.8$	$\xi_1=1.0$	$\xi_1=1.2$	$\xi_1=1.4$	$\xi_1=1.65$	$\xi_1=1.9$
44/45	13						$\xi_2=1.9724685$ $\alpha=56°19.72632576'$ $A=1.69489843$ $R_1=48.85003857$ $R_2=47.39489843$ $\Omega=0.0002915$	$\xi_2=2.151605$ $\alpha=55°21.43418361'$ $A=1.65305559$ $R_1=49.25015441$ $R_2=47.85305559$ $\Omega=0.0000453$
		变位系数比 ξ_k					0.7165460	
	16					$\xi_2=1.74046355$ $\alpha=56°38.51173433'$ $A=5.55403522$ $R_1=157.2089778$ $R_2=152.4540352$ $\Omega=0$	$\xi_2=1.90691365$ $\alpha=55°31.58095574'$ $A=5.39550223$ $R_1=158.4494365$ $R_2=153.9205022$ $\Omega=0.0000315$	
		变位系数比 ξ_k				0.6658004		
	20				$\xi_2=1.53840$ $\alpha=56°42.147475'$ $A=2.13960596$ $R_1=59.95639404$ $R_2=58.13960596$ $\Omega=0.0000585$	$\xi_2=1.6599795$ $\alpha=55°40.89113548'$ $A=2.08341869$ $R_1=60.316530$ $R_2=58.5834187$ $\Omega=0.0001738$		
		变位系数比 ξ_k			0.6078975			
	25			$\xi_2=1.330065$ $\alpha=56°41.75390597'$ $A=2.56707977$ $R_1=71.32311523$ $R_2=69.16707977$ $\Omega=0.0000248$	$\xi_2=1.437787$ $\alpha=55°29.67879672'$ $A=2.48822722$ $R_1=71.72513378$ $R_2=69.68822722$ $\Omega=0.0000822$			
		变位系数比 ξ_k		0.538610				

续表

z_1/z_2	z_c (m)	$\xi_1=0.7$	$\xi_1=0.8$	$\xi_1=1.0$	$\xi_1=1.2$	$\xi_1=1.4$	$\xi_1=1.65$	$\xi_1=1.9$
45/46	13						$\xi_2=1.985180$ $\alpha=56°29.72253333'$ $A=1.70232845$ $R_1=49.86803155$ $R_2=48.40232845$ $\Omega=0$	$\xi_2=2.16485$ $\alpha=55°32.5144129'$ $A=1.66081148$ $R_1=50.26888852$ $R_2=48.86081148$ $\Omega=0.0002568$
		变位系数比 ξ_k					0.718680	
	16					$\xi_2=1.7541475$ $\alpha=56°48.97437941'$ $A=5.57985688$ $R_1=160.5221019$ $R_2=155.7298569$ $\Omega=0.0000515$	$\xi_2=1.92112115$ $\alpha=55°43.11272381'$ $A=5.42202275$ $R_1=161.7652647$ $R_2=157.19702275$ $\Omega=0$	
		变位系数比 ξ_k				0.6678946		
	20				$\xi_2=1.5534895$ $\alpha=56°53.43107794'$ $A=2.15036336$ $R_1=61.23336039$ $R_2=59.40036336$ $\Omega=0$	$\xi_2=1.675295$ $\alpha=55°52.55662222'$ $A=2.09383936$ $R_1=61.59439813$ $R_2=59.84383936$ $\Omega=0.0000772$		
		变位系数比 ξ_k			0.6090275			
	25				$\xi_2=1.455942$ $\alpha=55°43.86571587'$ $A=2.50327654$ $R_1=73.26454946$ $R_2=71.20327654$ $\Omega=0.0000057$	$\xi_2=1.5691185$ $\alpha=54°32.5661'$ $A=2.42984111$ $R_1=73.67751439$ $R_2=71.72984111$ $\Omega=0.0000012$		
		变位系数比 ξ_k			0.5658825			

续表

z_1/z_2	z_c (m)	$\xi_1=0.7$	$\xi_1=0.8$	$\xi_1=1.0$	$\xi_1=1.2$	$\xi_1=1.4$	$\xi_1=1.65$	$\xi_1=1.9$
46/47	16						$\xi_2=1.9349855$ $\alpha=55°54.26759063'$ $A=5.44798372$ $R_1=165.079422$ $R_2=160.4729837$ $\Omega=0$	$\xi_2=2.108150$ $\alpha=54°50.30494068'$ $A=5.303150354$ $R_1=166.3498286$ $R_2=161.9531504$ $\Omega=0.0001412$
		变位系数比 ξ_k					0.692658	
	20					$\xi_2=1.690530$ $\alpha=56°4.48460625'$ $A=2.1046278$ $R_1=62.8716972$ $R_2=61.1046278$ $\Omega=0.0000982$	$\xi_2=1.849305$ $\alpha=54°49.84451186'$ $A=2.03928549$ $R_1=63.33397701$ $R_2=61.66428549$ $\Omega=0.0000011$	
		变位系数比 ξ_k				0.63510		
	25				$\xi_2=1.4734489$ $\alpha=55°57.41906406'$ $A=2.51786481$ $R_1=74.80248189$ $R_2=72.71786481$ $\Omega=0.0000015$	$\xi_2=1.58751616$ $\alpha=54°47.76346897'$ $A=2.44504243$ $R_1=75.21750605$ $R_2=73.24504243$ $\Omega=0.0003358$		
		变位系数比 ξ_k			0.5703363			

续表

z_1/z_2	z_c (m)	$\xi_1=0.7$	$\xi_1=0.8$	$\xi_1=1.0$	$\xi_1=1.2$	$\xi_1=1.4$	$\xi_1=1.65$	$\xi_1=1.9$
47/48	16						$\xi_2=1.948485$ $\alpha=56°5.02338308'$ $A=5.47330681$ $R_1=168.3918457$ $R_2=163.7483068$ $\Omega=0.0000059$	$\xi_2=2.2210$ $\alpha=55°2.088075'$ $A=5.3291116$ $R_1=169.6645384$ $R_2=165.2291116$ $\Omega=0.0001608$
		变位系数比 ξ_k						0.694460
	20					$\xi_2=1.705370$ $\alpha=56°16.01862615'$ $A=2.11519075$ $R_1=64.14823425$ $R_2=62.36519075$ $\Omega=0.0001037$	$\xi_2=1.864860$ $\alpha=55°2.724475'$ $A=2.05020112$ $R_1=64.61194888$ $R_2=62.92520112$ $\Omega=0.0000019$	
		变位系数比 ξ_k					0.637960	
	25				$\xi_2=1.490327$ $\alpha=56°10.34066462'$ $A=2.53196938$ $R_1=76.33901162$ $R_2=74.23196938$ $\Omega=0$	$\xi_2=1.6050769$ $\alpha=55°1.97474833'$ $A=2.45947365$ $R_1=76.75575705$ $R_2=74.75947365$ $\Omega=0.0000108$		
		变位系数比 ξ_k				0.5737495		

续表

z_1/z_2	z_c (m)	$\xi_1=0.7$	$\xi_1=0.8$	$\xi_1=1.0$	$\xi_1=1.2$	$\xi_1=1.4$	$\xi_1=1.65$	$\xi_1=1.9$
48/49	16						$\xi_2=1.9616023$ $\alpha=56°15.37128923'$ $A=5.49794562$ $R_1=171.7024693$ $R_2=167.02294562$ $\Omega=0$	$\xi_2=2.1358055$ $\alpha=55°13.5006082'$ $A=5.35456103$ $R_1=172.9781747$ $R_2=168.504561$ $\Omega=0.0000261$
		变位系数比 ξ_k						0.6968128
	20					$\xi_2=1.7197385$ $\alpha=56°27.04897727'$ $A=2.12541423$ $R_1=65.42393202$ $R_2=63.62541423$ $\Omega=0.0001126$	$\xi_2=1.879920$ $\alpha=55°15.07960333'$ $A=2.06080977$ $R_1=65.88899023$ $R_2=64.18580977$ $\Omega=0.0000631$	
		变位系数比 ξ_k					0.640726	
	25				$\xi_2=1.506630$ $\alpha=56°22.71988485'$ $A=2.54566501$ $R_1=77.87422499$ $R_2=75.74566501$ $\Omega=0.0001267$	$\xi_2=1.622135$ $\alpha=55°15.72090167'$ $A=2.47363718$ $R_1=78.29276782$ $R_2=76.27363718$ $\Omega=0.0000911$		
		变位系数比 ξ_k				0.5775250		

续表

z_1/z_2	z_c (m)	$\xi_1=0.7$	$\xi_1=0.8$	$\xi_1=1.0$	$\xi_1=1.2$	$\xi_1=1.4$	$\xi_1=1.65$	$\xi_1=1.9$
49/50	16						$\xi_2=1.974351$ $\alpha=56°25.37391212'$ $A=5.52202053$ $R_1=175.011261$ $R_2=170.2970205$ $\Omega=0.0001371$	$\xi_2=2.149050$ $\alpha=55°24.46374918'$ $A=5.37929393$ $R_1=176.2895311$ $R_2=171.7792939$ $\Omega=0.0000357$
		变位系数比 ξ_k						0.6987960
	20					$\xi_2=1.73370$ $\alpha=56°37.72203731'$ $A=2.13542227$ $R_1=66.69882773$ $R_2=64.88542227$ $\Omega=0.000339$	$\xi_2=1.894490$ $\alpha=55°26.90983548'$ $A=2.07109469$ $R_1=67.16512852$ $R_2=65.44609469$ $\Omega=0.0000786$	
		变位系数比 ξ_k				0.643160		
	25				$\xi_2=1.522345$ $\alpha=56°34.50092424'$ $A=2.55886792$ $R_1=79.40816708$ $R_2=77.25886792$ $\Omega=0.0000202$	$\xi_2=1.638540$ $\alpha=55°28.76312742'$ $A=2.48726352$ $R_1=79.82835648$ $R_2=77.78726352$ $\Omega=0.0000186$		
		变位系数比 ξ_k			0.5809750			

续表

z_1/z_2	z_c (m)		$\xi_1=0.7$	$\xi_1=0.8$	$\xi_1=1.0$	$\xi_1=1.2$	$\xi_1=1.4$	$\xi_1=1.65$	$\xi_1=1.9$
50/51	16							$\xi_2=1.986750$ $\alpha=56°34.9856803'$ $A=5.54539824$ $R_1=178.3184768$ $R_2=173.5703982$ $\Omega=0.0001101$	$\xi_2=2.161945$ $\alpha=55°35.04769032'$ $A=5.4034414$ $R_1=179.5992011$ $R_2=175.0534414$ $\Omega=0.0001051$
		变位系数比 ξ_k							0.700780
	20						$\xi_2=1.7475285$ $\alpha=56°48.02394265'$ $A=2.1451921$ $R_1=67.97362915$ $R_2=66.1451921$ $\Omega=0.0000126$	$\xi_2=1.908650$ $\alpha=55°38.29189677'$ $A=2.08111413$ $R_1=68.44051087$ $R_2=66.70611413$ $\Omega=0.000036$	
		变位系数比 ξ_k					0.6444860		
	25					$\xi_2=1.5376418$ $\alpha=56°45.87146912'$ $A=2.57177034$ $R_1=80.94115506$ $R_2=78.77177034$ $\Omega=0$	$\xi_2=1.654545$ $\alpha=55°41.37119207'$ $A=2.50061408$ $R_1=81.36302092$ $R_2=79.30061408$ $\Omega=0.0000113$		
		变位系数比 ξ_k				0.5845160			
	34 $\begin{pmatrix}1.5\\2.25\\3\end{pmatrix}$					$\xi_2=1.35810$ $\alpha=54°34.26707895'$ $A=2.4315307$ $R_1=80.5427693$ $R_2=78.6315307$ $\Omega=0.0001751$	$\xi_2=1.460830$ $\alpha=53°10.63262115'$ $A=2.35181055$ $R_1=80.93067945$ $R_2=79.15181055$ $\Omega=0.000107$		
		变位系数比 ξ_k				0.513650			

续表

z_1/z_2	z_c (m)	$\xi_1=1.2$	$\xi_1=1.4$	$\xi_1=1.65$	$\xi_1=1.9$	$\xi_1=2.15$	$\xi_1=2.4$	$\xi_1=2.65$
51/52	16				$\xi_2=2.1745492$ $\alpha=55°45.269650'$ $A=5.42701875$ $R_1=182.907551$ $R_2=178.3270188$ $\Omega=0.0000096$	$\xi_2=2.35469665$ $\alpha=54°46.77659831'$ $A=5.29543737$ $R_1=184.2100908$ $R_2=179.8204374$ $\Omega=0$		
		变位系数比 ξ_k				0.7205898		
	20			$\xi_2=1.9224835$ $\alpha=55°49.30057460'$ $A=2.09091764$ $R_1=69.71529111$ $R_2=67.96591764$ $\Omega=0.0000021$	$\xi_2=2.089983$ $\alpha=54°41.07935517'$ $A=2.03193944$ $R_1=70.19301806$ $R_2=68.53193944$ $\Omega=0.0000222$			
		变位系数比 ξ_k			0.6699980			
	25	$\xi_2=1.552350$ $\alpha=56°56.71998971'$ $A=2.58422846$ $R_1=82.47282154$ $R_2=80.28422846$ $\Omega=0.0000619$	$\xi_2=1.669920$ $\alpha=55°53.37926394'$ $A=2.51349478$ $R_1=82.89626522$ $R_2=80.81349478$ $\Omega=0.0000381$	$\xi_2=1.822360$ $\alpha=54°33.57525345'$ $A=2.43084315$ $R_1=83.43623685$ $R_2=81.48084315$ $\Omega=0.0000092$				
		变位系数比 ξ_k	0.587850	0.609760				
	34	$\xi_2=1.378624$ $\alpha=54°50.67120678'$ $A=2.44797809$ $R_1=82.08789391$ $R_2=80.14797809$ $\Omega=0$	$\xi_2=1.482350$ $\alpha=53°29.04881321'$ $A=2.36879304$ $R_1=82.47825696$ $R_2=80.66879304$ $\Omega=0.0000146$					
		变位系数比 ξ_k	0.518630					

续表

z_1/z_2	z_c (m)	$\xi_1=1.2$	$\xi_1=1.4$	$\xi_1=1.65$	$\xi_1=1.9$	$\xi_1=2.15$	$\xi_1=2.4$	$\xi_1=2.65$
52/53	16				$\xi_2=2.18675738$ $\alpha=55°55.0985375'$ $A=5.44992983$ $R_1=186.2139931$ $R_2=181.5999298$ $\Omega=0$	$\xi_2=2.3674602$ $\alpha=54°57.58860678'$ $A=5.31918291$ $R_1=187.5193084$ $R_2=183.0941829$ $\Omega=0$		
		变位系数比 ξ_k				0.7228113		
	20			$\xi_2=1.936$ $\alpha=56°0.02127188'$ $A=2.10057482$ $R_1=70.98942518$ $R_2=69.22557482$ $\Omega=0.0002776$	$\xi_2=2.103958$ $\alpha=54°52.78993898'$ $A=2.04176897$ $R_1=71.46812603$ $R_2=69.79176897$ $\Omega=0.0000061$			
		变位系数比 ξ_k			0.6718320			
	25	$\xi_2=1.5667455$ $\alpha=57°7.43033740'$ $A=2.59643038$ $R_1=84.00380612$ $R_2=81.79643038$ $\Omega=0.0000053$	$\xi_2=1.68493$ $\alpha=56°4.97750938'$ $A=2.52609191$ $R_1=84.42869809$ $R_2=82.32609191$ $\Omega=0.000037$					
		变位系数比 ξ_k	0.5909225					
	34	$\xi_2=1.398350$ $\alpha=55°6.35201833'$ $A=2.46396217$ $R_1=83.63108783$ $R_2=81.66396217$ $\Omega=0.0002696$	$\xi_2=1.503070$ $\alpha=53°46.60018909'$ $A=2.38527218$ $R_1=84.02393782$ $R_2=82.18527218$ $\Omega=0.0000746$					
		变位系数比 ξ_k	0.52360					

续表

z_1/z_2	z_c (m)	$\xi_1=1.2$	$\xi_1=1.4$	$\xi_1=1.65$	$\xi_1=1.9$	$\xi_1=2.15$	$\xi_1=2.4$	$\xi_1=2.65$
53/54	16				$\xi_2=2.1988041$ $\alpha=56°4.71258594'$ $A=5.4725722$ $R_1=189.5196544$ $R_2=184.8725722$ $\Omega=0$	$\xi_2=2.3798542$ $\alpha=55°8.02013167'$ $A=5.34230255$ $R_1=190.8267498$ $R_2=186.3673026$ $\Omega=0$		
		变位系数比 ξ_k				0.7242004		
	20			$\xi_2=1.948992$ $\alpha=56°10.14802769'$ $A=2.10979803$ $R_1=72.26268198$ $R_2=70.48479803$ $\Omega=0.0000982$	$\xi_2=2.117575$ $\alpha=55°4.09240333'$ $A=2.05136916$ $R_1=72.74256834$ $R_2=71.05136916$ $\Omega=0.0000053$			
		变位系数比 ξ_k			0.6743320			
	25	$\xi_2=1.580667$ $\alpha=57°17.31177887'$ $A=2.60828277$ $R_1=85.53371823$ $R_2=83.30828277$ $\Omega=0.0000848$	$\xi_2=1.6994935$ $\alpha=56°16.118360'$ $A=2.53833917$ $R_1=85.96014133$ $R_2=83.83833917$ $\Omega=0.0000043$	$\xi_2=1.853430$ $\alpha=54°59.16265833'$ $A=2.45660162$ $R_1=85.50368838$ $R_2=84.50660162$ $\Omega=0.0000592$				
		变位系数比 ξ_k	0.5941325	0.6157460				
	34	$\xi_1=1.417250$ $\alpha=55°21.08937541'$ $A=2.47922336$ $R_1=85.17252664$ $R_2=83.17922336$ $\Omega=0$	$\xi_2=1.522970$ $\alpha=54°3.21395636'$ $A=2.40114173$ $R_1=85.56776827$ $R_2=83.70114173$ $\Omega=0.0000102$					
		变位系数比 ξ_k	0.52860					

续表

z_1/z_2	z_c (m)	$\xi_1=1.2$	$\xi_1=1.4$	$\xi_1=1.65$	$\xi_1=1.9$	$\xi_1=2.15$	$\xi_1=2.4$	$\xi_1=2.65$
54/55	16				$\xi_2=2.210450$ $\alpha=56°13.93976308'$ $A=5.49452040$ $R_1=192.8234046$ $R_2=188.1445204$ $\Omega=0.0000273$	$\xi_2=2.391910$ $\alpha=55°18.06173333'$ $A=5.36481666$ $R_1=194.1325983$ $R_2=189.6398167$ $\Omega=0.0000059$		
		变位系数比 ξ_k				0.725840		
	20			$\xi_2=1.9617575$ $\alpha=56°20.03735846'$ $A=2.11890158$ $R_1=73.53549217$ $R_2=71.74390158$ $\Omega=0.0000103$	$\xi_2=2.130850$ $\alpha=55°15.01198'$ $A=2.06075131$ $R_1=74.01637369$ $R_2=72.31075131$ $\Omega=0.000059$			
		变位系数比 ξ_k			0.676370			
	25	$\xi_2=1.5941898$ $\alpha=57°27.00983803'$ $A=2.61980015$ $R_1=87.06276926$ $R_2=84.81980015$ $\Omega=0$	$\xi_2=1.7136498$ $\alpha=56°26.86279701'$ $A=2.5502888$ $R_1=87.4906606$ $R_2=85.3502888$ $\Omega=0.0000024$	$\xi_2=1.86828445$ $\alpha=55°11.177155'$ $A=2.46893322$ $R_1=88.03592012$ $R_2=86.01893322$ $\Omega=0$				
		变位系数比 ξ_k	0.59730	0.6185386				
	34	$\xi_2=1.435560$ $\alpha=55°35.28635'$ $A=2.49414871$ $R_1=86.71253129$ $R_2=84.69414871$ $\Omega=0.0000702$	$\xi_2=1.54207$ $\alpha=54°18.99124737'$ $A=2.41646121$ $R_1=87.10974879$ $R_2=85.21646121$ $\Omega=0.0000156$					
		变位系数比 ξ_k	0.532550					

续表

z_1/z_2	z_c (m)	$\xi_1=1.2$	$\xi_1=1.4$	$\xi_1=1.65$	$\xi_1=1.9$	$\xi_1=2.15$	$\xi_1=2.4$	$\xi_1=2.65$
55/56	16				$\xi_2=2.2218939$ $\alpha=56°22.92154242'$ $A=5.51609409$ $R_1=196.1262163$ $R_2=191.4160941$ $\Omega=0$	$\xi_2=2.40372338$ $\alpha=55°27.82959180'$ $A=5.38694403$ $R_1=197.4372579$ $R_2=192.91194403$ $\Omega=0$		
		变位系数比 ξ_k				0.7273179		
	20			$\xi_2=1.9741365$ $\alpha=56°29.56255758'$ $A=2.12776103$ $R_1=74.80758022$ $R_2=73.00276103$ $\Omega=0.0000212$	$\xi_2=2.143838$ $\alpha=55°25.64160656'$ $A=2.06998755$ $R_1=75.28960745$ $R_2=73.56998755$ $\Omega=0.0002984$			
		变位系数比 ξ_k			0.6788060			
	25		$\xi_2=1.7273132$ $\alpha=56°37.14699851'$ $A=2.5618562$ $R_1=89.0200834$ $R_2=86.8618562$ $\Omega=0.0000343$	$\xi_2=1.882752$ $\alpha=55°22.83245902'$ $A=2.48104402$ $R_1=89.56721198$ $R_2=87.53104402$ $\Omega=0$				
		变位系数比 ξ_k		0.6217552				
	34	$\xi_2=1.453050$ $\alpha=55°48.67730635'$ $A=2.50843144$ $R_1=88.25071856$ $R_2=86.20843144$ $\Omega=0.0000285$	$\xi_2=1.56050$ $\alpha=54°34.03910702'$ $A=2.43130409$ $R_1=88.65019591$ $R_2=86.73130409$ $\Omega=0.0000514$					
		变位系数比 ξ_k	0.537250					

续表

z_1/z_2	z_c (m)	$\xi_1=1.2$	$\xi_1=1.4$	$\xi_1=1.65$	$\xi_1=1.9$	$\xi_1=2.15$	$\xi_1=2.4$	$\xi_1=2.65$
56/57	16				$\xi_2=2.2329865$ $\alpha=56°31.57469242'$ $A=5.53707438$ $R_1=199.4273379$ $R_2=194.6870744$ $\Omega=0.0000034$	$\xi_2=2.41520919$ $\alpha=55°37.23952258'$ $A=5.40847522$ $R_1=200.7403845$ $R_2=196.1834752$ $\Omega=0$		
		变位系数比 ξ_k				0.7288907		
	20			$\xi_2=1.986235$ $\alpha=56°38.81970299'$ $A=2.13645816$ $R_1=76.07912934$ $R_2=74.26145816$ $\Omega=0.0001813$	$\xi_2=2.156450$ $\alpha=55°35.78488548'$ $A=2.07889739$ $R_1=76.56222761$ $R_2=74.82889739$ $\Omega=0.0000592$			
		变位系数比 ξ_k			0.680860			
	25		$\xi_2=1.74075$ $\alpha=56°47.16634412'$ $A=2.57324955$ $R_1=90.54900045$ $R_2=88.37324955$ $\Omega=0.0000197$	$\xi_2=1.8967265$ $\alpha=55°33.98046613'$ $A=2.49276673$ $R_1=91.09741277$ $R_2=89.04276673$ $\Omega=0.0000657$				
		变位系数比 ξ_k		0.6239060				
	34	$\xi_2=1.470120$ $\alpha=56°1.6214875'$ $A=2.52242996$ $R_1=89.78793009$ $R_2=87.72242996$ $\Omega=0.0000236$	$\xi_2=1.578207$ $\alpha=54°48.3489431'$ $A=2.44563282$ $R_1=90.18898818$ $R_2=88.24563282$ $\Omega=0.00002886$					
		变位系数比 ξ_k	0.5404350					

续表

z_1/z_2	z_c (m)	$\xi_1=1.2$	$\xi_1=1.4$	$\xi_1=1.65$	$\xi_1=1.9$	$\xi_1=2.15$	$\xi_1=2.4$	$\xi_1=2.65$
57/58	16				$\xi_2=2.24386758$ $\alpha=56°39.99010294'$ $A=5.55766618$ $R_1=202.7274731$ $R_2=197.9576662$ $\Omega=0$	$\xi_2=2.426575$ $\alpha=55°46.4682381'$ $A=5.42979989$ $R_1=204.0429376$ $R_2=199.4547999$ $\Omega=0.0003010$		
		变位系数比 ξ_k				0.7308297		
	20			$\xi_2=1.998090$ $\alpha=56°48.77063382'$ $A=2.14495058$ $R_1=77.35027442$ $R_2=75.51995058$ $\Omega=0.0000385$	$\xi_2=2.168835$ $\alpha=55°45.71365323'$ $A=2.0877109$ $R_1=77.8343766$ $R_2=76.0877109$ $\Omega=0.0001211$			
		变位系数比 ξ_k			0.682980			
	25		$\xi_2=1.753686$ $\alpha=56°56.731750'$ $A=2.5841241$ $R_1=92.0769339$ $R_2=89.8841241$ $\Omega=0$	$\xi_2=1.910430$ $\alpha=55°44.77788095'$ $A=2.50425179$ $R_1=92.62703821$ $R_2=90.55425179$ $\Omega=0.0000039$				
		变位系数比 ξ_k		0.6269760				
	34	$\xi_2=1.486320$ $\alpha=56°13.80077231'$ $A=2.53577917$ $R_1=91.32318083$ $R_2=89.23577917$ $\Omega=0.0000707$	$\xi_2=1.595375$ $\alpha=55°2.06277667'$ $A=2.45956413$ $R_1=91.72656087$ $R_2=89.75956413$ $\Omega=0.0000137$					
		变位系数比 ξ_k	0.5452750					

续表

z_1/z_2	z_c (m)	$\xi_1=1.2$	$\xi_1=1.4$	$\xi_1=1.65$	$\xi_1=1.9$	$\xi_1=2.15$	$\xi_1=2.4$	$\xi_1=2.65$
58/59	16				$\xi_2=2.25452701$ $\alpha=56°48.17006324'$ $A=5.57786176$ $R_1=206.0265638$ $R_2=201.2278618$ $\Omega=0$	$\xi_2=2.437509$ $\alpha=55°55.29792344'$ $A=5.450397$ $R_1=207.3434115$ $R_2=202.725397$ $\Omega=0.000045$		
		变位系数比 ξ_k				0.7319280		
	20			$\xi_2=2.009635$ $\alpha=56°56.46461515'$ $A=2.15327793$ $R_1=78.62080958$ $R_2=76.77827792$ $\Omega=0.0001745$	$\xi_2=2.180850$ $\alpha=55°55.24829844'$ $A=2.09627678$ $R_1=79.10584822$ $R_2=77.34627678$ $\Omega=0.0000448$			
		变位系数比 ξ_k			0.684860			
	25		$\xi_2=1.76640$ $\alpha=57°6.06480714'$ $A=2.59507806$ $R_1=93.60412194$ $R_2=91.39507806$ $\Omega=0.0000259$	$\xi_2=1.9237585$ $\alpha=55°55.20311563'$ $A=2.51546532$ $R_1=94.15581018$ $R_2=92.06546532$ $\Omega=0.0000031$				
		变位系数比 ξ_k		0.6294340				
	34	$\xi_2=1.5021774$ $\alpha=56°25.60428788'$ $A=2.54888212$ $R_1=92.85765008$ $R_2=90.74888212$ $\Omega=0$	$\xi_2=1.6119565$ $\alpha=55°15.17816667'$ $A=2.47307398$ $R_1=93.26279552$ $R_2=91.27307398$ $\Omega=0.0000195$					
		变位系数比 ξ_k	0.5488955					

续表

z_1/z_2	z_c (m)	$\xi_1=1.2$	$\xi_1=1.4$	$\xi_1=1.65$	$\xi_1=1.9$	$\xi_1=2.15$	$\xi_1=2.4$	$\xi_1=2.65$
59/60	16				$\xi_2=2.26498715$ $\alpha=56°56.16973529'$ $A=5.59778487$ $R_1=209.3246316$ $R_2=204.4977849$ $\Omega=0.0002333$	$\xi_2=2.448320$ $\alpha=56°3.94035625'$ $A=5.47074542$ $R_1=210.6433346$ $R_2=205.9957454$ $\Omega=0.0000134$		
		变位系数比 ξ_k				0.7333314		
	20			$\xi_2=2.0209360$ $\alpha=57°4.86480145'$ $A=2.1613986$ $R_1=79.8909414$ $R_2=78.0363986$ $\Omega=0.0000034$	$\xi_2=2.1925825$ $\alpha=56°4.48292187'$ $A=2.10462551$ $R_1=80.37683074$ $R_2=78.60462551$ $\Omega=0$			
		变位系数比 ξ_k			0.6865860			
	25		$\xi_2=1.77876586$ $\alpha=57°15.06704085$ $A=2.60563418$ $R_1=95.1306634$ $R_2=92.90563418$ $\Omega=0$	$\xi_2=1.9367775$ $\alpha=56°5.30572462'$ $A=2.52645065$ $R_1=95.68388185$ $R_2=93.57645065$ $\Omega=0.0000057$				
		变位系数比 ξ_k		0.6320466				
	34	$\xi_2=1.517602$ $\alpha=56°36.97030299'$ $A=2.56165639$ $R_1=94.39114961$ $R_2=92.26165639$ $\Omega=0$	$\xi_2=1.627970$ $\alpha=55°27.72975082'$ $A=2.48617695$ $R_1=94.79773305$ $R_2=92.78617695$ $\Omega=0.00002998$					
		变位系数比 ξ_k	0.551840					

续表

z_1/z_2	z_c (m)	$\xi_1=1.2$	$\xi_1=1.4$	$\xi_1=1.65$	$\xi_1=1.9$	$\xi_1=2.15$	$\xi_1=2.4$	$\xi_1=2.65$
60/61	16				$\xi_2=2.275131$ $\alpha=57°3.81092609'$ $A=5.61697749$ $R_1=212.621374$ $R_2=207.7669775$ $\Omega=0.000015$	$\xi_2=2.458779$ $\alpha=56°12.25763846'$ $A=5.49050308$ $R_1=213.9415604$ $R_2=209.2655031$ $\Omega=0.0000653$		
		变位系数比 ξ_k			0.7345920			
	20			$\xi_2=2.031976$ $\alpha=57°13.02019714'$ $A=2.16935404$ $R_1=81.16058596$ $R_2=79.29435404$ $\Omega=0.0000043$	$\xi_2=2.2040915$ $\alpha=56°13.48378769'$ $A=2.11286063$ $R_1=81.64736812$ $R_2=79.86286063$ $\Omega=0.0000168$			
		变位系数比 ξ_k			0.6884620			
	25			$\xi_2=1.9493425$ $\alpha=56°14.97973231'$ $A=2.53708075$ $R_1=97.21094075$ $R_2=95.08708075$ $\Omega=0.0000034$	$\xi_2=2.1130725$ $\alpha=55°6.007205'$ $A=2.46360786$ $R_1=97.77560964$ $R_2=95.76360786$ $\Omega=0.0000052$			
		变位系数比 ξ_k			0.654920			
	34		$\xi_1=1.6435688$ $\alpha=55°39.82530952'$ $A=2.49896736$ $R_1=96.33173904$ $R_2=94.29896736$ $\Omega=0.0000028$	$\xi_2=1.787550$ $\alpha=54°13.1702125'$ $A=2.41078062$ $R_1=96.85186938$ $R_2=94.96078062$ $\Omega=0.000147$				
		变位系数比 ξ_k		0.5759248				

续表

z_1/z_2	z_c (m)	$\xi_1=1.2$	$\xi_1=1.4$	$\xi_1=1.65$	$\xi_1=1.9$	$\xi_1=2.15$	$\xi_1=2.4$	$\xi_1=2.65$
61/62	20				$\xi_1=2.2153399$ $\alpha=56°22.22427121'$ $A=2.12092771$ $R_1=82.91742204$ $R_2=81.12092771$ $\Omega=0$	$\xi_2=2.392375$ $\alpha=55°23.36983606'$ $A=2.06841248$ $R_1=83.41252502$ $R_2=81.69341248$ $\Omega=0.0000622$		
		变位系数比 ξ_k			0.7081404			
	25			$\xi_2=1.9617405$ $\alpha=56°24.44008769'$ $A=2.5475826$ $R_1=98.7376389$ $R_2=96.5975826$ $\Omega=0.0000722$	$\xi_2=2.1259425$ $\alpha=55°16.42941148'$ $A=2.4743726$ $R_1=99.3034549$ $R_2=97.2743726$ $\Omega=0.0000044$			
		变位系数比 ξ_k		0.656808				
	34		$\xi_2=1.658710$ $\alpha=55°51.45472031'$ $A=2.51141937$ $R_1=97.86471063$ $R_2=95.81141937$ $\Omega=0$	$\xi_2=1.803505$ $\alpha=54°26.38620877'$ $A=2.42372708$ $R_1=98.38678792$ $R_2=96.47372708$ $\Omega=0.0000034$				
		变位系数比 ξ_k	0.579180					

续表

z_1/z_2	z_c (m)		$\xi_1=1.2$	$\xi_1=1.4$	$\xi_1=1.65$	$\xi_1=1.9$	$\xi_1=2.15$	$\xi_1=2.4$	$\xi_1=2.65$
62/63	20					$\xi_2=2.226345$ $\alpha=56°30.70977164'$ $A=2.12883721$ $R_1=84.18702529$ $R_2=82.37883721$ $\Omega=0.0001765$	$\xi_2=2.403760$ $\alpha=55°33.0705'$ $A=2.07650394$ $R_1=84.68289606$ $R_2=82.95150394$ $\Omega=0.00003$		
		变位系数比 ξ_k				0.709660			
	25				$\xi_2=1.9737875$ $\alpha=56°33.58534179'$ $A=2.55783590$ $R_1=100.2635266$ $R_2=98.1078359$ $\Omega=0.0001364$	$\xi_2=2.138597$ $\alpha=55°26.60545161'$ $A=2.48499623$ $R_1=100.8307948$ $R_2=98.78499623$ $\Omega=0$			
		变位系数比 ξ_k			0.6592380				
	34			$\xi_2=1.673409$ $\alpha=56°2.44162899'$ $A=2.52356775$ $R_1=99.39665925$ $R_2=97.32356775$ $\Omega=0.0000206$	$\xi_2=1.819020$ $\alpha=54°39.07865172'$ $A=2.43632637$ $R_1=99.92073363$ $R_2=97.98632637$ $\Omega=0.0000289$				
		变位系数比 ξ_k		0.5824440					

续表

z_1/z_2	z_c (m)	$\xi_1=1.2$	$\xi_1=1.4$	$\xi_1=1.65$	$\xi_1=1.9$	$\xi_1=2.15$	$\xi_1=2.4$	$\xi_1=2.65$
63/64	20				$\xi_2=2.23720$ $\alpha=56°39.04127941'$ $A=2.13666741$ $R_1=85.45633259$ $R_2=83.63666741$ $\Omega=0.0003908$	$\xi_2=2.4149575$ $\alpha=55°42.0815371'$ $A=2.0844763$ $R_1=85.95291745$ $R_2=84.2094763$ $\Omega=0.0000174$		
		变位系数比 ξ_k			0.711030			
	25			$\xi_2=1.985635$ $\alpha=56°42.47641029'$ $A=2.56790119$ $R_1=101.7890038$ $R_2=99.61790119$ $\Omega=0.0000404$	$\xi_2=2.1509825$ $\alpha=55°36.50103548'$ $A=2.49543597$ $R_1=102.3575115$ $R_2=100.295436$ $\Omega=0.000171$			
		变位系数比 ξ_k			0.661390			
	34		$\xi_2=1.687645$ $\alpha=56°13.42794308'$ $A=2.53536798$ $R_1=100.927567$ $R_2=98.83536798$ $\Omega=0.00005071$	$\xi_2=1.834063$ $\alpha=54°51.27187241'$ $A=2.44858563$ $R_1=101.4536034$ $R_2=99.49858563$ $\Omega=0.0000011$				
		变位系数比 ξ_k		0.5856720				

续表

z_1/z_2	z_c (m)	$\xi_1=1.2$	$\xi_1=1.4$	$\xi_1=1.65$	$\xi_1=1.9$	$\xi_1=2.15$	$\xi_1=2.4$	$\xi_1=2.65$
64/65	20				$\xi_2=2.24767105$ $\alpha=56°46.97482836'$ $A=2.14419216$ $R_1=86.7249854$ $R_2=84.89419216$ $\Omega=0$	$\xi_2=2.425845$ $\alpha=55°50.77885238'$ $A=2.09224286$ $R_1=87.22236964$ $R_2=85.46724286$ $\Omega=0.0000381$		
		变位系数比 ξ_k			0.7126958			
	25			$\xi_2=1.997170$ $\alpha=56°51.07455217'$ $A=2.57772708$ $R_1=103.3137829$ $R_2=101.1277271$ $\Omega=0.0000657$	$\xi_2=2.163050$ $\alpha=55°46.04800952'$ $A=2.50561108$ $R_1=103.8835389$ $R_2=101.8056111$ $\Omega=0.0002278$			
		变位系数比 ξ_k		0.663520				
	34		$\xi_2=1.701620$ $\alpha=56°23.88900758'$ $A=2.54696793$ $R_1=102.4578921$ $R_2=100.3469679$ $\Omega=0.0000814$	$\xi_2=1.848760$ $\alpha=55°3.11037'$ $A=2.4606365$ $R_1=102.9856435$ $R_2=101.0106365$ $\Omega=0.0001834$				
		变位系数比 ξ_k	0.588560					

续表

z_1/z_2	z_c (m)	$\xi_1=1.2$	$\xi_1=1.4$	$\xi_1=1.65$	$\xi_1=1.9$	$\xi_1=2.15$	$\xi_1=2.4$	$\xi_1=2.65$
65/66	20				$\xi_2=2.2579495$ $\alpha=56°54.67394638'$ $A=2.15155616$ $R_1=87.99331759$ $R_2=86.15155616$ $\Omega=0.0000056$	$\xi_2=2.436535$ $\alpha=55°59.26204688'$ $A=2.09988742$ $R_1=88.49145008$ $R_2=86.72488742$ $\Omega=0.0000345$		
		变位系数比 ξ_k				0.7143420		
	25			$\xi_2=2.0084205$ $\alpha=56°59.39213623'$ $A=2.58731959$ $R_1=104.8379419$ $R_2=102.6373196$ $\Omega=0.0000036$	$\xi_2=2.17470$ $\alpha=55°55.1541625'$ $A=2.51541238$ $R_1=105.4086876$ $R_2=103.3154124$ $\Omega=0.0000118$			
		变位系数比 ξ_k			0.655118			
	34		$\xi_2=1.715135$ $\alpha=56°33.94044776'$ $A=2.55823616$ $R_1=103.9871688$ $R_2=101.8582362$ $\Omega=0.0001887$	$\xi_2=1.8630478$ $\alpha=55°14.470315'$ $A=2.47234028$ $R_1=104.5168031$ $R_2=102.5223403$ $\Omega=0.0001631$				
		变位系数比 ξ_k		0.5916512				
	40 $\begin{pmatrix}1\\1.25\\2.5\end{pmatrix}$		$\xi_2=1.615710$ $\alpha=55°21.97535574'$ $A=2.06679052$ $R_1=86.47248448$ $R_2=84.81679052$ $\Omega=0.0000829$	$\xi_2=1.75423799$ $\alpha=53°49.96422182'$ $A=1.99038667$ $R_1=86.8952083$ $R_2=85.36538667$ $\Omega=0$				
		变位系数比 ξ_k		0.5541120				

续表

z_1/z_2	z_c (m)	$\xi_1=1.2$	$\xi_1=1.4$	$\xi_1=1.65$	$\xi_1=1.9$	$\xi_1=2.15$	$\xi_1=2.4$	$\xi_1=2.65$
66/67	20					$\xi_2=2.447015$ $\alpha=56°7.52737077'$ $A=2.10740191$ $R_1=89.7601356$ $R_2=87.98240191$ $\Omega=0.0001639$	$\xi_2=2.629785$ $\alpha=55°13.16687541'$ $A=2.05915858$ $R_1=90.26530392$ $R_2=88.55915858$ $\Omega=0.0003560$	
		变位系数比 ξ_k				0.731080		
	25			$\xi_2=2.019405$ $\alpha=57°7.48231857'$ $A=2.5967332$ $R_1=106.3614818$ $R_2=104.1467332$ $\Omega=0.0000761$	$\xi_2=2.186305$ $\alpha=54°4.21612813'$ $A=2.5252597$ $R_1=106.9336552$ $R_2=104.8252598$ $\Omega=0.0002365$			
		变位系数比 ξ_k		0.66760				
	34		$\xi_2=1.7282795$ $\alpha=56°43.63760746'$ $A=2.56922277$ $R_1=105.5156157$ $R_2=103.3692228$ $\Omega=0.0002347$	$\xi_2=1.876910$ $\alpha=55°25.37726393'$ $A=2.48370796$ $R_1=106.047022$ $R_2=104.033708$ $\Omega=0.0000378$				
		变位系数比 ξ_k	0.5945220					
	40		$\xi_2=1.630860$ $\alpha=55°33.6293'$ $A=2.07699616$ $R_1=87.75015384$ $R_2=86.07699616$ $\Omega=0.0000303$	$\xi_2=1.770650$ $\alpha=54°3.77568545'$ $A=2.00140246$ $R_1=88.17522254$ $R_2=86.62640245$ $\Omega=0.000482$				
		变位系数比 ξ_k	0.559160					

续表

z_1/z_2	z_c (m)	$\xi_1=1.2$	$\xi_1=1.4$	$\xi_1=1.65$	$\xi_1=1.9$	$\xi_1=2.15$	$\xi_1=2.4$	$\xi_1=2.65$
66/67	50 $\begin{pmatrix}1\\1.5\\2\end{pmatrix}$	$\xi_2=1.337085$ $\alpha=54°27.48165439'$ $A=1.61653863$ $R_1=69.65763137$ $R_2=68.41653863$ $\Omega=0.0001762$	$\xi_2=1.43249675$ $\alpha=52°58.46005686'$ $A=1.56050356$ $R_1=69.90448995$ $R_2=68.76050356$ $\Omega=0$					
		变位系数比 ξ_k	0.4770588					
67/68	20					$\xi_2=2.457355$ $\alpha=56°15.587055'$ $A=2.11479316$ $R_1=91.02859434$ $R_2=89.23979316$ $\Omega=0.0000531$	$\xi_2=2.640483$ $\alpha=55°21.87706393'$ $A=2.06670495$ $R_1=91.53450255$ $R_2=89.81670495$ $\Omega=0.0000163$	
		变位系数比 ξ_k				0.7325120		
	25			$\xi_2=2.030290$ $\alpha=57°5.42028169'$ $A=2.60605147$ $R_1=107.8848185$ $R_2=105.6560515$ $\Omega=0.000050$	$\xi_2=2.1975885$ $\alpha=56°12.90256154'$ $A=2.53478881$ $R_1=108.4579767$ $R_2=106.3347888$ $\Omega=0.0000063$			
		变位系数比 ξ_k		0.6691940				
	34		$\xi_2=1.741070$ $\alpha=56°52.94656765'$ $A=2.5798786$ $R_1=107.0433314$ $R_2=104.8798786$ $\Omega=0.0000309$	$\xi_2=1.890470$ $\alpha=55°35.96453387'$ $A=2.49486725$ $R_1=107.5765438$ $R_2=105.54486725$ $\Omega=0$				
		变位系数比 ξ_k	0.59760					

续表

z_1/z_2	z_c (m)	$\xi_1=1.2$	$\xi_1=1.4$	$\xi_1=1.65$	$\xi_1=1.9$	$\xi_1=2.15$	$\xi_1=2.4$	$\xi_1=2.65$
67/68	40		$\xi_2=1.6460$ $\alpha=55°45.23285323'$ $A=2.0872821$ $R_1=89.0277179$ $R_2=87.3372821$ $\Omega=0.0000249$	$\xi_2=1.78670$ $\alpha=54°16.91171071'$ $A=2.0120234$ $R_1=89.4547266$ $R_2=87.8870234$ $\Omega=0.0000083$				
		变位系数比 ξ_k		0.56280				
	50	$\xi_2=1.35749181$ $\alpha=54°43.60641207'$ $A=1.62724046$ $R_1=70.68774315$ $R_2=69.42724046$ $\Omega=0$	$\xi_2=1.4540095$ $\alpha=53°16.54752115'$ $A=1.57148739$ $R_1=70.93653161$ $R_2=69.77148739$ $\Omega=0$					
		变位系数比 ξ_k	0.4825885					
68/69	20					$\xi_2=2.467450$ $\alpha=56°23.44918333'$ $A=2.12206464$ $R_1=92.29656036$ $R_2=90.49706464$ $\Omega=0.0001747$	$\xi_2=2.6508335$ $\alpha=55°30.3016129'$ $A=2.07406928$ $R_1=92.80301447$ $R_2=91.07406928$ $\Omega=0.0000353$	
		变位系数比 ξ_k					0.7335340	
	25			$\xi_2=2.040915$ $\alpha=57°23.1266662'$ $A=2.61517391$ $R_1=109.4075711$ $R_2=107.1651739$ $\Omega=0.0000887$	$\xi_2=2.208530$ $\alpha=56°21.31709091'$ $A=2.54410392$ $R_1=109.9814861$ $R_2=107.8441039$ $\Omega=0.0000332$			
		变位系数比 ξ_k			0.670460			

续表

z_1/z_2	z_c (m)	$\xi_1=1.2$	$\xi_1=1.4$	$\xi_1=1.65$	$\xi_1=1.9$	$\xi_1=2.15$	$\xi_1=2.4$	$\xi_1=2.65$
68/69	34		$\xi_2=1.753605$ $\alpha=57°2.06116087'$ $R_1=108.5703988$ $R_2=106.3904162$ $A=2.59041621$ $\Omega=0.0002143$	$\xi_2=1.903650$ $\alpha=55°46.21241746'$ $A=2.50578728$ $R_1=109.1051627$ $R_2=107.0557873$ $\Omega=0.0001146$				
		变位系数比 ξ_k	0.600180					
	40		$\xi_2=1.66075269$ $\alpha=55°56.43599841'$ $A=2.09733291$ $R_1=90.30454882$ $R_2=88.59733291$ $\Omega=0$	$\xi_2=1.80230$ $\alpha=54°29.75308947'$ $A=2.0225443$ $R_1=90.7332057$ $R_2=89.1475443$ $\Omega=0.0004313$				
		变位系数比 ξ_k	0.5661892					
	50	$\xi_2=1.377160$ $\alpha=54°58.99572881'$ $A=1.63762088$ $R_1=71.71669912$ $R_2=70.43762088$ $\Omega=0.0000159$	$\xi_2=1.47461606$ $\alpha=53°33.02015926'$ $A=1.58228739$ $R_1=71.96630851$ $R_2=70.78228739$ $\Omega=0$					
		变位系数比 ξ_k 0.4872803						
69/70	20					$\xi_2=2.47726263$ $\alpha=56°30.98219403'$ $A=2.12908913$ $R_1=93.56406744$ $R_2=91.75408913$ $\Omega=0$	$\xi_2=2.661025$ $\alpha=55°38.54591935'$ $A=2.08133914$ $R_1=94.07122337$ $R_2=92.33133914$ $\Omega=0.0000369$	
		变位系数比 ξ_k				0.7350495		

续表

z_1/z_2	z_c (m)	$\xi_1=1.2$	$\xi_1=1.4$	$\xi_1=1.65$	$\xi_1=1.9$	$\xi_1=2.15$	$\xi_1=2.4$	$\xi_1=2.65$
69/70	25			$\xi_2=2.051185$ $\alpha=57°30.51964028'$ $A=2.62399856$ $R_1=110.9295564$ $R_2=108.6739986$ $\Omega=0.0000857$	$\xi_2=2.219425$ $\alpha=55°20.31208'$ $A=2.55336814$ $R_1=111.5049069$ $R_2=109.3533681$ $\Omega=0.0000593$			
		变位系数比 ξ_k			0.672960			
	34		$\xi_2=1.765908$ $\alpha=57°10.88721'$ $A=2.60071997$ $R_1=110.097004$ $R_2=107.900720$ $\Omega=0.0000422$	$\xi_2=1.916530$ $\alpha=55°56.15571741'$ $A=2.51649598$ $R_1=110.633094$ $R_2=108.566496$ $\Omega=0.0003081$				
		变位系数比 ξ_k		0.6024880				
	40		$\xi_2=1.6751447$ $\alpha=56°7.31497231'$ $A=2.10720798$ $R_1=91.58065377$ $R_2=89.85720798$ $\Omega=0$	$\xi_2=1.817315$ $\alpha=54°41.82995'$ $A=2.03256597$ $R_1=92.01072153$ $R_2=90.40756597$ $\Omega=0.0000825$				
		变位系数比 ξ_k		0.5686812				
	50	$\xi_2=1.3960525$ $\alpha=55°13.62032459'$ $A=1.6476399$ $R_1=72.744465$ $R_2=71.4476399$ $\Omega=0$	$\xi_2=1.494505$ $\alpha=53°50.08996296'$ $A=1.59264213$ $R_1=72.99636739$ $R_2=71.792642$ $\Omega=0.0000829$					
		变位系数比 ξ_k	0.4922625					

续表

z_1/z_2	z_c (m)	$\xi_1=1.2$	$\xi_1=1.4$	$\xi_1=1.65$	$\xi_1=1.9$	$\xi_1=2.15$	$\xi_1=2.4$	$\xi_1=2.65$
70/71	20					$\xi_2=2.4870685$ $\alpha=56°38.48985821'$ $A=2.13614674$ $R_1=94.83152451$ $R_2=93.01114674$ $\Omega=0.0000154$	$\xi_2=2.67111825$ $\alpha=55°46.63558095'$ $A=2.08853408$ $R_1=95.33926155$ $R_2=93.58853408$ $\Omega=0$	
		变位系数比 ξ_k				0.7361990		
	25			$\xi_2=2.06130781$ $\alpha=57°37.76323056'$ $A=2.6327149$ $R_1=112.4512085$ $R_2=110.1827149$ $\Omega=0$	$\xi_2=2.229999$ $\alpha=56°37.61212388'$ $A=2.56238236$ $R_1=113.0276146$ $R_2=110.86238236$ $\Omega=0.0001035$			
		变位系数比 ξ_k		0.6747648				
	34			$\xi_2=1.92909859$ $\alpha=56°5.71000923'$ $A=2.52689267$ $R_1=112.1604031$ $R_2=110.0768927$ $\Omega=0$	$\xi_2=2.085050$ $\alpha=54°50.80865254'$ $A=2.44811706$ $R_1=112.7070329$ $R_2=110.7481171$ $\Omega=0$			
		变位系数比 ξ_k		0.6238056				
	40		$\xi_2=1.68906769$ $\alpha=56°17.67453333'$ $A=2.11672469$ $R_1=92.85594454$ $R_2=91.11672469$ $\Omega=0$	$\xi_2=1.83210$ $\alpha=54°53.78293559'$ $A=2.04260773$ $R_1=93.28764227$ $R_2=91.66760773$ $\Omega=0.0002845$	$\xi_2=1.97980$ $\alpha=53°27.53849434'$ $A=1.97282364$ $R_1=93.72667636$ $R_2=92.22282364$ $\Omega=0.0001520$			
		变位系数比 ξ_k	0.5721292	0.5908				

续表

z_1/z_2	z_c (m)	$\xi_1=1.2$	$\xi_1=1.4$	$\xi_1=1.65$	$\xi_1=1.9$	$\xi_1=2.15$	$\xi_1=2.4$	$\xi_1=2.65$
70/71	50	$\xi_2=1.414260$ $\alpha=55°26.62386852'$ $A=1.65737714$ $R_1=73.77114286$ $R_2=72.45737714$ $\Omega=0.0002843$	$\xi_2=1.51344$ $\alpha=54°6.00652679'$ $A=1.60255678$ $R_1=74.02432322$ $R_2=72.80255678$ $\Omega=0.0000645$					
		变位系数比 ξ_k	0.49590					
71/72	20						$\xi_2=2.680955$ $\alpha=55°54.49470469'$ $A=2.09558288$ $R_1=96.60680462$ $R_2=94.84558288$ $\Omega=0.0000818$	$\xi_2=2.86851175$ $\alpha=55°3.43722203'$ $A=2.0508095$ $R_1=97.12046987$ $R_2=95.4258095$ $\Omega=0.0001288$
		变位系数比 ξ_k						0.7502270
	25				$\xi_2=2.2404885$ $\alpha=56°45.48719706'$ $A=2.57133171$ $R_1=114.5501338$ $R_2=112.3713317$ $\Omega=0.0000364$	$\xi_2=2.413745$ $\alpha=55°45.97121774'$ $A=2.50552881$ $R_1=115.1357062$ $R_2=113.0555288$ $\Omega=0.0000131$		
		变位系数比 ξ_k				0.6930260		
	34			$\xi_2=1.941475$ $\alpha=56°15.06583692'$ $A=2.53717587$ $R_1=112.6872491$ $R_2=111.5871759$ $\Omega=0.0000453$	$\xi_2=2.098$ $\alpha=55°1.34182542'$ $A=2.45882698$ $R_1=114.235173$ $R_2=112.258827$ $\Omega=0.000338$			
		变位系数比 ξ_k			0.62610			

续表

z_1/z_2	z_c (m)	$\xi_1=1.2$	$\xi_1=1.4$	$\xi_1=1.65$	$\xi_1=1.9$	$\xi_1=2.15$	$\xi_1=2.4$	$\xi_1=2.65$
71/72	40		$\xi_2=1.70258935$ $\alpha=56°27.68471212'$ $A=2.1260073$ $R_1=94.13046608$ $R_2=92.3760073$ $\Omega=0$	$\xi_2=1.846380$ $\alpha=55°55.07455333'$ $A=2.05220869$ $R_1=94.56374131$ $R_2=92.92720869$ $\Omega=0.0002292$	$\xi_2=1.99480$ $\alpha=53°40.33613585'$ $A=1.98279797$ $R_1=95.00420203$ $R_2=93.48279797$ $\Omega=0.0002234$			
		变位系数比 ξ_k		0.5751626	0.593680			
	50	$\xi_2=1.4318450$ $\alpha=55°40.88902581'$ $A=1.66673346$ $R_1=74.79695654$ $R_2=73.46673346$ $\Omega=0.0000093$	$\xi_2=1.531865$ $\alpha=54°20.97408772'$ $A=1.61226947$ $R_1=75.05146053$ $R_2=73.81226947$ $\Omega=0.0002573$					
		变位系数比 ξ_k	0.50010					
72/73	20						$\xi_2=2.690625$ $\alpha=56°2.14812969'$ $A=2.10250371$ $R_1=97.87405879$ $R_2=96.10250371$ $\Omega=0.0000754$	$\xi_2=2.8785705$ $\alpha=55°11.766560'$ $A=2.05795171$ $R_1=98.38847454$ $R_2=96.68295171$ $\Omega=0.0000405$
		变位系数比 ξ_k						0.7517820
	25				$\xi_2=2.2506385$ $\alpha=56°53.04924412'$ $A=2.57999671$ $R_1=116.0719188$ $R_2=113.8799967$ $\Omega=0.0000229$	$\xi_2=2.424385$ $\alpha=55°54.33707813'$ $A=2.51452911$ $R_1=116.6586259$ $R_2=114.5645291$ $\Omega=0.0000275$		
		变位系数比 ξ_k				0.6949860		

续表

z_1/z_2	z_c (m)	$\xi_1=1.2$	$\xi_1=1.4$	$\xi_1=1.65$	$\xi_1=1.9$	$\xi_1=2.15$	$\xi_1=2.4$	$\xi_1=2.65$
72/73	34			$\xi_2=1.953390$ $\alpha=56°24.03464154'$ $A=2.54713034$ $R_1=115.2130397$ $R_2=113.0971303$ $\Omega=0.0000166$	$\xi_2=2.110575$ $\alpha=55°11.33049167'$ $A=2.46909158$ $R_1=115.7626334$ $R_2=113.7690916$ $\Omega=0.0000061$			
		变位系数比 ξ_k			0.628740			
	40		$\xi_2=1.715735$ $\alpha=56°37.35705224'$ $A=2.13507816$ $R_1=95.40425934$ $R_2=93.63507816$ $\Omega=0.0000002$	$\xi_2=1.86024478$ $\alpha=55°15.97644167'$ $A=2.06158537$ $R_1=95.8390266$ $R_2=94.1865854$ $\Omega=0$	$\xi_2=2.0093838$ $\alpha=53°52.59680182'$ $A=1.99247451$ $R_1=96.28098499$ $R_2=94.74247451$ $\Omega=0$			
		变位系数比 ξ_k		0.57803912	0.5965561			
	50	$\xi_2=1.449365$ $\alpha=55°54.78214531'$ $A=1.67657343$ $R_1=75.82205657$ $R_2=74.47667343$ $\Omega=0.0000485$	$\xi_2=1.549577$ $\alpha=54°35.10236034'$ $A=1.62157426$ $R_1=76.07757975$ $R_2=74.8215743$ $\Omega=0.0000074$					
		变位系数比 ξ_k	0.501060					
73/74	20						$\xi_2=2.70013$ $\alpha=56°9.62189231'$ $A=2.10931638$ $R_1=99.14100863$ $R_2=97.3593164$ $\Omega=0.0000228$	$\xi_2=2.888465$ $\alpha=55°19.9811082'$ $A=2.06505651$ $R_1=99.65610598$ $R_2=97.94005651$ $\Omega=0.0004108$
		变位系数比 ξ_k						0.753340

续表

z_1/z_2	z_c (m)	$\xi_1=1.2$	$\xi_1=1.4$	$\xi_1=1.65$	$\xi_1=1.9$	$\xi_1=2.15$	$\xi_1=2.4$	$\xi_1=2.65$
73/74	25				$\xi_2=2.260620$ $\alpha=57°0.46359711'$ $A=2.58856158$ $R_1=117.5932984$ $R_2=115.3885616$ $\Omega=0.0000596$	$\xi_2=2.434795$ $\alpha=56°2.53295625'$ $A=2.52342346$ $R_1=118.1809615$ $R_2=116.0734235$ $\Omega=0.0002808$		
		变位系数比 ξ_k				0.69670		
	34			$\xi_2=1.9651098$ $\alpha=56°32.77728657'$ $A=2.55692566$ $R_1=116.7384037$ $R_2=114.6069257$ $\Omega=0$	$\xi_2=2.1229128$ $\alpha=55°21.1332918'$ $A=2.47926921$ $R_1=117.2894692$ $R_2=115.2792692$ $\Omega=0$			
		变位系数比 ξ_k			0.6312120			
	40		$\xi_2=1.728685$ $\alpha=56°46.83066119'$ $A=2.14405488$ $R_1=96.6776576$ $R_2=94.8940549$ $\Omega=0.0001874$	$\xi_2=1.8738737$ $\alpha=55°26.62504032'$ $A=2.07084733$ $R_1=97.1138369$ $R_2=95.4458473$ $\Omega=0$	$\xi_2=2.023750$ $\alpha=54°4.63930893'$ $A=2.00209627$ $R_1=97.55727873$ $R_2=96.00209627$ $\Omega=0.0000853$			
		变位系数比 ξ_k		0.5807548	0.5995052			
	50	$\xi_2=1.465150$ $\alpha=56°5.84522154'$ $A=1.68469369$ $R_1=76.8456063$ $R_2=75.4846937$ $\Omega=0.0000404$	$\xi_2=1.566776$ $\alpha=54°48.7531586'$ $A=1.63069373$ $R_1=77.1028583$ $R_2=75.8306937$ $\Omega=0$					
		变位系数比 ξ_k	0.508130					

续表

z_1/z_2	z_c (m)		$\xi_1=1.2$	$\xi_1=1.4$	$\xi_1=1.65$	$\xi_1=1.9$	$\xi_1=2.15$	$\xi_1=2.4$	$\xi_1=2.65$
74/75	20							$\xi_2=2.709415$ $\alpha=56°16.87340615'$ $A=2.11597862$ $R_1=100.4075589$ $R_2=98.6159786$ $\Omega=0.0000293$	$\xi_2=2.8979695$ $\alpha=55°27.65766066'$ $A=2.07175101$ $R_1=100.9231727$ $R_2=99.1967510$ $\Omega=0.0000132$
		变位系数比 ξ_k							0.7542180
	25					$\xi_2=2.270385$ $\alpha=57°7.65229429'$ $A=2.59693187$ $R_1=119.1142231$ $R_2=116.8969319$ $\Omega=0.0000197$	$\xi_2=2.444925$ $\alpha=56°10.33283692'$ $A=2.53199762$ $R_1=119.7027774$ $R_2=117.5819976$ $\Omega=0.0001652$		
		变位系数比 ξ_k					0.698160		
	34				$\xi_2=1.976650$ $\alpha=56°41.34630896'$ $A=2.5666166$ $R_1=118.2633334$ $R_2=116.1166166$ $\Omega=0.0000989$	$\xi_2=2.134920$ $\alpha=55°30.60375806'$ $A=2.48920146$ $R_1=118.8155585$ $R_2=116.7892015$ $\Omega=0.0000114$			
		变位系数比 ξ_k				0.633080			
	40			$\xi_2=1.74123403$ $\alpha=56°55.87367681'$ $A=2.15270938$ $R_1=97.9503757$ $R_2=96.1527094$ $\Omega=0$	$\xi_2=1.887250$ $\alpha=55°36.93296613'$ $A=2.07991169$ $R_1=98.3879633$ $R_2=96.70491169$ $\Omega=0.0000766$	$\xi_2=2.03768254$ $\alpha=54°16.18398929'$ $A=2.01143118$ $R_1=98.8327752$ $R_2=97.26143118$ $\Omega=0$			
		变位系数比 ξ_k			0.5840639	0.6017302			

续表

z_1/z_2	z_c (m)	$\xi_1=1.2$	$\xi_1=1.4$	$\xi_1=1.65$	$\xi_1=1.9$	$\xi_1=2.15$	$\xi_1=2.4$	$\xi_1=2.65$
74/75	50	$\xi_2=1.4808705$ $\alpha=56°17.35834242'$ $A=1.69314079$ $R_1=77.86860021$ $R_2=76.49314079$ $\Omega=0.0000207$	$\xi_2=1.583335$ $\alpha=55°1.75369661'$ $A=1.63949869$ $R_1=78.12717131$ $R_2=76.83949869$ $\Omega=0.0000239$					
		变位系数比 ξ_k	0.5123225					
75/76	20						$\xi_2=2.7185969$ $\alpha=56°23.99780606'$ $A=2.12257438$ $R_1=101.6739179$ $R_2=99.87257438$ $\Omega=0.0000018$	$\xi_2=2.907435$ $\alpha=55°35.37522097'$ $A=2.0785357$ $R_1=102.1900518$ $R_2=100.4535357$ $\Omega=0.0001377$
		变位系数比 ξ_k						0.7553524
	25				$\xi_2=2.2800325$ $\alpha=57°14.70446857'$ $A=2.60520704$ $R_1=120.6348905$ $R_2=118.405207$ $\Omega=0.0000103$	$\xi_2=2.454880$ $\alpha=56°18.01674154'$ $A=2.54044051$ $R_1=121.2241995$ $R_2=119.0904405$ $\Omega=0.0000145$		
		变位系数比 ξ_k			0.699390			
	34				$\xi_2=2.1467505$ $\alpha=55°39.85095714'$ $A=2.49899465$ $R_1=120.3412569$ $R_2=118.2989947$ $\Omega=0.0000001$	$\xi_2=2.309850$ $\alpha=54°29.26567193'$ $A=2.42657111$ $R_1=120.9029789$ $R_2=118.9765711$ $\Omega=0.0001957$		
		变位系数比 ξ_k			0.6523980			

续表

z_1/z_2	z_c (m)	$\xi_1=1.4$	$\xi_1=1.65$	$\xi_1=1.9$	$\xi_1=2.15$	$\xi_1=2.4$	$\xi_1=2.65$	$\xi_1=2.9$
75/76	40		$\xi_2=1.90010$ $\alpha=55°46.92860794'$ $A=2.08879593$ $R_1=99.66145408$ $R_2=97.9637959$ $\Omega=0.0002361$	$\xi_2=2.051260$ $\alpha=54°27.35479298'$ $A=2.02056891$ $R_1=100.1075811$ $R_2=98.5205689$ $\Omega=0.0000937$				
	变位系数比 ξ_k			0.604640				
	50	$\xi_2=1.599440$ $\alpha=55°14.27869667'$ $A=1.64809452$ $R_1=79.1507855$ $R_2=77.8480945$ $\Omega=0.0000779$	$\xi_2=1.732920$ $\alpha=53°38.36977963'$ $A=1.5850056$ $R_1=79.4808344$ $R_2=78.2850056$ $\Omega=0.0001122$					
	变位系数比 ξ_k		0.533920					
76/77	20					$\xi_2=2.7276305$ $\alpha=56°31.02354697'$ $A=2.12912785$ $R_1=102.9399484$ $R_2=101.1291279$ $\Omega=0.0003538$	$\xi_2=2.9168535$ $\alpha=55°43.0078127'$ $A=2.08529999$ $R_1=103.4568336$ $R_2=101.7103$ $\Omega=0.0003822$	
	变位系数比 ξ_k					0.7568920		
	25				$\xi_2=2.464720$ $\alpha=56°25.54670909'$ $A=2.54881781$ $R_1=122.7453422$ $R_2=120.5988179$ $\Omega=0.0000482$	$\xi_2=2.6436365$ $\alpha=55°27.52736066'$ $A=2.48806779$ $R_1=123.3428417$ $R_2=121.2880678$ $\Omega=0.0000248$		
	变位系数比 ξ_k					0.7156660		

续表

<table>
<tr><th>z_1/z_2</th><th>z_c (m)</th><th>$\xi_1=1.4$</th><th>$\xi_1=1.65$</th><th>$\xi_1=1.9$</th><th>$\xi_1=2.15$</th><th>$\xi_1=2.4$</th><th>$\xi_1=2.65$</th><th>$\xi_1=2.9$</th></tr>
<tr><td rowspan="6">76/77</td><td>34</td><td></td><td></td><td>$\xi_2=2.158330$
$\alpha=55°48.81890476'$
$A=2.50858353$
$R_1=121.8664065$
$R_2=119.8085835$
$\Omega=0.0000093$</td><td>$\xi_2=2.321880$
$\alpha=54°39.15262414'$
$A=2.43640029$
$R_1=122.4292397$
$R_2=120.4864003$
$\Omega=0.000057$</td><td></td><td></td><td></td></tr>
<tr><td></td><td>变位系数比 ξ_k</td><td></td><td colspan="2">0.65420</td><td></td><td></td><td></td></tr>
<tr><td>40</td><td></td><td>$\xi_2=1.9127472$
$\alpha=55°56.5203651'$
$A=2.09740905$
$R_1=100.9344589$
$R_2=99.2224091$
$\Omega=0$</td><td>$\xi_2=2.064580$
$\alpha=54°38.2075224'$
$A=2.02954681$
$R_1=101.3819032$
$R_2=99.7795468$
$\Omega=0.0000591$</td><td></td><td></td><td></td><td></td></tr>
<tr><td></td><td>变位系数比 ξ_k</td><td colspan="2">0.6073312</td><td></td><td></td><td></td><td></td></tr>
<tr><td>50</td><td>$\xi_2=1.615070$
$\alpha=55°26.32166129'$
$A=1.65646558$
$R_1=80.1736744$
$R_2=78.8564656$
$\Omega=0$</td><td>$\xi_2=1.74936985$
$\alpha=53°52.0282927'$
$A=1.59361861$
$R_1=80.5051211$
$R_2=79.2936186$
$\Omega=0$</td><td></td><td></td><td></td><td></td><td></td></tr>
<tr><td></td><td>变位系数比 ξ_k
0.5371994</td><td></td><td></td><td></td><td></td><td></td><td></td></tr>
<tr><td rowspan="2">77/78</td><td>25</td><td></td><td></td><td></td><td>$\xi_2=2.474380$
$\alpha=56°32.8985209'$
$A=2.55706185$
$R_1=124.2660782$
$R_2=122.1070619$
$\Omega=0.0000511$</td><td>$\xi_2=2.6536850$
$\alpha=55°37.55178548'$
$A=2.49655082$
$R_1=124.8645042$
$R_2=122.7965508$
$\Omega=0.0000335$</td><td></td><td></td></tr>
<tr><td></td><td>变位系数比 ξ_k</td><td></td><td></td><td colspan="2">0.717220</td><td></td><td></td></tr>
</table>

续表

z_1/z_2	z_c (m)	$\xi_1=1.4$	$\xi_1=1.65$	$\xi_1=1.9$	$\xi_1=2.15$	$\xi_1=2.4$	$\xi_1=2.65$	$\xi_1=2.9$
77/78	34			$\xi_2=2.169650$ $\alpha=55°57.5902437'$ $A=2.51805045$ $R_1=123.3908996$ $R_2=121.3180505$ $\Omega=0.0001145$	$\xi_2=2.333620$ $\alpha=54°48.75428793'$ $A=2.44604237$ $R_1=123.9548176$ $R_2=121.9960424$ $\Omega=0.000058$			
		变位系数比 ξ_k			0.655880			
	40		$\xi_2=1.925150$ $\alpha=56°5.96344769'$ $A=2.10597487$ $R_1=102.2069001$ $R_2=100.4809749$ $\Omega=0.0002277$	$\xi_2=2.07750$ $\alpha=54°48.65313966'$ $A=2.03828307$ $R_1=102.6554669$ $R_2=101.0382831$ $\Omega=0.0000493$				
		变位系数比 ξ_k		0.60940				
	50	$\xi_2=1.6301435$ $\alpha=55°37.85737097'$ $A=1.664.58353$ $R_1=81.19570347$ $R_2=79.8645835$ $\Omega=0$	$\xi_2=1.765410$ $\alpha=54°5.33135636'$ $A=1.60212216$ $R_1=81.5286978$ $R_2=80.3021222$ $\Omega=0.0002508$					
		变位系数比 ξ_k	0.5410660					
78/79	25				$\xi_2=2.483975$ $\alpha=56°40.14489552'$ $A=2.56525236$ $R_1=125.7866726$ $R_2=123.6152524$ $\Omega=0.0000275$	$\xi_2=2.663555$ $\alpha=55°45.3808242'$ $A=2.50489685$ $R_1=126.3857682$ $R_2=124.3048969$ $\Omega=0.0000204$		
		变位系数比 ξ_k				0.718320		

续表

z_1/z_2	z_c (m)	$\xi_1=1.4$	$\xi_1=1.65$	$\xi_1=1.9$	$\xi_1=2.15$	$\xi_1=2.4$	$\xi_1=2.65$	$\xi_1=2.9$
78/79	34			$\xi_2=2.180750$ $\alpha=56°6.11586719'$ $A=2.52733663$ $R_1=124.9149134$ $R_2=122.8273366$ $\Omega=0.0002805$	$\xi_2=2.345250$ $\alpha=54°58.1684712'$ $A=2.45558841$ $R_1=125.4801616$ $R_2=123.5055884$ $\Omega=0.0000124$			
		变位系数比 ξ_k			0.6580			
	40		$\xi_2=1.93710$ $\alpha=56°14.9227369'$ $A=2.1141815$ $R_1=103.4785685$ $R_2=101.7391815$ $\Omega=0.0001208$	$\xi_2=2.090170$ $\alpha=54°58.82547458'$ $A=2.04688144$ $R_1=103.9285436$ $R_2=102.2968814$ $\Omega=0.0000117$				
		变位系数比 ξ_k		0.612280				
	50	$\xi_2=1.64490$ $\alpha=55°49.02562222'$ $A=1.67253708$ $R_1=82.21726292$ $R_2=80.8725371$ $\Omega=0.0000804$	$\xi_2=1.7810282$ $\alpha=54°18.00437895'$ $A=1.61033063$ $R_1=82.5517258$ $R_2=81.3103306$ $\Omega=0$					
		变位系数比 ξ_k	0.5445128					

续表

z_1/z_2	z_c (m)	$\xi_1=1.4$	$\xi_1=1.65$	$\xi_1=1.9$	$\xi_1=2.15$	$\xi_1=2.4$	$\xi_1=2.65$	$\xi_1=2.9$
79/80	25				$\xi_2=2.4931895$ $\alpha=56°47.0703088'$ $A=2.57313974$ $R_1=127.3064288$ $R_2=125.1231397$ $\Omega=0.0000197$	$\xi_2=2.6732625$ $\alpha=55°53.03550317'$ $A=2.51312382$ $R_1=127.9066637$ $R_2=125.8131238$ $\Omega=0.0000938$		
		变位系数比 ξ_k				0.7202920		
	34			$\xi_2=2.1916595$ $\alpha=56°14.35055538'$ $A=2.53638592$ $R_1=126.4385926$ $R_2=124.3363859$ $\Omega=0$	$\xi_2=2.356625$ $\alpha=55°7.34041333'$ $A=2.4649785$ $R_1=127.0048965$ $R_2=125.0149785$ $\Omega=0.0000550$			
		变位系数比 ξ_k			0.659862			
	40		$\xi_2=1.9490$ $\alpha=56°23.80894242'$ $A=2.12239888$ $R_1=104.7501011$ $R_2=102.9973989$ $\Omega=0.000124$	$\xi_2=2.102680$ $\alpha=55°8.76645'$ $A=2.0553721$ $R_1=105.2013279$ $R_2=103.5553721$ $\Omega=0.0000323$				
		变位系数比 ξ_k		0.614720				
	50	$\xi_2=1.659220$ $\alpha=55°59.76290156'$ $A=1.68027267$ $R_1=83.2381673$ $R_2=81.8802727$ $\Omega=0.0000358$	$\xi_2=1.796155$ $\alpha=54°30.33844483'$ $A=1.61842174$ $R_1=83.5738883$ $R_2=82.3184217$ $\Omega=0.0001079$					
		变位系数比 ξ_k	0.547740					

续表

z_1/z_2	z_c (m)	$\xi_1=1.4$	$\xi_1=1.65$	$\xi_1=1.9$	$\xi_1=2.15$	$\xi_1=2.4$	$\xi_1=2.65$	$\xi_1=2.9$
80/81	25				$\xi_2=2.502345$ $\alpha=56°53.90573088'$ $A=2.58098236$ $R_1=128.8260527$ $R_2=126.6309824$ $\Omega=0.0000178$	$\xi_2=2.682718$ $\alpha=56°0.4579375'$ $A=2.52116445$ $R_1=129.4269896$ $R_2=127.3211644$ $\Omega=0.000068$		
		变位系数比 ξ_k			0.7214920			
	34			$\xi_2=2.2022965$ $\alpha=56°22.3866818'$ $A=2.54529403$ $R_1=127.9615955$ $R_2=125.845294$ $\Omega=0.0000011$	$\xi_2=2.3677605$ $\alpha=55°16.24183279'$ $A=2.47417789$ $R_1=128.5291036$ $R_2=126.5241779$ $\Omega=0.0000137$			
		变位系数比 ξ_k			0.6618560			
	40			$\xi_2=2.1147735$ $\alpha=55°18.32549833'$ $A=2.06361975$ $R_1=106.473314$ $R_2=104.8136198$ $\Omega=0.000002$	$\xi_2=2.27292944$ $\alpha=54°2.72744182'$ $A=2.00056117$ $R_1=106.931762$ $R_2=105.3755612$ $\Omega=0$			
		变位系数比 ξ_k			0.6326238			
	50		$\xi_2=1.8108375$ $\alpha=54°42.00061897'$ $A=1.61616679$ $R_1=84.5955082$ $R_2=83.3261668$ $\Omega=0$	$\xi_2=1.952859$ $\alpha=53°10.88775385'$ $A=1.56802909$ $R_1=84.9376889$ $R_2=83.7680291$ $\Omega=0.0000107$				
		变位系数比 ξ_k		0.5680860				

续表

z_1/z_2	z_c (m)	$\xi_1=1.4$	$\xi_1=1.65$	$\xi_1=1.9$	$\xi_1=2.15$	$\xi_1=2.4$	$\xi_1=2.65$	$\xi_1=2.9$
81/82	25				$\xi_2=2.511415$ $\alpha=57°0.64267246'$ $A=2.58876923$ $R_1=130.3454758$ $R_2=128.1387692$ $\Omega=0.0000961$	$\xi_2=2.69210$ $\alpha=56°7.79030769'$ $A=2.5291704$ $R_1=130.947129$ $R_2=128.8291704$ $\Omega=0.0004384$		
		变位系数比 ξ_k			0.722740			
	34			$\xi_2=2.212765$ $\alpha=56°30.2481791'$ $A=2.55408258$ $R_1=129.4842124$ $R_2=127.3540826$ $\Omega=0.0000513$	$\xi_2=2.378613$ $\alpha=55°24.84936885'$ $A=2.48315482$ $R_1=130.0528842$ $R_2=128.0331548$ $\Omega=0.0000223$			
		变位系数比 ξ_k		0.6633920				
	40			$\xi_2=2.126727$ $\alpha=55°27.6896885'$ $A=2.07177905$ $R_1=107.7450384$ $R_2=106.0717791$ $\Omega=0.0000199$	$\xi_2=2.285462$ $\alpha=54°13.17812679'$ $A=2.02899027$ $R_1=108.2046647$ $R_2=106.6339903$ $\Omega=0.0000156$			
		变位系数比 ξ_k		0.634940				
	50		$\xi_2=1.825230$ $\alpha=54°53.45327458'$ $A=1.63386336$ $R_1=85.6165966$ $R_2=84.3338634$ $\Omega=0.000081$	$\xi_2=1.9679805$ $\alpha=53°23.7989811'$ $A=1.57594664$ $R_1=85.9600144$ $R_2=84.7759466$ $\Omega=0.0000168$				
		变位系数比 ξ_k	0.5710020					

续表

z_1/z_2	z_c (m)	$\xi_1=1.4$	$\xi_1=1.65$	$\xi_1=1.9$	$\xi_1=2.15$	$\xi_1=2.4$	$\xi_1=2.65$	$\xi_1=2.9$
82/83	25				$\xi_2=2.520250$ $\alpha=57°7.19772143'$ $A=2.59640063$ $R_1=131.8643494$ $R_2=129.6464006$ $\Omega=0.0002692$	$\xi_2=2.701190$ $\alpha=56°14.79721231'$ $A=2.53687915$ $R_1=132.4666909$ $R_2=130.3368792$ $\Omega=0.0000427$		
		变位系数比 ξ_k			0.723760			
	34			$\xi_2=2.2230$ $\alpha=56°37.8687597'$ $A=2.56267277$ $R_1=131.0063272$ $R_2=128.8626728$ $\Omega=0.0000409$	$\xi_2=2.38940$ $\alpha=55°33.35500323'$ $A=2.49210542$ $R_1=131.5760946$ $R_2=129.5421054$ $\Omega=0.0000111$			
		变位系数比 ξ_k		0.66560				
	40			$\xi_2=2.138376$ $\alpha=55°36.7771694'$ $A=2.07977399$ $R_1=109.016166$ $R_2=107.329774$ $\Omega=0.0000733$	$\xi_2=2.297580$ $\alpha=54°23.24775263'$ $A=2.01719718$ $R_1=109.4767528$ $R_2=107.8921972$ $\Omega=0.0001128$			
		变位系数比 ξ_k		0.6368160				
	50		$\xi_2=1.8389695$ $\alpha=55°4.28857'$ $A=1.64112294$ $R_1=86.6367096$ $R_2=85.3412294$ $\Omega=0.0000217$	$\xi_2=1.982595$ $\alpha=53°36.13182407'$ $A=1.5836056$ $R_1=86.9815844$ $R_2=85.7836056$ $\Omega=0.000299$				
		变位系数比 ξ_k		0.5745020				

续表

z_1/z_2	z_c (m)	$\xi_1=1.4$	$\xi_1=1.65$	$\xi_1=1.9$	$\xi_1=2.15$	$\xi_1=2.4$	$\xi_1=2.65$	$\xi_1=2.9$
83/84	25				$\xi_2=2.528985$ $\alpha=57°13.54941429'$ $A=2.60384736$ $R_1=133.3831076$ $R_2=131.1538474$ $\Omega=0.0000122$	$\xi_2=2.7102305$ $\alpha=56°21.73558333'$ $A=2.54456944$ $R_1=133.9861221$ $R_2=131.8445694$ $\Omega=0.0000027$		
		变位系数比 ξ_k				0.7249820		
	34			$\xi_2=2.233160$ $\alpha=56°45.42740735'$ $A=2.57126348$ $R_1=132.5282165$ $R_2=130.3712635$ $\Omega=0.0002842$	$\xi_2=2.399850$ $\alpha=55°41.55785873'$ $A=2.50081309$ $R_1=133.0987369$ $R_2=131.0508131$ $\Omega=0.0000872$			
		变位系数比 ξ_k			0.666760			
	40			$\xi_2=2.149870$ $\alpha=55°45.76579194'$ $A=2.08775741$ $R_1=110.2869176$ $R_2=108.5877574$ $\Omega=0.0006508$	$\xi_2=2.309550$ $\alpha=54°33.08535345'$ $A=2.02529709$ $R_1=110.7485779$ $R_2=109.1502971$ $\Omega=0.000148$			
		变位系数比 ξ_k			0.638720			
	50		$\xi_2=1.8527535$ $\alpha=55°15.03369333'$ $A=1.64861607$ $R_1=87.6568909$ $R_2=86.34861607$ $\Omega=0.0000442$	$\xi_2=1.997055$ $\alpha=53°48.30689444'$ $A=1.59126007$ $R_1=88.00284994$ $R_2=86.7912601$ $\Omega=0.0000669$				
		变位系数比 ξ_k	0.5772060					

续表

z_1/z_2	z_c (m)	$\xi_1=1.4$	$\xi_1=1.65$	$\xi_1=1.9$	$\xi_1=2.15$	$\xi_1=2.4$	$\xi_1=2.65$	$\xi_1=2.9$
84/85	25				$\xi_2=2.537650$ $\alpha=57°19.90457887'$ $A=2.61134984$ $R_1=134.9016002$ $R_2=132.6613498$ $\Omega=0.0001835$	$\xi_2=2.719035$ $\alpha=56°28.4825197'$ $A=2.55210242$ $R_1=135.5050026$ $R_2=133.3521024$ $\Omega=0.0000154$		
		变位系数比 ξ_k				0.725540		
	34			$\xi_2=2.2430215$ $\alpha=56°52.63801765'$ $A=2.57952373$ $R_1=134.0495408$ $R_2=131.8795237$ $\Omega=0$	$\xi_2=2.410250$ $\alpha=55°49.65844603'$ $A=2.50948597$ $R_1=134.621264$ $R_2=132.559486$ $\Omega=0.000185$			
		变位系数比 ξ_k			0.668914			
	40			$\xi_2=2.161002$ $\alpha=55°54.17070625'$ $A=2.09529111$ $R_1=111.5572139$ $R_2=109.8452911$ $\Omega=0$	$\xi_2=2.321285$ $\alpha=54°42.62833448'$ $A=2.03323283$ $R_1=112.0199797$ $R_2=110.4082328$ $\Omega=0.0000731$			
		变位系数比 ξ_k			0.6411320			
	50		$\xi_2=1.866063$ $\alpha=55°25.37300656'$ $A=1.65580233$ $R_1=88.67632367$ $R_2=87.3558023$ $\Omega=0.0000016$	$\xi_2=2.011085$ $\alpha=53°59.95279273'$ $A=1.5986702$ $R_1=89.0234998$ $R_2=87.7986702$ $\Omega=0.0000049$				
		变位系数比 ξ_k		0.5800880				

续表

z_1/z_2	z_c (m)	$\xi_1=1.4$	$\xi_1=1.65$	$\xi_1=1.9$	$\xi_1=2.15$	$\xi_1=2.4$	$\xi_1=2.65$	$\xi_1=2.9$
85/86	25					$\xi_2=2.727856$ $\alpha=56°35.17561194'$ $A=2.55962898$ $R_1=137.023939$ $R_2=134.859629$ $\Omega=0$	$\xi_2=2.912740$ $\alpha=55°44.4052746'$ $A=2.50385332$ $R_1=137.6343667$ $R_2=135.5538533$ $\Omega=0.000028$	
		变位系数比 ξ_k					0.7395360	
	34			$\xi_2=2.252825$ $\alpha=56°59.80355072'$ $A=2.58779642$ $R_1=135.5706786$ $R_2=133.3877964$ $\Omega=0.0000698$	$\xi_2=2.420350$ $\alpha=55°57.46012344'$ $A=2.51790934$ $R_1=136.1431407$ $R_2=134.0679093$ $\Omega=0.0001372$	$\xi_2=2.5915525$ $\alpha=54°54.51389492'$ $A=2.45187115$ $R_1=136.7227864$ $R_2=134.7518711$ $\Omega=0.0000016$		
		变位系数比 ξ_k			0.67010	0.684810		
	40			$\xi_2=2.171945$ $\alpha=56°2.51749375'$ $A=2.10283937$ $R_1=112.8270231$ $R_2=111.1028394$ $\Omega=0$	$\xi_2=2.33280$ $\alpha=54°52.00903898'$ $A=2.04110984$ $R_1=113.2908902$ $R_2=111.6661098$ $\Omega=0.0003082$			
		变位系数比 ξ_k			0.643420			
	50		$\xi_2=1.879050$ $\alpha=55°35.3376629'$ $A=1.66280204$ $R_1=89.69529796$ $R_2=88.3628020$ $\Omega=0.0000747$	$\xi_2=2.02470$ $\alpha=54°11.18921607'$ $A=1.60590321$ $R_1=90.04349679$ $R_2=88.8059032$ $\Omega=0.00010$	$\xi_2=2.174170$ $\alpha=52°44.34778431'$ $A=1.55206934$ $R_1=90.39627066$ $R_2=89.2520693$ $\Omega=0.0000628$			
		变位系数比 ξ_k		0.58260	0.597880			

续表

z_1/z_2	z_c (m)	$\xi_1=1.4$	$\xi_1=1.65$	$\xi_1=1.9$	$\xi_1=2.15$	$\xi_1=2.4$	$\xi_1=2.65$	$\xi_1=2.9$
86/87	25					$\xi_2=2.7363575$ $\alpha=56°41.60618358'$ $A=2.56691189$ $R_1=138.5421606$ $R_2=136.3669119$ $\Omega=0.0000386$	$\xi_2=2.921780$ $\alpha=55°51.5648156'$ $A=2.511538$ $R_1=139.153802$ $R_2=137.061538$ $\Omega=0.0001029$	
		变位系数比 ξ_k				0.741690		
	34				$\xi_2=2.430390$ $\alpha=56°5.21054462'$ $A=2.52634661$ $R_1=137.6648234$ $R_2=135.5763466$ $\Omega=0.0003982$	$\xi_2=2.601860$ $\alpha=55°2.86122333'$ $A=2.46038134$ $R_1=138.2451987$ $R_2=136.2603813$ $\Omega=0.0000231$		
		变位系数比 ξ_k			0.685880			
	40			$\xi_2=2.182650$ $\alpha=56°10.61838'$ $A=2.11022892$ $R_1=114.0963961$ $R_2=112.3602289$ $\Omega=0.0000381$	$\xi_2=2.344035$ $\alpha=55°0.95751167'$ $A=2.04869519$ $R_1=114.5613923$ $R_2=112.9236952$ $\Omega=0.0000416$			
		变位系数比 ξ_k		0.645540				
	50			$\xi_2=2.037945$ $\alpha=54°22.01108596'$ $A=1.61294789$ $R_1=91.06294211$ $R_2=89.8129479$ $\Omega=0.0000584$	$\xi_2=2.188110$ $\alpha=52°56.54485098'$ $A=1.55935196$ $R_1=91.41686804$ $R_2=90.2593520$ $\Omega=0.0000687$			
		变位系数比 ξ_k		0.600660				

续表

z_1/z_2	z_c (m)		$\xi_1=1.4$	$\xi_1=1.65$	$\xi_1=1.9$	$\xi_1=2.15$	$\xi_1=2.4$	$\xi_1=2.65$	$\xi_1=2.9$
87/88	25						$\xi_2=2.744950$ $\alpha=56°48.09353382'$ $A=2.57431016$ $R_1=140.0605398$ $R_2=137.8743102$ $\Omega=0.0002402$	$\xi_2=2.9304795$ $\alpha=55°58.38107031'$ $A=2.51890843$ $R_1=140.6725301$ $R_2=138.5689084$ $\Omega=0$	
		变位系数比 ξ_k					0.7421180		
	34					$\xi_2=2.44020$ $\alpha=56°12.66380154'$ $A=2.53452578$ $R_1=139.1860742$ $R_2=137.0845258$ $\Omega=0.0002806$	$\xi_2=2.612250$ $\alpha=55°11.30094167'$ $A=2.46906106$ $R_1=139.7676889$ $R_2=137.7690611$ $\Omega=0.0004013$		
		变位系数比 ξ_k				0.68820			
	40				$\xi_2=2.193340$ $\alpha=56°18.71162307'$ $A=2.11767559$ $R_1=115.3656744$ $R_2=113.6176756$ $\Omega=0.0003334$	$\xi_2=2.3550365$ $\alpha=55°9.72641333'$ $A=2.05619672$ $R_1=115.8313945$ $R_2=114.1811967$ $\Omega=0$			
		变位系数比 ξ_k				0.6467860			
	50				$\xi_2=2.051050$ $\alpha=54°32.63267368'$ $A=1.61993812$ $R_1=92.08216189$ $R_2=90.8199381$ $\Omega=0.0000518$	$\xi_2=2.2018595$ $\alpha=53°8.43242885'$ $A=1.56653492$ $R_1=92.43718408$ $R_2=91.2665349$ $\Omega=0$			
		变位系数比 ξ_k				0.6032380			

续表

z_1/z_2	z_c (m)	$\xi_1=1.4$	$\xi_1=1.65$	$\xi_1=1.9$	$\xi_1=2.15$	$\xi_1=2.4$	$\xi_1=2.65$	$\xi_1=2.9$
88/89	25					$\xi_2=2.753140$ $\alpha=56°54.18616522'$ $A=2.58130534$ $R_1=141.5781147$ $R_2=139.3813053$ $\Omega=0.0000288$	$\xi_2=2.939075$ $\alpha=56°5.11948'$ $A=2.52624707$ $R_1=142.1909779$ $R_2=140.0762471$ $\Omega=0.0000874$	
		变位系数比 ξ_k				0.743740		
	34				$\xi_2=2.449895$ $\alpha=56°19.9847045'$ $A=2.54262343$ $R_1=140.070616$ $R_2=138.5926234$ $\Omega=0.0000352$	$\xi_2=2.62220$ $\alpha=55°19.15832459'$ $A=2.47721069$ $R_1=141.2893893$ $R_2=139.2772107$ $\Omega=0.000021$		
		变位系数比 ξ_k			0.689220			
	40			$\xi_2=2.2036815$ $\alpha=56°26.39251642'$ $A=2.12480242$ $R_1=116.6344013$ $R_2=114.8748024$ $\Omega=0.0000318$	$\xi_2=2.365920$ $\alpha=55°18.35345'$ $A=2.06364399$ $R_1=117.101156$ $R_2=115.438644$ $\Omega=0.0000149$			
		变位系数比 ξ_k			0.6489540			
	50			$\xi_2=2.063805$ $\alpha=54°42.87178966'$ $A=1.62674901$ $R_1=93.10086099$ $R_2=91.8267490$ $\Omega=0$	$\xi_2=2.215275$ $\alpha=53°20.0368717'$ $A=1.57362909$ $R_1=93.4569209$ $R_2=92.2736291$ $\Omega=0.0002534$			
		变位系数比 ξ_k			0.605880			

续表

z_1/z_2	z_c (m)		$\xi_1=1.4$	$\xi_1=1.65$	$\xi_1=1.9$	$\xi_1=2.15$	$\xi_1=2.4$	$\xi_1=2.65$	$\xi_1=2.9$
89/90	25						$\xi_2=2.761368$ $\alpha=57°0.29862464'$ $A=2.58837032$ $R_1=143.0957337$ $R_2=140.8883703$ $\Omega=0.0000138$	$\xi_2=2.9474895$ $\alpha=56°11.63731077'$ $A=2.53339557$ $R_1=143.7090709$ $R_2=141.5833956$ $\Omega=0.0000065$	
		变位系数比 ξ_k					0.7444860		
	34					$\xi_2=2.45920$ $\alpha=56°26.9945866'$ $A=2.55043621$ $R_1=142.2271638$ $R_2=140.1004362$ $\Omega=0.0001051$	$\xi_2=2.632050$ $\alpha=55°27.01974098'$ $A=2.48543118$ $R_1=142.8107188$ $R_2=140.7854312$ $\Omega=0.0001961$		
		变位系数比 ξ_k				0.69140			
	40				$\xi_2=2.21383528$ $\alpha=56°33.91999254'$ $A=2.13184425$ $R_1=117.902744$ $R_2=116.1318443$ $\Omega=0$	$\xi_2=2.37655$ $\alpha=55°26.7123522'$ $A=2.07092371$ $R_1=118.3704513$ $R_2=116.6959237$ $\Omega=0.0000104$			
		变位系数比 ξ_k			0.6508589				
	50				$\xi_2=2.076365$ $\alpha=54°52.9045678'$ $A=1.63349261$ $R_1=94.11923739$ $R_2=92.8334926$ $\Omega=0.0000202$	$\xi_2=2.228315$ $\alpha=53°31.1643204'$ $A=1.5805094$ $R_1=94.4761206$ $R_2=93.2805094$ $\Omega=0.0002989$			
		变位系数比 ξ_k			0.60780				

续表

z_1/z_2	z_c (m)	$\xi_1=1.4$	$\xi_1=1.65$	$\xi_1=1.9$	$\xi_1=2.15$	$\xi_1=2.4$	$\xi_1=2.65$	$\xi_1=2.9$
90/91	25						$\xi_2=2.9559316$ $\alpha=56°18.14405692'$ $A=2.54058159$ $R_1=145.2272132$ $R_2=143.0905816$ $\Omega=0.0000023$	$\xi_2=3.144995$ $\alpha=55°29.9854541'$ $A=2.48855013$ $R_1=145.8464349$ $R_2=143.7885501$ $\Omega=0.0000488$
		变位系数比 ξ_k						0.7562536
	34					$\xi_2=2.6416842$ $\alpha=55°34.58425968'$ $A=2.49340546$ $R_1=144.3316471$ $R_2=142.2934055$ $\Omega=0$	$\xi_2=2.817888$ $\alpha=54°34.5798'$ $A=2.43184152$ $R_1=144.9218224$ $R_2=142.9818415$ $\Omega=0.000018$	
		变位系数比 ξ_k				0.7048152		
	40				$\xi_2=2.3869275$ $\alpha=55°34.83436613'$ $A=2.07805844$ $R_1=119.6392603$ $R_2=117.9530584$ $\Omega=0.0000263$	$\xi_2=2.553579$ $\alpha=54°27.33568596'$ $A=2.02055319$ $R_1=120.1133943$ $R_2=118.5205532$ $\Omega=0.0000048$		
		变位系数比 ξ_k			0.6666080			
	50			$\xi_2=2.088213$ $\alpha=55°2.29712167'$ $A=1.63986928$ $R_1=95.13655672$ $R_2=93.83986928$ $\Omega=0.0000077$	$\xi_2=2.241120$ $\alpha=53°41.93327593'$ $A=1.58724126$ $R_1=95.4949987$ $R_2=94.28724126$ $\Omega=0.0000481$			
		变位系数比 ξ_k			0.6116280			

续表

z_1/z_2	z_c (m)	$\xi_1=1.4$	$\xi_1=1.65$	$\xi_1=1.9$	$\xi_1=2.15$	$\xi_1=2.4$	$\xi_1=2.65$	$\xi_1=2.9$
91/92	25						$\xi_2=2.96410452$ $\alpha=56°24.43504615'$ $A=2.54757698$ $R_1=146.7447366$ $R_2=144.597577$ $\Omega=0$	$\xi_2=3.153350$ $\alpha=55°36.67851935'$ $A=2.49562417$ $R_1=147.3644258$ $R_2=145.2956242$ $\Omega=0.000084$
		变位系数比 ξ_k						0.7569819
	34					$\xi_2=2.65120$ $\alpha=55°42.0289742'$ $A=2.50131549$ $R_1=145.8522845$ $R_2=143.8013155$ $\Omega=0$	$\xi_2=2.827680$ $\alpha=54°42.6556207'$ $A=2.43990675$ $R_1=146.4431333$ $R_2=144.4899067$ $\Omega=0.0000158$	
		变位系数比 ξ_k				0.705920		
	40				$\xi_2=2.397274$ $\alpha=55°42.8459807'$ $A=2.08515603$ $R_1=120.908029$ $R_2=119.210156$ $\Omega=0$	$\xi_2=2.5642645$ $\alpha=54°36.1347246'$ $A=2.0278244$ $R_1=121.3828368$ $R_2=119.7778244$ $\Omega=0.0000554$		
		变位系数比 ξ_k			0.6679620			
	50			$\xi_2=2.1005555$ $\alpha=55°11.97922'$ $A=1.64650786$ $R_1=96.15460314$ $R_2=94.8465079$ $\Omega=0$	$\xi_2=2.253665$ $\alpha=53°52.4401655'$ $A=1.59388013$ $R_1=96.5134499$ $R_2=95.2938801$ $\Omega=0.0000183$			
		变位系数比 ξ_k		0.6124380				

续表

z_1/z_2	z_c (m)	$\xi_1=1.4$	$\xi_1=1.65$	$\xi_1=1.9$	$\xi_1=2.15$	$\xi_1=2.4$	$\xi_1=2.65$	$\xi_1=2.9$
92/93	25						$\xi_2=2.972150$ $\alpha=56°30.5837552'$ $A=2.5544594$ $R_1=148.2619906$ $R_2=146.1044594$ $\Omega=0.0000185$	$\xi_2=3.161805$ $\alpha=55°43.39572381'$ $A=2.56277434$ $R_1=148.8826407$ $R_2=146.8027743$ $\Omega=0$
		变位系数比 ξ_k						0.758620
	34					$\xi_2=2.660720$ $\alpha=55°49.43134921'$ $A=2.50924178$ $R_1=147.3729182$ $R_2=145.3092418$ $\Omega=0.0004465$	$\xi_2=2.837330$ $\alpha=54°50.56864068'$ $A=2.44787441$ $R_1=147.9641156$ $R_2=145.9978744$ $\Omega=0.000012$	
		变位系数比 ξ_k					0.706440	
	40				$\xi_2=2.40728765$ $\alpha=55°50.56565714'$ $A=2.09205163$ $R_1=122.1761675$ $R_2=120.4670516$ $\Omega=0$	$\xi_2=2.574815$ $\alpha=54°44.73293103'$ $A=2.0349934$ $R_1=122.6520441$ $R_2=121.0349934$ $\Omega=0.000074$		
		变位系数比 ξ_k				0.6701094		
	50			$\xi_2=2.1122255$ $\alpha=55°21.10683115'$ $A=1.65282772$ $R_1=97.17102328$ $R_2=95.85282772$ $\Omega=0$	$\xi_2=2.265925$ $\alpha=54°2.66908545'$ $A=1.60041132$ $R_1=97.53143868$ $R_2=96.3004113$ $\Omega=0.0000804$			
		变位系数比 ξ_k			0.6147980			

续表

z_1/z_2	z_c (m)		$\xi_1=1.4$	$\xi_1=1.65$	$\xi_1=1.9$	$\xi_1=2.15$	$\xi_1=2.4$	$\xi_1=2.65$	$\xi_1=2.9$
93/94	25							$\xi_2=2.980225$ $\alpha=56°36.72568209'$ $A=2.56137991$ $R_1=149.7792951$ $R_2=147.6113799$ $\Omega=0.000070$	$\xi_2=3.1699825$ $\alpha=55°49.88532381'$ $A=2.50972997$ $R_1=150.4002175$ $R_2=148.30973$ $\Omega=0.0000015$
		变位系数比 ξ_k							0.759030
	34						$\xi_2=2.669740$ $\alpha=55°56.4701254'$ $A=2.51683645$ $R_1=148.8923836$ $R_2=146.8168365$ $\Omega=0.0000709$	$\xi_2=2.846990$ $\alpha=54°58.4309729'$ $A=2.45585557$ $R_1=149.4851144$ $R_2=147.5058556$ $\Omega=0.0000267$	
		变位系数比 ξ_k					0.7090		
	40					$\xi_2=2.417320$ $\alpha=55°58.26867369'$ $A=2.09898872$ $R_1=123.444311$ $R_2=121.7239887$ $\Omega=0.000031$	$\xi_2=2.585175$ $\alpha=54°53.15935424'$ $A=2.04208092$ $R_1=123.9208566$ $R_2=122.2920809$ $\Omega=0.0002808$		
		变位系数比 ξ_k				0.671420			
	50				$\xi_2=2.123938$ $\alpha=55°30.16980968'$ $A=1.65916286$ $R_1=98.18871314$ $R_2=96.85916286$ $\Omega=0.0000114$	$\xi_2=2.2779095$ $\alpha=54°12.5527357'$ $A=1.60678661$ $R_1=98.54903239$ $R_2=97.3067866$ $\Omega=0.0000053$			
		变位系数比 ξ_k			0.6158860				

续表

z_1/z_2	z_c (m)	$\xi_1=1.4$	$\xi_1=1.65$	$\xi_1=1.9$	$\xi_1=2.15$	$\xi_1=2.4$	$\xi_1=2.65$	$\xi_1=2.9$
94/95	25						$\xi_2=2.988035$ $\alpha=56°42.62691324'$ $A=2.56807237$ $R_1=151.2960326$ $R_2=149.1180724$ $\Omega=0$	$\xi_2=3.178065$ $\alpha=55°56.25751429'$ $A=2.5166062$ $R_1=151.9175888$ $R_2=149.8166062$ $\Omega=0.0000632$
		变位系数比 ξ_k						0.760120
	34					$\xi_2=2.678850$ $\alpha=56°3.46143281'$ $A=2.52443547$ $R_1=150.4121145$ $R_2=148.3244355$ $\Omega=0.000043$	$\xi_2=2.856387$ $\alpha=55°6.03195667'$ $A=2.46363329$ $R_1=151.0055277$ $R_2=149.0136333$ $\Omega=0.0000011$	
		变位系数比 ξ_k					0.7101480	
	40				$\xi_2=2.42710$ $\alpha=56°5.72891846'$ $A=2.10576113$ $R_1=124.7119889$ $R_2=122.9807611$ $\Omega=0.0001851$	$\xi_2=2.595310$ $\alpha=55°1.27587667'$ $A=2.04896631$ $R_1=125.1893087$ $R_2=123.5489663$ $\Omega=0.0000727$		
		变位系数比 ξ_k				0.672840		
	50			$\xi_2=2.1349495$ $\alpha=55°38.6403871'$ $A=1.66513826$ $R_1=99.20476074$ $R_2=97.8651383$ $\Omega=0.0000185$	$\xi_2=2.289746$ $\alpha=54°22.2642175'$ $A=1.61311358$ $R_1=99.56037842$ $R_2=98.3131136$ $\Omega=0$			
		变位系数比 ξ_k			0.6191860			

续表

z_1/z_2	z_c (m)	$\xi_1=1.4$	$\xi_1=1.65$	$\xi_1=1.9$	$\xi_1=2.15$	$\xi_1=2.4$	$\xi_1=2.65$	$\xi_1=2.9$
95/96	25						$\xi_2=2.995710$ $\alpha=56°48.39352206'$ $A=2.5746535$ $R_1=152.8124765$ $R_2=150.6246535$ $\Omega=0.0000089$	$\xi_2=3.1860236$ $\alpha=56°2.48414375'$ $A=2.52337114$ $R_1=153.4346997$ $R_2=151.3233711$ $\Omega=0.0000022$
		变位系数比 ξ_k						0.7612544
	34					$\xi_2=2.6879274$ $\alpha=56°10.4215877'$ $A=2.53205834$ $R_1=151.9317239$ $R_2=149.8320583$ $\Omega=0.0000062$	$\xi_2=2.865730$ $\alpha=55°13.53568852'$ $A=2.47137219$ $R_1=152.5278178$ $R_2=150.5213722$ $\Omega=0.0000331$	
		变位系数比 ξ_k					0.7112104	
	40				$\xi_2=2.436760$ $\alpha=56°13.11677231'$ $A=2.11252075$ $R_1=125.9793793$ $R_2=124.2375208$ $\Omega=0.0005786$	$\xi_2=2.60532654$ $\alpha=55°9.26986667'$ $A=2.05580453$ $R_1=126.4575118$ $R_2=124.8058045$ $\Omega=0$		
		变位系数比 ξ_k				0.6742662		
	50			$\xi_2=2.1460355$ $\alpha=55°47.12450476'$ $A=1.67117677$ $R_1=100.2208942$ $R_2=98.8711768$ $\Omega=0.0000186$	$\xi_2=2.3014269$ $\alpha=54°31.76265088'$ $A=1.61936274$ $R_1=100.5834911$ $R_2=99.3193627$ $\Omega=0$			
		变位系数比 ξ_k			0.6215656			

续表

z_1/z_2	z_c (m)		$\xi_1=1.4$	$\xi_1=1.65$	$\xi_1=1.9$	$\xi_1=2.15$	$\xi_1=2.4$	$\xi_1=2.65$	$\xi_1=2.9$
96/97	25							$\xi_2=3.0034685$ $\alpha=56°54.1847942'$ $A=2.58130376$ $R_1=154.3291017$ $R_2=152.1313038$ $\Omega=0.0001768$	$\xi_2=3.193934$ $\alpha=56°8.65067031'$ $A=2.5301137$ $R_1=154.9516883$ $R_2=152.8301137$ $\Omega=0.0000692$
		变位系数比 ξ_k							0.7618620
	34						$\xi_2=2.696635$ $\alpha=56°17.05321212'$ $A=2.53937333$ $R_1=153.4505317$ $R_2=151.3393733$ $\Omega=0.000058$	$\xi_2=2.874740$ $\alpha=55°20.73027049'$ $A=2.47884877$ $R_1=154.0453712$ $R_2=152.0288488$ $\Omega=0.0000206$	
		变位系数比 ξ_k					0.712420		
	40					$\xi_2=2.446090$ $\alpha=56°20.09208'$ $A=2.11895222$ $R_1=127.2462728$ $R_2=125.4939522$ $\Omega=0.000002$	$\xi_2=2.615015$ $\alpha=55°16.97149344'$ $A=2.06244624$ $R_1=127.7250913$ $R_2=126.0624462$ $\Omega=0.0000082$		
		变位系数比 ξ_k				0.67570			
	50				$\xi_2=2.156910$ $\alpha=55°55.397075'$ $A=1.67711672$ $R_1=101.2367033$ $R_2=99.8771167$ $\Omega=0.0001607$	$\xi_2=2.312745$ $\alpha=54°40.91778793'$ $A=1.62544372$ $R_1=101.6000463$ $R_2=100.3254437$ $\Omega=0.0000698$			
		变位系数比 ξ_k			0.623340				

续表

z_1/z_2	z_c (m)	$\xi_1=1.4$	$\xi_1=1.65$	$\xi_1=1.9$	$\xi_1=2.15$	$\xi_1=2.4$	$\xi_1=2.65$	$\xi_1=2.9$
97/98	25						$\xi_2=3.010945$ $\alpha=56°59.76854928'$ $A=2.58775585$ $R_1=155.8450791$ $R_2=153.6377559$ $\Omega=0.0000059$	$\xi_2=3.201750$ $\alpha=56°14.70914615'$ $A=2.53678188$ $R_1=156.4084681$ $R_2=154.3367819$ $\Omega=0.0000005$
		变位系数比 ξ_k						0.763220
	34					$\xi_2=2.705283$ $\alpha=56°23.58852879'$ $A=2.54663291$ $R_1=154.9692161$ $R_2=152.8466329$ $\Omega=0.0000034$	$\xi_2=2.883875$ $\alpha=55°27.98645082'$ $A=2.4864467$ $R_1=155.5651783$ $R_2=153.5364467$ $\Omega=0.0000093$	
		变位系数比 ξ_k				0.7143680		
	40				$\xi_2=2.455360$ $\alpha=56°26.973897'$ $A=2.12534422$ $R_1=128.5130558$ $R_2=126.7503442$ $\Omega=0.0001675$	$\xi_2=2.624730$ $\alpha=55°24.64637377'$ $A=2.06911854$ $R_1=128.9927065$ $R_2=127.3191185$ $\Omega=0.0000004$		
		变位系数比 ξ_k			0.677480			
	50			$\xi_2=2.167755$ $\alpha=56°3.5758125'$ $A=1.68304067$ $R_1=102.2524693$ $R_2=100.8830407$ $\Omega=0.0000882$	$\xi_2=2.323890$ $\alpha=54°49.85015085'$ $A=1.63143219$ $R_1=102.6163478$ $R_2=101.3314322$ $\Omega=0.000089$			
		变位系数比 ξ_k		0.624540				

续表

z_1/z_2	z_c (m)		$\xi_1=1.4$	$\xi_1=1.65$	$\xi_1=1.9$	$\xi_1=2.15$	$\xi_1=2.4$	$\xi_1=2.65$	$\xi_1=2.9$
98/99	25							$\xi_2=3.01840$ $\alpha=57°5.27632143'$ $A=2.59415809$ $R_1=157.3610419$ $R_2=155.1441581$ $\Omega=0.0000087$	$\xi_2=3.2094085$ $\alpha=56°20.61028462'$ $A=2.54331826$ $R_1=157.9849072$ $R_2=155.8433183$ $\Omega=0$
		变位系数比 ξ_k						0.7640340	
	34						$\xi_2=2.713825$ $\alpha=56°30.03486119'$ $A=2.55384125$ $R_1=156.4876338$ $R_2=154.3538413$ $\Omega=0.0000495$	$\xi_2=2.892725$ $\alpha=55°35.0207645'$ $A=2.49386743$ $R_1=157.0843076$ $R_2=155.0438674$ $\Omega=0.0002705$	
		变位系数比 ξ_k					0.71560		
	40					$\xi_2=2.464535$ $\alpha=56°33.80242388'$ $A=2.13173381$ $R_1=129.7796037$ $R_2=128.0067338$ $\Omega=0.0000019$	$\xi_2=2.634290$ $\alpha=55°32.15036935'$ $A=2.07569395$ $R_1=130.260031$ $R_2=128.575694$ $\Omega=0.0000517$		
		变位系数比 ξ_k				0.679020			
	50				$\xi_2=2.178115$ $\alpha=56°11.33152769'$ $A=1.68870607$ $R_1=103.2675239$ $R_2=101.8887061$ $\Omega=0.0000109$	$\xi_2=2.334850$ $\alpha=54°58.58440847'$ $A=1.63734131$ $R_1=103.6323587$ $R_2=102.3373413$ $\Omega=0.000045$			
		变位系数比 ξ_k			0.626940				

续表

z_1/z_2	z_c (m)	$\xi_1=1.4$	$\xi_1=1.65$	$\xi_1=1.9$	$\xi_1=2.15$	$\xi_1=2.4$	$\xi_1=2.65$	$\xi_1=2.9$
99/100	25						$\xi_2=3.0258325$ $\alpha=57°10.74959429'$ $A=2.60055859$ $R_1=158.8769389$ $R_2=156.6505586$ $\Omega=0.0000084$	$\xi_2=3.217080$ $\alpha=56°26.50196119'$ $A=2.54988527$ $R_1=159.5013547$ $R_2=157.3498853$ $\Omega=0.0000102$
		变位系数比 ξ_k						0.764990
	34					$\xi_2=2.72220$ $\alpha=56°36.29643134'$ $A=2.5608949$ $R_1=158.0057051$ $R_2=155.8608949$ $\Omega=0.0001085$	$\xi_2=2.901355$ $\alpha=55°41.76075714'$ $A=2.50102944$ $R_1=158.6030356$ $R_2=156.5510294$ $\Omega=0.0000013$	
		变位系数比 ξ_k				0.716620		
	40				$\xi_2=2.473420$ $\alpha=56°40.38527313'$ $A=2.13793767$ $R_1=131.0456123$ $R_2=129.2629377$ $\Omega=0.0000478$	$\xi_2=2.643750$ $\alpha=55°39.5484746'$ $A=2.08222743$ $R_1=131.5271476$ $R_2=129.8322274$ $\Omega=0.0001642$		
		变位系数比 ξ_k			0.681320			
	50			$\xi_2=2.188440$ $\alpha=56°19.01751515'$ $A=1.6943666$ $R_1=104.2825134$ $R_2=102.8943666$ $\Omega=0.0000514$	$\xi_2=2.3455565$ $\alpha=55°7.05142'$ $A=1.64312078$ $R_1=104.6479922$ $R_2=103.3431208$ $\Omega=0$			
		变位系数比 ξ_k		0.6284660				

续表

z_1/z_2	z_c (m)	$\xi_1=1.4$	$\xi_1=1.65$	$\xi_1=1.9$	$\xi_1=2.15$	$\xi_1=2.4$	$\xi_1=2.65$	$\xi_1=2.9$
100/101	25						$\xi_2=3.0329725$ $\alpha=57°15.98576338'$ $A=2.60671747$ $R_1=160.39220$ $R_2=158.1567175$ $\Omega=0.0000055$	$\xi_2=3.2244117$ $\alpha=56°32.10335672'$ $A=2.55616723$ $R_1=161.0170679$ $R_2=158.8561672$ $\Omega=0$
		变位系数比 ξ_k						0.7657568
	34					$\xi_2=2.73053575$ $\alpha=56°42.54892647'$ $A=2.56798367$ $R_1=159.5237113$ $R_2=157.3679837$ $\Omega=0$	$\xi_2=2.9100354$ $\alpha=55°48.51792857'$ $A=2.50826028$ $R_1=160.1218459$ $R_2=158.0582603$ $\Omega=0$	$\xi_2=3.09205$ $\alpha=54°54.01857797'$ $A=2.45136826$ $R_1=160.7247817$ $R_2=158.7513683$ $\Omega=0.0000735$
		变位系数比 ξ_k					0.7179986	0.7280584
	40				$\xi_2=2.482365$ $\alpha=56°46.96563433'$ $A=2.44118341$ $R_1=132.3117291$ $R_2=130.5191834$ $\Omega=0.0000466$	$\xi_2=2.652855$ $\alpha=55°46.5886254'$ $A=2.08849213$ $R_1=132.7936452$ $R_2=131.0884921$ $\Omega=0.0000692$		
		变位系数比 ξ_k				0.681960		
	50				$\xi_2=2.35618595$ $\alpha=55°15.39731833'$ $A=1.64886767$ $R_1=105.6635043$ $R_2=104.3488677$ $\Omega=0$	$\xi_2=2.517275$ $\alpha=54°2.81455455'$ $A=1.60050466$ $R_1=106.0340453$ $R_2=104.8005047$ $\Omega=0.000103$		
		变位系数比 ξ_k				0.6443562		

表 6.3　　$z_2-z_1=2$ 特性曲线计算用表

z_1/z_2	z_1'/z_2'	z_c (m)	不产生 y 最小值	不产生 q_2 最小值	不产生 G_B 最小值	不产生 d 最小值	不产生 q_1 最小值	$\xi_1=-0.3$
20/22	30/12	10 (2.5 / 2.75)	$\xi_1=-0.16963$ $\xi_2=0.293695$ $\alpha=44°0.4363821'$	$\xi_1=-0.165$ $\xi_2=0.2953670$ $\alpha=43°57.6768889'$ $\Omega=0$	$\xi_1=0.0495$ $\xi_2=0.39429$ $\alpha=42°10.0490542'$ $\Omega=0.0029180$	$\xi_1=0.19992$ $\xi_2=0.4776$ $\alpha=41°3.4632954'$ $\Omega=0.0033812$	$\xi_1=0.54$ $\xi_2=0.6889069$ $\alpha=38°44.8682263'$ $\Omega=0.0000571$	 变位系数比 ξ_k
25/27	35/17	10	$\xi_1=-0.354$ $\xi_2=0.225820$ $\alpha=45°27.9796633'$	$\xi_1=-0.30$ $\xi_2=0.2446050$ $\alpha=44°59.4166414'$	$\xi_1=-0.0524$ $\xi_2=0.361$ $\alpha=43°6.440016'$ $\Omega=0$	$\xi_1=0.310$ $\xi_2=0.5812$ $\alpha=40°49.8344864'$ $\Omega=0.0003081$	$\xi_1=0.6565$ $\xi_2=0.81968$ $\alpha=41°25.4224263'$ $\Omega=0$	$\xi_2=0.2446050$ 变位系数比 ξ_k
26/28	39/15	13 (2 / 8)	$\xi_1=-0.3867$ $\xi_2=0.2060$ $\alpha=45°39.55436'$	$\xi_1=-0.354$ $\xi_2=0.2166$ $\alpha=45°21.6195069'$ $\Omega=0.0025851$	$\xi_1=0.1799$ $\xi_2=0.2896$ $\alpha=43°56.8561'$ $\Omega=0$	与不产生 G_B 最小值相同	$\xi_1=0.27$ $\xi_2=0.5424526$ $\alpha=40°57.5649591'$ $\Omega=0$	$\xi_2=0.2363462$ 变位系数比 ξ_k
30/32	46/16	16 (6.5)					$\xi_1=0.02$ $\xi_2=0.39939$ $\alpha=42°38.195696'$ $\Omega=0.0004946$	$\xi_2=0.2293350$ 变位系数比 ξ_k
31/33	47/17	16	$\xi_1=-0.56$ $\xi_2=0.1240$ $\alpha=46°41.9266788'$	与不产生 y 最小值相同	$\xi_1=-0.390$ $\xi_2=0.1902$ $\alpha=45°25.2077567'$ $\Omega=0.0062927$	$\xi_1=-0.515$ $\xi_2=0.1392$ $\alpha=46°20.3458187'$ $\Omega=0.0020535$		$\xi_2=0.229550$ 变位系数比 ξ_k

$\xi_1=-0.165$	$\xi_1=0$	$\xi_1=0.1$	$\xi_1=0.3$	$\xi_1=0.5$		
$\xi_2=0.2953905$	$\xi_2=0.3684651$ $\alpha=42°32.0032'$ $\Omega=0$	$\xi_2=0.4206450$	$\xi_2=0.5363940$	$\xi_2=0.6626947$	$\xi_1=0.55$ $\xi_2=0.695460$ $\alpha=38°41.0000351'$	保证 $\varepsilon>1$ 最大值 $\xi_1=0.8270$ $\xi_2=0.8836685$ $\alpha=36°59.405450'$ $\varepsilon=1.0258$ $\Omega=0$
	0.4428764	0.5217989	0.5787450	0.6315035	0.6553060	
$\xi_2=0.3031795$	$\xi_2=0.3900284$ $\alpha=42°45.0936508'$ $\Omega=0$	$\xi_2=0.4484690$	$\xi_2=0.57450$	$\xi_2=0.7095265$	$\xi_1=0.70$ $\xi_2=0.8507810$ $\alpha=38°41.6071421'$	保证 $\varepsilon>1$ 最大值 $\xi_1=1.021$ $\xi_2=1.086830$ $\alpha=37°5.0547235'$ $\varepsilon=1.0251798$ $\Omega=0.0000034$
0.4338852	0.5263570	0.5844060	0.6301550	0.6751325	0.7062725	
$\xi_2=0.2967810$	$\xi_2=0.3829242$ $\alpha=42°41.3806333'$ $\Omega=0$	$\xi_2=0.439820$	$\xi_2=0.561190$	$\xi_2=0.6899851$	$\xi_1=0.65$ $\xi_2=0.7901550$ $\alpha=38°43.620340'$	
0.4476652	0.5220802	0.5689577	0.606850	0.6439754	0.6677995	
$\xi_2=0.2967770$	$\xi_2=0.3877030$ $\alpha=42°45.38480'$ $\Omega=0.0000009$	$\xi_2=0.446140$	$\xi_2=0.568720$	$\xi_2=0.6970450$	$\xi_1=0.65$ $\xi_2=0.7960450$ $\alpha=38°57.8846526'$	
0.4995704	0.5510667	0.5843700	0.61290	0.641625	0.6600	
$\xi_2=0.2987535$	$\xi_2=0.3915266$ $\alpha=42°47.899916'$ $\Omega=0.0000001$	$\xi_2=0.4509870$	$\xi_2=0.5753420$	$\xi_2=0.7052740$	$\xi_1=0.70$ $\xi_2=0.8393030$ $\alpha=39°1.2170895'$	保证 $\varepsilon>1$ 最大值 $\xi_1=1.10$ $\xi_2=1.1166147$ $\alpha=36°43.3280'$ $\varepsilon=1.0260050$ $\Omega=0.0002897$
0.5126185	0.5622611	0.5946041	0.6217750	0.649660	0.6701450	

z_1/z_2	z_1'/z_2'	z_c (m)	不产生 y 最小值	不产生 q_2 最小值	不产生 G_B 最小值			$\xi_1=-0.3$
34/36	52/18	18 (1.5 2.75 4.25)						$\xi_2=0.226695$ 变位系数比 ξ_k

z_1/z_2	z_1'/z_2'	z_c (m)	不产生 y 最小值				不产生 q_1 最小值	$\xi_2=0$
35/37	51/21	16	$\xi_1=-0.706$ $\xi_2=0.058585$ $\alpha=47°33.7775833'$ $\Omega=0$	不产生 q_2 最小值 $\xi_1=-0.70$ $\xi_2=0.061$ $\alpha=47°31.7305543'$ $\Omega=0.00144545$	不产生 d 最小值 $\xi_1=-0.515$ $\xi_2=0.1255$ $\alpha=46°9.7471437'$ $\Omega=0.0076875$	不产生 G_B 最小值 $\xi_1=-0.48$ $\xi_2=0.131$ $\alpha=45°39.2111833'$ $\Omega=0.0011881$	$\xi_1=0.03$ $\xi_2=0.4234619$ $\alpha=42°47.13142'$ $\Omega=0.000507$	变位系数比 ξ_k
35/37	55/17	20 (1.25 2.5 3.75 5)	$\xi_1=-0.705$ $\xi_2=0.0475$ $\alpha=47°28.1634235'$ $\Omega=0.0003919$		不产生 G_B 最小值 $\xi_1=-0.495$ $\xi_2=0.12762$ $\alpha=45°54.2220'$ $\Omega=0$	不产生 q_2 最小值 $\xi_1=-0.40$ $\xi_2=0.1727$ $\alpha=44°16.4110567'$ $\Omega=0.0074634$	$\xi_1=-0.275$ $\xi_2=0.2372693$ $\alpha=44°29.0219893'$ $\Omega=0.0010315$	变位系数比 ξ_k
40/42	60/22	20						$\xi_1=-0.7522873$ $\alpha=47°23.636'$ $\Omega=0.0000005$ 变位系数比 ξ_k
40/42	65/17	25 (1 2 3 4 6.5)						$\xi_1=-0.7242802$ $\alpha=47°6.69083'$ $\Omega=0.0000006$ 变位系数比 ξ_k

续表

$\xi_1=-0.165$	$\xi_1=0$	$\xi_1=0.1$	$\xi_1=0.3$	$\xi_1=0.5$		
$\xi_2=0.2998150$	$\xi_2=0.3956027$ $\alpha=42°51.1936667'$ $\Omega=0.0000009$	$\xi_2=0.4561870$	$\xi_2=0.5819110$	$\xi_2=0.7122780$	$\xi_1=0.7$ $\xi_2=0.8466880$ $\alpha=39°1.2170895'$	
0.5416296	0.5805313	0.6058433	0.628620	0.651835	0.672050	

$\xi_1=-0.3$	$\xi_1=-0.165$	$\xi_1=0$	$\xi_1=0.1$	$\xi_1=0.3$	$\xi_1=0.5$	
$\xi_2=0.23005$	$\xi_2=0.305495$	$\xi_2=0.4046004$ $\alpha=42°56.698375'$ $\Omega=0.0000005$	$\xi_2=0.467472$	$\xi_2=0.598130$	$\xi_2=0.7337929$	$\xi_1=0.8$ $\xi_2=0.944140$ $\alpha=38°52.4534526'$
	0.5588518	0.6006391	0.6287156	0.653290	0.6783146	0.7011569
$\xi_2=0.22365$	$\xi_2=0.297194$	$\xi_2=0.3924859$ $\alpha=42°49.68544'$ $\Omega=0$	$\xi_2=0.4524015$	$\xi_2=0.57613$	$\xi_2=0.7038785$	$\xi_1=0.7$ $\xi_2=0.8347150$ $\alpha=38°55.4140526'$
	0.5447704	0.5775267	0.599156	0.6186425	0.6387425	0.6541825
$\xi_2=0.2255630$	$\xi_2=0.305795$	$\xi_2=0.4083475$ $\alpha=43°0.3180'$ $\Omega=0.0000002$	$\xi_2=0.472415$		$\xi_2=0.7387630$	$\xi_1=0.8$ $\xi_2=0.9461845$ $\alpha=39°3.1724842'$
0.4987162	0.5943111	0.6215303	0.6406750			
$\xi_2=0.218395$	$\xi_2=0.29585$	$\xi_2=0.3935548$ $\alpha=42°51.67783'$ $\Omega=0.0000002$	$\xi_2=0.454040$		$\xi_2=0.7029385$	$\xi_1=0.7$ $\xi_2=0.830790$ $\alpha=39°1.1508526'$
0.5147424	0.5737407	0.5921504	0.6048518	0.6222463		

z_1/z_2	z_1'/z_2'	z_c (m)	不产生 y 最小值				不产生 q_1 最小值	$\xi_2=0$
45/47	65/27	20			不产生 d 最小值 $\xi_1=-0.93$ $\xi_2=-0.0955$ $\alpha=48°15.6513027'$ $\Omega=0.0034135$			$\xi_1=-0.6994846$ $\alpha=46°44.736555'$ $\Omega=0$
								变位系数比 ξ_k
	70/22	25		不产生 G_B 最小值 $\xi_1=-0.85$ $\xi_2=-0.0825$ $\alpha=47°34.6843545'$ $\Omega=0.0017235$	不产生 q_2 最小值 $\xi_1=-0.8$ $\xi_2=-0.0595$ $\alpha=47°15.7805412'$ $\Omega=0.0004038$		$\xi_1=-0.65$ $\xi_2=0.0185$ $\alpha=46°24.5331187'$ $\Omega=0.0013864$	$\xi_1=-0.6828923$ $\alpha=46°34.7473167'$ $\Omega=0$
								变位系数比 ξ_k
z_1/z_2	z_1'/z_2'	z_c (m)	不产生 y 最小值				不产生 q_1 最小值	$\xi_2=0$
50/52	70/32	20	$\xi_1=-1.228$ $\xi_2=-0.2182$ $\alpha=49°57.5006805'$ (含不产生 q_2 最小值)		不产生 d 最小值 $\xi_1=-0.975$ $\xi_2=-0.149958$ $\alpha=48°7.1434861'$ $\Omega=0$	不产生 G_B 最小值 $\xi_1=-0.865$ $\xi_2=-0.10177$ $\alpha=47°26.9117485'$ $\Omega=0.0003409$	$\xi_1=-0.372$ $\xi_2=0.18023$ $\alpha=44°54.313331'$ $\Omega=0.0001212$	$\xi_1=-0.6772213$ $\alpha=46°26.57916'$ $\Omega=0.0000020$
								变位系数比 ξ_k
	75/27	25						$\xi_1=-0.6575638$ $\alpha=46°14.8345833'$ $\Omega=0$
								变位系数比 ξ_k
55/57	80/32	25						$\xi_1=-0.6400344$ $\alpha=46°0.74705'$ $\Omega=0.0000002$
								变位系数比 ξ_k

续表

$\xi_1=-0.3$	$\xi_1=-0.165$	$\xi_1=0$	$\xi_1=0.1$	$\xi_1=0.3$	$\xi_1=0.5$	
$\xi_2=0.226465$	$\xi_2=0.312136$	$\xi_2=0.4203633$ $\alpha=43°8.6084'$ $\Omega=0.0000005$	$\xi_2=0.487705$		$\xi_2=0.7658025$	$\xi_1=0.9$ $\xi_2=1.054058$ $\alpha=39°8.5148632'$
0.5668929	0.6346	0.6559228	0.6734173			
$\xi_2=0.221320$	$\xi_2=0.30485$	$\xi_2=0.4093843$ $\alpha=43°2.172750'$ $\Omega=0.0000002$			$\xi_2=0.737679$	$\xi_1=0.8$ $\xi_2=0.940878$ $\alpha=39°7.0515316'$
0.5780215	0.6187407	0.6335415	0.6450066			

$\xi_1=-0.3$	$\xi_1=0$	$\xi_1=0.1$	$\xi_1=0.5$	$\xi=0.8$		
$\xi_2=0.2269466$	$\xi_2=0.4298569$ $\alpha=43°15.2946'$ $\Omega=0.0000009$	$\xi_2=0.4933306$	$\xi_2=0.7876560$	$\xi_2=1.00975515$	$\xi_1=1.05$ $\xi_2=1.19773$ $\alpha=39°0.9390421'$ $\Omega=0$	保证 $\varepsilon>1$ 最大值 $\xi_1=1.6576$ $\xi_2=1.6632545$ $\alpha=36°39.4088312'$ $\varepsilon=1.026358$ $\Omega=0.0000059$
0.6016272	0.6763678	0.6347363	0.7358136	0.7403183	0.7519140	
$\xi_2=0.2229493$	$\xi_2=0.4213526$ $\alpha=43°10.3054367'$ $\Omega=0$	$\xi_2=0.4854305$	$\xi_2=0.7645430$	$\xi_2=0.9762876$	$\xi_1=0.9$ $\xi_2=1.047519$ $\alpha=39°10.8995350'$ $\Omega=0.0000122$	
0.6235231	0.6613442	0.6407783	0.6977813	0.7058153	0.712314	
$\xi_2=0.2239565$	$\xi_2=0.4307918$ $\alpha=43°16.8402333'$ $\Omega=0.0000010$	$\xi_2=0.4980994$	$\xi_2=0.7867670$	$\xi_2=1.005060$	$\xi_1=1.05$ $\xi_2=1.1890736$ $\alpha=39°1.4150'$ $\Omega=0$	保证 $\varepsilon>1$ 最大值 $\xi_1=1.69$ $\xi_2=1.667165$ $\alpha=36°25.12245'$ $\varepsilon=1.0250276$ $\Omega=0.0000438$
0.6730760	0.689451	0.6730760	0.7216690	0.7276643	0.7360544	

z_1/z_2	z_1'/z_2'	z_c (m)	不产生 y 最小值				不产生 q_1 最小值	$\xi_2=0$
55/57	89/23	34 (1.5 2.25 3)					$\xi_1=-1.225$ $\xi_2=-0.4552$ $\alpha=47°59.75552'$ $\Omega=0.0010220$	$\xi_1=-0.6280975$ $\alpha-45°53.54070'$ $\Omega=0.0000002$
								变位系数比 ξ_k
60/62	85/37	25						$\xi_1=-0.6268121$ $\alpha=45°50.09'$ $\Omega=0.000064$
								变位系数比 ξ_k
	94/28	34						$\xi_1=-0.6169012$ $\alpha=45°44.1302917'$ $\Omega=0.0000004$
								变位系数比 ξ_k

z_1/z_2	z_1'/z_2'	z_c (m)		$\xi_2=0$	$\xi_1=-0.3$	$\xi_1=0$	$\xi_1=0.1$
65/67	90/42	25		$\xi_1=-0.6162669$ $\alpha=45°41.5976033'$ $\Omega=0$	$\xi_2=0.2247563$	$\xi_2=0.4448436$ $\alpha=43°26.7456683'$ $\Omega=0$	$\xi_2=0.5170272$
				变位系数比 ξ_k	0.7106541	0.7336240	0.7218359
	99/33	34		$\xi_1=-0.6082106$ $\alpha=45°36.7485667'$ $\Omega=0$	$\xi_2=0.2207425$	$\xi_2=0.4338375$ $\alpha=43°20.278225'$ $\Omega=0.0000006$	$\xi_2=0.5051676$
				变位系数比 ξ_k	0.7162066	0.7103667	0.7133014

续表

$\xi_1=-0.3$	$\xi_1=0$	$\xi_1=0.1$	$\xi_1=0.5$	$\xi_1=0.8$		
$\xi_2=0.2166890$	$\xi_2=0.4135903$ $\alpha=43°6.6990417'$ $\Omega=0.0000002$	$\xi_2=0.4794384$	$\xi_2=0.7429520$	$\xi_2=0.942461$		保证 $\varepsilon>1$ 最大值 $\xi_1=1.4585$ $\xi_2=1.38638$ $\alpha=36°3.1000267'$ $\varepsilon=1.0252499$ $\Omega=0$
0.6604409	0.6563376	0.6584810	0.6587841	0.665030		
$\xi_2=0.2245071$	$\xi_2=0.4384654$ $\alpha=43°22.23'$ $\Omega=0$	$\xi_2=0.5084171$	$\xi_2=0.804840$	$\xi_2=1.0288923$	$\xi_2=1.179755$	$\xi_1=1.2$ $\xi_2=1.33152$ $\alpha=38°53.0532842'$
0.6869609	0.7131943	0.6995166	0.7410573	0.7468409	0.7543136	0.758825
$\xi_2=0.2190025$	$\xi_2=0.4248677$ $\alpha=43°14.2006667'$ $\Omega=0.0000004$	$\xi_2=0.4937390$	$\xi_2=0.7697735$	$\xi_2=0.9766701$	$\xi_1=1.0$ $\xi_2=1.08095$ $\alpha=39°6.947225'$	
0.6910750	0.6862175	0.6887128	0.6900862	0.6896553	0.6951993	

$\xi_1=0.3$	$\xi_1=0.5$	$\xi_1=0.8$	$\xi_1=1.0$		
$\xi_2=0.6689879$	$\xi_2=0.8202180$	$\xi_2=1.0490950$	$\xi_2=1.2031970$	$\xi_1=1.35$ $\xi_2=1.47468$ $\alpha=38°45.6215519'$	
0.7598035	0.7561505	0.7629233	0.77001	0.7756657	
$\xi_2=0.6472477$	$\xi_2=0.7899660$	$\xi_2=1.0046572$	$\xi_2=1.1482840$	$\xi_1=1.05$ $\xi_2=1.18437$ $\alpha=39°8.4057421'$	
0.7104005	0.7135915	0.7156373	0.718134	0.72172	

z_1/z_2	z_1'/z_2'	z_c (m)		$\xi_2=0$	$\xi_1=-0.3$	$\xi_1=0$	$\xi_1=0.1$
70/72	95/47	25	不产生 q_2 最小值 $\xi_1=-1.715$ $\xi_2=-0.63$ $\alpha=50°40.5411682'$ $\Omega=0.0061617$	$\xi_1=-0.6075782$ $\alpha=45°34.6023333'$ $\Omega=0.0000019$	$\xi_2=0.2251716$	$\xi_2=0.4502467$ $\alpha=43°30.64486'$ $\Omega=0.0000004$	$\xi_2=0.5243518$
				变位系数比 ξ_k	0.7320792	0.7502504	0.7410515
	104/38	34		$\xi_1=-0.6009547$ $\alpha=45°30.6125'$ $\Omega=0$	$\xi_2=0.2216216$	$\xi_2=0.4411364$ $\alpha=43°25.28635'$ $\Omega=0$	$\xi_2=0.5145423$
				变位系数比 ξ_k	0.7363952	0.7317158	0.7340592
75/77	100/52	25		$\xi_1=-0.6007215$ $\alpha=45°28.9997375'$ $\Omega=0.0000005$	$\xi_2=0.225335$	$\xi_2=0.4548989$ $\alpha=43°34.0250917'$ $\Omega=0$	$\xi_2=0.5306244$
				变位系数比 ξ_k	0.7493147	0.7652132	0.7572544
	109/43	34	不产生 q_1 最小值 $\xi_1=-1.732$ $\xi_2=-0.91$ $\alpha=48°51.2235211'$ $\Omega=0.0594636$	$\xi_1=-0.5948444$ $\alpha=45°25.4692583'$ $\Omega=0.0000030$	$\xi_2=0.2221897$	$\xi_2=0.4471753$ $\alpha=43°29.4662750'$ $\Omega=0$	$\xi_2=0.5223504$
				变位系数比 ξ_k	0.7535830	0.7499517	0.7517516
80/82	105/57	25		$\xi_1=-0.5948257$ $\alpha=45°24.2057668'$ $\Omega=0$	$\xi_2=0.2253708$	$\xi_2=0.4589934$ $\alpha=43°37.0363833'$ $\Omega=0$	$\xi_2=0.5361577$
				变位系数比 ξ_k	0.7644205	0.7787419	0.7716435

续表

$\xi_1=0.3$	$\xi_1=0.5$	$\xi_1=0.8$	$\xi_1=1.0$		
$\xi_2=0.6790715$	$\xi_2=0.8332780$	$\xi_2=1.0665780$	$\xi_2=1.2235980$	$\xi_1=1.2$ $\xi_2=1.3809810$	$\xi_1=1.45$ $\xi_2=1.578920$ $\alpha=38°48.9069368'$
0.7735985	0.7710325	0.7776667	0.78510	0.7869150	0.791756
$\xi_2=0.6612127$	$\xi_2=0.8075060$	$\xi_2=1.0281762$	$\xi_2=1.1756560$	$\xi_1=1.1$ $\xi_2=1.2495280$ $\alpha=39°20.5533947'$	
0.7333520	0.7314665	0.7355672	0.7373992	0.738720	
$\xi_2=0.6879835$	$\xi_2=0.8449195$	$\xi_2=1.0819397$	$\xi_2=1.241110$	$\xi_2=1.4810534$	$\xi_1=1.55$ $\xi_2=1.6823580$ $\alpha=38°51.5578316'$
0.7867955	0.784680	0.7900672	0.7958516	0.7998114	0.8052183
$\xi_2=0.6721496$	$\xi_2=0.8224695$	$\xi_2=1.0480812$	$\xi_2=1.1989190$	$\xi_1=1.25$ $\xi_2=1.3879$ $\alpha=39°6.1902211'$	
0.7489960	0.7515995	0.7520388	0.7541893	0.7559240	
$\xi_2=0.6957180$	$\xi_2=0.8549470$	$\xi_2=1.0953433$	$\xi_2=1.2566610$	$\xi_1=1.3$ $\xi_2=1.4998353$	$\xi_1=1.7$ $\xi_2=1.82622$ $\alpha=38°45.3071947'$
0.7978015	0.7961450	0.8013210	0.8065885	0.8105093	0.8159618

z_1/z_2	z_1'/z_2'	z_c (m)		$\xi_2=0$	$\xi_1=-0.3$	$\xi_1=0$	$\xi_1=0.1$
80/82	114/48	34		$\xi_1=-0.5895467$ $\alpha=45°21.0316667'$ $\Omega=0.0000015$	$\xi_2=0.2226065$	$\xi_2=0.4523745$ $\alpha=43°33.1141667'$ $\Omega=0.0000046$	$\xi_2=0.5291071$
				变位系数比 ξ_k	0.7677741	0.7658935	0.7673260
	125/37	45 (2.25)		$\xi_1=-0.5845469$ $\alpha=45°18.0316667'$ $\Omega=0.0000038$	$\xi_2=0.2184724$	$\xi_2=0.4410131$ $\alpha=43°26.3776667'$ $\Omega=0.0000038$	$\xi_2=0.5164584$
				变位系数比 ξ_k	0.7677904	0.7418025	0.7544529
85/87	110/62	25		$\xi_1=-0.5897729$ $\alpha=45°20.08905'$ $\Omega=0.0000015$	$\xi_2=0.2254166$	$\xi_2=0.4626234$ $\alpha=43°39.6974167'$ $\Omega=0.0000020$	$\xi_2=0.5410643$
				变位系数比 ξ_k	0.7779077	0.7906894	0.7844094
	119/53	34		$\xi_1=-0.5852175$ $\alpha=45°17.35695'$ $\Omega=0.0000007$	$\xi_2=0.2229832$	$\xi_2=0.4568524$ $\alpha=43°36.2839'$ $\Omega=0.0000002$	$\xi_2=0.5349178$
				变位系数比 ξ_k	0.7818005	0.7795641	0.7806541
	130/42	45		$\xi_1=-0.5807808$ $\alpha=45°14.6912931'$ $\Omega=0$	$\xi_2=0.2195566$	$\xi_2=0.4472281$ $\alpha=43°30.5390577'$ $\Omega=0$	$\xi_2=0.5242327$
				变位系数比 ξ_k	0.7819502	0.758904	0.7700463

续表

$\xi_1=0.3$	$\xi_1=0.5$	$\xi_1=0.8$	$\xi_1=1.0$		
$\xi_2=0.6819050$	$\xi_2=0.8350915$	$\xi_2=1.0651758$	$\xi_2=1.2191240$	$\xi_1=1.4$ $\xi_2=1.52742$ $\alpha=38°58.9903737'$	
0.7639895	0.7659325	0.7669477	0.7697410	0.770740	
$\xi_2=0.6594990$	$\xi_2=0.8038680$	$\xi_2=1.0194859$	$\xi_2=1.1630645$	$\xi_1=1.1$ $\xi_2=1.234720$ $\alpha=39°17.45649'$	保证 $\varepsilon>1$ 最大值 $\xi_1=1.9175$ $\xi_2=1.82185$ $\alpha=35°50.1059079'$ $\varepsilon=1.0256461$
0.7152030	0.7218450	0.7187264	0.7178929	0.7165550	
$\xi_2=0.7025575$	$\xi_2=0.863880$	$\xi_2=1.1074374$	$\xi_2=1.2710210$	$\xi_1=1.3$ $\xi_2=1.5165780$	$\xi_1=1.6$ $\xi_2=1.7636945$
0.8077660	0.8066125	0.8118580	0.8179179	0.8185233	0.8237218
$\xi_2=0.6899162$	$\xi_2=0.8461525$	$\xi_2=1.0802138$	$\xi_2=1.236470$	$\xi_1=1.4715734$	$\xi_1=1.5$ $\xi_2=1.62861$ $\alpha=38°59.31751'$
0.7749920	0.7811815	0.7802044	0.7812809	0.7836780	0.7851829
$\xi_2=0.6712492$	$\xi_2=0.8191460$	$\xi_2=1.0402739$	$\xi_2=1.1872950$	$\xi_1=1.2$ $\xi_2=1.3341217$ $\alpha=39°15.79221'$	
0.7350825	0.7394840	0.7370929	0.7351057	0.7341335	

z_1/z_2	z_1'/z_2'	z_c (m)		$\xi_2=0$	$\xi_1=-0.3$	$\xi_1=0$	$\xi_1=0.1$	$\xi_1=0.3$
90/92	115/67	25	不产生 q_1 最小值 $\xi_1=-1.2$ $\xi_2=-0.467735$ $\alpha=47°4.4112849'$ $\Omega=0.0001059$	$\xi_1=-0.585314$ $\alpha=45°16.4830833'$ $\Omega=0.0000013$	$\xi_2=0.2253465$	$\xi_2=0.4657252$ $\alpha=43°41.9955'$ $\Omega=0.0000057$	$\xi_2=0.5452936$	$\xi_2=0.7085890$
				变位系数比 ξ_k	0.7898192	0.8012623	0.7956844	0.8164770
	124/58	34		$\xi_1=-0.5812892$ $\alpha=45°14.0741667'$ $\Omega=0.0000010$	$\xi_2=0.2233338$	$\xi_2=0.4607647$ $\alpha=43°39.0653333'$ $\Omega=0.0000011$	$\xi_2=0.5400307$	$\xi_2=0.6978373$
				变位系数比 ξ_k	0.7939653	0.7914360	0.792660	0.7890330
	135/47	45		$\xi_1=-0.5772933$ $\alpha=45°11.6743333'$ $\Omega=0$	$\xi_2=0.2204253$	$\xi_2=0.4524986$ $\alpha=43°34.155'$ $\Omega=0.0000020$	$\xi_2=0.5308814$	$\xi_2=0.6814315$
				变位系数比 ξ_k	0.7949175	0.7735776	0.7838278	0.7527505
95/97	120/72	25		$\xi_1=-0.5813594$ $\alpha=45°13.2718833'$ $\Omega=0$	$\xi_2=0.2253811$	$\xi_2=0.4686235$ $\alpha=43°44.1308583'$ $\Omega=0$	$\xi_2=0.5492317$	$\xi_2=0.7141690$
				变位系数比 ξ_k	0.8010432	0.8108082	0.8060822	0.8246865
	129/63	34		$\xi_1=-0.5778628$ $\alpha=45°11.1688917'$ $\Omega=0$	$\xi_2=0.2235693$	$\xi_2=0.4640677$ $\alpha=43°41.4339417'$ $\Omega=0.0000023$	$\xi_2=0.5443753$	$\xi_2=0.7045316$
				变位系数比 ξ_k	0.8046033	0.8016613	0.8030760	0.8008893

续表

$\xi_1=0.5$	$\xi_1=0.8$	$\xi_1=1.0$			
$\xi_2=0.8718815$	$\xi_2=1.1178765$	$\xi_2=1.2828480$	$\xi_1=1.3$ $\xi_2=1.5312897$	$\xi_1=1.6$ $\xi_2=1.7808325$	$\xi_1=1.9$ $\xi_2=2.03177$ $\alpha=38°49.8227842'$
0.8164625	0.8199833	0.8248576	0.8281389	0.8318095	0.8364583
$\xi_2=0.8562690$	$\xi_2=1.0935715$	$\xi_2=1.2523150$	$\xi_1=1.3$ $\xi_2=1.4906830$	$\xi_1=1.6$ $\xi_2=1.72956$ $\alpha=38°59.59501'$	
0.7921585	0.7910083	0.7937175	0.794560	0.7962567	
$\xi_2=0.8323620$	$\xi_2=1.0581637$	$\xi_2=1.2085215$	$\xi_1=1.3$ $\xi_2=1.4332270$ $\alpha=39°14.1117947'$		
0.7546525	0.7526725	0.7517888	0.7490183		
$\xi_2=0.8789540$	$\xi_2=1.1270211$	$\xi_2=1.2940475$	$\xi_1=1.3$ $\xi_2=1.5448922$	$\xi_1=1.6$ $\xi_2=1.7967166$	$\xi_1=1.95$ $\xi_2=2.091801$ $\alpha=38°58.9071158'$
0.8239250	0.8268902	0.8351322	0.8361489	0.8394149	0.8430982
$\xi_2=0.8648695$	$\xi_2=1.1055796$	$\xi_2=1.2662550$	$\xi_1=1.3$ $\xi_2=1.5074978$	$\xi_1=1.65$ $\xi_2=1.789620$ $\alpha=39°8.1263895'$	
0.8016895	0.8023670	0.8033770	0.8041426	0.8060635	

z_1/z_2	z_1'/z_2'	z_c (m)		$\xi_2=0$	$\xi_1=-0.3$	$\xi_1=0$	$\xi_1=0.1$	$\xi_1=0.3$
95/97	140/52	45		$\xi_1=-0.5741251$ $\alpha=45°8.9385172'$ $\Omega=0.0000057$	$\xi_2=0.2207859$	$\xi_2=0.4569695$ $\alpha=42°37.2249'$ $\Omega=0$	$\xi_2=0.5365636$	$\xi_2=0.6897860$
				变位系数比 ξ_k	0.8054201	0.7872789	0.7959406	0.7661120

z_1/z_2	z_1'/z_2'	z_c (m)		$\xi_2=0$	$\xi_1=-0.3$	$\xi_1=0$	$\xi_1=0.1$	$\xi_1=0.3$	$\xi_1=0.5$
100/102	125/77	25		$\xi_1=-0.5779560$ $\alpha=45°10.5093333'$ $\Omega=0$	$\xi_2=0.2252568$	$\xi_2=0.4711362$ $\alpha=43°46.0065'$ $\Omega=0.0000023$	$\xi_2=0.5526539$	$\xi_2=0.7191150$	$\xi_2=0.8854655$
				变位系数比 ξ_k	0.8104046	0.8195981	0.8151767	0.8323055	0.8317525
	134/68	34		$\xi_1=-0.5747723$ $\alpha=45°8.6015'$ $\Omega=0.0000011$	$\xi_2=0.2236325$	$\xi_2=0.4671249$ $\alpha=43°43.653333'$ $\Omega=0$	$\xi_2=0.5483963$	$\xi_2=0.7103680$	$\xi_2=0.8726350$
				变位系数比 ξ_k	0.8138829	0.8116415	0.8127130	0.8098583	0.8113350
	145/57	45		$\xi_1=-0.5714899$ $\alpha=45°6.62495'$ $\Omega=0$	$\xi_2=0.2213212$	$\xi_2=0.4609008$ $\alpha=43°39.95325'$ $\Omega=0$	$\xi_2=0.5415498$	$\xi_2=0.6973989$	$\xi_2=0.853880$
				变位系数比 ξ_k	0.8152098	0.7985986	0.8064898	0.7792455	0.7824055

续表

$\xi_1=0.5$	$\xi_1=0.8$	$\xi_1=1.0$			
$\xi_2=0.8437560$	$\xi_2=1.0734845$	$\xi_2=1.2266710$	$\xi_1=1.4$ $\xi_2=1.5319$ $\alpha=39°12.0480211'$		
0.769850	0.7657617	0.7659325	0.7630725		

	$\xi_1=0.8$	$\xi_1=1.0$	$\xi_1=1.3$			保证 $\varepsilon>1$ 最大值
	$\xi_2=1.1361436$	$\xi_2=1.3042280$	$\xi_2=1.5570092$	$\xi_1=1.6$ $\xi_2=1.8108533$	$\xi_1=1.95$ $\xi_2=2.10831$ $\alpha=39°19.0432421'$	$\xi_1=3.105$ $\xi_2=3.0971$ $\alpha=36°34.0209375'$ $\varepsilon=1.0268613$ $\Omega=0.0001855$
0.8355935	0.8404220	0.8426040	0.8461471	0.8498763		
	$\xi_2=1.1161180$	$\xi_2=1.278560$	$\xi_2=1.5226127$	$\xi_1=1.6$ $\xi_2=1.7673484$	$\xi_1=1.75$ $\xi_2=1.88961$ $\alpha=39°7.7784263'$	$\xi_1=2.78$ $\xi_2=2.733915$ $\alpha=36°14.9098687'$ $\varepsilon=1.0261032$ $\Omega=0.0000224$
0.811610	0.812210	0.8135089	0.8157859	0.8150772		
	$\xi_2=1.0875583$	$\xi_2=1.245007$	$\xi_2=1.4759252$	$\xi_1=1.5$ $\xi_2=1.63060$ $\alpha=39°10.19009'$		$\xi_1=2.46$ $\xi_2=2.375$ $\alpha=35°54.2194221'$ $\varepsilon=1.0257762$ $\Omega=0.0000019$
0.7789278	0.7872433	0.7697272	0.7733742			

表 6.4　　$z_2-z_1=3$　特性曲线计算用表

z_1/z_2	z_1'/z_2'	z_c (m)	不产生 y 最小值		不产生 G_B 最小值	不产生 q_1 最小值	$\xi_2=0$
20/23	30/13	10 (2.5 / 2.75)	$\xi_1=-0.099$ $\xi_2=0.1702905$ $\alpha=34°17.1439556'$ $\Omega=0$	不产生 d 最小值 $\xi_1=0.13$ $\xi_2=0.3122$ $\alpha=32°31.3464369'$ $\Omega=0.0038381$	$\xi_1=0.21365$ $\xi_2=0.3680$ $\alpha=31°55.7061858'$ $\Omega=0.0023340$	$\xi_1=0.6140$ $\xi_2=0.6539$ $\alpha=29°25.8533913'$ $\Omega=0.0002032$	
							变位系数比 ξ_k
25/28	38/15	13 (2 / 8)	$\xi_1=-0.271$ $\xi_2=0.06138$ $\alpha=35°20.2159456'$ $\Omega=0.0000137$ (含不产生 d 最小值)	不产生 q_2 最小值 $\xi_1=-0.24$ $\xi_2=0.08$ $\alpha=35°7.3399028'$ $\Omega=0.0039427$	$\xi_1=0.01856$ $\xi_2=0.24167$ $\alpha=33°16.3397760'$ $\Omega=0.0004882$	$\xi_1=0.3$ $\xi_2=0.4364$ $\alpha=31°34.59690'$ $\Omega=0.0000227$	
							变位系数比 ξ_k
25/28	35/18	10	$\xi_1=-0.2735$ $\xi_2=0.0625$ $\alpha=35°22.9855918'$ $\Omega=0.0007335$	不产生 d 最小值 $\xi_1=0.253$ $\xi_2=0.41595$ $\alpha=32°7.6142017'$ $\Omega=0.0063228$	$\xi_1=0.149$ $\xi_2=0.3392$ $\alpha=32°34.3731610'$ $\Omega=0.0033617$	$\xi_1=0.71$ $\xi_2=0.76354$ $\alpha=29°38.3063617'$ $\Omega=0.0003291$	
							变位系数比 ξ_k
30/33	46/17	16 (6.5)				$\xi_1=0.03$ $\xi_2=0.2525$ $\alpha=33°15.4435360'$ $\Omega=0.0004713$	$\xi_1=-0.3431260$ $\alpha=35°26.6511497'$ $\Omega=0.0000016$
							变位系数比 ξ_k
31/34	47/18	16	$\xi_1=-0.48$ $\xi_2=-0.08665$ $\alpha=36°20.5777125'$ $\Omega=0.0007521$ (含不产生 d 最小值)	不产生 q_2 最小值 $\xi_1=-0.35$ $\xi_2=-0.007$ $\alpha=35°25.8731014'$ $\Omega=0.000970$	$\xi_1=-0.20716$ $\xi_2=0.09228$ $\alpha=34°32.6359781'$ $\Omega=0.0018845$		$\xi_1=-0.3386896$ $\alpha=35°20.95750'$ $\Omega=0$
							变位系数比 ξ_k
31/34	49/16	18 (1.5 / 2.75)					$\xi_1=-0.3369516$ $\alpha=35°19.7487949'$ $\Omega=0$
							变位系数比 ξ_k

续表

$\xi_1=-0.14$	$\xi_1=0$	$\xi_1=0.1$	$\xi_1=0.4$		
	$\xi_2=0.2278588$ $\alpha=33°26.490250'$ $\Omega=0.0000001$	$\xi_2=0.2913195$	$\xi_2=0.4979272$ $\alpha=30°41.9645490'$ $\varepsilon=1.2755571$ $\Omega=0.0000094$		
		0.6364073	0.6886925		
$\xi_1=-0.1$ $\xi_2'=0.1638350$	$\xi_2=0.2291296$ $\alpha=33°23.1104250'$ $\Omega=0.0000005$	$\xi_2=0.2966850$	$\xi_2=0.5079370$ $\alpha=31°0.7856857'$ $\varepsilon=1.3029832$ $\Omega=0$		
	0.6529455	0.6755545	0.7041733		
$\xi_1=-0.1$ $\xi_2=0.166480$	$\xi_2=0.2331976$ $\alpha=33°25.1479166'$ $\Omega=0.0000007$	$\xi_2=0.3030540$	$\xi_2=0.5241427$ $\alpha=31°9.8234860'$ $\varepsilon=1.3106488$ $\Omega=0.0000006$		
	0.6671757	0.6985643	0.7369623		
$\xi_2=0.1380793$	$\xi_2=0.231320$ $\alpha=33°23.0800315'$ $\Omega=0.0000463$	$\xi_2=0.2987355$	$\xi_2=0.5171565$	$\xi_1=0.52$ $\xi_2=0.6064255$ $\alpha=30°39.4442816'$ $\varepsilon=1.2663285$ $\Omega=0.0000157$	
0.6797717	0.6660049	0.6741547	0.7280701	0.7289083	
$\xi_2=0.1342460$	$\xi_2=0.2324873$ $\alpha=33°23.5641667'$ $\Omega=0.0000010$	$\xi_2=0.3011304$	$\xi_2=0.5217365$	$\xi_1=0.55$ $\xi_2=0.6322960$ $\alpha=30°35.9653627'$ $\varepsilon=1.2595154$ $\Omega=0$	
0.6756571	0.7017230	0.6864316	0.7353536	0.7370633	
$\xi_2=0.1330699$	$\xi_2=0.2299052$ $\alpha=33°22.217750'$ $\Omega=0.0000006$	$\xi_2=0.2981402$	$\xi_2=0.5118485$	$\xi_1=0.5$ $\xi_2=0.583210$ $\alpha=30°43.5704369'$ $\varepsilon=1.2765184$ $\Omega=0.0000033$	
0.6756479	0.6916808	0.6823499	0.7123609	0.7136150	

z_1/z_2	z_1'/z_2'	z_c (m)	不产生 y 最小值		不产生 G_B 最小值	不产生 q_1 最小值	$\xi_2=0$
35/38	51/22	16	$\xi_1=-0.60415$ $\xi_2=-0.1839$ $\alpha=36°45.945275'$ $\Omega=0$ （含不产生 d 最小值）	不产生 q_2 最小值 $\xi_1=-0.55$ $\xi_2=-0.16$ $\alpha=36°11.2894313'$ $\Omega=0.0438655$	$\xi_1=-0.2788$ $\xi_2=0.0333$ $\alpha=34°49.237695'$ $\Omega=0$	$\xi_1=0$ $\xi_2=0.2360574$ $\alpha=33°25.5534167'$ $\Omega=0.0000007$	$\xi_1=-0.3258305$ $\alpha=35°4.4208083'$ $\Omega=0.0000002$ 变位系数比 ξ_k
	54/19	19 $\begin{pmatrix}4\\5.5\end{pmatrix}$					$\xi_1=-0.3239985$ $\alpha=35°3.2015917'$ $\Omega=0.0000005$ 变位系数比 ξ_k
40/43	59/24	19					$\xi_1=-0.3142955$ $\alpha=34°50.4054333'$ $\Omega=0.0000005$ 变位系数比 ξ_k
	65/18	25 $\begin{pmatrix}1\\2\\3\\4\\6.5\end{pmatrix}$				$\xi_1=-0.617$ $\xi_2=-0.25245$ $\alpha=36°5.6492750'$ $\Omega=0.0000429$	$\xi_1=-0.3119643$ $\alpha=34°48.8832950'$ $\Omega=0$ 变位系数比 ξ_k
45/48	65/28	20 $\begin{pmatrix}1.25\\2.5\\3.75\\5\end{pmatrix}$	$\xi_1=-0.92$ $\xi_2=-0.4830$ $\alpha=37°24.2573176'$ $\Omega=0.0053151$ （含不产生 d 最小值）	不产生 q_2 最小值 $\xi_1=-0.8$ $\xi_2=-0.3915$ $\alpha=36°45.2374875'$ $\Omega=0.0000107$	$\xi_1=-0.4755$ $\xi_2=-0.132548$ $\alpha=35°22.4189116'$ $\Omega=0.0000335$	$\xi_1=-0.425$ $\xi_2=-0.09265$ $\alpha=35°10.4851034'$ $\Omega=0.0000251$	$\xi_1=-0.3074555$ $\alpha=34°41.5736167'$ $\Omega=0.0000001$ 变位系数比 ξ_k
	70/23	25					$\xi_1=-0.3058787$ $\alpha=34°40.5600533'$ $\Omega=0$ 变位系数比 ξ_k

续表

$\xi_1=-0.14$	$\xi_1=0$	$\xi_1=0.1$	$\xi_1=0.4$		
$\xi_2=0.1335352$	$\xi_2=0.2360574$ $\alpha=33°25.5534167'$ $\Omega=0.0000007$	$\xi_2=0.3085053$	$\xi_2=0.5373525$	$\xi_1=0.56$ $\xi_2=0.6595954$ $\alpha=30°52.6702788'$ $\varepsilon=1.2813410$ $\Omega=0$	
0.7185857	0.7323015	0.7244790	0.7628241	0.7640180	
$\xi_2=0.1321909$	$\xi_2=0.2335790$ $\alpha=33°24.0237750'$ $\Omega=0$	$\xi_2=0.3056716$	$\xi_2=0.5254840$	$\xi_1=0.56$ $\xi_2=0.6431585$ $\alpha=30°43.0407087'$ $\varepsilon=1.3285119$ $\Omega=0$	
0.7184349	0.7242005	0.7209262	0.7327079	0.7354656	
$\xi_2=0.1319360$	$\xi_2=0.2382527$ $\alpha=33°26.6886667'$ $\Omega=0$	$\xi_2=0.3140580$	$\xi_2=0.5433525$	$\xi_1=0.65$ $\xi_2=0.7352930$ $\alpha=30°42.3574370'$ $\varepsilon=1.2672339$ $\Omega=0.0000069$	
0.7569674	0.7594050	0.7580532	0.7643149	0.7677620	
$\xi_2=0.1297178$	$\xi_2=0.2325106$ $\alpha=33°23.6166667'$ $\Omega=0.0000018$	$\xi_2=0.3070479$	$\xi_2=0.5207305$	$\xi_1=0.62$ $\xi_2=0.6777850$ $\alpha=30°29.3055545'$ $\varepsilon=1.2625399$ $\Omega=0.0000109$	
0.754330	0.7342347	0.7453118	0.7122754	0.7138841	
$\xi_2=0.1314191$	$\xi_2=0.2412135$ $\alpha=33°28.6333583'$ $\Omega=0.0000002$	$\xi_2=0.3196682$	$\xi_2=0.5545996$	$\xi_1=0.55$ $\xi_2=0.672330$	$\xi_1=0.75$ $\xi_2=0.8294615$ $\alpha=30°36.6085544'$ $\varepsilon=1.2571442$ $\Omega=0$
0.7848001	0.7842454	0.7845475	0.7831047	0.7848693	0.7856575
$\xi_2=0.1294415$	$\xi_2=0.2376723$ $\alpha=33°26.700250'$ $\Omega=0.0000002$	$\xi_2=0.3153737$	$\xi_2=0.5398121$	$\xi_1=0.6$ $\xi_2=0.6893744$ $\alpha=30°57.2909238'$ $\varepsilon=1.2973585$ $\Omega=0.0000042$	
0.7803386	0.7730766	0.7770148	0.7481278	0.7478115	

z_1/ z_2	z_1'/ z_2'	z_c (m)		$\xi_2=0$	$\xi_1=-0.14$
50/53	75/28	25		$\xi_1=-0.3013302$ $\alpha=34°34.4064167'$ $\Omega=0.0000005$	$\xi_2=0.1290172$
				变位系数比 ξ_k	0.7997089
	80/23	30 (2.5)		$\xi_1=-0.3004074$ $\alpha=34°33.821440'$ $\Omega=0.0000003$	$\xi_2=0.1289297$
				变位系数比 ξ_k	0.8037640
55/58	80/33	25		$\xi_1=-0.2979501$ $\alpha=34°29.8204908'$ $\Omega=0$	$\xi_2=0.1304870$
				变位系数比 ξ_k	0.8261279
	85/28	30		$\xi_1=-0.2970449$ $\alpha=34°29.2459250'$ $\Omega=0.0000015$	$\xi_2=0.1293738$
				变位系数比 ξ_k	0.8238016

续表

$\xi_1=0$	$\xi_1=0.1$	$\xi_1=0.4$	
$\xi_2=0.2414676$ $\alpha=33°29.1770833'$ $\Omega=0.0000006$	$\xi_2=0.3216015$	$\xi_2=0.5542438$	$\xi_1=0.75$ $\xi_2=0.8251770$ $\alpha=30°40.9160294'$ $\varepsilon=1.2691772$ $\Omega=0$
0.8032174	0.8013390	0.7754743	0.7740948
$\xi_2=0.2379121$ $\alpha=33°27.2306'$ $\Omega=0.0000001$	$\xi_2=0.3171086$	$\xi_2=0.5396803$	$\xi_1=0.6$ $\xi_2=0.6877305$ $\alpha=31°2.1377809'$ $\varepsilon=1.2979981$ $\Omega=0$
0.7784458	0.7919649	0.7419056	0.7402510
$\xi_2=0.2443382$ $\alpha=33°31.1559'$ $\Omega=0.0000001$	$\xi_2=0.3263447$	$\xi_2=0.5656994$	$\xi_1=0.75$ $\xi_2=0.8441$ $\alpha=30°58.1946571'$ $\varepsilon=1.2931719$ $\Omega=0.0000570$
0.8132230	0.8200642	0.7978490	0.7954383
$\xi_2=0.2417199$ $\alpha=33°29.7165'$ $\Omega=0.0000018$	$\xi_2=0.3230948$	$\xi_2=0.5541365$	$\xi_1=0.7$ $\xi_2=0.7839738$ $\alpha=30°56.2279327'$ $\varepsilon=1.2973762$ $\Omega=0$
0.8024723	0.8137489	0.7701389	0.7661243

$z_1/$ z_2	$z_1'/$ z_2'	z_c (m)		$\xi_2=0$	$\xi_1=-0.14$
55/58	89/ 24	34 (1.5 2.25 3)		$\xi_1=-0.2963813$ $\alpha=34°28.8266083'$ $\Omega=0$	$\xi_2=0.1282630$
				变位系数比 ξ_k	0.8201938

$z_1/$ z_2	$z_1'/$ z_2'	z_c (m)		$\xi_2=0$	$\xi_1=-0.14$
60/63	85/ 38	25	不产生 q_1 最小值 $\xi_1=-1.206$ $\xi_2=-0.907$ $\alpha=36°23.9359'$ $\Omega=0.0191155$	$\xi_1=-0.2951712$ $\alpha=34°26.1066667'$ $\Omega=0.0000003$	$\xi_2=0.1305995$
				变位系数比 ξ_k	0.8416474
	94/ 29	34		$\xi_1=-0.2939939$ $\alpha=34°25.3675833'$ $\Omega=0.0000006$	$\xi_2=0.1288299$
				变位系数比 ξ_k	0.8365908
	100/ 23	40 (0.6 1.25 2.5)		$\xi_1=-0.2932333$ $\alpha=34°24.8915333'$ $\Omega=0$	$\xi_2=0.1273720$
				变位系数比 ξ_k	0.8312292

续表

$\xi_1=0$	$\xi_1=0.1$	$\xi_1=0.4$	
$\xi_2=0.2389538$ $\alpha=33°28.1893467'$ $\Omega=0$	$\xi_2=0.3195776$	$\xi_2=0.5429470$	$\xi_1=0.65$ $\xi_2=0.7279010$ $\alpha=30°56.7749904'$ $\varepsilon=1.3011069$ $\Omega=0$
0.7906490	0.8062379	0.7445646	0.7398160

$\xi_1=0$	$\xi_1=0.1$	$\xi_1=0.4$	$\xi_1=0.8$	
$\xi_2=0.2466666$ $\alpha=33°32.8180833'$ $\Omega=0.0000005$	$\xi_2=0.3302339$	$\xi_2=0.5754810$	$\xi_1=0.8$ $\xi_2=0.9001$ $\alpha=31°3.0072736'$ $\varepsilon=1.2988244$ $\Omega=0.0000324$	
0.8290513	0.8356731	0.8174902	0.8115475	
$\xi_2=0.2425216$ $\alpha=30°30.5225417'$ $\Omega=0$	$\xi_2=0.3250136$	$\xi_2=0.5566045$	$\xi_1=0.75$ $\xi_2=0.8242670$ $\alpha=30°51.2191058'$ $\varepsilon=1.2931573$ $\Omega=0.0000108$	
0.8120833	0.8249203	0.7719697	0.764750	
$\xi_2=0.2383664$ $\alpha=33°28.2306667'$ $\Omega=0.0000005$	$\xi_2=0.3196555$	$\xi_2=0.5398065$	$\xi_1=0.6$ $\xi_2=0.6856390$ $\alpha=31°9.8599439'$ $\varepsilon=1.3286880$ $\Omega=0$	
0.7928175	0.8128901	0.7338368	0.7291625	

z_1/z_2	z'_1/z'_2	z_c (m)		$\xi_2=0$	$\xi_1=-0.14$	$\xi_1=0$
	90/43	25		$\xi_1=-0.2930333$ $\alpha=34°23.1925'$ $\Omega=0.0000004$	$\xi_2=0.1302842$	$\xi_2=0.2485705$ $\alpha=33°34.2990833'$ $\Omega=0.0000011$
				变位系数比 ξ_k	0.8513456	0.8449019
65/68	99/34	34		$\xi_1=-0.2918594$ $\alpha=34°22.4574166'$ $\Omega=0.0000013$	$\xi_2=0.1291409$	$\xi_2=0.2453198$ $\alpha=33°32.9958333'$ $\Omega=0.0000005$
				变位系数比 ξ_k	0.8503981	0.8298489
	105/28	40		$\xi_1=-0.2911707$ $\alpha=34°22.0271492'$ $\Omega=0$	$\xi_2=0.1281453$	$\xi_2=0.2422147$ $\alpha=33°30.7679167'$ $\Omega=0.0000015$
				变位系数比 ξ_k	0.8476866	0.8147809
70/73	95/48	25		$\xi_1=-0.2916046$ $\alpha=34°20.9884667'$ $\Omega=0.0000004$	$\xi_2=0.1304121$	$\xi_2=0.2502056$ $\alpha=33°35.5435833'$ $\Omega=0.0000005$
				变位系数比 ξ_k	0.8602119	0.8556683

续表

$\xi_1=0.1$	$\xi_1=0.4$	$\xi_1=0.8$	
$\xi_2=0.3333972$	$\xi_2=0.5826570$	$\xi_2=0.9137850$	$\xi_1=-1.05$ $\xi_2=1.12002$ $\alpha=30°31.8325644'$ $\varepsilon=1.2516506$ $\Omega=0.0000245$
0.8482671	0.8308661	0.827820	0.824940
$\xi_2=0.3293739$	$\xi_2=0.5674405$	$\xi_2=0.8817210$	$\xi_1=0.85$ $\xi_2=0.9206188$ $\alpha=30°46.0944573'$ $\varepsilon=1.2838007$ $\Omega=0$
0.8405410	0.7935553	0.7857013	0.7779558
$\xi_2=0.3254012$	$\xi_2=0.5542565$	$\xi_1=0.7$ $\xi_2=0.7804362$ $\alpha=31°2.9302762'$ $\varepsilon=1.3046864$ $\Omega=0$	
0.8318649	0.7628511	0.7539323	
$\xi_2=0.3360087$	$\xi_2=0.5891220$	$\xi_2=0.9256209$	$\xi_1=1.1$ $\xi_2=1.176595$ $\alpha=30°37.6758725'$ $\varepsilon=1.2591440$ $\Omega=0$
0.8580305	0.8437111	0.8412473	0.8365803

z_1/z_2	z_1'/z_2'	z_c (m)		$\xi_2=0$	$\xi_1=-0.14$	$\xi_1=0$
70/73	104/39	34		$\xi_1=-0.2900537$ $\alpha=34°21.0206583'$ $\Omega=0$	$\xi_2=0.1293993$	$\xi_2=0.2475520$ $\alpha=33°34.118550'$ $\Omega=0$
			变位系数比 ξ_k	0.8623544	0.8439477	0.853470
	110/33	40		$\xi_1=-0.2895022$ $\alpha=34°19.6749167'$ $\Omega=0.0000004$	$\xi_2=0.1281870$	$\xi_2=0.2450722$ $\alpha=33°32.685960'$ $\Omega=0$
			变位系数比 ξ_k	0.8574253	0.8348945	0.8465297
75/78	100/53	25		$\xi_1=-0.289620$ $\alpha=34°18.6849167'$ $\Omega=0.0000006$	$\xi_2=0.1301571$	$\xi_2=0.2514609$ $\alpha=33°36.5662536'$ $\Omega=0$
			变位系数比 ξ_k	0.8699179	0.8664556	0.8682442

续表

$\xi_1=0.1$	$\xi_2=0.4$	$\xi_1=0.8$		
$\xi_2=0.3328990$	$\xi_2=0.5763385$	$\xi_2=0.8978175$	$\xi_1=0.95$ $\xi_2=1.0172393$ $\alpha=30°41.6569314'$ $\varepsilon=1.2757744$ $\Omega=0$	
	0.8114649	0.8036975	0.7961453	
$\xi_2=0.3297252$	$\xi_2=0.5655420$	$\xi_2=0.8754513$ $\alpha=30°56.6416827'$ $\varepsilon=1.3042611$ $\Omega=0$		
	0.7860560	0.7747733		
$\xi_2=0.3382853$	$\xi_2=0.5946855$	$\xi_2=0.9354160$	$\xi_1=1$ $\xi_2=1.1049095$	$\xi_1=1.20$ $\xi_2=1.2746722$ $\alpha=30°35.1431373'$ $\varepsilon=1.2546682$ $\Omega=0.0000022$
	0.8546672	0.8518263	0.8474673	0.8488137

<table>
<tr><th>$z_1/$
z_2</th><th>$z_1'/$
z_2'</th><th>z_c
(m)</th><th></th><th>$\xi_2=0$</th><th>$\xi_1=-0.14$</th><th>$\xi_1=0$</th></tr>
<tr><td rowspan="4">75/
78</td><td rowspan="2">109/
44</td><td rowspan="2">34</td><td></td><td>$\xi_1=-0.2886339$
$\alpha=34°18.079380'$
$\Omega=0$</td><td>$\xi_2=0.1294928$</td><td>$\xi_2=0.2492784$
$\alpha=33°35.3412303'$
$\Omega=0$</td></tr>
<tr><td>变位系数比 ξ_k</td><td>0.8712196</td><td>0.8556114</td><td>0.8636489</td></tr>
<tr><td rowspan="2">115/
38</td><td rowspan="2">40</td><td></td><td>$\xi_1=-0.2881420$
$\alpha=34°17.7720'$
$\Omega=0.0000001$</td><td>$\xi_2=0.1287218$</td><td>$\xi_2=0.2473772$
$\alpha=33°34.288250'$
$\Omega=0.0000001$</td></tr>
<tr><td>变位系数比 ξ_k</td><td>0.8689078</td><td>0.8475385</td><td>0.8585251</td></tr>
<tr><td rowspan="2">80/
83</td><td rowspan="2">105/
58</td><td rowspan="2">25</td><td></td><td>$\xi_1=-0.2881427$
$\alpha=34°16.8275667'$
$\Omega=0$</td><td>$\xi_2=0.1303548$</td><td>$\xi_2=0.2526461$
$\alpha=33°37.554750'$
$\Omega=0$</td></tr>
<tr><td>变位系数比 ξ_k</td><td>0.8799272</td><td>0.8735088</td><td>0.8768087</td></tr>
</table>

续表

$\xi_1=0.1$	$\xi_2=0.4$	$\xi_1=0.8$		
$\xi_2=0.3356433$	$\xi_2=0.5838242$	$\xi_2=0.9113555$	$\xi_1=1.05$ $\xi_2=1.1139845$ $\alpha=30°37.5489608'$ $\varepsilon=1.268760$ $\Omega=0.0000041$	
	0.8272697	0.8188283	0.8105160	
$\xi_2=0.3332297$	$\xi_2=0.5748040$	$\xi_2=0.8923255$	$\xi_1=0.85$ $\xi_2=0.9316008$ $\alpha=31°0.7799809'$ $\varepsilon=1.3125315$ $\Omega=0$	
	0.8052475	0.7938038	0.7853060	
$\xi_2=0.3403269$	$\xi_2=0.5995660$	$\xi_2=0.9439340$	$\xi_1=1$ $\xi_2=1.1157304$	$\xi_1=1.25$ $\xi_2=1.3299685$ $\alpha=30°39.9920485'$ $\varepsilon=1.2610818$ $\Omega=0.0000020$
	0.8641302	0.860920	0.8589822	0.8569524

z_1/z_2	z_1'/z_2'	z_c (m)		$\xi_2=0$	$\xi_1=-0.14$	$\xi_1=0$	$\xi_1=0.1$
80/83	114/49	34		$\xi_1=-0.2873056$ $\alpha=34°16.3065'$ $\Omega=0.0000001$	$\xi_2=0.129830$	$\xi_2=0.2508376$ $\alpha=33°36.5458333'$ $\Omega=0.0000006$	$\xi_2=0.3381444$
				变位系数比 ξ_k	0.8813651	0.8643396	0.8730688
	120/43	40		$\xi_1=-0.2868435$ $\alpha=34°16.0173817'$ $\Omega=0.0000004$	$\xi_2=0.1289271$	$\xi_2=0.2492375$ $\alpha=33°35.6561583'$ $\Omega=0.0000052$	$\xi_2=0.3361272$
				变位系数比 ξ_k	0.8779903	0.8593596	0.8688972
85/88	110/63	25		$\xi_1=-0.2869603$ $\alpha=34°15.318450'$ $\Omega=0.0000001$	$\xi_2=0.1302347$	$\xi_2=0.2537209$ $\alpha=33°38.4408833'$ $\Omega=0$	$\xi_2=0.3421377$
				变位系数比 ξ_k	0.8861896	0.8820446	0.8841673
	119/54	34		$\xi_1=-0.2862577$ $\alpha=34°14.887750'$ $\Omega=0.0000007$	$\xi_2=0.1296134$	$\xi_2=0.2521105$ $\alpha=33°37.53410'$ $\Omega=0.0000002$	$\xi_2=0.3401817$
				变位系数比 ξ_k	0.8861989	0.8749794	0.8807118
90/93	115/68	25		$\xi_1=-0.2859525$ $\alpha=34°13.907350'$ $\Omega=0.0000009$	$\xi_2=0.1302121$	$\xi_2=0.2545690$ $\alpha=33°39.1664167'$ $\Omega=0.0000004$	$\xi_2=0.3435939$
				变位系数比 ξ_k	0.8921536	0.8882634	0.8902490
	124/59	34		$\xi_1=-0.2853688$ $\alpha=34°13.7066667'$ $\Omega=0.0000008$	$\xi_2=0.1295746$	$\xi_2=0.2531626$ $\alpha=33°38.3733333'$ $\Omega=0.0000012$	$\xi_2=0.3418768$
				变位系数比 ξ_k	0.8913509	0.8827714	0.8871419

续表

$\xi_1=0.4$	$\xi_1=0.8$	$\xi_1=1$		
$\xi_2=0.5900935$	$\xi_2=0.9227425$	$\xi_2=1.0877789$	$\xi_1=1.15$ $\xi_2=1.210892$ $\alpha=30°33.7741386'$ $\varepsilon=1.2625673$ $\Omega=0$	
0.8398302	0.8316225	0.8251821	0.8207538	
$\xi_2=0.5824390$	$\xi_2=0.9057675$	$\xi_1=0.95$ $\xi_2=1.026335$ $\alpha=30°54.9696442'$ $\varepsilon=1.2986434$ $\Omega=0.0000311$		
0.8210393	0.8083213	0.8037833		
$\xi_2=0.6037745$	$\xi_2=0.9515750$	$\xi_2=1.1250160$	$\xi_1=1.2$ $\xi_2=1.2981354$	$\xi_1=1.35$ $\xi_2=1.427896$ $\alpha=30°37.5108824'$ $\varepsilon=1.2569732$ $\Omega=0.0000211$
0.8721227	0.8695013	0.8673156	0.8655970	0.8650707
$\xi_2=0.5955615$	$\xi_2=0.9326440$	$\xi_2=1.1000615$	$\xi_1=1.2$ $\xi_2=1.266528$ $\alpha=30°38.4009510'$ $\varepsilon=1.2681811$ $\Omega=0.0000218$	
0.8512661	0.8427063	0.8370875	0.8323325	
$\xi_2=0.6076355$	$\xi_2=0.9583985$	$\xi_2=1.1331135$	$\xi_1=1.2$ $\xi_2=1.3078989$	$\xi_1=1.45$ $\xi_2=1.526075$ $\alpha=30°35.3106275'$ $\varepsilon=1.2533643$ $\Omega=0$
0.8801388	0.8769075	0.8735749	0.8739274	0.8727041
$\xi_2=0.6002039$	$\xi_2=0.9415$	$\xi_2=1.1103099$	$\xi_1=1.2$ $\xi_2=1.279360$	$\xi_1=1.30$ $\xi_2=1.363565$ $\alpha=30°35.0342059'$ $\varepsilon=1.2627056$ $\Omega=0.0000510$
0.8610903	0.8532403	0.8440495	0.8452505	0.842050

z_1/z_2	z_1'/z_2'	z_c (m)		$\xi_2=0$	$\xi_1=-0.14$	$\xi_1=0$	$\xi_1=0.1$
95/98	120/73	25		$\xi_1=-0.2849824$ $\alpha=34°12.8003333'$ $\Omega=0.0000024$	$\xi_2=0.1300639$	$\xi_2=0.2554009$ $\alpha=33°39.943630'$ $\Omega=0.0000001$	$\xi_2=0.3450207$
				变位系数比 ξ_k	0.8970101	0.8952638	0.8961988
	129/64	34		$\xi_1=-0.2844385$ $\alpha=34°12.4686667'$ $\Omega=0$	$\xi_2=0.1297127$	$\xi_2=0.2542140$ $\alpha=33°39.2828408'$ $\Omega=0$	$\xi_2=0.3435879$
				变位系数比 ξ_k	0.8959703	0.8892948	0.8937396
100/103	125/78	25		$\xi_1=-0.2841623$ $\alpha=34°11.7404167'$ $\Omega=0.0000002$	$\xi_2=0.1300628$	$\xi_2=0.2561152$ $\alpha=33°40.5881517'$ $\Omega=0.0000011$	$\xi_2=0.3462451$
				变位系数比 ξ_k	0.9021973	0.9003739	0.9012990
	134/69	34		$\xi_1=-0.2836466$ $\alpha=34°11.4290833'$ $\Omega=0.0000004$	$\xi_2=0.1299559$	$\xi_2=0.2550776$ $\alpha=33°39.9978992'$ $\Omega=0$	$\xi_2=0.3450056$
				变位系数比 ξ_k	0.9046922	0.8937263	0.8992797

续表

$\xi_1=0.4$	$\xi_1=0.8$	$\xi_1=1$			
$\xi_2=0.6109950$	$\xi_2=0.9637961$	$\xi_2=1.1406553$	$\xi_1=1.2$ $\xi_2=1.3165798$	$\xi_1=1.4$ $\xi_2=1.4924659$	$\xi_1=1.55$ $\xi_2=1.6243560$ $\alpha=30°33.2615842'$ $\varepsilon=1.2501184$ $\Omega=0$
0.8865809	0.8820027	0.8842962	0.8796222	0.8794307	0.8792273
$\xi_2=0.6044360$	$\xi_2=0.949250$	$\xi_2=1.1203271$	$\xi_1=1.2$ $\xi_2=1.2906293$	$\xi_1=1.30$ $\xi_2=1.3753089$ $\alpha=30°45.9876897'$ $\varepsilon=1.2776616$ $\Omega=0$	
0.8694935	0.8620350	0.8853853	0.8515113	0.8507962	
$\xi_2=0.6139505$	$\xi_2=0.9697156$	$\xi_2=1.1473611$	$\xi_1=1.2$ $\xi_2=1.3245098$	$\xi_1=1.4$ $\xi_2=1.5015341$	$\xi_1=1.65$ $\xi_2=1.722683$ $\alpha=30°31.3397327'$ $\varepsilon=1.2471425$ $\Omega=0$
0.8923514	0.8894128	0.8882274	0.8857438	0.8851213	0.8845956
$\xi_2=0.6081550$	$\xi_2=0.9559847$	$\xi_2=1.1286020$	$\xi_1=1.2$ $\xi_2=1.3008687$	$\xi_1=1.38$ $\xi_2=1.4551526$ $\alpha=30°45.1033592'$ $\varepsilon=1.2758946$ $\Omega=0.0000216$	
0.8771647	0.8695742	0.8630868	0.8613332	0.8571328	

表 6.5　　**$z_2-z_1=4$ 特性曲线计算用表**

z_1/z_2	z_1'/z_2'	z_c (m)	不产生 y 最小值	不产生 d 最小值	不产生 G_B 最小值	不产生 q_1 最小值	不产生 q_2 最小值	$\xi_2=0$	$\xi_1=0$	$\xi_1=0.25$
20/24	30/14	10 $\begin{pmatrix}2.5\\2.75\end{pmatrix}$	$\xi_1=-0.062$ $\xi_2=0.102306$ $\alpha=28°30.7858256'$ $\Omega\doteq0$ （含不产生 q_2 最小值）	$\xi_1=0.1005$ $\xi_2=0.21655$ $\alpha=27°19.0493846'$ $\Omega=0.0046995$	$\xi_1=0.3016$ $\xi_2=0.36482$ $\alpha=25°56.4998551'$ $\Omega=0$				$\xi_2=0.1437725$ $\alpha=27°59.3638333'$ $\Omega=0$	$\xi_1=0.2$ $\xi_2=0.2881530$ $\alpha=26°34.4064110'$ $\Omega=0$
								变位系数比 ξ_k		0.7219021
	35/19	10	$\xi_1=-0.2323$ $\xi_2=-0.025$ $\alpha=29°25.1825761'$ $\Omega\doteq0$ （含不产生 q_2 最小值）	$\xi_1=0.203$ $\xi_2=0.3015$ $\alpha=26°45.8124729'$ $\Omega=0.0039454$	$\xi_1=0.257$ $\xi_2=0.34305$ $\alpha=26°24.8891944'$ $\Omega=0$			$\xi_1=-0.1948901$ $\alpha=29°7.3066833'$ $\Omega=0.0000016$	$\xi_2=0.1424036$ $\alpha=27°50.1652167'$ $\Omega=0$	$\xi_2=0.3374875$
								变位系数比 ξ_k	0.7306869	0.7803356
25/29	38/16	13 $\begin{pmatrix}2\\8\end{pmatrix}$	$\xi_1=-0.233$ $\xi_2=-0.026$ $\alpha=29°26.4612473'$ $\Omega=0.0018287$ （含不产生 d 最小值）		$\xi_1=0.115$ $\xi_2=0.228$ $\alpha=27°10.3832078'$ $\Omega=0.001607$	$\xi_1=0.355$ $\xi_2=0.41105$ $\alpha=25°50.3059412'$ $\Omega=0.0001338$	$\xi_1=-0.15$ $\xi_2=0.031764$ $\alpha=28°49.4892386'$ $\Omega=0.0024805$	$\xi_1=-0.193647$ $\alpha=29°6.4017593'$ $\Omega=0$	$\xi_2=0.1409385$ $\alpha=27°49.5112833'$ $\Omega=0$	$\xi_1=0.23$ $\xi_2=0.3150066$ $\alpha=26°30.2911781'$ $\Omega=0$
								变位系数比 ξ_k	0.7278115	0.7568178
	41/13	16 (6.5)	$\xi_1=-0.2326$ $\xi_2=-0.0275$ $\alpha=29°24.8124957'$ $\Omega=0.0006052$		$\xi_1=0.0055$ $\xi_2=0.1429$ $\alpha=27°46.4903951'$ $\Omega=0.0002163$	$\xi_1=0.088$ $\xi_2=0.2032$ $\alpha=27°16.8786104'$ $\Omega=0.0005427$	$\xi_1=0.02$ $\xi_2=0.1535$ $\alpha=27°41.2486173'$ $\Omega=0$	$\xi_1=-0.1926151$ $\alpha=29°5.6513'$ $\Omega=0.0000002$	$\xi_2=0.1389344$ $\alpha=27°48.6335417'$ $\Omega=0.0000011$	$\xi_1=0.2$ $\xi_2=0.2848868$ $\alpha=26°36.8071370'$ $\Omega=0$
								变位系数比 ξ_k	0.7213060	0.7297619

续表

z_1/z_2	z_1'/z_2'	z_c (m)	不产生 y 最小值	不产生 d 最小值	不产生 G_B 最小值	不产生 q_1 最小值	不产生 q_2 最小值	$\xi_2=0$	$\xi_1=0$	$\xi_1=0.25$
30/34	46/18	16						$\xi_1=-0.1797185$ $\alpha=28°42.4907701'$ $\Omega=0.0000042$	$\xi_2=0.140164$ $\alpha=27°45.4968875'$ $\Omega=0.0000047$	$\xi_1=0.24$ $\xi_2=0.3269371$ $\alpha=26°34.0884658'$ $\Omega=0$
								变位系数比 ξ_k	0.7799086	0.7782214
31/35	47/19	16	$\xi_1=-0.4295$ $\xi_2=-0.1942$ $\alpha=30°11.6707653'$ $\Omega=0.0050125$		$\xi_1=-0.098$ $\xi_2=0.06327$ $\alpha=28°14.8566071'$ $\Omega=0.0002462$	$\xi_1=0.0415$ $\xi_2=0.173078$ $\alpha=27°32.9767125'$ $\Omega=0.0001033$	$\xi_1=-0.290$ $\xi_2=-0.0875$ $\alpha=29°17.6038242'$ $\Omega=0.0018357$	$\xi_1=-0.1781123$ $\alpha=28°39.5626667'$ $\Omega=0$	$\xi_2=0.1403687$ $\alpha=27°45.1191667'$ $\Omega=0.0000005$	$\xi_2=0.336855$ $\alpha=26°33.1830833'$ $\Omega=0$
								变位系数比 ξ_k	0.7880910	0.7859452
	51/15	20 (1.25 2.5 3.75 5)						$\xi_1=-0.1773871$ $\alpha=28°39.0833333'$ $\Omega=0.0000034$	$\xi_2=0.1383499$ $\alpha=27°44.1847667'$ $\Omega=0.000019$	$\xi_1=0.23$ $\xi_2=0.3124302$ $\alpha=26°34.5441918'$ $\Omega=0$
								变位系数比 ξ_k	0.7799322	0.7568707
35/39	54/20	19 (4 5.5)						$\xi_1=-0.1726740$ $\alpha=28°30.1942333'$ $\Omega=0.0000007$	$\xi_2=0.1401008$ $\alpha=27°43.6240333'$ $\Omega=0.0000011$	$\xi_1=0.26$ $\xi_2=0.3467304$ $\alpha=26°35.0190685'$ $\Omega=0$
								变位系数比 ξ_k	0.8113603	0.7947292

续表

z_1/z_2	z_1'/z_2'	z_c (m)	不产生 y 最小值	不产生 d 最小值	不产生 G_B 最小值	不产生 q_1 最小值	不产生 q_2 最小值	$\xi_2=0$	$\xi_1=0$	$\xi_1=0.25$	
35/39	55/19	20	$\xi_1=-0.55$ $\xi_2=-0.3375$ $\alpha=30°14.0200606'$ $\Omega=0.00013383$		$\xi_1=-0.1814425$ $\xi_2=-0.0073$ $\alpha=28°32.5336977'$ $\Omega=0$	$\xi_1=-0.289$ $\xi_2=-0.097297$ $\alpha=29°1.871942'$ $\Omega=0.0000044$	$\xi_1=-0.2945$ $\xi_2=-0.102$ $\alpha=29°3.3667667'$ $\Omega=0.0000089$	$\xi_1=-0.1726$ $\alpha=28°30.1503721'$ $\Omega=0.0000086$	$\xi_2=0.139685$ $\alpha=27°43.4253375'$ $\Omega=0.0000018$	$\xi_2=0.336870$ $\alpha=26°36.6238356'$ $\Omega=0$	
								变位系数比 ξ_k	0.8092989	0.788740	
	57/17	22						$\xi_1=-0.1723719$ $\alpha=28°30'$ $\Omega=0.0000023$	$\xi_2=0.1387794$ $\alpha=27°42.9958833'$ $\Omega=0$	$\xi_1=0.24$ $\xi_2=0.3248839$ $\alpha=26°37.2100822'$ $\Omega=0$	
								变位系数比 ξ_k	0.8051159	0.7754355	
40/44	60/24	20						$\xi_1=-0.1684760$ $\alpha=28°22.5946417'$ $\Omega=0.0000001$	$\xi_2=0.1409144$ $\alpha=27°43.0460833'$ $\Omega=0$	$\xi_2=0.3455027$	$\xi_1=0.29$ $\xi_2=0.377980$ $\alpha=26°35.3284932'$ $\Omega=0.000004$
								变位系数比 ξ_k	0.8364061	0.8183534	0.8120324
	65/19	25 (1 2 3 4 6.5)						$\xi_1=-0.1680483$ $\alpha=28°22.3235'$ $\Omega=0$	$\xi_2=0.1392115$ $\alpha=27°42.2274167'$ $\Omega=0.0000005$	$\xi_2=0.3370564$ $\alpha=26°40.3615616'$ $\Omega=0.0000086$	
								变位系数比 ξ_k	0.8284017	0.7913793	

续表

z_1/z_2	z_1'/z_2'	z_c (m)	不产生 y 最小值	不产生 d 最小值	不产生 G_B 最小值	不产生 q_1 最小值	不产生 q_2 最小值	$\xi_2=0$	$\xi_1=0$	$\xi_1=0.25$	
45/49	65/29	20	$\xi_1=-0.85$ $\xi_2=-0.66$ $\alpha=30°42.4227766'$ $\Omega=0.0178862$		$\xi_1=-0.3397$ $\xi_2=-0.15245$ $\alpha=28°53.5089888'$ $\Omega=0.0000463$	$\xi_1=-0.4715$ $\xi_2=-0.2721$ $\alpha=29°20.2994456'$ $\Omega=0.0000089$	$\xi_1=-0.685$ $\xi_2=-0.48105$ $\alpha=30°1.0305979'$ $\Omega=0.0000557$	$\xi_1=-0.1656477$ $\alpha=28°17.3872708'$ $\Omega=0.0000004$	$\xi_2=0.1417773$ $\alpha=27°42.924'$ $\Omega=0.0000012$	$\xi_2=0.3519689$	$\xi_1=0.35$ $\xi_2=0.4352806$ $\alpha=26°30.2104384'$ $\Omega=0$
								变位系数比 ξ_k	0.8558964	0.8407665	0.8331168
	70/24	25						$\xi_1=-0.1653262$ $\alpha=28°17.189475'$ $\Omega=0.0000007$	$\xi_2=0.1406450$ $\alpha=27°42.3730417'$ $\Omega=0$	$\xi_2=0.3455895$	$\xi_1=0.3$ $\xi_2=0.3860375$ $\alpha=26°36.6661644'$ $\Omega=0$
								变位系数比 ξ_k	0.8507123	0.8197779	0.808960
50/54	75/29	25						$\xi_1=-0.1632838$ $\alpha=28°13.4304167'$ $\Omega=0$	$\xi_2=0.1416257$ $\alpha=27°42.5549333'$ $\Omega=0.0000006$	$\xi_2=0.3521307$	$\xi_1=0.35$ $\xi_2=0.434896$ $\alpha=26°33.6492'$ $\Omega=0.0000054$
								变位系数比 ξ_k	0.8673590	0.8419802	0.827753
	80/24	30 (2.5)						$\xi_1=-0.1631258$ $\alpha=28°13.3327583'$ $\Omega=0$	$\xi_2=0.1404919$ $\alpha=27°41.9959467'$ $\Omega=0$	$\xi_2=0.3459263$	$\xi_1=0.3$ $\xi_2=0.38611$ $\alpha=26°39.8329459'$ $\Omega=0.0000104$
								变位系数比 ξ_k	0.8612487	0.8217377	0.8036734

续表

z_1/z_2	z_1'/z_2'	z_c (m)	不产生 y 最小值	不产生 d 最小值	不产生 G_B 最小值	不产生 q_1 最小值	不产生 q_2 最小值	$\xi_2=0$	$\xi_1=0$	$\xi_1=0.25$	
50/54	84/20	34 (1.5, 2.25, 3)						$\xi_1=-0.1629695$ $\alpha=28°13.2354025'$ $\Omega=0$	$\xi_2=0.1391768$ $\alpha=27°41.340625'$ $\Omega=0$	$\xi_1=0.26$ $\xi_2=0.3474064$ $\alpha=26°44.9612973'$ $\Omega=0$	
								变位系数比 ξ_k	0.8540054	0.8008831	
	80/34	25						$\xi_1=-0.1618643$ $\alpha=28°10.6617333'$ $\Omega=0.0000002$	$\xi_2=0.1424581$ $\alpha=27°42.8491583'$ $\Omega=0.0000006$	$\xi_2=0.3571134$	$\xi_1=0.4$ $\xi_2=0.48392$ $\alpha=26°31.264125'$ $\Omega=0$
								变位系数比 ξ_k	0.8801085	0.8586212	0.8453772
55/59	85/29	30						$\xi_1=-0.1616654$ $\alpha=28°10.54155'$ $\Omega=0$	$\xi_2=0.1415584$ $\alpha=27°42.3912083'$ $\Omega=0.0000067$	$\xi_2=0.3524009$	$\xi_1=0.35$ $\xi_2=0.4347576$ $\alpha=26°36.6978767'$ $\Omega=0$
								变位系数比 ξ_k	0.8756258	0.8433701	0.8235672
	89/25	34						$\xi_1=-0.1614908$ $\alpha=28°10.4416667'$ $\Omega=0$	$\xi_2=0.1406672$ $\alpha=27°41.9448917'$ $\Omega=0$	$\xi_2=0.3475489$	$\xi_1=0.32$ $\xi_2=0.4039085$ $\alpha=26°39.2637567'$ $\Omega=0.0000009$
								变位系数比 ξ_k	0.8710541	0.8275268	0.8051371

续表

z_1/z_2	z_1'/z_2'	z_c (m)	不产生 y 最小值	不产生 d 最小值	不产生 G_B 最小值	不产生 q_1 最小值	不产生 q_2 最小值	$\xi_2=0$	$\xi_1=0$	$\xi_1=0.25$	
60/64	85/39	25						$\xi_1=-0.1606565$ $\alpha=28°8.4013333'$ $\Omega=0.0000004$	$\xi_2=0.1430427$ $\alpha=27°43.065275'$ $\Omega=0$	$\xi_2=0.3612143$	$\xi_1=0.45$ $\xi_2=0.5328983$ $\alpha=26°29.1769444'$ $\Omega=0.0000148$
								变位系数比 ξ_k 0.8903632	0.8720865	0.8584199	
	100/24	40 (1, 1.25, 2.5)						$\xi_1=-0.1600969$ $\alpha=28°8.0666583'$ $\Omega=0.0000007$	$\xi_2=0.1403750$ $\alpha=27°41.7129167'$ $\Omega=0.0000003$	$\xi_2=0.3464865$	$\xi_1=0.3$ $\xi_2=0.3865316$ $\alpha=26°44.9597703'$ $\Omega=0$
								变位系数比 ξ_k 0.8768125	0.8244462	0.8009034	
65/69	90/44	25						$\xi_1=-0.1596509$ $\alpha=28°6.6128833'$ $\Omega=0.0000008$	$\xi_2=0.1435877$ $\alpha=27°43.375'$ $\Omega=0$	$\xi_2=0.3638847$	$\xi_1=0.52$ $\xi_2=0.599341$ $\alpha=26°24.3426806'$ $\Omega=0$
								变位系数比 ξ_k 0.8993856	0.8811877	0.8720350	
	99/35	34						$\xi_1=-0.1593688$ $\alpha=28°6.4430167'$ $\Omega=0.0000016$	$\xi_2=0.1425777$ $\alpha=27°42.861275'$ $\Omega=0.0000002$	$\xi_2=0.3583734$	$\xi_1=0.43$ $\xi_2=0.509958$ $\alpha=26°32.2657260'$ $\Omega=0.0000093$
								变位系数比 ξ_k 0.8946397	0.8631831	0.8421363	

续表

z_1/z_2	z_1'/z_2'	z_c (m)	不产生 y 最小值	不产生 d 最小值	不产生 G_B 最小值	不产生 q_1 最小值	不产生 q_2 最小值	$\xi_2=0$	$\xi_1=0$	$\xi_1=0.25$	
65/69	105/29	40						$\xi_1=-0.1592215$ $\alpha=28°6.3562875'$ $\Omega=0.0000007$	$\xi_2=0.1415334$ $\alpha=27°42.3302668'$ $\Omega=0$	$\xi_2=0.3529239$	$\xi_1=0.35$ $\xi_2=0.4348615$ $\alpha=26°41.7490946'$ $\Omega=0.0000148$
								变位系数比 ξ_k	0.8889086	0.8455622	0.819376
70/74	95/49	25						$\xi_1=-0.1588842$ $\alpha=28°5.1336167'$ $\Omega=0.0000013$	$\xi_2=0.1440460$ $\alpha=27°43.655'$ $\Omega=0.0000003$	$\xi_2=0.3672684$	$\xi_1=0.58$ $\xi_2=0.6575$ $\alpha=26°21.6808451'$ $\Omega=0$
								变位系数比 ξ_k	0.9066103	0.8932896	0.8791866
	104/40	34						$\xi_1=-0.1585729$ $\alpha=28°4.9529667'$ $\Omega=0$	$\xi_2=0.1432338$ $\alpha=27°43.2453333'$ $\Omega=0$	$\xi_2=0.3622391$	$\xi_1=0.48$ $\xi_2=0.5586393$ $\alpha=26°30.0214795'$ $\Omega=0$
								变位系数比 ξ_k	0.9032680	0.8760211	0.8539137
	110/34	40						$\xi_1=-0.1584832$ $\alpha=28°4.9001592'$ $\Omega=0$	$\xi_2=0.1424615$ $\alpha=27°42.8572083'$ $\Omega=0$	$\xi_2=0.3577333$	$\xi_1=0.4$ $\xi_2=0.4831214$ $\alpha=26°38.7551369'$ $\Omega=0$
								变位系数比 ξ_k	0.8989056	0.8610873	0.8359207

续表

z_1/z_2	z_1'/z_2'	z_c (m)	不产生 y 最小值	不产生 d 最小值	不产生 G_B 最小值	不产生 q_1 最小值	不产生 q_2 最小值	$\xi_2=0$	$\xi_1=0$	$\xi_1=0.25$	$\xi_1=0.5$	
	100/54	25						$\xi_1=-0.1581112$ $\alpha=28°3.8725'$ $\Omega=0.0000022$	$\xi_2=0.1444287$ $\alpha=27°43.9267058'$ $\Omega=0$	$\xi_2=0.3596464$	$\xi_1=0.5$ $\xi_2=0.5922007$	
								变位系数比 ξ_k	0.9134626	0.9008709	0.8902171	
75/79	109/45	34						$\xi_1=-0.1580077$ $\alpha=28°3.8101370'$ $\Omega=0$	$\xi_2=0.1437656$ $\alpha=27°43.5873583'$ $\Omega=0.0000003$	$\xi_2=0.3653223$	$\xi_1=0.53$ $\xi_2=0.6076474$ $\alpha=26°28.2199028'$	
								变位系数比 ξ_k	0.9098645	0.8862265	0.8654470	
	115/39	40						$\xi_1=-0.1578231$ $\alpha=28°3.7015783'$ $\Omega=0$	$\xi_2=0.1431263$ $\alpha=27°43.2646658'$ $\Omega=0.0000005$	$\xi_2=0.3617043$	$\xi_1=0.45$ $\xi_2=0.5316067$ $\alpha=26°36.2917808'$ $\Omega=0$	
								变位系数比 ξ_k	0.9068780	0.8743121	0.8495123	
80/84	105/59	25						$\xi_1=-0.1576001$ $\alpha=28°2.8406583'$ $\Omega=0$	$\xi_2=0.1447931$ $\alpha=27°44.1868333'$ $\Omega=0$	$\xi_2=0.3718003$	$\xi_2=0.5961976$	$\xi_1=0.68$ $\xi_2=0.7565598$ $\alpha=26°19.7415417'$ $\Omega=0$
								变位系数比 ξ_k	0.9187373	0.9080287	0.8975894	0.8909010

续表

z_1/z_2	z_1'/z_2'	z_c (m)	不产生 y 最小值	不产生 d 最小值	不产生 G_B 最小值	不产生 q_1 最小值	不产生 q_2 最小值	$\xi_2=0$	$\xi_1=0$	$\xi_1=0.25$	$\xi_1=0.5$	
80/84	114/50	34						$\xi_1=-0.1573682$ $\alpha=28°2.7068333'$ $\Omega=0$	$\xi_2=0.1441706$ $\alpha=27°43.8622167'$ $\Omega=0$	$\xi_2=0.3679882$	$\xi_1=0.58$ $\xi_2=0.6566275$ $\alpha=26°26.6020556'$ $\Omega=0.0000627$	
								变位系数比 ξ_k	0.9161354	0.8952702	0.8746647	
85/89	110/64	25						$\xi_1=-0.1571068$ $\alpha=28°1.9145583'$ $\Omega=0.0000004$	$\xi_2=0.1450985$ $\alpha=27°44.4148'$ $\Omega=0$	$\xi_2=0.3734552$	$\xi_2=0.5996395$	$\xi_1=0.74$ $\xi_2=0.8150152$ $\alpha=26°17.7279437'$ $\Omega=0$
								变位系数比 ξ_k	0.9235658	0.9134267	0.9047373	0.8973988
	119/55	34						$\xi_1=-0.1569807$ $\alpha=28°1.9145583'$ $\Omega=0.0000002$	$\xi_2=0.1445672$ $\alpha=27°44.143525'$ $\Omega=0.0000004$	$\xi_2=0.3703018$	$\xi_2=0.5922428$	$\xi_1=0.63$ $\xi_2=0.7056625$ $\alpha=26°25.1140'$ $\Omega=0.0000019$
								变位系数比 ξ_k	0.9209230	0.9029385	0.8877642	0.8724588
90/94	115/69	25						$\xi_1=-0.1566497$ $\alpha=28°1.1395'$ $\Omega=0$	$\xi_2=0.1453213$ $\alpha=27°44.5826667'$ $\Omega=0.0000009$	$\xi_2=0.3749787$	$\xi_2=0.6027254$	$\xi_1=0.79$ $\xi_2=0.8649263$ $\alpha=26°17.2166338'$ $\Omega=0$
								变位系数比 ξ_k	0.9276829	0.9186298	0.9109867	0.9041411

续表

z_1/z_2	z_1'/z_2'	z_c (m)	不产生 y 最小值	不产生 d 最小值	不产生 G_B 最小值	不产生 q_1 最小值	不产生 q_2 最小值	$\xi_2=0$	$\xi_1=0$	$\xi_1=0.25$	$\xi_1=0.5$	$\xi_1\approx0.7$	$\xi_1\approx0.8$
90/94	124/60	34						$\xi_1=-0.1563636$ $\alpha=28°0.971'$ $\Omega=0$	$\xi_2=0.1448919$ $\alpha=27°44.3589983'$ $\Omega=0.0000004$	$\xi_2=0.3722557$	$\xi_2=0.5956353$	$\xi_1=0.7$ $\xi_2=0.7724274$ $\alpha=26°21.2433380'$ $\Omega=0$	
								变位系数比 ξ_k	0.9266350	0.9094549	0.8935185	0.8839605	
95/99	120/74	25						$\xi_1=-0.1563043$ $\alpha=28°0.4860917'$ $\Omega=0.0000030$	$\xi_2=0.1455795$ $\alpha=27°44.8476958'$ $\Omega=0.0000009$	$\xi_2=0.3764222$	$\xi_2=0.6053329$	$\xi_1=0.7$ $\xi_2=0.7874744$	$\xi_1=0.83$ $\xi_2=0.9055898$ $\alpha=26°17.7348028'$ $\Omega=0$
								变位系数比 ξ_k	0.9313850	0.9233711	0.9156428	0.9107070	0.9085799
	129/65	34						$\xi_1=-0.1559810$ $\alpha=28°0.3002325'$ $\Omega=0.0000001$	$\xi_2=0.1452129$ $\alpha=27°44.6575308'$ $\Omega=0.0000004$	$\xi_2=0.3738572$	$\xi_2=0.5992628$	$\xi_1=0.76$ $\xi_2=0.8306069$ $\alpha=26°18.9978310'$ $\Omega=0.0000024$	
								变位系数比 ξ_k	0.9309657	0.9145772	0.9016224	0.8897849	
100/104	125/79	25						$\xi_1=-0.1557556$ $\alpha=27°59.7194417'$ $\Omega=0.0000005$	$\xi_2=0.1458047$ $\alpha=27°44.9824167'$ $\Omega=0.0000005$	$\xi_2=0.3777514$	$\xi_2=0.6077150$	$\xi_1=0.7$ $\xi_2=0.7910077$	$\xi_1=0.89$ $\xi_2=0.9642943$ $\alpha=26°16.0877183'$ $\Omega=0$
								变位系数比 ξ_k	0.9361122	0.9277867	0.9198545	0.9164634	0.9120344
	134/70	34						$\xi_1=-0.1556250$ $\alpha=27°59.6463333'$ $\Omega=0.0000002$	$\xi_2=0.1454242$ $\alpha=27°44.7836667'$ $\Omega=0$	$\xi_2=0.3753541$	$\xi_2=0.6022702$	$\xi_1=0.7$ $\xi_2=0.7816695$	$\xi_1=0.82$ $\xi_2=0.8889028$ $\alpha=26°16.8909014'$ $\Omega=0.0000077$
								变位系数比 ξ_k	0.9344528	0.9197197	0.9076644	0.8969965	0.8936105

表 6.6　$z_2-z_1=5$ 特性曲线计算用表

z_1/z_2	z_1'/z_2'	z_c (m)	不产生 y 最小值	不产生 d 最小值	不产生 G_B 最小值	不产生 q_1 最小值	不产生 q_2 最小值	$\xi_2=0$	$\xi_1=0$	$\xi_1=0.2$
20/25	30/15	10 $\begin{pmatrix}2.5\\2.75\end{pmatrix}$	$\xi_1=-0.0305$ $\xi_2=0.06$ $\alpha=24°32.75535'$ $\Omega=0$ (含不产生 q_2 最小值)	$\xi_1=0.08915$ $\xi_2=0.15065$ $\alpha=23°38.4474643'$ $\Omega=0.000894$	$\xi_1=0.354$ $\xi_2=0.3634$ $\alpha=22°7.0531458'$ $\Omega=0.0066618$				$\xi_2=0.0826513$ $\alpha=24°18.2938317'$	$\xi_2=0.2377336$
								变位系数比 ξ_k		0.7754111
	35/20	10	$\xi_1=-0.2075$ $\xi_2=-0.08485$ $\alpha=25°27.6002879'$ $\Omega=0.0014939$ (含不产生 q_2 最小值)	$\xi_1=0.19142$ $\xi_2=0.2369$ $\alpha=23°4.3135849'$ $\Omega=0.0025678$	$\xi_1=0.3192$ $\xi_2=0.343$ $\alpha=22°22.9684286'$ $\Omega=0.0000419$			$\xi_1=-0.0965929$ $\alpha=24°39.0202333'$	$\xi_2=0.0778260$ $\alpha=24°3.6268999'$	$\xi_2=0.2431639$
								变位系数比 ξ_k	0.8057108	0.8266895
25/30	38/17	13 $\begin{pmatrix}2\\8\end{pmatrix}$	$\xi_1=-0.207$ $\xi_2=-0.0868$ $\alpha=25°25.4943333'$ $\Omega=0.000096$ (含不产生 d 最小值)		$\xi_1=0.1785$ $\xi_2=0.2223$ $\alpha=23°5.2699811'$ $\Omega=0.0010927$	$\xi_1=0.4$ $\xi_2=0.4019$ $\alpha=21°57.2564545'$ $\Omega=0.0008159$	$\xi_1=-0.14$ $\xi_2=-0.0345810$ $\alpha=24°56.5854444'$ $\Omega=0.0003997$	$\xi_1=-0.0963272$ $\alpha=24°38.8369'$	$\xi_2=0.0774596$ $\alpha=24°3.6087151'$	$\xi_2=0.2393320$
								变位系数比 ξ_k	0.8041303	0.8093621
	41/14	16 (6.5)	$\xi_1=-0.206$ $\xi_2=-0.08618$ $\alpha=25°27.9068333'$ $\Omega=0.0042146$		$\xi_1=0.0635$ $\xi_2=0.1275$ $\alpha=23°41.7889107'$ $\Omega=0.000621$	$\xi_1=0.126$ $\xi_2=0.1766$ $\alpha=23°19.9297778'$ $\Omega=0.0000756$	$\xi_1=0.06$ $\xi_2=0.12485$ $\alpha=23°43.3237368'$ $\Omega=0.0009245$	$\xi_1=-0.0961547$ $\alpha=24°38.7198333'$	$\xi_2=0.0768886$ $\alpha=24°3.3870417'$	$\xi_2=0.2347353$
								变位系数比 ξ_k	0.7996335	0.7892338

续表

z_1/z_2	z_1'/z_2'	z_c (m)	不产生 y 最小值	不产生 d 最小值	不产生 G_B 最小值	不产生 q_1 最小值	不产生 q_2 最小值	$\xi_2=0$	$\xi_1=0$	$\xi_1=0.2$
30/35	46/19	16						$\xi_1=-0.0892755$ $\alpha=24°23.1007167'$	$\xi_2=0.075186$ $\alpha=23°56.8762105'$	$\xi_2=0.2412280$
								变位系数比 ξ_k	0.8421795	0.8302099
	49/16	19 (4 5.5)						$\xi_1=-0.0891498$ $\alpha=24°23.0219667'$	$\xi_2=0.074755$ $\alpha=23°56.6912982'$	$\xi_2=0.2373297$
								变位系数比 ξ_k	0.8385324	0.8128736
31/36	47/20	16	$\xi_1=-0.4005$ $\xi_2=-0.2735$ $\alpha=26°0.4793768'$ $\Omega=0.0002687$		$\xi_1=-0.032$ $\xi_2=0.0487$ $\alpha=24°7.0492586'$ $\Omega=0.0020232$	$\xi_1=0.09$ $\xi_2=0.1510$ $\alpha=23°32.4365091'$ $\Omega=0.0011964$	$\xi_1=-0.225$ $\xi_2=-0.11665$ $\alpha=25°4.1246718'$ $\Omega=0.0029187$	$\xi_1=-0.0883575$ $\alpha=24°20.99'$	$\xi_2=0.0749621$ $\alpha=23°55.9823333'$	$\xi_2=0.2422411$
								变位系数比 ξ_k	0.8483947	0.8363951
	51/16	20 (1.25 2.5 3.75 5)			$\xi_1=-0.049$ $\xi_2=0.03451$ $\alpha=24°12.6884576'$ $\Omega=0.0029230$	$\xi_1=-0.2008$ $\xi_2=-0.0986$ $\alpha=24°53.8412381'$ $\Omega=0.0006859$		$\xi_1=-0.0881687$ $\alpha=24°20.8691975'$	$\xi_2=0.0744113$ $\alpha=23°55.7528'$	$\xi_2=0.2372554$
								变位系数比 ξ_k	0.8439649	0.8142208
35/40	54/21	19 (4、5.5)						$\xi_1=-0.0853877$ $\alpha=24°14.3746667'$	$\xi_2=0.0739862$ $\alpha=23°53.1300083'$	$\xi_2=0.242970$
								变位系数比 ξ_k	0.8664734	0.844919
	57/18	22 (2.25 3.5 4.5)						$\xi_1=-0.0853616$ $\alpha=24°14.3590083'$	$\xi_2=0.0736450$ $\alpha=23°52.98735'$	$\xi_2=0.2398260$
								变位系数比 ξ_k	0.8627417	0.830905

续表

z_1/z_2	z_1'/z_2'	z_c (m)	不产生 y 最小值	不产生 d 最小值	不产生 G_B 最小值	不产生 q_1 最小值	不产生 q_2 最小值	$\xi_2=0$	$\xi_1=0$	$\xi_1=0.2$
40/45	59/26	19						$\xi_1=-0.0830526$ $\alpha=24°8.9204583'$	$\xi_2=0.0735365$ $\alpha=23°50.9806667'$	$\xi_2=0.2471618$
								变位系数比 ξ_k	0.8854206	0.8681265
	62/23	22						$\xi_1=-0.0830377$ $\alpha=24°8.912875'$	$\xi_2=0.0733045$ $\alpha=23°50.8742417'$	$\xi_2=0.2448260$
								变位系数比 ξ_k	0.8827856	0.8576073
	65/20	25 (1、2 3 4、6.5)						$\xi_1=-0.0829394$ $\alpha=24°8.8516667'$	$\xi_2=0.0730107$ $\alpha=23°50.7456'$	$\xi_2=0.2420875$
								变位系数比 ξ_k	0.8802901	0.8453839
45/50	65/30	20			$\xi_1=-0.254$ $\xi_2=-0.158$ $\alpha=24°39.6746229'$ $\Omega=0.0017092$	$\xi_1=-0.505$ $\xi_2=-0.40627$ $\alpha=25°22.923591'$ $\Omega=0.0010003$	$\xi_1=-0.645$ $\xi_2=-0.557$ $\alpha=25°52.852'$ $\Omega=0.008592$	$\xi_1=-0.081384$ $\alpha=24°5.11443'$	$\xi_2=0.0731926$ $\alpha=23°49.5370456'$	$\xi_2=0.2496739$
								变位系数比 ξ_k	0.8993467	0.8824065
	70/25	25						$\xi_1=-0.0813130$ $\alpha=24°5.0717958'$	$\xi_2=0.0728772$ $\alpha=23°49.40'$	$\xi_2=0.2465015$
								变位系数比 ξ_k	0.8962557	0.8681465
	75/20	30 (2.5)						$\xi_1=-0.0812793$ $\alpha=24°5.0516667'$	$\xi_2=0.0724555$ $\alpha=23°49.2155833'$	$\xi_2=0.2420893$
								变位系数比 ξ_k	0.8914393	0.8481688

续表

z_1/z_2	z_1'/z_2'	z_c (m)	不产生 y 最小值	不产生 d 最小值	不产生 G_B 最小值	不产生 q_1 最小值	不产生 q_2 最小值	$\xi_2=0$	$\xi_1=0$	$\xi_1=0.2$
50/55	75/30	25						$\xi_1=-0.0802357$ $\alpha=24°2.415125'$	$\xi_2=0.0727894$ $\alpha=23°48.4835'$	$\xi_2=0.2496690$
								变位系数比 ξ_k	0.9071950	0.8843980
	80/25	30						$\xi_1=-0.0802124$ $\alpha=24°2.4023368'$	$\xi_2=0.0724753$ $\alpha=23°48.3390358'$	$\xi_2=0.2466912$
								变位系数比 ξ_k	0.9035429	0.8710793
	84/21	34 (1.5 2.25 3)						$\xi_1=-0.0801379$ $\alpha=24°2.3614750'$	$\xi_2=0.0722096$ $\alpha=23°48.2220417'$	$\xi_2=0.2433366$
								变位系数比 ξ_k	0.9010663	0.8556350
55/60	80/35	25						$\xi_1=-0.0793882$ $\alpha=24°0.36615'$	$\xi_2=0.0727255$ $\alpha=23°47.8649025'$	$\xi_2=0.2521840$
								变位系数比 ξ_k	0.9160756	0.8972924
	85/30	30						$\xi_1=-0.0792927$ $\alpha=24°0.3123333'$	$\xi_2=0.0725173$ $\alpha=23°47.7721583'$	$\xi_2=0.2499896$
								变位系数比 ξ_k	0.9145521	0.8873517
	89/26	34						$\xi_1=-0.0792215$ $\alpha=24°0.2716767'$	$\xi_2=0.0722945$ $\alpha=23°47.6672250'$	$\xi_2=0.2473334$
								变位系数比 ξ_k	0.9125620	0.8751945

续表

z_1/z_2	z_1'/z_2'	z_c (m)	不产生 y 最小值	不产生 d 最小值	不产生 G_B 最小值	不产生 q_1 最小值	不产生 q_2 最小值	$\xi_2=0$	$\xi_1=0$	$\xi_1=0.2$
60/65	85/40	25						$\xi_1=-0.0786811$ $\alpha=23°58.8031033'$	$\xi_2=0.0727016$ $\alpha=23°47.4072917'$	$\xi_2=0.2542760$
								变位系数比 ξ_k	0.9240039	0.8883188
	94/31	34						$\xi_1=-0.0786756$ $\alpha=23°58.7999833'$	$\xi_2=0.0723567$ $\alpha=23°47.2518'$	$\xi_2=0.2503654$
								变位系数比 ξ_k	0.9196841	0.8900436
	100/25	40 (1, 1.25, 2.5)						$\xi_1=-0.0785606$ $\alpha=23°58.7311917'$	$\xi_2=0.0720107$ $\alpha=23°47.0947181'$	$\xi_2=0.2469180$
								变位系数比 ξ_k	0.9116259	0.8745366
65/70	90/45	25						$\xi_1=-0.0781415$ $\alpha=23°57.5070'$	$\xi_2=0.0726972$ $\alpha=23°47.11375'$	$\xi_2=0.2558812$
								变位系数比 ξ_k	0.9303274	0.91592
	99/36	34						$\xi_1=-0.0780558$ $\alpha=23°57.4610583'$	$\xi_2=0.0724142$ $\alpha=23°46.9873333'$	$\xi_2=0.2528865$
								变位系数比 ξ_k	0.9277239	0.9023615
	105/30	40						$\xi_1=-0.0780917$ $\alpha=23°57.4736517'$	$\xi_2=0.0721789$ $\alpha=23°46.8790417'$	$\xi_2=0.2499816$
								变位系数比 ξ_k	0.9242839	0.8890130

续表

z_1/z_2	z_1'/z_2'	z_c (m)	不产生 y 最小值	不产生 d 最小值	不产生 G_B 最小值	不产生 q_1 最小值	不产生 q_2 最小值	$\xi_2=0$	$\xi_1=0$	$\xi_1=0.2$
70/75	95/50	25						$\xi_1=-0.0777338$ $\alpha=23°56.5111258'$	$\xi_2=0.0726405$ $\alpha=23°46.8431583'$	$\xi_2=0.2572422$
								变位系数比 ξ_k	0.9344775	0.9230084
	104/41	34						$\xi_1=-0.0776992$ $\alpha=23°56.4915417'$	$\xi_2=0.0724403$ $\alpha=23°46.7475833'$	$\xi_2=0.2546545$
								变位系数比 ξ_k	0.9323170	0.911071
	110/35	40						$\xi_1=-0.0776215$ $\alpha=23°56.4450917'$	$\xi_2=0.0722743$ $\alpha=23°46.6703917'$	$\xi_2=0.2525284$
								变位系数比 ξ_k	0.9311114	0.9012705
75/80	100/55	25						$\xi_1=-0.0773387$ $\alpha=23°55.630575'$	$\xi_2=0.0726583$ $\alpha=23°46.6984708'$	$\xi_2=0.2585011$
								变位系数比 ξ_k	0.9394815	0.9292141
	109/46	34						$\xi_1=-0.0772955$ $\alpha=23°55.60325'$	$\xi_2=0.0725036$ $\alpha=23°46.6203917'$	$\xi_2=0.2562527$
								变位系数比 ξ_k	0.9380054	0.9187455
	115/40	40						$\xi_1=-0.0772222$ $\alpha=23°55.5604833'$	$\xi_2=0.0723743$ $\alpha=23°46.56065'$	$\xi_2=0.2546203$
								变位系数比 ξ_k	0.9372224	0.9112296

续表

z_1/z_2	z'_1/z'_2	z_c (m)	不产生 y 最小值	不产生 d 最小值	不产生 G_B 最小值	不产生 q_1 最小值	不产生 q_2 最小值	$\xi_2=0$	$\xi_1=0$	$\xi_1=0.2$
80/85	105/60	25						$\xi_1=-0.0770883$ $\alpha=23°54.9462883'$	$\xi_2=0.0727213$ $\alpha=23°46.587875'$	$\xi_2=0.259405$
								变位系数比 ξ_k	0.9433514	0.9334185
	114/51	34						$\xi_1=-0.0769436$ $\alpha=23°54.8654751'$	$\xi_2=0.0725407$ $\alpha=23°46.500475'$	$\xi_2=0.2577821$
								变位系数比 ξ_k	0.9427779	0.9262070
85/90	110/65	25						$\xi_1=-0.0767905$ $\alpha=23°54.3961667'$	$\xi_2=0.0727302$ $\alpha=23°46.508075'$	$\xi_2=0.2603399$
								变位系数比 ξ_k	0.9471257	0.9380484
	119/56	34						$\xi_1=-0.0767688$ $\alpha=23°54.3911533'$	$\xi_2=0.0725581$ $\alpha=23°46.4294833'$	$\xi_2=0.2588337$
								变位系数比 ξ_k	0.9451507	0.9313779
90/95	115/70	25						$\xi_1=-0.0765322$ $\alpha=23°53.8101417'$	$\xi_2=0.0727633$ $\alpha=23°46.4672083'$	$\xi_2=0.2612401$
								变位系数比 ξ_k	0.9507547	0.9423839
	124/61	34						$\xi_1=-0.0765565$ $\alpha=23°53.8266667'$	$\xi_2=0.0726654$ $\alpha=23°46.425'$	$\xi_2=0.2597106$
								变位系数比 ξ_k	0.9491738	0.9352257

续表

z_1/z_2	z_1'/z_2'	z_c (m)	不产生 y 最小值	不产生 d 最小值	不产生 G_B 最小值	不产生 q_1 最小值	不产生 q_2 最小值	$\xi_2=0$	$\xi_1=0$	$\xi_1=0.2$
95/100	120/75	25						$\xi_1=-0.0763736$ $\alpha=23°53.3775'$	$\xi_2=0.0727717$ $\alpha=23°46.340675'$	$\xi_2=0.2618621$
								变位系数比 ξ_k 0.9528388		0.9454520
	129/66	34						$\xi_1=-0.0763925$ $\alpha=23°53.3901667'$	$\xi_2=0.0726544$ $\alpha=23°46.2861611'$	$\xi_2=0.2606680$
								变位系数比 ξ_k 0.9510681		0.9400680
100/105	125/80	25						$\xi_1=-0.0762402$ $\alpha=23°53.0170233'$	$\xi_2=0.0726951$ $\alpha=23°46.2564317'$	$\xi_2=0.2624865$
								变位系数比 ξ_k 0.9535011		0.9489571
	134/71	34						$\xi_1=-0.0762564$ $\alpha=23°53.0291667'$	$\xi_2=0.0726927$ $\alpha=23°46.25783'$	$\xi_2=0.2614010$
								变位系数比 ξ_k 0.9532671		0.9435413

表 6.7 $z_2-z_1=6$ 特性曲线计算用表

z_1/z_2	z_1'/z_2'	z_c (m)	不产生 y 最小值	不产生 d 的最小值	不产生 G_B 的最小值	不产生 q_1 最小值	不产生 q_2 最小值	$\xi_2=0$	$\xi_1=0$	$\xi_1=0.1$
20/26	30/16	10 (2.5、2.75)	$\xi_1=-0.0195354$ $\xi_2=0.0188$ $\alpha=21°48.7533696'$ $\Omega=0.0012072$ (含不产生 q_2 最小值)	$\xi_1=0.09$ $\xi_2=0.1062$ $\alpha=20°57.448'$ $\Omega\doteq0$					$\xi_2=0.03323877$ $\alpha=21°37.3671083'$	$\xi_2=0.1143035$
								变位系数比 ξ_k		0.8106473
25/31	41/15	16 (6.5)			$\xi_1=0.105$ $\xi_2=0.1155$ $\alpha=20°45.0092857'$ $\Omega=0.0011784$	$\xi_1=0.17$ $\xi_2=0.16915$ $\alpha=20°22.772875'$ $\Omega=0.0000506$	$\xi_1=0.1$ $\xi_2=0.11094$ $\alpha=20°45.4698809'$ $\Omega=0.0001836$	$\xi_1=-0.0309981$ $\alpha=21°29.5056417'$	$\xi_2=0.0264838$ $\alpha=21°18.7265492'$	$\xi_2=0.1108710$
								变位系数比 ξ_k	0.8543687	0.8445616
30/36	46/20	16						$\xi_1=-0.0264655$ $\alpha=21°17.3314607'$	$\xi_2=0.023459$ $\alpha=21°9.951'$	$\xi_2=0.1111792$
								变位系数比 ξ_k	0.8863993	0.8772023
31/37	47/21	16			$\xi_1=0$ $\xi_2=0.0230372$ $\alpha=21°8.7226667'$ $\Omega=0.0000005$	$\xi_1=0.11$ $\xi_2=0.1201$ $\alpha=20°39.9997317'$ $\Omega=0.0001919$	$\xi_1=-0.22$ $\xi_2=-0.175$ $\alpha=22°15.7462245'$ $\Omega=0.0056603$	$\xi_1=-0.0258608$ $\alpha=21°15.6758333'$	$\xi_2=0.0230372$ $\alpha=21°8.7226667'$	$\xi_2=0.1112575$
								变位系数比 ξ_k	0.8908139	0.8822040
	50/18	19 (4、5.5)						$\xi_1=-0.0258463$ $\alpha=21°15.6654583'$	$\xi_2=0.0229862$ $\alpha=21°8.702275'$	$\xi_2=0.1104929$
								变位系数比 ξ_k	0.8893417	0.8750669

续表

z_1/z_2	z_1'/z_2'	z_c (m)	不产生 y 最小值	不产生 d 的最小值	不产生 G_B 的最小值	不产生 q_1 最小值	不产生 q_2 最小值	$\xi_2=0$	$\xi_1=0$	$\xi_1=0.1$
35/41	55/21	20 (1.25、2.5、3.75、5)				$\xi_1=-0.275$ $\xi_2=-0.24065$ $\alpha=22°9.8912041'$ $\Omega=0.0010015$		$\xi_1=-0.0238842$ $\alpha=21°10.425885'$	$\xi_2=0.0216655$ $\alpha=21°4.8262417'$	$\xi_2=0.1107184$
								变位系数比 ξ_k	0.9071045	0.8905295
	60/16	25 (1、2、3、4、6.5)						$\xi_1=-0.0238738$ $\alpha=21°10.42'$	$\xi_2=0.0215956$ $\alpha=21°4.799575'$	$\xi_2=0.1092948$
								变位系数比 ξ_k	0.9045756	0.8769921
40/46	59/27	19						$\xi_1=-0.0223189$ $\alpha=21°6.109825'$	$\xi_2=0.0205475$ $\alpha=21°1.557775'$	$\xi_2=0.1114809$
								变位系数比 ξ_k	0.9206353	0.9093339
	65/21	25						$\xi_1=-0.0223040$ $\alpha=21°6.105'$	$\xi_2=0.0205252$ $\alpha=21°1.5483333'$	$\xi_2=0.1103754$
								变位系数比 ξ_k	0.9202437	0.8985027
	70/16	30 (2.5)						$\xi_1=-0.0222880$ $\alpha=21°6.0926667'$	$\xi_2=0.0204519$ $\alpha=21°1.521925'$	$\xi_2=0.1090359$
								变位系数比 ξ_k	0.9176191	0.8858407
45/51	70/26	25						$\xi_1=-0.021265$ $\alpha=21°3.1645584'$	$\xi_2=0.0197577$ $\alpha=20°59.316775'$	$\xi_2=0.1111124$
								变位系数比 ξ_k	0.9291183	0.9135473
	75/21	30						$\xi_1=-0.0213005$ $\alpha=21°3.1828372'$	$\xi_2=0.0197341$ $\alpha=20°59.3055833'$	$\xi_2=0.1101658$
								变位系数比 ξ_k	0.9264618	0.9043171

续表

z_1/z_2	z_1'/z_2'	z_c (m)	不产生 y 最小值	不产生 d 的最小值	不产生 G_B 的最小值	不产生 q_1 最小值	不产生 q_2 最小值	$\xi_2=0$	$\xi_1=0$	$\xi_1=0.1$
50/56	75/31	25						$\xi_1=-0.0205720$ $\alpha=21°1.0901163'$	$\xi_2=0.0192075$ $\alpha=20°57.712275'$	$\xi_2=0.1116521$
								变位系数比 ξ_k	0.9336684	0.9244460
	80/26	30						$\xi_1=-0.0205909$ $\alpha=21°1.1032558'$	$\xi_2=0.0191940$ $\alpha=20°57.708'$	$\xi_2=0.1109195$
								变位系数比 ξ_k	0.9321571	0.9172554
	84/22	34 (1.5、2.25、3)						$\xi_1=-0.0205829$ $\alpha=21°1.09825'$	$\xi_2=0.0191721$ $\alpha=20°57.695625'$	$\xi_2=0.1102045$
								变位系数比 ξ_k	0.9314551	0.9103246
55/61	80/36	25						$\xi_1=-0.0200272$ $\alpha=20°59.5286667'$	$\xi_2=0.0188442$ $\alpha=20°56.5695'$	$\xi_2=0.1120084$
								变位系数比 ξ_k	0.9409324	0.9316415
	89/27	34						$\xi_1=-0.0200095$ $\alpha=20°59.5184917'$	$\xi_2=0.0188146$ $\alpha=20°56.555675'$	$\xi_2=0.1110175$
								变位系数比 ξ_k	0.9402839	0.922029
	95/21	40 (1、1.25、2.5)						$\xi_1=-0.0199978$ $\alpha=20°59.512475'$	$\xi_2=0.0187623$ $\alpha=20°56.5337917'$	$\xi_2=0.1099555$
								变位系数比 ξ_k	0.9382159	0.9119323

续表

z_1/z_2	z_1'/z_2'	z_c (m)	不产生 y 最小值	不产生 d 的最小值	不产生 G_B 的最小值	不产生 q_1 最小值	不产生 q_2 最小值	$\xi_2=0$	$\xi_1=0$	$\xi_1=0.1$
60/66	85/41	25						$\xi_1=-0.0196090$ $\alpha=20°58.3825'$	$\xi_2=0.0185251$ $\alpha=20°55.6621667'$	$\xi_2=0.1124025$
								变位系数比 ξ_k	0.9447211	0.9387738
	94/32	34						$\xi_1=-0.0195922$ $\alpha=20°58.3751667'$	$\xi_2=0.0184890$ $\alpha=20°55.6497619'$	$\xi_2=0.1116073$
								变位系数比 ξ_k	0.9436919	0.9311830
	100/26	40						$\xi_1=-0.0195798$ $\alpha=20°58.36735'$	$\xi_2=0.0184894$ $\alpha=20°55.6449762'$	$\xi_2=0.1108372$
								变位系数比 ξ_k	0.9443093	0.923478
65/71	90/46	25						$\xi_1=-0.0192626$ $\alpha=20°57.4234667'$	$\xi_2=0.0182913$ $\alpha=20°54.9800583'$	$\xi_2=0.1127286$
								变位系数比 ξ_k	0.9495785	0.9443731
	99/37	34						$\xi_1=-0.0192437$ $\alpha=20°57.4106667'$	$\xi_2=0.0182901$ $\alpha=20°54.9790417'$	$\xi_2=0.1120380$
								变位系数比 ξ_k	0.9504419	0.9374794
	105/31	40						$\xi_1=-0.0192325$ $\alpha=20°57.4061417'$	$\xi_2=0.0182457$ $\alpha=20°54.9593333'$	$\xi_2=0.1114876$
								变位系数比 ξ_k	0.9486892	0.9324189

续表

z_1/z_2	z_1'/z_2'	z_c (m)	不产生 y 最小值	不产生 d 的最小值	不产生 G_B 的最小值	不产生 q_1 最小值	不产生 q_2 最小值	$\xi_2=0$	$\xi_1=0$	$\xi_1=0.1$
70/76	95/51	25						$\xi_1=-0.0189876$ $\alpha=20°56.6680833'$	$\xi_2=0.0181002$ $\alpha=20°54.4293333'$	$\xi_2=0.1129551$
								变位系数比 ξ_k	0.9532616	0.9485493
	100/42	34						$\xi_1=-0.0189715$ $\alpha=20°56.6633333'$	$\xi_2=0.0180950$ $\alpha=20°54.4301396'$	$\xi_2=0.1123979$
								变位系数比 ξ_k	0.9537991	0.9430290
	110/36	40						$\xi_1=-0.0189590$ $\alpha=20°56.6555'$	$\xi_2=0.0180858$ $\alpha=20°54.4001861'$	$\xi_2=0.1120622$
								变位系数比 ξ_k	0.9539401	0.9397645
75/81	100/56	25						$\xi_1=-0.0187527$ $\alpha=20°56.0343333'$	$\xi_2=0.0179560$ $\alpha=20°54.0141667'$	$\xi_2=0.1131389$
								变位系数比 ξ_k	0.9575169	0.9518292
	109/47	34						$\xi_1=-0.0187355$ $\alpha=20°56.0268333'$	$\xi_2=0.0179519$ $\alpha=20°54.0151667'$	$\xi_2=0.1128067$
								变位系数比 ξ_k	0.9581762	0.9485484
	115/41	40						$\xi_1=-0.0187233$ $\alpha=20°56.0268333'$	$\xi_2=0.0179488$ $\alpha=20°54.0159507'$	$\xi_2=0.1124384$
								变位系数比 ξ_k	0.9586365	0.9448958

续表

z_1/z_2	z_1'/z_2'	z_c (m)	不产生 y 最小值	不产生 d 的最小值	不产生 G_B 的最小值	不产生 q_1 最小值	不产生 q_2 最小值	$\xi_2=0$	$\xi_1=0$	$\xi_1=0.1$
80/86	105/61	25						$\xi_1=-0.0185815$ $\alpha=20°55.5686667'$	$\xi_2=0.0178382$ $\alpha=20°53.6561583'$	$\xi_2=0.1134164$
								变位系数比 ξ_k	0.9600015	0.9557816
	114/52	34						$\xi_1=-0.0185607$ $\alpha=20°55.5508333'$	$\xi_2=0.0178283$ $\alpha=20°53.6494417'$	$\xi_2=0.1131150$
								变位系数比 ξ_k	0.9605448	0.9528670
85/91	110/66	25						$\xi_1=-0.0183984$ $\alpha=20°55.0683333'$	$\xi_2=0.0177373$ $\alpha=20°53.3456667'$	$\xi_2=0.113640$
								变位系数比 ξ_k	0.9640699	0.9590273
	119/57	34						$\xi_1=-0.0183792$ $\alpha=20°55.0566667'$	$\xi_2=0.0177228$ $\alpha=20°53.33375'$	$\xi_2=0.1132727$
								变位系数比 ξ_k	0.9642879	0.9554994
90/96	115/71	25						$\xi_1=-0.0182940$ $\alpha=20°54.7980833'$	$\xi_2=0.0176635$ $\alpha=20°53.110125'$	$\xi_2=0.1138231$
								变位系数比 ξ_k	0.9655314	0.9615960
	124/62	34						$\xi_1=-0.0182715$ $\alpha=20°54.780'$	$\xi_2=0.017650$ $\alpha=20°53.1054524'$	$\xi_2=0.1135130$
								变位系数比 ξ_k	0.9659853	0.95863

续表

z_1/z_2	z_1'/z_2'	z_c (m)	不产生 y 最小值	不产生 d 的最小值	不产生 G_B 的最小值	不产生 q_1 最小值	不产生 q_2 最小值	$\xi_2=0$	$\xi_1=0$	$\xi_1=0.1$
95/101	120/76	25						$\xi_1=-0.0181442$ $\alpha=20°54.0405'$	$\xi_2=0.0175837$ $\alpha=20°52.8596917'$	$\xi_2=0.1139259$
								变位系数比 ξ_k	0.9691062	0.963422
	129/67	34						$\xi_1=-0.0181260$ $\alpha=20°54.3993583'$	$\xi_2=0.0175679$ $\alpha=20°52.8524083'$	$\xi_2=0.1136582$
								变位系数比 ξ_k	0.9692091	0.9609027
100/106	125/81	25						$\xi_1=-0.0180752$ $\alpha=20°54.2374917'$	$\xi_2=0.0175214$ $\alpha=20°52.6613417'$	$\xi_2=0.1139945$
								变位系数比 ξ_k	0.9693613	0.964731
	134/72	34						$\xi_1=-0.0180530$ $\alpha=20°54.2209250'$	$\xi_2=0.0175062$ $\alpha=20°52.6559583'$	$\xi_2=0.1138772$
								变位系数比 ξ_k	0.9697054	0.9637106

下齿数为 $\xi_{02}^{下}$。

外齿轮的变位系数可用同样的方法，具体如下。

上齿数 $\xi_{01}^{上}$：

$$\begin{cases}\text{中间第一齿数：}\xi_1=\xi_{01}^{上}\pm0.222142x\\ \text{中间第二齿数：}\xi_1=\xi_{01}^{上}\pm0.43174x\\ \text{中间第三齿数：}\xi_1=\xi_{01}^{上}\pm0.630184x\\ \text{中间第四齿数：}\xi_1=\xi_{01}^{上}\pm0.821782x\end{cases}$$

下齿数为 $\xi_{01}^{下}$。

其中

$$y=(\xi_{02}^{下}-\xi_{02}^{上})$$

$$x=(\xi_{01}^{下}-\xi_{01}^{上})$$

$\xi_{02}^{下}$、$\xi_{02}^{上}$、$\xi_{01}^{下}$、$\xi_{01}^{上}$可查表得到。

式中“±”符号是根据上齿数→下齿数时，变位系数增减而定，变位系数增大时取“+”，减小时取“－”。

当外齿轮的变位系数沿特性曲线由 $\xi_1'\to\xi_1''$，其对应的内齿轮变位系数由 $\xi_2'\to\xi_2''$时，变位系数比 ξ_k 可由下列公式求得：

$$\xi_k=\frac{\xi_2''-\xi_2'}{\xi_1''-\xi_1'}$$

在 ξ_1'～ξ_1''之间任一 ξ_1 所对应的 ξ_2 可由公式求出。

计算时应注意：齿数间隔为 5；上下两齿轮，必须采用齿数 z_c 相同的插齿刀。

【例 6.4】 二齿差内啮合齿轮副 $z_1/z_2=56/58$，用 $m/z_c=3/34$ 的插齿刀计算并加工，在设计时外齿轮的变位系数要求取 $\xi_1=0$，ξ_2 为何值时不会产生齿廓重叠干涉？

齿轮副 $z_1/z_2=56/58$，介于 $z_1/z_2=55/57$～$60/62$ 且为中间第一齿数，按表 6.3 查出有关数据：

$$z_1/z_2=55/57\left\langle\begin{array}{l}\xi_{01}^{上}=0\\ \xi_{02}^{上}=0.4135903\end{array}\right.$$

$$z_1/z_2=60/62\left\langle\begin{array}{l}\xi_{01}^{下}=0\\ \xi_{02}^{下}=0.4248677\end{array}\right.$$

代入公式得

$$z_1/z_2=56/58\left\langle\begin{array}{l}\xi_1=0\\ \xi_2=\xi_{02}^{上}\pm0.222142y\end{array}\right.$$

$$=0.4135903+0.222142(0.4248677-0.4135903)$$

$$=0.416955$$

经验算，$\Omega=0.0000039$，不会产生齿廓重叠干涉，可将求得的 ξ_2 略加大些。

【例 6.5】 三齿差内啮合齿轮副 $z_1/z_2=73/76$，用 $m/z_c=3/34$ 插齿刀进行计算并加工，若取 $\xi_1=0.9$，ξ_2 为何值时不会产生齿廓重叠干涉？

齿轮副 $z_1/z_2=73/76$ 介于 $z_1/z_2=70/73\sim75/78$ 之间，且属于中间第三齿数。由计算用表表 6.4 可知，$z_1/z_2=70/73$ 的 $\xi_{01}^{上}=0.95$，而 $z_1/z_2=75/78$ 的 $\xi_{01}^{下}=1.05$，两者不相等。查出有关数值：

$$z_1/z_2=70/73\begin{cases}\xi_{01}^{上}=0.8\\ \xi_{02}^{上}=0.8978175\end{cases}$$

$$z_1/z_2=75/78\begin{cases}\xi_{01}^{下}=0.8\\ \xi_{02}^{下}=0.9113555\end{cases}$$

则

$$z_1/z_2=73/76\begin{cases}\xi'_1=0.8\\ \xi'_2=\xi_{02}^{上}\pm0.630184(\xi_{02}^{下}-\xi_{02}^{上})\end{cases}$$

$$=0.8978175+0.630184(0.9113555-0.8978175)$$

$$=0.9063489$$

又

$$z_1/z_2=70/73\begin{cases}\xi_{01}^{上}=0.95\\ \xi_{02}^{上}=1.0172393\end{cases}$$

$$z_1/z_2=75/78\begin{cases}\xi_{01}^{下}=1.05\\ \xi_{02}^{下}=1.1139845\end{cases}$$

则

$$z_1/z_2=73/76\begin{cases}\xi''_1=\xi_{01}^{上}\pm0.630184(\xi_{01}^{下}-\xi_{01}^{上})=1.0130184\\ \xi''_2=\xi_{02}^{上}\pm0.630184(\xi_{02}^{下}-\xi_{02}^{上})=1.0782066\end{cases}$$

齿轮副 $z_1/z_2=73/76$ 的变位系数沿特性曲线由 $\xi'_1\to\xi''_1$ 时，其变位系数比 ξ_k：

$$\xi_k=\frac{\xi''_2-\xi'_2}{\xi''_1-\xi'_1}=\frac{1.0782066-0.9063489}{1.0130184-0.8}=0.8067740$$

若 $\xi_1=0.9$，则

$$\xi_2=\xi'_2+\xi_k\ (\xi_1-\xi'_1)=0.9063489+(0.9-0.8)\times0.8067740=0.9870263$$

经验算，$\Omega=0.0006436>0$，故不会产生齿廓重叠干涉，由于 Ω 值偏小，可加大所求得的 ξ_2 值。

2. $z_2-z_1=1$

当 $z_2-z_1=1$ 时，y、x 前面的系数略有变动，内齿轮的变位系数求法（只用于表 6.1）。

上齿数 $\xi_{02}^{上}$：

$$\begin{cases}\text{中间第一齿数}:\xi_2=\xi_{02}^{上}\pm0.21537y\\ \text{中间第二齿数}:\xi_2=\xi_{02}^{上}\pm0.41885y\\ \text{中间第三齿数}:\xi_2=\xi_{02}^{上}\pm0.6184y\\ \text{中间第四齿数}:\xi_2=\xi_{02}^{上}\pm0.81175y\end{cases}$$

下齿数为 $\xi_{02}^{下}$。

外齿轮的变位系数求法参见前述内容。

【例 6.6】 一齿差内啮合齿轮副 $z_1/z_2=59/60$，用 $m/z_c=3/34$ 插齿刀计算并加工，若取 $\xi_1=1.1$，ξ_2 为何值时不产生齿廓重叠干涉？

表 6.1 中无 $z_1/z_2=59/60$ 的齿轮副，但介于 $z_1/z_2=55/56\sim60/61$，为中间第四齿数，变位系数介于 $\xi_1=1.0\sim1.2$。由表查出有关数值：

$$z_1/z_2=55/56 \left\langle \begin{aligned} \xi_{01}^{上} &= 1 \\ \xi_{02}^{上} &= 1.3498085 \end{aligned} \right.$$

$$z_1/z_2=60/61 \left\langle \begin{aligned} \xi'_1 &= 1 \\ \xi'_2 &= \xi_{02}^{上} \pm 0.81175y \\ &=1.3498085+0.81175(1.4253736-1.3498085) \\ &=1.4111485 \end{aligned} \right.$$

又

$$z_1/z_2=55/56 \left\langle \begin{aligned} \xi_{01}^{上} &= 1.2 \\ \xi_{02}^{上} &= 1.453050 \end{aligned} \right.$$

$$z_1/z_2=60/61 \left\langle \begin{aligned} \xi_{01}^{下} &= 1.2 \\ \xi_{02}^{下} &= 1.5324460 \end{aligned} \right.$$

则

$$z_1/z_2=59/60 \left\langle \begin{aligned} \xi''_1 &= 1.2 \\ \xi''_2 &= \xi_{02}^{上} \pm 0.81175(\xi_{02}^{下}-\xi_{02}^{上}) \\ &=1.453050+0.81175(1.5324460-1.453050) \\ &=1.5174997 \end{aligned} \right.$$

齿轮副 $z_1/z_2=59/60$，当变位系数由 $\xi_1=1.0\rightarrow1.2$ 时，其变位系数比 ξ_k

$$\xi_k=\frac{\xi''_2-\xi'_2}{\xi''_1-\xi'_1}=\frac{1.5174997-1.4111485}{1.2-1.0}=0.5317560$$

当该齿轮副 $\xi_1=1.1$ 时，

$$\xi_2=\xi'_2+\xi_k(\xi_1-\xi'_1)=1.4111485+0.5317560(1.1-1.0)=1.4643241$$

经验算，$\Omega=0.0027220>0$。

6.3　表 6.2 中若无所要求的插齿刀齿数 z_c，齿轮副变位系数的求法

采用插齿刀计算系统计算时，加工与设计计算的插齿刀齿数应完全一致，否则会产生干涉或出现传动啮合角 α 的变动。在一定条件下，如果已确定齿轮副 $z_1/z_2=70/71$ 的外齿轮变位系数 $\xi_1=1.65$，用齿数 $z_c=25$ 的插齿刀进行设计并加工，不产生齿廓重叠干涉

的最小值 $\Omega=0$ 时，内齿轮的变位系数 ξ_2 不能小于 2.0613078；若用齿数 $z_c=34$ 的插齿刀进行设计并加工，ξ_2 不能小于 1.9290986，如将两者的 ξ_2 互相对调，前者必定产生齿廓重叠干涉，后者对调后，相当于增大 ξ_2 值，必然引起 Ω 值、传动啮合角 α 的增大。也就是说，条件相同而插齿刀齿数 z_c 不同，其结果不同。当插齿刀齿数 $z_c=25$ 变为 $z_c=34$（见图 6.2），ξ_2 由 2.0613078 递减为 1.9290986，而传动啮合角 α 由 57°37.7632307′递减为 56°5.7100092′，可见相差 9 齿中相邻两齿的 ξ_2、α 相差并不大，且两者的变化，基本上有规律可循，这样，可以根据已知插齿刀齿数的计算用表，扩大到其他齿数 z_c 的插齿刀。由于直齿插齿刀规格较多，本书在各种计算和各种计算用表中，采用以下规格：$z_c=10,13,16,20,25,34,40,50$，分成以下 7 个组：$z_c=10\sim13$、$z_c=13\sim16$、$z_c=16\sim20$、$z_c20\sim25$、$z_c25\sim34$、$z_c=34\sim40$、$z_c40\sim50$。

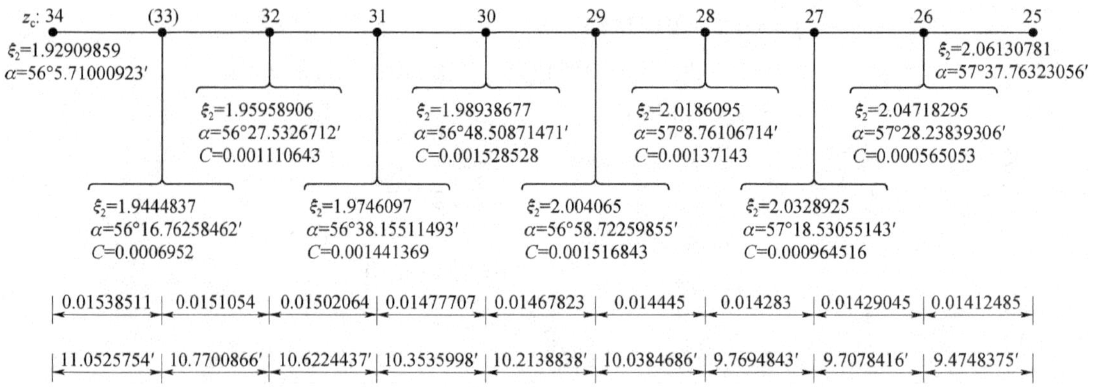

图 6.2 $z_1/z_2=70/71$，$n=9$，$z_c=25\sim34$，$\xi_1=1.65$，
附加常数 C 时，相邻 z_c 的 α、ξ_2 变化情况

6.3.1 计算方法

根据确定的设计参数 z_1/z_2、m/z_c、ξ_1 选组，组两端插齿刀齿数 z_c 所对应的内齿轮变位系数查表可得，则组内任一插齿刀齿数所要求的内齿轮变位系数 ξ_2 在不产生齿廓重叠干涉的情况为

$$\xi_2=\left[\xi_2'-\left(\frac{\xi_2'-\xi_2''}{n}\right)\times S\right]+C$$

式中 ξ_2'、ξ_2''——两端插齿刀的齿数所对应的内齿轮变位系数；

n——该组插齿刀齿数的等分数；

S——所求插齿刀齿数的等分数；

C——附加常数。

【例 6.7】 以图 6.2 为例说明。一齿差内啮合齿轮副 $z_1/z_2=70/71$，外齿轮的变位系数 $\xi_1=1.65$，若用 $m/z_c=2.5/30$ 的插齿刀进行计算并加工，不产生齿廓重叠干涉为最小的正值，内啮合齿轮副的内齿轮变位系数计算如下。

选组为 $z_c=25\sim34$，$n=9$，$S=5$，$m/z_c=3/25$ 时，$\xi_2'=2.0613078$，$m/z_c=3/34$ 时，$\xi_2''=1.9290986$，代入公式，$m/z_c=2.5/30$ 时：

$$\xi_2=\left[2.0613078-\left(\frac{2.0613078-1.9290986}{9}\right)\times 5\right]+C=1.9878582+C$$

取 C=0.001528528（最小值），则 ξ_2=1.9893867，会使不产生齿廓重叠干涉为最小的正值，Ω=0。

【例 6.8】 若将［例 6.7］中外齿轮变位系数改为 ξ_1=1.8，ξ_2 为何值时不会产生齿廓重叠干涉？

第一种方法：分别求出 z_c=25、z_c=34，ξ_1=1.8 时与之对应的内齿轮变位系数，然后再按公式求出所要求的 ξ_2。由表 6.2，查出 z_1/z_2=70/71、z_c=25，ξ_1=1.65～1.9 范围内的变位系数比 ξ_k=0.6747648，ξ_2=2.0613078，当 z_c=25，ξ_1=1.8 时，内齿轮的变位系数 ξ_2' 为

$$\xi_2'=\xi_2+\xi_k(\xi_1-1.65)=2.0613078+0.6747648(1.8-1.65)=2.1625225$$

同理：z_c=34，查表可得变位系数比 ξ_k=0.6328056，ξ_2=1.9290986，则 z_c=34、ξ_1=1.8 时内齿轮的变位系数 ξ_2'' 为

$$\xi_2''=\xi_2+\xi_k(\xi_1-1.65)=1.9290986+0.6238056(1.8-1.65)=2.0226694$$

最后由 ξ_2'、ξ_2'' 可求出 m/z_c=2.5/30、ξ_1=1.8 的内齿轮的变位系数 ξ_2（取 C=0.001528526）：

$$\begin{aligned}\xi_2 &-\left[\xi_2'-\left(\frac{\xi_2'-\xi_2''}{n}\right)\times S\right]+C\\ &=\left[2.1625225-\left(\frac{2.1625225-2.0226694}{9}\right)\times 5\right]+C\\ &=2.0848263+C\\ &=2.0863548\end{aligned}$$

第二种方法：可分别计算出当 z_c=30，ξ_1=1.65 和 ξ_1=1.9 时所对应的内齿轮变位系数、变位系数比 ξ_k、ξ_2。

$$z_c=30\left\langle\begin{aligned}\xi_1&=1.65\\ \xi_2&=1.9893867\end{aligned}\right.$$

$$z_c=30\left\langle\begin{aligned}\xi_1&=1.9\\ \xi_2&=?\end{aligned}\right.$$

查表，将有关数值按下列编排：

m/z_c：	3/34	2.5/30	3/25
	ξ_2''=2.08505	z_1/z_2=70/71	ξ_2'=2.229999
		ξ_1=1.9	

计算 z_c=30,ξ_1=1.9 时内齿轮变位系数 ξ_2：

$$\begin{aligned}\xi_2 &=\left[\xi_2'-\left(\frac{\xi_2'-\xi_2''}{n}\right)\times S\right]+C\\ &=\left[2.229999-\left(\frac{2.229999-2.08505}{9}\right)\times 5\right]+0.001528526\\ &=2.1510003\end{aligned}$$

变位系数比 ξ_k：

$$\xi_k=\frac{2.1510003-1.9893867}{1.9-1.65}=0.6464541$$

因而，当 $z_c=30$，$\xi_1=1.8$ 时，内齿轮变位系数为

$$\xi_2=1.9893867+0.6464541\times(1.8-1.65)=2.0863548$$

上述两种计算方法，内齿轮变位系数 ξ_2 值相差为 2.0863548－2.0863548＝0，这样，所求得的 ξ_2，经计算不产生齿廓重叠干涉值 $\Omega=0.0025$，可得 ξ_2 略加大些。

6.3.2 附加常数 C（保留 9 位小数）

一般情况下附加常数 C 不大，其大小与以下情况有关：

（1）每组中等分 n 越少，C 值越小；反之，n 越多，C 值越大。

（2）各组居中位置的齿数 z_c，且齿轮齿数在组内为最少的，附加常数 C 最大。由中心分别向两端逐渐变化时，C 值逐渐递减。

（3）与两端等距位置的 z_c，其 C 值相差很小。

（4）在同一 z_c 时，附加常数 C 随齿轮齿数逐渐增多而逐渐减小。齿轮副的变位系数对 C 值的影响不大。

此外，同组、同一齿轮副 z_1/z_2，同样大小的 ξ_1，传动啮合角 α 随 z_c 的增多而减小。

各组附加常数 C 的大小及其变化情况如下。

1. $z_c=10\sim13$ 组（见图 6.3）

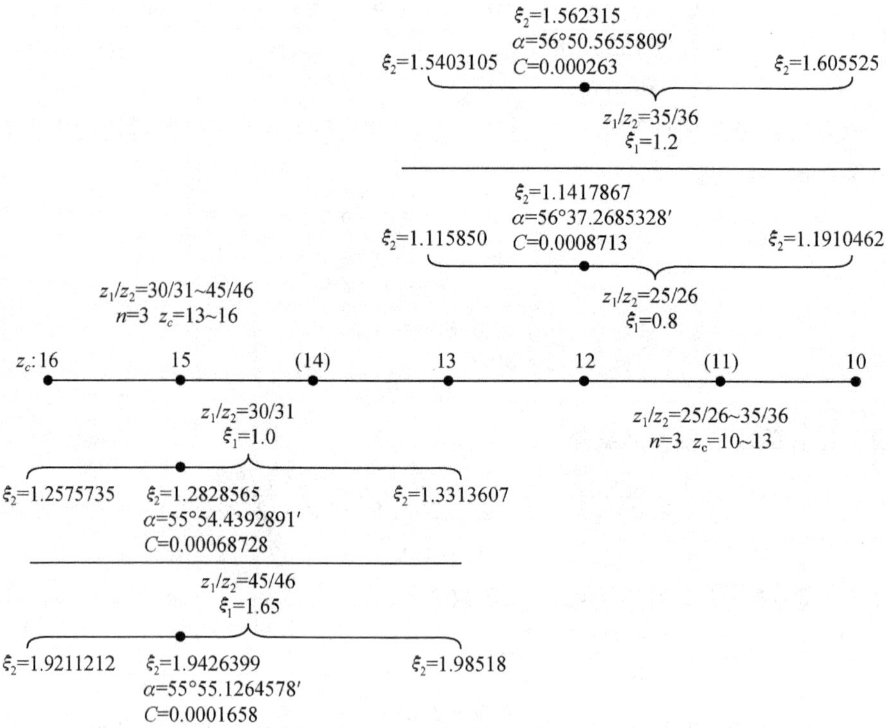

图 6.3 附加常数 C

因为 $n=3$，故 C 值不大。在 $z_c=10\sim13$ 组内（不含两端）插齿刀产品规格中只有 $z_c=12$。在实际中 $z_1/z_2=25/26\sim35/36$，C 值出现最大值是在 $z_1/z_2=25/26$ 时，$C=0.0008713$；最小值是在 $z_1/z_2=35/36$ 时，$C=0.000263$，故 C 值在本组内可根据 z_1/z_2 的情况在 0.0003～0.0009 内选取，不会产生齿廓重叠干涉。

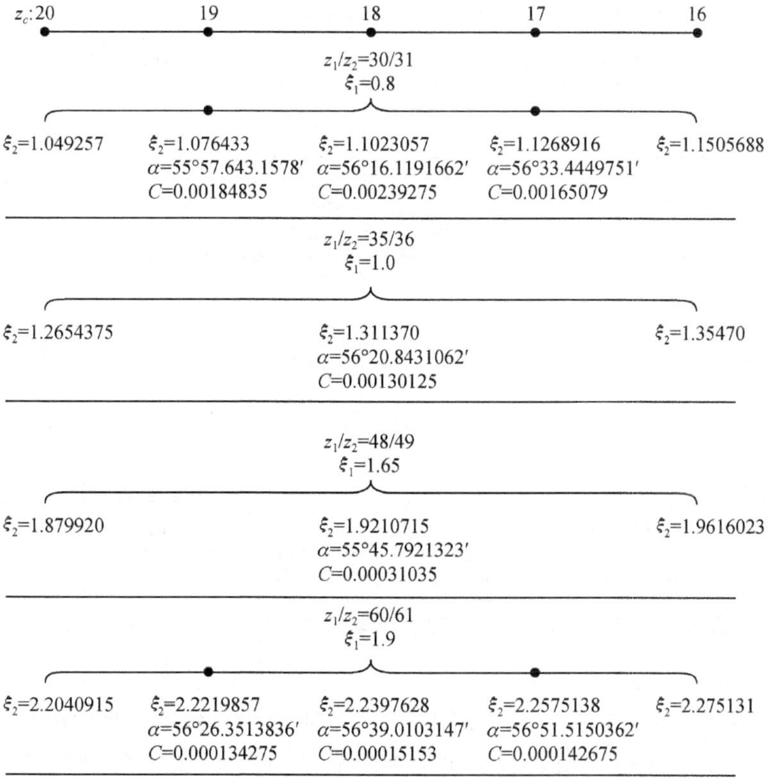

图 6.4　$z_1/z_2=30/31\sim60/61$ 时的附加常数 C（$n=4$，$z_c=16\sim20$）

2. $z_c=13\sim16$ 组（见图 6.3）

因为 $n=3$，故 C 值不大。$z_c=13\sim16$ 组内插齿刀产品规格中只有 $z_c=15$。在 $z_1/z_2=30/31\sim45/46$ 中，C 的最大值为 0.00068728，最小值为 0.0001658，根据 z_1/z_2 的情况，C 值可在 0.00017～0.0007 内选取。

3. $z_c=16\sim20$ 组（见图 6.4）

因为 $n=4$，C 值仍然不是很大。在该组中（不含两端）插齿刀产品规格有 $z_c=17$，18，19，$z_c=18$ 居中心位置，同一 z_1/z_2、同样大小的 ξ_1，C 值最大，z_c 由中心分别向两端变化时，C 值逐渐减小。本组 C 的最大值是在 $z_c=18$ 时，齿轮齿数最少的 $z_1/z_2=30/31$ 为 0.00239275，C 值在本组内变化是 0.00013～0.0025，z_c 距两端近者，且齿轮齿数多者可取小值。

4. $z_c=20\sim25$ 组（见图 6.5）

$n=5$，该组中不含两端齿数 z_c，中间有 4 种插齿刀产品规格 $z_c=21$，22，23，24。距中心位置处的有 $z_c=22$ 和 $z_c=23$，一是两者的 C 值相差很小，二是齿轮齿数少时 C 值最大。齿轮副 $z_1/z_2=40/41\sim76/77$，C 值可在 0.000065～0.0021 内取值，原则是 z_c 居中

心位置且齿轮齿数少的取大值，距两端近的且齿轮齿数多的取小值。

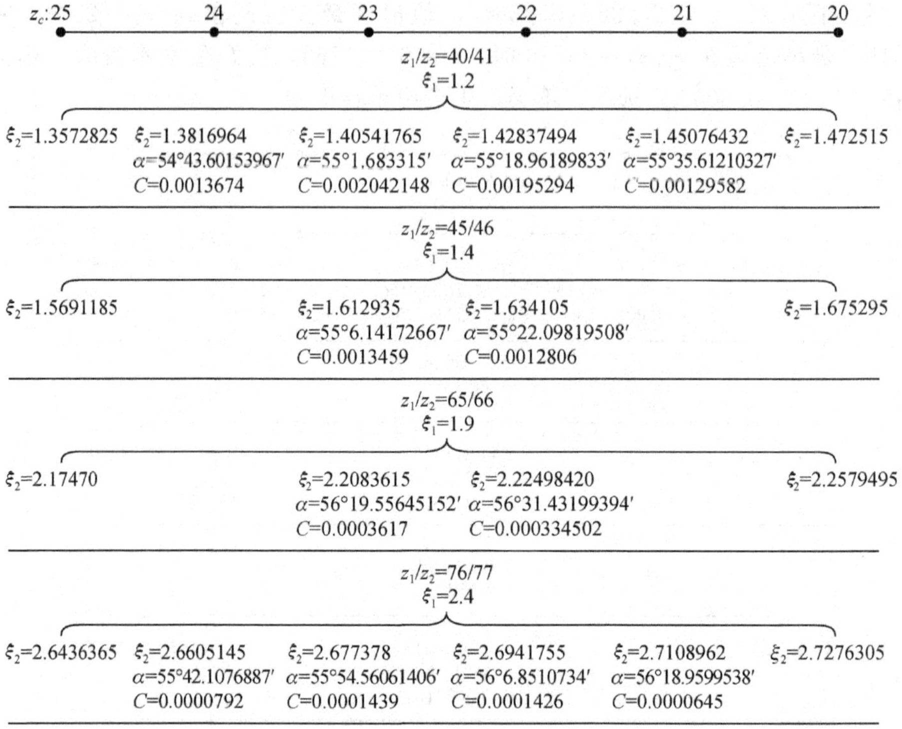

图 6.5　$z_1/z_2=40/41\sim76/77$ 时的附加常数 C（$n=5$，$z_c=20\sim25$）

5. $z_c=25\sim34$ 组（见图 6.6）

因 $n=9$，一般 C 值比较大，其中 $z_c=29$，$z_c=30$ 居中心位置且齿轮齿数少时（$z_1/z_2=50/51$）C 值最大，$C=0.005696804$；齿数多时 $z_1/z_2=100/101$ 且距两端近的 C 值最小，$C=0.000090789$，其他齿轮副 $z_1/z_2=50/51\sim100/101$ 可在 $0.00009\sim0.0058$ 范围内选取。同一 z_1/z_2、同样的 ξ_1，随 z_c 的逐渐增多而传动啮合角 α 逐渐减小。从 α 大小来考虑，取 z_c 多的插齿刀有利。

6. $z_c=34\sim40$ 组（见图 6.7）

$n=6$，插齿刀产品规格不含两端有 $z_c=36,38$。齿轮副 $z_1/z_2=65/66\sim100/101$ 的 C 值可在 $0.0002\sim0.00125$ 中选取，选取的原则是齿轮齿数少的取大值，齿数多的取小值。

7. $z_c=40\sim50$ 组（见图 6.8）

因为 $n=10$，C 值比其他各组都大。中心位置的 $z_c=45$，使齿轮副最少齿数 $z_1/z_2=66/67$ 具有 C 的最大值。齿轮副 $z_1/z_2=66/67$ 变向 $z_1/z_2=100/101$ 变化时，C 的变化为 $0.007419125\sim0.00104635$。因为在该组中不含两端的 z_c，中间插齿刀产品规格有 $z_c=43$ 和 $z_c=45$，所以 C 值的选取比较容易。

显然，在表 6.2 中，没有列出的插齿刀齿数，可以利用计算用表已知齿数 z_c，通过计算方法求得。这样求出的内齿轮变位系数与按表计算出的内齿轮变位系数相比，仅相差附加常数 C。但经过上述分析，实际上附加常数 C 并不大。一般无论何种方法计算出的 ξ_2 都应加大些，使 Ω 值大。

z_c	34	(33)	32	31	30	29	28	27	26	25
$z_1/z_2=50/51$　$\xi_1=1.4$										
ξ_2	1.46083		1.5081382	1.5307505	1.5526224	1.5740132	1.5948093	1.6151292	1.6349737	1.654545
α			53°48.9922333′	54°6.9678036′	54°24.1417946′	54°40.7204793′	54°56.6520966′	55°12.02853′	55°26.8487032′	
c			0.004260442	0.00534883	0.00569680	0.005563756	0.004835995	0.003631978	0.001952589	
$z_1/z_2=70/71$　$\xi_1=1.65$										
ξ_2	1.9290986	1.9444837	1.9595891	1.9746097	1.9893868	2.004065	2.0186095	2.0328925	2.0471830	2.0613078
α		56°16.7625846′	56°27.5326712′	56°38.1551149′	56°48.5087147′	56°58.7225986′	57°8.7610671′	57°18.5305514′	57°28.2383931′	
c		0.0006952	0.00110643	0.001441369	0.001528528	0.001516843	0.00137143	0.000964516	0.000565053	
$z_1/z_2=85/86$　$\xi_1=2.4$										
ξ_2	2.5915525				2.6526635	2.6677256				2.727856
α					55°40.6111419′	55°51.7358344′				
c					0.000531647	0.000448933				
$z_1/z_2=100/101$　$\xi_1=2.9$										
ξ_2	3.09205		3.1215545	3.1363273	3.1510381	3.1657791	3.1804518	3.1951159	3.2098182	3.2244117
α			55°16.3249934′	55°27.6511164′	55°38.6809823′	55°49.6550524′	56°0.3420873′	56°11.0328831′	56°21.6495934′	
c			0.000090789	0.000156746	0.00021064	0.000194822	0.000160617	0.000117891	0.000112005	

图 6.6　$z_1/z_2=50/51\sim100/101$ 时的附加常数 C（$n=9$，$z_c=25\sim34$）

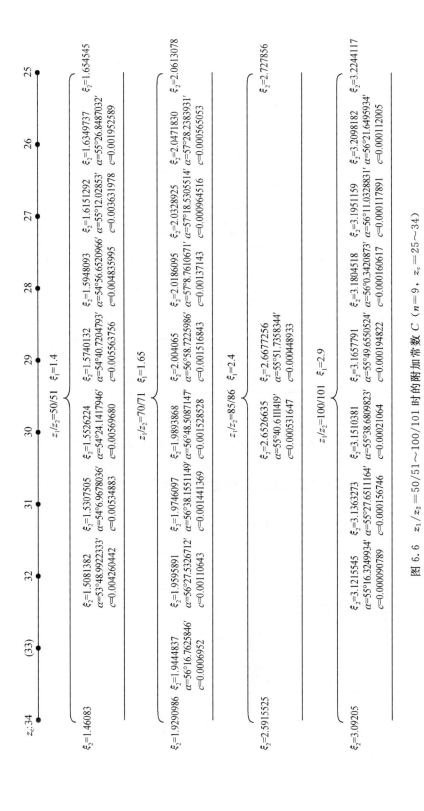

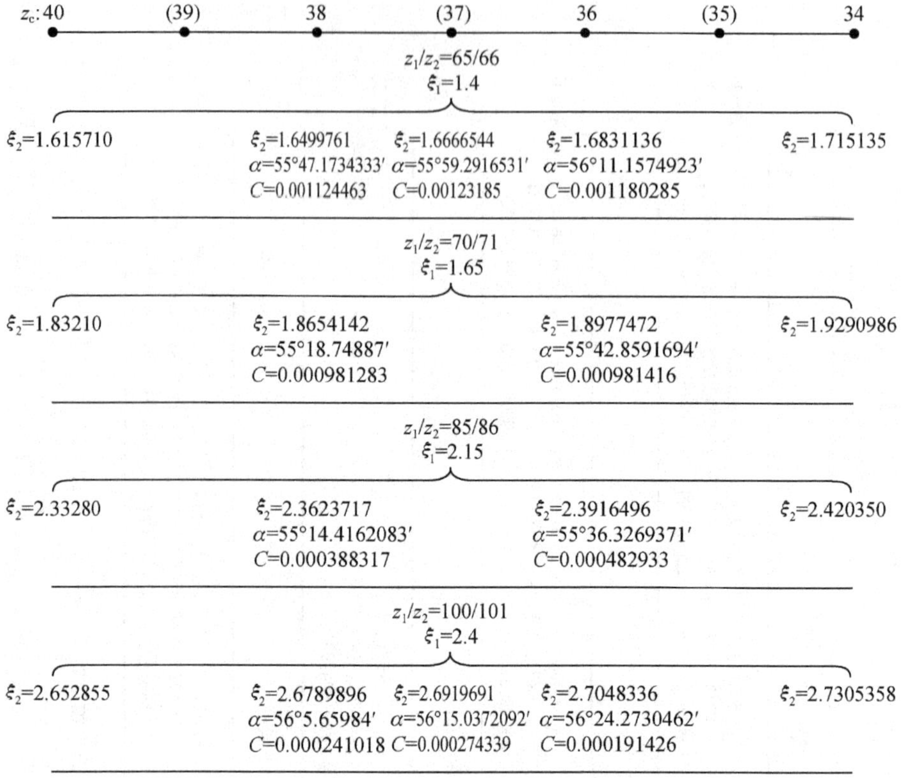

图 6.7 $z_1/z_2=65/66\sim100/101$ 时的附加常数 C（$n=6$，$z_c=34\sim40$）

在特性曲线上、下限制点间取变位系数，只需验算 Ω 为正值时的大小。

6.4 在插齿刀计算系统计算少齿差内啮合齿轮副的简化方法

用插齿刀计算系统计算少齿差内啮合齿轮副还有一种简单的计算方法。齿顶高 h' 按下列公式计算：

$$h_1'=m(f+\xi_1)$$
$$h_2'=m(f-\xi_2)$$

齿顶圆半径 R 按下列公式计算：

$$R_1=\frac{mz_1}{2}+m(f+\xi_1)$$

$$R_2=\frac{mz_2}{2}-m(f-\xi_2)$$

传动啮合角 α：

$$\mathrm{inv}\alpha=\mathrm{inv}\alpha_0+\frac{\xi_2-\xi_1}{z_2-z_1}2\tan\alpha_0$$

式中 f——齿顶高系数。

齿顶圆压力角 α_e 的计算公式和验算齿廓重叠干涉值的公式不变。齿顶高 h' 按上述公

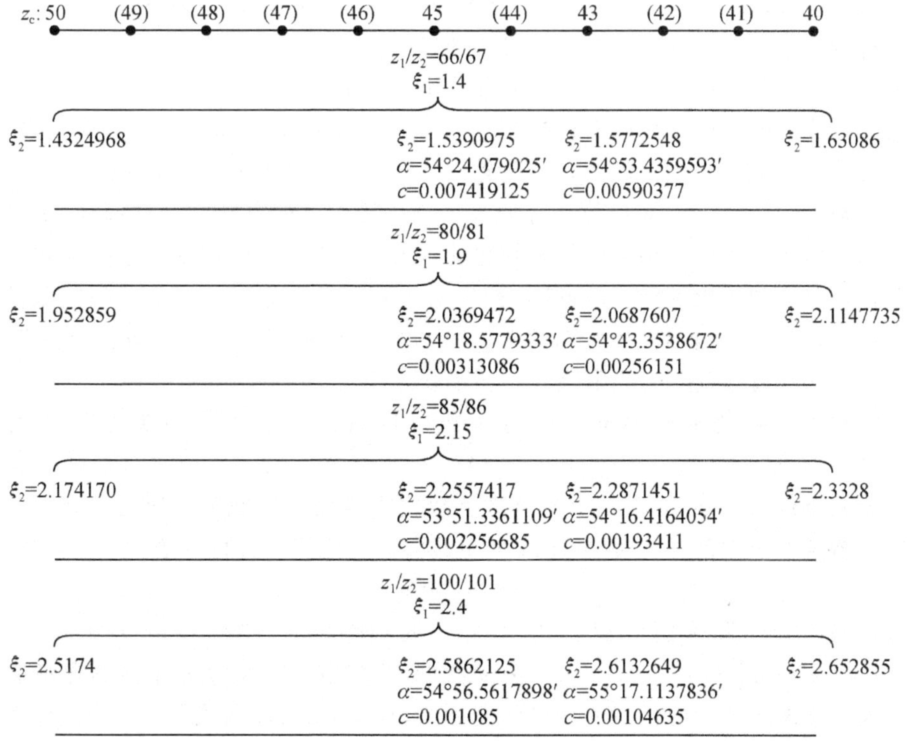

图 6.8　$z_1/z_2=66/67\sim100/101$ 时的附加常数 C（$n=10$，$z_c=40\sim50$）

式计算的内啮合齿轮副有以下三个基本特性。

第一个基本特性：少齿差内啮合齿轮副的齿轮齿数逐渐增多时，齿廓重叠干涉验算值 Ω 有趋于某一常数的特性，即在同一限制条件下，当齿轮副的齿轮齿数逐渐递增到一定程度时，Ω 值则随之递减到一定数值后变化甚微或不再变化而趋止于一常数的特性。该常数称为起始定位基准值，其值的大小与限制条件值齿顶高系数 f、传动啮合角 α 和重叠系数 ε 有关。

【例 6.9】　一齿差内啮合齿轮副其限制条件值 $f=0.8$、$\varepsilon=1.05$、$\alpha=53.5°$，当内啮合齿轮副 z_1/z_2 由 31/32→181/182→301/302 变化时，其 Ω 值的对应变化为

0.07198543→0.0661887→0.0661881

后两值相差甚小，趋于一个定值。

【例 6.10】　一齿差内啮合齿轮副其限制条件值 $f=0.8$、$\varepsilon=1.0577529$、$\alpha=53.45°$，当内啮合齿轮副 z_1/z_2 由 31/32→181/182→301/302 变化时，其 Ω 值的对应变化为

0.0560823→0.0500026→0.0499417

这个特性是由于影响和决定 Ω 值的参数，随齿轮齿数的增多到一定程度其变化非常小甚至不变的缘故。最多齿轮齿数与 Ω 值之间存在的这一特性，说明齿轮齿数多时，齿数对 Ω 值的影响不是很大，根据这一特性，在确定限制条件值、传动啮合角 α 值选择上提供了可靠的根据。为了研究，如果将不同齿数差最多齿数的内啮合齿轮副 $z_1/z_2=181/(181+n)$（$n=1,2,3,4$ 的 Ω 值的起始定位基准值定为 $\Omega=0.05000$，然后分别精确地计算

出当 $f=0.6,0.7,0.8$ 时不同齿数差最多齿数的传动啮合角 α 和重叠系数 ε 作为各齿数差的限制条件值，这样，在任何情况下，各齿数差的参数间都有一个共同的、统一的起始定位基准值，使之互相联系、互相制约、互相影响（见表 6.8）。

第二个基本特性：任一内啮合齿轮副的外齿轮变位系数 ξ_1 和不产生齿廓重叠干涉值，在限制条件值所组成的封闭区间内，按齿轮副齿数的多少进行有序的排列。

同一齿数差 z_2-z_1，不同齿数组合的内啮合齿轮副，如果限制条件值 f、α 和 ε 被确定之后，由 α 值提供各齿轮副的变位系数之差 $\xi_2-\xi_1$，再由 ε 值根据内啮合齿轮副的不同齿数组合，可共同解析出 ξ_1 和 ξ_2 两值，而后 Ω 值也就被确定了。显然，限制条件确定之后，各不同齿数组合的内啮合齿轮副的 ξ_1、ξ_2 和 Ω 都是定值，各齿轮副运用各自的 ξ_1 和 Ω 保证和满足同一齿数差共同的限制条件值不变。

同一齿数差、限制条件相同，当内啮合齿轮副的组合齿数由少逐渐递增时，如 $z_1/z_2=31/(31+n)\rightarrow z_1/z_2=181/(181+n)$（$n=1,2,3,4,5$），相应的 Ω 值则从最大值 Ω' 逐渐递减成最小值 Ω''，而介于最少与最多齿数之间的任一齿数的内啮合齿轮副的 Ω 值，则按齿数的多少在最大值 Ω' 与最小值 Ω'' 所组成的封闭区间内进行有序的排列，即

$$\Omega'\geqslant\Omega\geqslant\Omega'' \tag{6.1}$$

同理，当内啮合齿轮副的组合齿数由少逐渐递增时，如 $z_1/z_2=31/(31+n)\rightarrow z_1/z_2=181/(181+n)$（$n=1,2,3,4$），相应的外齿轮变位系数则从最小值 ξ_1' 逐渐递增为最大值 ξ_1''，而介于两者之间的任一外齿轮的变位系数 ξ_1，则按齿数的多少在最小值 ξ_1' 与最大值 ξ_1'' 所组成的封闭区间内进行有序的排列，即

$$\xi_1'\leqslant\xi_1\leqslant\xi_1'' \tag{6.2}$$

根据上述两式，可确定同一齿数差 z_2-z_1 任一齿数的内啮合齿轮副的 ξ_1 和 Ω，在限制条件的封闭区间内取值。例如，表 6.8，当 $f=0.8$、$\alpha=32.16°$、$\varepsilon=1.3487801$ 为限制条件时，三齿差内啮合齿轮副 $z_1/z_2=31/34\sim181/184$ 中，任一齿轮副的 ξ_1 和 Ω 两值均分别包容在两个封闭区间内：

$$0.0573905\geqslant\Omega\geqslant0.0500000$$

$$0.2578568\leqslant\xi_1\leqslant1.4806949$$

式中最小值 $\Omega''=0.0500000$ 和对应的最大值 $\xi_1''=1.4806949$ 由齿数多的内啮合齿轮副 $z_1/z_2=181/184$ 取得，并限制该齿轮副只能用此两值保证和满足其限制条件值传动啮合角 $\alpha=32.16°$ 和重叠系数 $\varepsilon=1.3487801$ 不变，其他齿轮副无此条件。同理，式中的最大值 $\Omega'=0.0573905$ 和对应的最小值 $\xi_1'=0.2578568$ 则由齿数少的内啮合齿轮副 $z_1/z_2=31/34$ 取得，并限制该齿轮副只能用此两值保证和满足限制条件值不变。其他少齿差内啮合齿轮副的 ξ_1 和 Ω 两值，按齿数多少分别在各封闭区间内取得对应值，齿数多的内啮合齿轮副的 Ω 值小于齿数少的 Ω 值，而 ξ_1 值大于齿数少的，以上情况如表 6.8 所示。

第三个基本特性：少齿差内啮合齿轮副，齿顶高 h' 按这种方法计算具有特性曲线。

特性曲线图是由 $z_1-\xi$ 曲线和 $z_1-\Omega$ 曲线组成的，前者基本上为一条直线，而后者近似于一条直线。实际上，可将两曲线合二为一，以一条 $z_1-\xi$ 曲线来表示同一齿数差全部内啮合齿轮副的特性曲线，而将 Ω 值附在与其对应的 ξ_1 值后面。特性曲线可将限制条件包容在特性曲线之中，并且 ξ_1 和 Ω 沿特性曲线随齿轮齿数的多少相应递变，在特性曲线

表 6.8　　内啮合齿轮副参数表

齿数差 z_2-z_1 z_1/z_2		齿顶高系数 h_a^* 0.6	0.7	0.8
1 31/32～181/182	α'/ε_a	48.18°/0.921445	51.08°/1.018214624	53.45°/1.057752856
	x_1	−0.056735～0.30	−0.040270806～0.57637419	0.129134529～1.767857448
	G_s	0.054121538～0.05	0.055753234～0.0500000	0.056082266～0.0500026
2 31/33～181/183	α'/ε_a	35.05°/1.06379943	37.64°/1.188746328	39.65°/1.245741801
	x_1	0.0159405～0.2715	0.049471112～0.547457605	0.233792683～1.711918633
	G_s	0.0545659～0.050000	0.056627543～0.050000412	0.057130553～0.050000345
3 31/34～181/184	α'/ε_a	28.11°/1.126242961	30.42°/1.272215666	32.16°/1.348780056
	x_1	0.57466～0.270	0.091386589～0.485180643	0.257856748～1.480694918
	G_s	0.05376211～0.050000	0.05472684～0.050000592	0.057390458～0.0500000
4 31/35～181/185	α'/ε_a	23.71°/1.157463185	25.75°/1.317902406	27.28°/1.4077311
	x_1	0.079535～0.2260	0.116141155～0.423929055	0.273277～1.3203
	G_s	0.05433686～0.0500051	0.055752735～0.050000	0.0568734523～0.0500
5 31/36～181/186	α'/ε_a	20.60°/1.1751468	22.43°/1.3430	23.82°/1.4470385
	x_1	0.0865435～0.1443485	0.131458～0.362188	0.274130～1.1420
	G_s	0.0525025024～0.05	0.05397069～0.0500000	0.0562996157～0.050

上 $\xi_2-\xi_1$ 永远保持定值关系，任何齿数的内啮合齿轮副在曲线上取值时，均不会产生齿廓重叠干涉，外齿轮不会产生齿顶变尖，但齿顶高采用这种计算方法，内啮合齿轮副的径向干涉不能避免，虽然不影响运转，但在齿轮副进行装配或拆卸时只能沿轴向而不能沿径向装入或退出。有时齿轮副用插齿刀加工内齿轮会产生径向进刀顶切，表 6.9 是齿数差 $z_2-z_1=1,2,3,4,5$，齿顶高系数 $f=0.8$，不同规格（部分）的标准插齿刀在加工内齿轮时，避免径向进刀顶切的最少附加齿数 C 和相应的内齿轮最小变位系数 ξ_2。径向进刀顶切与插齿刀齿数 z_c 有关，z_2-z_c 差值较少时较容易产生。附加齿数 C 与齿数差 z_2-z_1、插齿刀齿数 z_c、插齿刀变位系数 ξ_c 和内齿轮的变位系数 ξ_2 有关，如果齿数差 z_2-z_1 偏少、插齿刀齿数 z_c 偏少、插齿刀变位系数 ξ_c 偏小（经刃磨后）和内齿轮的变位系数 ξ_2 偏大，附加齿数 C 就相应少，对避免加工内齿轮径向进刀顶切有利，设计时可参考表 6.9。表 6.9是根据表 6.8 计算的。

如果在特性曲线上某一 ξ_1 的左方或是右方（ξ_1 值不变）不在曲线上取 ξ_2，也就是比计算的 ξ_2 值偏小或偏大，当 ξ_2 值略偏大，会导致 α、Ω 两值增大而 ε 值略有减小；当 ξ_2 值取略小时，会导致 α、Ω 两值会有减小而 ε 值会有所增大。凡是内齿轮变位系数 ξ_2 比计算小的，比限制条件的 α 值小的，一般都会产生齿廓重叠干涉。

图 6.9～图 6.13 是根据表 6.8 绘制的一齿差至五齿差的特性曲线图，内啮合齿轮副的组合齿数是 $z_1/z_2=31/(31+n)$ ～$181/(181+n)$ （$n=1,2,3,4$），齿顶高系数 $f=0.8$，图中两相邻齿数相差为 10 作为封闭区间，各区间的 ξ_1、Ω 的最大值、最小值均为已知定值，介于 10 齿之间任何齿数的内啮合齿轮副，其 ξ_1 和 Ω 两值，可分别由下式求得：

$$\xi_1=\frac{\xi_1''-\xi_1'}{10}z_x+\xi_1'$$

$$\Omega=\Omega''-\frac{\Omega''-\Omega'}{10}z_x$$

式中 $\xi_1''-\xi_1'$——相邻齿数 ξ_1 值差；

$\Omega''-\Omega'$——相邻齿数 Ω 值差；

z_x——10 个齿数中所求齿数。

【例 6.11】 求二齿差内啮合齿轮副 $z_1/z_2=134/136$ 的 ξ_1 值和 Ω 值，限制条件可按图 6.10，$\alpha=39.65°$，$f=0.8$，$\varepsilon=1.2457418$。

解：由 $z_2-z_1=2$ 特性曲线图（见图 6.10）查出内啮合齿轮副 $z_1/z_2=131/133$ 和 $z_1/z_2=141/143$ 的 ξ_1 和 Ω 的有关数值如下：

$$\xi_1''=1.3052448$$

$$\xi_1'=1.2039559$$

$$\Omega''=0.0501833$$

$$\Omega'=0.0501287$$

z_x：为 10 个齿数中的第 3 齿，将上述数值分别代入公式得

$$\xi_1=\frac{\xi_1''-\xi_1'}{10}z_x+\xi_1'$$

$$=\frac{1.3052448-1.2039559}{10}\times(134-131)+1.2039559$$

表 6.9　插齿时避免内齿轮进刀顶切的最少附加齿数 C 和最小变位系数 ξ_2

（齿顶高系数 $f=0.8$）

插齿刀基本参数							齿数差 z_2-z_1				
插齿刀型式	分度圆直径	模数	齿数	变位系数	齿顶圆直径	齿顶高系数	5	4	3	2	1
	d_c	m	z_c	ξ_c	D_c	f_c	最少附加齿数 C/最小变位系数 ξ_2				
盘形 GR71-60 碗形 GR73-60	100	1	100	1.060	104.60	1.25	31/0.4685665	24/0.6819941	12/1.08646825	11/1.3166522	8/1.4957114
	100	1.25	80	0.842	105.22		25/0.3949061	21/0.5783243	12/0.9196467	10/1.1060867	9/1.2860648
	102	1.5	68	0.736	107.96		23/0.3570838	20/0.5211313	13/0.829120	10/0.9874665	9/1.1544999
	101.5	1.75	58	0.661	108.19		22/0.3312748	19/0.4741678	13/0.7459175	11/0.8992437	9/1.0456837
	100	2	50	0.578	107.31		21/0.3070125	18/0.4372285	13/0.6842058	10/0.8217974	9/0.9594131
	101.25	2.25	45	0.528	109.29		20/0.2932917	18/0.4174281	13/0.6453467	11/0.7741478	9/0.9059516
	100	2.5	40	0.442	108.46		17/0.2769216	16/0.3908489	12/0.5995141	10/0.7179987	8/0.8427907
	99	2.75	36	0.401	108.36	1.3	18/0.2717525	16/0.3770288	13/0.5773962	10/0.6812529	9/0.8114584
	102	3	34	0.337	111.82		17/0.2670677	15/0.3670061	11/0.5479057	10/0.662880	8/0.7801262
	100.75	3.25	31	0.275	110.99		16/0.2608212	14/0.3536426	11/0.5273174	9/0.6281289	8/0.7501619
	98	3.5	28	0.231	108.72		15/0.2573251	13/0.3437528	11/0.5074939	9/0.6025642	8/0.7201978
	101.25	3.75	27	0.180	112.34		14/0.2560354	13/0.3412803	10/0.4942782	8/0.5858211	7/0.7002217
	100	4	25	0.168	111.74		14/0.2547457	12/0.3363354	10/0.4810625	9/0.5769996	7/0.6802456
	99	4.5	22	0.105	111.65		13/0.2521664	11/0.3239831	9/0.4546312	8/0.5429134	7/0.6502814
	100	5	20	0.105	114.05		12/0.2502319	11/0.3190282	10/0.4742801	7/0.5173488	7/0.6303053

续表

插齿刀基本参数							齿数差 z_2-z_1				
插齿刀型式	分度圆直径	模数	齿数	变位系数	齿顶圆直径	齿顶高系数	5	4	3	2	1
	d_c	m	z_c	ξ_c	D_c	f_c	最少附加齿数 C/最小变位系数 ξ_2				
	76	1	76	0.630	79.76	1.25	24/0.3812389	17/0.5429591	11/0.8783583	8/1.04666810	7/1.2201141
	75	1.25	60	0.582	79.57		21/0.3312748	17/0.4741678	12/0.7560232	10/0.9089748	8/1.05652248
	75	1.5	50	0.503	80.26		19/0.3023427	17/0.4331610	12/0.6764340	10/0.8122675	8/0.9487208
	75.25	1.75	43	0.464	81.24		19/0.2871530	16/0.4022413	12/0.6220311	10/0.745558	9/0.884567
盘形 GR70－60	76	2	38	0.420	82.68		18/0.2748757	16/0.3837106	12/0.5847688	10/0.6996415	9/0.8323466
碗形 GR72－60	76.5	2.25	34	0.261	83.30		15/0.2639445	13/0.3603244	10/0.5405331	9/0.6536935	7/0.7701381
	75	2.5	30	0.230	82.41		15/0.2586148	13/0.3486977	10/0.5141017	9/0.6196073	7/0.7301859
	77	2.75	28	0.224	85.37	1.3	15/0.2573251	13/0.3437528	10/0.5008861	9/0.6026642	8/0.7201978
	75	3	25	0.167	83.81		14/0.2547457	12/0.3363354	10/0.4810625	9/0.5769996	7/0.6802456
	77	3.5	22	0.126	86.98		13/0.2521664	12/0.3246455	10/0.4612390	8/0.5429134	7/0.7501620
盘形 GR70－60	75	3.75	20	0.105	85.55		12/0.2502319	11/0.3190282	10/0.4742801	7/0.5173488	7/0.6303053

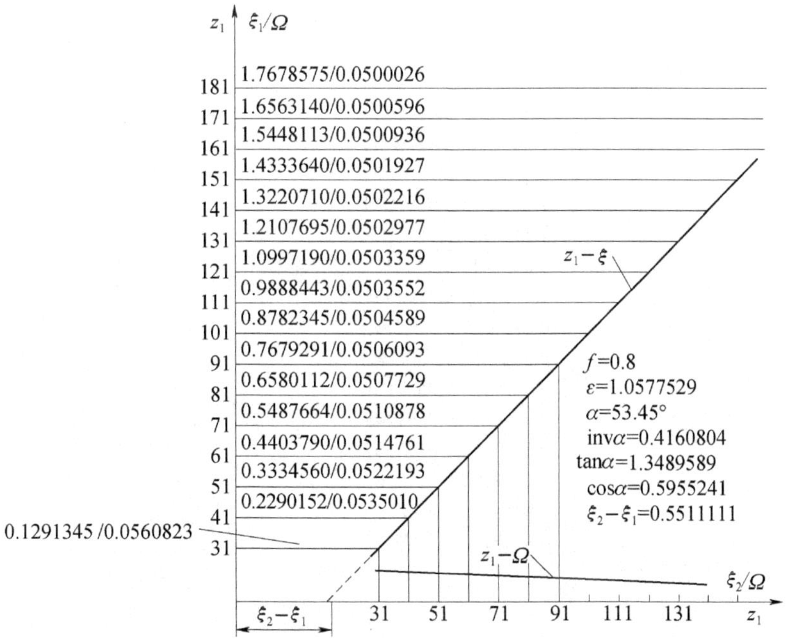

图 6.9　$z_2-z_1=1$、$z_1/z_2=31/32\sim181/182$ 时的特性曲线

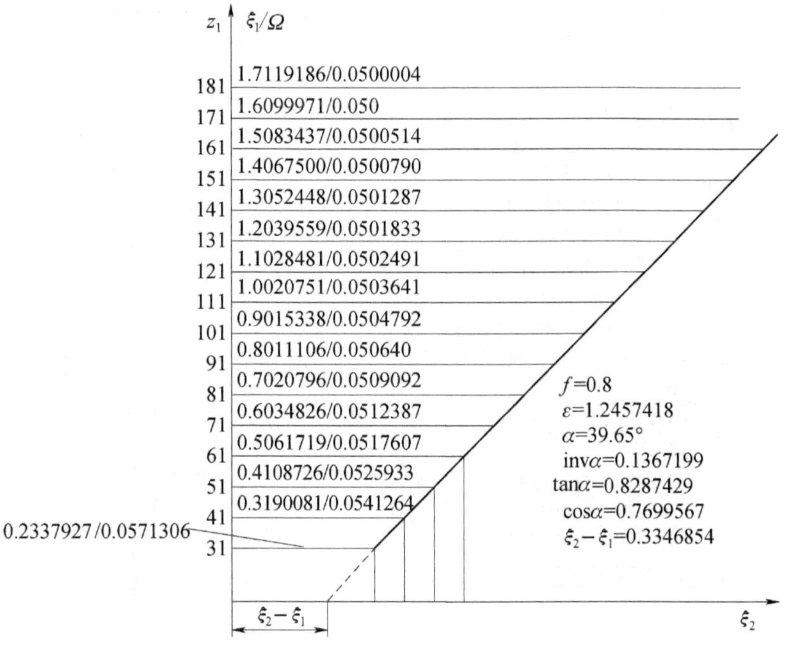

图 6.10　$z_2-z_1=2$、$z_1/z_2=31/33\sim181/183$ 时的特性曲线

$$=1.2343426$$

$$\xi_2=\xi_1+0.3346854=1.5690280$$

$$\Omega=\Omega''-\frac{\Omega''-\Omega'}{10}z_x=0.0501833-\frac{0.0501833-0.0501287}{10}\times(134-131)=0.0501669$$

表 6.10 为计算值与理论值两值的比较。

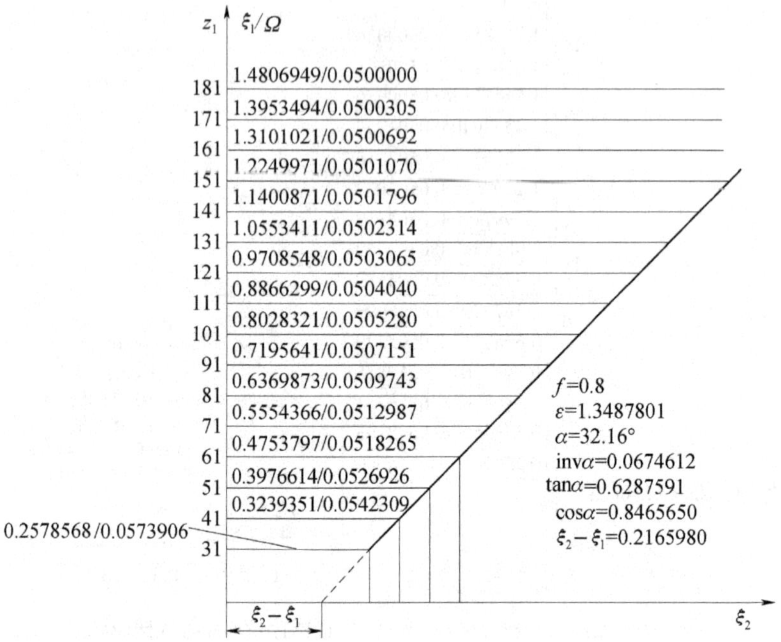

图 6.11　$z_2-z_1=3$、$z_1/z_2=31/34\sim181/184$ 时的特性曲线

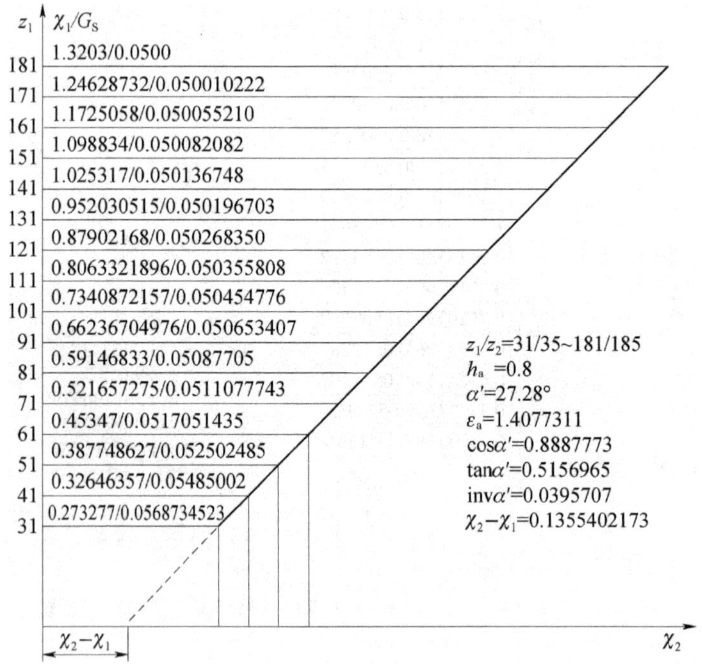

图 6.12　$z_2-z_1=4$、$z_1/z_2=31/35\sim181/185$ 时的特性曲线

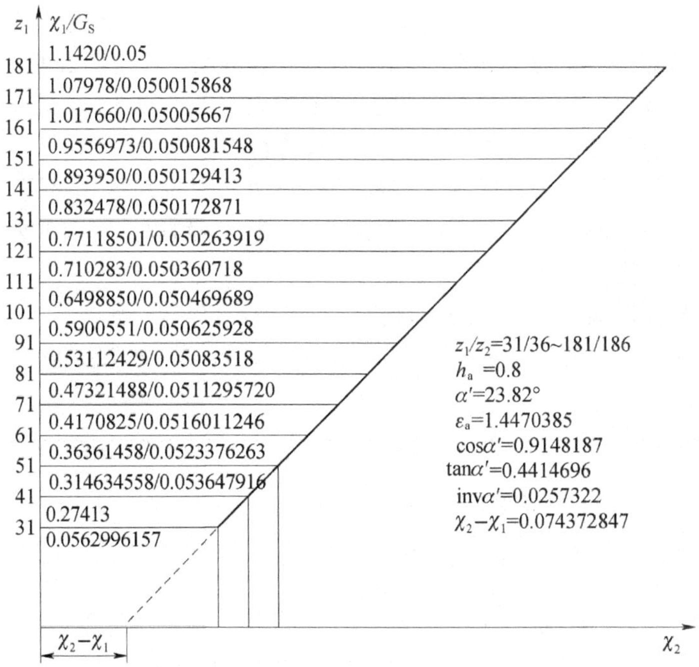

图 6.13　$z_2-z_1=5$、$z_1/z_2=31/36\sim181/186$ 时的特性曲线

表 6.10　计算值与理论值比较

取值	ξ_1	Ω
理论值	1.2343570	0.05016470
计算值	1.2343426	0.0501669
理论值－计算值	0.00001445	－0.0000022

6.5　选择齿轮副的变位系数和计算程序的注意事项

（1）应参照各种计算用表和 ξ_1-z_1 限制图。

（2）对于齿数差少的一齿差、二齿差应在重叠系数 ε 限制点附近或点上选取变位系数，会使传动啮合角 α 减小。

（3）在特性曲线上，上、下限制区间内选取变位系数，不必验算各种干涉，只需将不产生齿廓重叠干涉值 Ω 计算出，以验证变位系数选取得是否合理、是否最佳。

（4）传动啮合角 α 偏大有两种情况：一种情况是由于外齿轮的起始变位系数 ξ_1 小；另一种情况是 $\xi_2-\xi_1$ 值偏大，可使 ξ_1 不动减小 ξ_2，使 Ω 值减小。

（5）计算数值要十分精确，在计算的全过程中，小数的位数要保持一致。为了保持参数间的函数关系，本章保留 11 位小数。

（6）为了加工和测量，实际啮合中心距 A、齿轮副的齿顶圆 D 小数部分可保留两位，其中实际啮合中心距 A 和内齿轮齿顶圆 D_2 的上、下偏差取正值；而外齿轮齿顶圆 D_1 的上、下偏差取负值，这样可增大不产生齿廓重叠干涉值 Ω，将实际啮合中心距 A 的最小值、内齿轮齿顶圆 D_2 的最小值和外齿轮齿顶圆 D_1 的最大值，计算出 Ω 值的最小极限值；

将实际啮合中心距 A 的最大值、内齿轮齿顶圆 D_2 的最大值和外齿轮齿顶圆 D_1 的最小值，计算出 Ω 值的最大极限值，来验证和控制参数的取值情况，并说明 Ω 值是不定值。

（7）如果将计算出来的内齿轮变位系数 ξ_2 值加大（数值很小），其他条件不变，会使不产生齿廓重叠干涉值 Ω 有所增加，对其他参数的影响不是很大。

（8）由于插齿刀齿顶圆公差较大，且经常刃磨使其变位系数 ξ_c 不固定，计算的齿轮副齿全高 h 不得作为插削时的进刀深度，仅作参考值，必须以计算出的公法线和跨棒距尺寸为准，作为加工的进刀依据。

现举一些不同情况的例子，作为计算程序和步骤，仅供参考。

【例 6.12】 $z_1/z_2=45/48$，$z_1'/z_2'=65/28$，$\xi_1=0.4$，$\xi_2=0.5545996$，$m/z_c=2.5/20$。计算过程如下。

50－0.9282696 51－0.9281614 1082 51－0.019630 50－0.019583 47 19－0.9039582 20－0.9038338 1244 20－0.031260 19－0.031195 65	1. 机床切削啮合角 α_c $\cos\alpha_{c1}=\frac{z_1'}{z_1'+2\xi_1}\cos\alpha_0=\frac{65}{65+2\times0.4}\times0.9396926=0.928267768$ $\alpha_{c1}=21°50.016950092'$ $\text{inv}\alpha_{c1}=0.019583797$ $\cos\alpha_{c2}=\frac{z_2'}{z_2'+2\xi_2}\cos\alpha_0=\frac{28}{28+2\times0.5545996}\times0.9396926=0.903885834$ $\alpha_{c2}=25°19.581720257'$ $\text{inv}\alpha_{c2}=0.031232812$
	2. 分度圆齿厚增量系数 Δ $\Delta_1=z_1'(\text{inv}\alpha_{c1}-\text{inv}\alpha_0)=65\times(0.019583797-0.0149044)=0.304160805$ $\Delta_2=z_2'(\text{inv}\alpha_0-\text{inv}\alpha_{c2})=28\times(0.0149044-0.031232812)=-0.457195536$
	3. 标准中心距 A_0 $A_0=\frac{m}{2}(z_2-z_1)=\frac{2.5}{2}(48-45)=3.75$
57－0.066024 56－0.065911 113 56－0.8486641 57－0.8485102 1539	4. 传动啮合角 α $\text{inv}\alpha=\text{inv}\alpha_0-\frac{\Delta_1+\Delta_2}{z_2-z_1}$ $=0.0149044-\frac{0.304160805-0.457195536}{48-45}$ $=0.065915977$ $\alpha=31°56.044044247'$ $\cos\alpha=0.848657322'$
	5. 实际啮合中心距 A $A=A_0\frac{\cos\alpha_0}{\cos\alpha}=3.75\times\frac{0.9396926}{0.848657322}=4.152261648$ $A^2=17.24127679$
	6. 中心距分离系数 λ $\lambda=\frac{A-A_0}{m}=\frac{4.152261648-3.75}{2.5}=0.160904659$
	7. 齿顶高变动系数 γ $\gamma=\lambda-\xi_2+\xi_1=0.160904659-0.5545996+0.4=0.006305059$

续表

$f=0.8$	8. 齿顶高 h' $h_1'=m(f+\xi_1-\gamma)=2.5\times(0.8+0.4-0.006305059)=2.984237353$ $h_2'=m(f-\xi_2-\gamma)=2.5\times(0.8-0.5545996-0.006305059)=0.5977383525$
$c_0=0.3$	9. 齿根高 h'' $h_1''=m(f+c_0-\xi_1)=2.5\times(0.8+0.3-0.4)=1.75$ $h_2''=m(f+c_0+\xi_2)=2.5\times(0.8+0.3+0.5545996)=4.136499$
	10. 齿全高 h $h_1=h_1'+h_1''=2.984237353+1.75=4.734237353$ $h_2=h_1$
	11. 齿顶圆半径 R $R_1=\frac{mz_1}{2}+h_1'=\frac{2.5\times45}{2}+2.984237353=59.23423735$ $R_2=\frac{mz_2}{2}-h_2'=\frac{2.5\times48}{2}-0.5977383525=59.40226165$
	12. 基圆半径 r_0 $r_{01}=\frac{mz_1}{2}\cos\alpha_0=52.85770875$ $r_{02}=\frac{mz_2}{2}\cos\alpha_0=56.381556$
49－0.8924546 50－0.8923234 1312 50－0.037537 49－0.037462 75 21－0.9491511 22－0.9490595 916 22－0.011451 21－0.011419 32	13. 齿顶圆压力角 α_e $\cos\alpha_{e1}=\frac{r_{01}}{R_1}=\frac{52.85770875}{59.23423735}=0.892350625$ $\alpha_{e1}=26°49.792492378'$ $\text{inv}\alpha_{e1}=0.037521437$ $\cos\alpha_{e2}=\frac{r_{02}}{R_2}=\frac{56.381556}{59.40226165}=0.949148305$ $\alpha_{e2}=18°21.0305131'$ $\text{inv}\alpha_{e2}=0.011419976$
41－0.0055268 42－0.0052360 2908 11－0.0119797 10－0.0119749 48 40－0.0755589 41－0.0752688 2901 42－0.0118392 41－0.0118343 49	14. 验算不产生齿廓重叠干涉值 Ω $\cos\varphi_1=\frac{R_2^2-A^2-R_1^2}{2AR_1}$ $=\frac{59.40226165^2-4.152261648^2-59.23423735^2}{2\times4.152261648\times59.23423735}$ $=0.005473614$ $\varphi_1=89°41.18289546'=89°41'10.97372765''$ $\varphi_1=1.565322574$(弧度) $\cos\varphi_2=\frac{R_2^2+A^2-R_1^2}{2AR_2}=0.075358864$ $\varphi_2=85°40'41.37249224''$ $\varphi_2=1.495366025$(弧度) $\Omega=z_1(\text{inv}\alpha_{e1}+\varphi_1)-z_2(\text{inv}\alpha_{e2}+\varphi_2)+(z_2-z_1)\text{inv}\alpha$ $=45(0.037521437+1.565322574)-48(0.011419976$ $+1.495366025)+(48-45)\times0.065915977$ $=0.000000331>0$

【例 6.13】 $z_1/z_2=40/41$，$m/z_c=6.5/16$，$z_1'/z_2'=56/25$，若 $\xi_1=0.85$，查表 6.1 计算用表之一求 ξ_2 值。

$$\begin{aligned}\xi_2 &=\xi_{02}+\xi_k(\xi_1-\xi_{01})\\ &=1.3191125+0.5746771(0.85-0.8)\\ &=1.3478464\end{aligned}$$

计算过程如下。

12－0.9121201 13－0.9120008 1193 13－0.027107 12－0.027048 59 58－0.8483562 59－0.8482022 1540 59－0.066250 58－0.066137 113	1. 机床切削啮合角 α_c $\cos\alpha_{c1}=\dfrac{z_1'}{z_1'+2\xi_1}\cos\alpha_0=\dfrac{56}{56+2\times0.85}\times0.9396926=0.912006682$ $\alpha_{c1}=24°12.950695725'$ $\text{inv}\alpha_{c1}=0.027104091$ $\cos\alpha_{c2}=\dfrac{z_2'}{z_2'+2\xi_2}\cos\alpha_0=0.848229909$ $\alpha_{c2}=31°58.820071428'$ $\text{inv}\alpha_{c2}=0.066229668$
	2. 分度圆齿厚增量系数 Δ $\Delta_1=z_1'(\text{inv}\alpha_{c1}-\text{inv}\alpha_0)=56\times(0.027104091-0.0149044)=0.683182696$ $\Delta_2=z_2'(\text{inv}\alpha_0-\text{inv}\alpha_{c2})=-1.2831317$
	3. 标准中心距 A_0 $A_0=\dfrac{m}{2}(z_2-z_1)=3.25$
36－0.61550 35－0.61472 78 35－0.5212579 36－0.5210096 2483 36－1.6382630 35－1.6371919 10791	4. 传动啮合角 α $\text{inv}\alpha=\text{inv}\alpha_0-\dfrac{\Delta_1+\Delta_2}{z_2-z_1}$ $=0.0149044-\dfrac{0.683182696-1.2831317}{41-40}$ $=0.614853404$ $\alpha=58°35.171030769'$ $\cos\alpha=0.521215433$ $\tan\alpha=1.63737522788$
	5. 实际啮合中心距 A $A=A_0\dfrac{\cos\alpha_0}{\cos\alpha}=3.25\times\dfrac{0.9396926}{0.521215433}=5.859383197$
	6. 中心距分离系数 λ $\lambda=\dfrac{A-A_0}{m}=\dfrac{5.859383197-3.25}{6.5}=0.401443568$
	7. 齿顶高变动系数 γ $\gamma=\lambda-\xi_2+\xi_1=-0.096402831$
	8. 齿顶高 h' $h_1'=m(f+\xi_1-\gamma)=6.5\times(0.8+0.85-0.096402831)=11.3516184$ $h_2'=m(f-\xi_2-\gamma)=-2.934383199$

续表

	9. 齿顶圆半径 R $R_1=\frac{mz_1}{2}+h_1'=\frac{6.5\times40}{2}+11.3516184=141.3516184$ $R_2=\frac{mz_2}{2}-h_2'=\frac{6.5\times41}{2}-(-2.934383199)=136.1843832$
	10. 基圆半径 r_0 $r_{01}=\frac{mz_1}{2}\cos\alpha_0=122.160038$ $r_{02}=\frac{mz_2}{2}\cos\alpha_0=125.214039$
12－0.8642748 13－0.8641284 1464 13－0.055023 12－0.054924 99 13－0.5824035 12－0.5820139 3895 9－0.9194788 10－0.9193644 1144	11. 齿顶圆压力角 α_e $\cos\alpha_{e1}=\frac{r_{01}}{R_1}=\frac{122.160038}{141.3516184}$ $=0.864228081$ $\alpha_{e1}=30°12.319118852'$ $\text{inv}\alpha_{e1}=0.054955593$ $\tan\alpha_{e1}=0.58213819679$
10－0.023577 9－0.023524 53 10－0.4279121 9－0.4275680 3441	$\cos\alpha_{e2}=\frac{r_{02}}{R_2}=\frac{125.214039}{136.1843832}$ $=0.919444917$ $\alpha_{e2}=23°9.296180069'$ $\text{inv}\alpha_{e2}=0.023539697$ $\tan\alpha_{e2}=0.42766991556$
33－0.8866075 34－0.8864730 1345 4－0.0075825 3－0.0075776 49 42－0.8771462 43－0.8770064 1398 37－0.0051245 36－0.0051196 49	12. 验算齿廓重叠干涉 Ω $\cos\varphi_1=\frac{R_2^2-A^2-R_1^2}{2AR_1}$ $=\frac{136.1843832^2-5.859383197^2-141.3516184^2}{2\times5.859383197\times141.3516184}$ $=-0.866480999$ $\varphi_1=180°-27°33.940527881'=152°26'3.568327138''$ $\varphi_1=2.6529005+0.0075803848=2.6604808848$（弧度） $\cos\varphi_2=\frac{R_2^2+A^2-R_1^2}{2AR_2}=-0.877091322$ $\varphi_2=180°-28°42.392546495'=151°17'36.4472103''$ $\varphi_2=2.6354472+0.00512179133=2.64056899133$（弧度） $\Omega=z_1(\text{inv}\alpha_{e1}+\varphi_1)-z_2(\text{inv}\alpha_{e2}+\varphi_2)+(z_2-z_1)\text{inv}\alpha=0.003856304>0$
	13. 验算重迭系数 ε $\varepsilon=\frac{1}{2\pi}[z_1(\tan\alpha_{e1}-\tan\alpha)-z_2(\tan\alpha_{e2}-\tan\alpha)]=1.1759062003$

【例 6.14】 一齿差内啮合齿轮副 $z_1/z_2=30/31$，用 $m/z_c=2.75/18$ 插齿刀进行计算并用之加工。如果外齿轮变位系数 $\xi_1=0.82$，试求内齿轮变位系数 ξ_2、重叠系数 ε、公法线长度 L、跨棒距 M。

求 ξ_2：查表 6.1 计算用表之二和图 6.4，计算用表内无 $z_c=18$，图 6.4 无 $\xi_1=0.82$。

(1) 求出 $z_c=16$、$\xi_1=0.82$ 时的 ξ_2'：查出 $\xi_1=0.8\sim1.0$ 的 $\xi_k=0.5350235$，$\xi_2'=\xi_2+\xi_k(0.82-0.8)=1.16126927$。其中 $\xi_2=1.1505688$。

(2) 求出 $z_c=20$、$\xi_1=0.82$ 时的 ξ_2''：查出 $\xi_1=0.8\sim1.0$ 的 $\xi_k=0.484140$，$\xi_2=1.049257$，则 $\xi_2''=\xi_2+\xi_k(0.82-0.8)=1.0589398$。

(3) 当 $\xi_1=0.82$ 时，所求的内齿轮变位系数

$$\begin{aligned}\xi_2&=\left[\xi_2'-\left(\frac{\xi_2'-\xi_2''}{n}\right)S\right]+C\\&=\left[1.16126927-\left(\frac{1.16126927-1.0589398}{4}\right)\times2\right]+0.0025\\&=1.11261\end{aligned}$$

为了提高不产生齿廓重叠干涉值可加大 ξ_2 值：

$$\xi_2=1.11261+0.03559=1.1482$$

计算过程如下。

$z_1'/z_2'=48/13$ 40－0.9087511 41－0.9086297 1214 41－0.4595962 40－0.4592439 3523 41－0.028791 40－0.028729 62 0－0.7986355 1－0.7984604 1751 0－0.7540102 1－0.7535541 4516 1－0.10795 0－0.10778 17	1. 机床切削啮合角 α_c $\cos\alpha_{c1}=\frac{z_1'}{z_1'+2\xi_1}\cos\alpha_0=\frac{48}{49.64}\times0.9396926=0.90864715551$ $\mathrm{inv}\alpha_{c1}=0.02878208532$ $\tan\alpha_{c1}=0.45954554451$ $\cos\alpha_{c2}=\frac{z_2'}{z_2'+2\xi_2}\cos\alpha_0=\frac{13}{15.2964}\times0.9396926$ $=0.79861953139$ $\mathrm{inv}\alpha_{c2}=0.10779550351$ $\tan\alpha_{c2}=0.75359569499$
	2. 分度圆齿厚增量系数 Δ $\Delta_1=z_1'(\mathrm{inv}_{c1}-\mathrm{inv}\alpha_0)=48\times(0.02878208532-0.0149044)=0.66612889536$ $\Delta_2=z_2'(\mathrm{inv}\alpha_0-\mathrm{inv}\alpha_{c2})=-1.20758434563$
	3. 标准中心距 A_0 $A_0=\frac{m}{2}(z_2-z_1)=1.375$
57.28°－0.5567401 27°－0.5563175 4226 57.28°－1.5564647 27°－1.5558675 5972 57.27°－0.5406809 57.28°－0.5405340 1469	4. 传动啮合角 α $\mathrm{inv}\alpha=\mathrm{inv}\alpha_0-\frac{\Delta_1+\Delta_2}{z_2-z_1}$ $=0.0149044-\frac{0.66612889536-1.20758434563}{31-30}$ $=0.55635985027$ $\cos\alpha=0.54066617862$ $\tan\alpha=1.55592734757$

续表

	5. 实际啮合中心距 A $A=A_0\dfrac{\cos\alpha_0}{\cos\alpha}=1.375\times\dfrac{0.9396926}{0.54066617862}=2.38978759185$
	6. 中心距分离系数 λ $\lambda=\dfrac{A-A_0}{m}=0.36901366975$
	7. 齿顶高变动系数 γ $\gamma=\lambda-\xi_2+\xi_1=0.04081366976$
$f=0.8$	8. 齿顶高 h' $h_1'=m(f+\xi_1-\gamma)=2.75(0.8+0.82-0.04081366976)=4.3427624084$ $h_2'=m(f-\xi_2-\gamma)=-1.06978759184$
	9. 齿顶圆半径 R $R_1=\dfrac{mz_1}{2}+h_1'=45.5927624084$ $R_2=\dfrac{mz_1}{2}-h_2'=43.6947875918$ 为了使不产生齿廓重叠干涉值大，齿顶圆半径取 $R_1=45.59$ $R_2=43.695$
	10. 基圆半径 r_0 $r_{01}=\dfrac{mz_1}{2}\cos\alpha_0=\dfrac{2.75\times30}{2}\times0.9396926=38.76231975$ $r_{02}=\dfrac{mz_2}{2}\cos\alpha_0=40.054397075$
31.76°—0.8502604 31.77°—0.8501685 919 31.77°—0.6193016 31.76°—0.6190602 2414 31.77°—0.0648105 31.76°—0.0647436 669 23.55°—0.9167118 23.56°—0.9166420 698 23.56°—0.4360581 23.55°—0.4358504 2077 23.56°—0.0248586 23.55°—0.0248254 332	11. 齿顶圆压力角 α_e $\cos\alpha_{e1}=\dfrac{r_{01}}{R_1}=\dfrac{38.76231975}{45.59}$ $=0.85023732726$ $\mathrm{inv}\alpha_{e1}=0.06476039615$ $\tan\alpha_{e1}=0.61912080674$ $\cos\alpha_{e2}=\dfrac{r_{02}}{R_2}=\dfrac{40.054397075}{43.695}$ $=0.91668147556$ $\mathrm{inv}\alpha_{e2}=0.02483982366$ $\tan\alpha_{e2}=0.43594063476$

续表

36—0.8028175 37—0.8026440 1735 28—0.7829702 29—0.7827892 1810 15—0.0067632 14—0.0067583 49 6—0.0090466 5—0.0090418 48	12. 验算不产生齿廓重迭干涉值 Ω $\cos\varphi_1=\frac{R_2^2-A^2-R_1^2}{2AR_1}$ $=\frac{43.695^2-2.3897875911^2-45.59^2}{2\times2.3897875911\times45.59}$ $=-0.80268697314$ $\cos\varphi_2=\frac{R_2^2+A^2-R_1^2}{2AR_2}=-0.78280607654$ $179°59'-36°36'=143°23'14.8610282''$　　$179°59'-38°28'=141°31'5.594433''$ $\varphi_1=2.4958208+0.00676251904=2.50258331904$（弧度） $\varphi_2=2.4609142+0.00904465328=2.46995885328$（弧度） $\Omega=z_1(\text{inv}\alpha_{e1}+\varphi_1)-z_2(\text{inv}\alpha_{e2}+\varphi_2)+(z_2-z_1)\text{inv}_\alpha$ $=30(0.06476039615+2.50258331904-31(0.02483982366+2.46995885328)$ $+(31-30)\times0.55635985027$ $=0.2379123208$ Ω 值偏大是由于所求的 ξ_2 加的数值 0.03559 太大
	13. 重叠系数 ε $\varepsilon=\frac{1}{2\pi}[z_1(\tan\alpha_{e1}-\tan\alpha)-z_2(\tan\alpha_{e2}-\tan\alpha)]$ $\varepsilon=\frac{1}{2\pi}[30\times(0.61912080674-1.55592734757)-31(0.43594063476-1.55592734757)]$ $=1.05287231681$
26.70°—0.8933714 26.71°—0.8932930 784 $\pi=3.141592654$ $\tan\alpha_0=0.3639702$ $\xi_1=0.82$ 按 JB 179—60 级 8-8-7D_C 见附 E	14. 外齿轮公法线长度 L_1 计算跨测齿数 n_1： $\cos\alpha_{x1}=\frac{r_{01}}{R_1-fm}=\frac{38.76231975}{45.59-0.8\times2.75}=0.89334684835$ $\alpha_{x1}=26.7031915753°$ $n_1=\frac{\alpha_{x1}}{180°}\times z_1+0.5=4.950531929$ 取 $n_1=5$。 $L_1=\pi m\cos\alpha_0\left(n_1-0.5+\frac{2\xi_1\tan\alpha_0}{\pi}+\frac{z_1\text{inv}\alpha_0}{\pi}\right)=39.2305945975$ $\Delta mL=0.140$ $\delta L=0.07$ 取 $L_1=39.231^{-0.14}_{-0.21}$
29.22°—0.8727517 29.23°—0.8726665 852 29.23°—0.5595685 29.22°—0.5593393 2292 $\xi_2=1.1482$ $z_2=31$ $m=2.75$	15. 内齿轮公法线长度 L_2 $\cos\alpha_{x2}=\frac{r_{02}}{R_2+fm}=\frac{40.054397075}{43.695+0.8\times2.75}=0.87273988615$ $\alpha_{x2}=29.22138660211°$ $\tan\alpha_{x2}=0.55937108092$ 内齿轮跨测齿沟数 n_2： $n_2=\frac{\alpha_{x2}}{180°}\times z_2+0.5=5.5325721368$ 取 $n_2=6$。 $L_2=\pi m\cos\alpha_0\left(n_2-0.5+\frac{2\xi_2\tan\alpha_0}{\pi}+\frac{z_2\text{inv}\alpha_0}{\pi}\right)=48.0048516262$ 取 $L_2=48.005^{+0.210}_{+0.140}$

续表

<table>
<tr>
<td>
$\tan\alpha_{x2}=0.55937108092$
$\frac{\pi}{2z_2}=0.05067084925$
$\frac{2\xi_2\tan\alpha_0}{z_2}$
$=0.02696197313$
26.75°—0.0371659
26.74°—0.0371216
443
26.86°—0.0376560
26.85°—0.0376113
447
cos26.85°
26.86°
—0.8921920
—0.8921132
788
sin26.86°
26.85°
—0.4518120
—0.4516563
1557
$\cos\alpha_P'=0.89219091270$
$\sin\alpha_P'=0.451658448382$
54—0.9987194
55—0.9987046
148
$\cos\frac{90^\circ}{31}=0.99871653548$
</td>
<td>
16. 内齿轮跨棒距 M
$\alpha_P=\tan\alpha_{x2}-\mathrm{inv}\alpha_0-\frac{\pi}{2z_2}-\frac{2\xi_2\tan\alpha_0}{z_2}=0.46683385854$(弧度)
0.46 ⟶ 26.356059
0.0068　0.389611
0.000034　0.001948
$\alpha_P=0.466834$(弧度)$=26.747618^\circ$
$\mathrm{inv}\alpha_P=0.03715834774$
$d_P=2r_{02}\left(\mathrm{inv}\alpha_0+\frac{\pi}{2z_2}+\frac{2\xi_2\tan\alpha_0}{z_2}-\mathrm{inv}\alpha_P\right)$
$=80.10879415\times0.05537887464$
$=4.43633486879$
取 $d_P=4.4$。
$\mathrm{inv}\alpha_P'=\mathrm{inv}\alpha_0+\frac{\pi}{2z_2}+\frac{2\xi_2\tan\alpha_0}{z_2}-\frac{d_P}{2r_{02}}=0.03761191678$
$\alpha_P'=26.8501379821^\circ$
$M=\frac{2r_{02}}{\cos\alpha_P'}\cos\frac{90^\circ}{z_2}-d_P=85.2733228654$
取 $M=85.273$。
$\Delta_mM=\frac{\Delta_mL}{\sin\alpha_P'}\cos\frac{90^\circ}{z_2}=\frac{0.140}{0.451658448382}\times0.99871653548=0.30957090577$
取 $\Delta_mM=0.310$。
$\delta M=\frac{\delta L}{\sin\alpha_P'}\cos\frac{90^\circ}{z_2}=\frac{0.07}{0.451658448382}\times0.99871653548=0.15478545288$
取 $\delta M=0.155$。
M 的最大值 M_{max}、最小值 M_{min} 分别为
$M_{max}=M+\Delta_mM+\delta M$
$M_{min}=M+\Delta_mM$
内齿轮跨棒距 M 为
$M=85.273^{+0.465}_{+0.310}$
</td>
</tr>
</table>

齿轮副加工时进刀深度以 M、L 为准，齿全高仅作参考值。

【例 6.15】 二齿差内啮合齿轮副 $z_1/z_2=56/58$，用 $m/z_c=3/34$ 插齿刀进行设计、切削，如果外齿轮变位系数 $\xi_1=-0.1$，试求不产生齿廓重叠干涉的最小值。

表 6.2 特性曲线计算用表中无 $z_1/z_2=56/58$ 齿轮副，可参照第 6 章有关内容计算，齿数 $z_1=56$ 为上齿数 55 与下齿数 60 之间的第一齿数。表 6.2 中无 $z_1=56$ 和 $\xi_1=-0.1$，必须根据表内有关数据分别计算得出：齿轮副 $z_1/z_2=56/58$ 的 $\xi_1=-0.3$ 和 $\xi_1=0$ 时的 ξ_2→变位系数比 ξ_k，求出 $\xi_1=-0.1$时的 ξ_2。查出有关数值。

上齿数：

$$z_1/z_2=55/57\left\langle\begin{array}{l}\xi_{01}^{上}=-0.3\\ \xi_{02}^{上}=0.216689\end{array}\right.\rightarrow\left\langle\begin{array}{l}\xi_{01}^{上}=0\\ \xi_{02}^{上}=0.4135903\end{array}\right.$$

下齿数：

$$z_1/z_1=60/62\left\langle\begin{array}{l}\xi_{01}^{下}=-0.3\\ \xi_{02}^{下}=0.2190025\end{array}\right.\rightarrow\left\langle\begin{array}{l}\xi_{01}^{下}=0\\ \xi_{02}^{下}=0.4248677\end{array}\right.$$

代入公式，得

$$z_1/z_2=56/58\left\langle\begin{array}{l}\xi'_1=-0.3\\ \xi'_2=\xi_{02}^{上}+0.222142y\end{array}\right.$$

$$=0.216689+0.222142\times(0.2190025-0.216689)$$

$$=0.21720292551$$

$$z_1/z_2=56/58\left\langle\begin{array}{l}\xi''_1=0\\ \xi''_2=\xi_{02}^{上}+0.222142\times(\xi_{02}^{下}-\xi_{02}^{上})\end{array}\right.$$

$$=0.4135903+0.222142\times(0.4248677-0.4135903)$$

$$=0.41609548419$$

变位系数比为

$$\xi_k=\frac{\xi''_2-\xi'_2}{\xi''_1-\xi'_1}$$

$$=\frac{0.41609548419-0.21720292551}{0-(-0.3)}$$

$$=0.66297519563$$

$$z_1/z_2=56/58\left\langle\begin{array}{l}\xi_1=-0.1\\ \xi_2=\xi'_2+\xi_k(\xi_1-\xi'_1)\end{array}\right.$$

$$=0.21720292551+0.66297519563[-0.1-(-0.3)]$$

$$=0.34979796463$$

最后取 $\xi_2=0.3498$（比计算值大 0.00000203537），即二齿差内啮合齿轮副 $z_1/z_2=56/58$，用 $m/z_c=3/34$ 插齿刀进行计算并加工，$\xi_1=-0.1$，$\xi_2=0.3498$，求不产生齿廓重叠干涉的最小值（验证用此法计算出的 ξ_2 值的准确程度）。

计算过程如下。

$z_1'=z_1+z_c=90$ $z_2'=z_2-z_c=24$ $\cos\alpha$： 38—0.9418621 39—0.9417644 977 $\mathrm{inv}\alpha$： 39—0.014110 38—0.014073 37 $\cos\alpha$： 3—0.9131902 4—0.9130716 1186 $\mathrm{inv}\alpha$： 4—0.026581 3—0.026523 58	1. 机床切削啮合角 α_c $\cos\alpha_{c1}=\dfrac{z_1'}{z_1'+2\xi_1}\cos\alpha_0=\dfrac{90}{90+2\times(-0.1)}\times0.9396926=0.94178545675$ $\mathrm{inv}\alpha_{c1}=0.01410202559$ $\cos\alpha_{c2}=\dfrac{z_2'}{z_2'+2\xi_2}\cos\alpha_0=\dfrac{24}{24+2\times0.3498}\times\cos\alpha_0=0.91307642229$ $\mathrm{inv}\alpha_{c2}=0.02657864171$
	2. 分度圆齿厚增量系数 Δ $\Delta_1=z_1'(\mathrm{inv}\alpha_{c1}-\mathrm{inv}\alpha_0)=90\times(0.01410202559-0.0149044)=-0.0722136969$ $\Delta_2=z_2'(\mathrm{inv}\alpha_0-\mathrm{inv}\alpha_{c2})=-0.28018180104$
$\mathrm{inv}\alpha$： 36—0.19132 35—0.19106 26 $\tan\alpha$： 36—0.9522871 35—0.9517326 5545 $\cos\alpha$： 35—0.7243724 36—0.7241719 2005	3. 传动啮合角 α $\mathrm{inv}\alpha=\mathrm{inv}\alpha_0-\dfrac{\Delta_2+\Delta_1}{z_2-z_1}$ $=0.0149044-\dfrac{-0.28018180104-0.0722136969}{58-56}$ $=0.19110214897$ $\alpha=43°35.16211142307'$ $\cos\alpha=0.72433989666$ $\tan\alpha=0.95182249078$
	4. 标准中心距 A_0 $A_0=\dfrac{M}{2}(z_2-z_1)=3$
	5. 实际啮合中心距 A $A=\dfrac{A_0\cos\alpha_0}{\cos\alpha}=\dfrac{3\times0.9396926}{0.72433989666}=3.89192672252$
	6. 中心距分离系数 λ $\lambda=\dfrac{A-A_0}{m}=0.2973089075$
	7. 齿顶高变动系数 γ $\gamma=\lambda-\xi_2+\xi_1=0.2973089075-0.3498+(-0.1)=-0.1524910925$
	8. 齿顶高 h' $h_1'=m(f+\xi_1-\gamma)=3\times(0.8-0.1+0.1524910925)=2.5574732775$ $h_2'=m(f-\xi_2-\gamma)=1.8080732775$
$f=0.8$ $c_0=0.3$	9. 齿根高 h'' $h_1''=m(f+c_0-\xi_1)=3.6$ $h_2''=m(f+c_0+\xi_2)=4.3494$

续表

	10. 齿全高 h $h_1=h_1'+h_1''=6.1574732775$ $h_2=h_1$
	11. 齿顶圆半径 R $R_1=\frac{mz_1}{2}+h_1'=\frac{3\times 56}{2}+2.5574732775=86.5574732775$ $R_2=\frac{mz_2}{2}-h_2'=85.1919267225$ 最后取 $R_1=86.55747$ $R_2=85.19193$
	12. 基圆半径 r_0 $r_{01}=\frac{mz_1}{2}\cos\alpha_0=\frac{3\times 56}{2}\times 0.9396926=78.9341784$ $r_{02}=\frac{mz_2}{2}\cos\alpha_0=81.7532562$
$\cos\alpha$: 13—0.9120008 14—0.9118815 1193 $\tan\alpha$: 14—0.4501173 13—0.4497675 3498 $\mathrm{inv}\alpha$: 14—0.027166 13—0.027107 59 $\cos\alpha$: 20—0.9596418 21—0.9595600 818 $\tan\alpha$: 21—0.2933680 20—0.2930621 3059 $\mathrm{inv}\alpha$: 21—0.008007 20—0.007982 25	13. 齿顶圆压力角 α_e $\cos\alpha_{e1}=\frac{r_{01}}{R_1}=\frac{78.9341784}{86.55747}=0.91192797571$ $\alpha_{e1}=24°13.61042992455'$ $\mathrm{inv}\alpha_{e1}=0.027143015366$ $\tan\alpha_{e1}=0.44998102838$ $\cos\alpha_{e2}=\frac{r_{02}}{R_2}=\frac{81.7532562}{85.19193}=0.95963615567$ $\alpha=16°20.06900158924'$ $\mathrm{inv}\alpha_{e2}=0.00798372504$ $\tan\alpha_{e2}=0.29308320759$
$\cos\varphi_1$: 14—0.3708277 15—0.3705573 2704 5—0.0131142 4—0.0131094 48 $\cos\varphi_2$: 40—0.3310634 41—0.3307889 2745 11—0.0055802 10—0.0055754 48	14. 验算齿廓重叠干涉 Ω $\cos\varphi_1=\frac{R_2^2-A^2-R_1^2}{2AR_1}$ $=\frac{85.19193^2-3.89192672252^2-86.55747^2}{2\times 3.89192672252\times 86.55747}$ $=-0.37057888581$ $\cos\varphi_2=\frac{R_2^2+A^2-R_1^2}{2AR_2}=-0.33083467025$ $179°59'-68°14'=111°45'$ $\varphi_1=111°45'4.78975074''=1.95042869080$（弧度） $179°59'-70°40'=109°19'$ $\varphi_2=109°19'10.0044''=1.90798432125$（弧度）

$$\Omega = z_1(\mathrm{inv}\alpha_{e1}+\varphi_1)-z_2(\mathrm{inv}\alpha_{e2}+\varphi_2)+(z_2-z_1)\mathrm{inv}\alpha$$
$$=56(0.027143015366+1.9504286908)-58(0.00798372504+1.90798432125)$$
$$+(58-56)\times 0.19110214897$$
$$=56\times 1.97757170617-58\times 1.91596804629+0.38220429794$$
$$=0.000073154$$

显然，利用这种计算方法可靠，准确度较高。

	15. 重叠系数 ε $\varepsilon=\dfrac{1}{2\pi}[z_1(\tan\alpha_{e1}-\tan\alpha)-z_2(\tan\alpha_{e2}-\tan\alpha)]$ $=\dfrac{1}{2\pi}[56\times(0.44998102838-0.95182249078)$ $-58\times(0.29308320759-0.95182249078)]$ $=1.60806279552$
$\cos\alpha_{x1}$ 20.29°—0.9379495 20.30°—0.9378889 606 见附 E	16. 外齿轮公法线长度 L_1 $\cos\alpha_{x1}=\dfrac{r_{01}}{R_1-fm}=\dfrac{78.9341784}{86.55747-0.8\times 3}$ $=0.93793430814$ $\alpha_{x1}=20.29250690759°$ 跨测齿数为 $n_1=\dfrac{\alpha_{x1}}{180°}\times z_1+0.5=6.81322437088$ 取 $n_1=7$。 $L_1=m\pi\cos\alpha_0\left(n_1-0.5+\dfrac{2\xi_1\tan\alpha_0}{\pi}+\dfrac{z_1\mathrm{inv}\alpha_0}{\pi}\right)$ $=8.85639410753\times(6.5-0.02317106258+0.26567620055)$ $=59.7142827738$ 公法线平均长度的最小偏差 $\Delta_m L=0.170$，公法线平均长度的公差 $\delta L=0.080$，最后取 $L_1=59.714^{-0.170}_{-(0.170+0.080)}$ $=59.714^{-0.170}_{-0.250}$
$\cos\alpha_{x2}$： 21.03°—0.9333927 21.04°—0.9333300 627 $\tan\alpha_{x2}$ 21.04°—0.3846653 21.03°—0.3844649 2004	17. 内齿轮公法线长度 L_2 $\cos\alpha_{x2}=\dfrac{r_{02}}{R_2+fm}=\dfrac{81.7532562}{85.19193+0.8\times 3}=0.93334233187$ $\alpha_{x2}=21.0380331945773°$ $\tan\alpha_{x2}=0.38462588522$ 跨测齿沟数 n_2： $n_2=\dfrac{\alpha_{x2}}{180°}\times z_2+0.5=7.27892180702$ 取 $n_2=7$。 $L_2=m\pi\cos\alpha_0\left(n_2-0.5+\dfrac{2\xi_2\tan\alpha_0}{\pi}+\dfrac{z_1\mathrm{inv}\alpha_0}{\pi}\right)$ $=8.85639410753\times 6.8562170132)$ $=60.7213599556$ 公法线平均长度最小偏差 $\Delta_m L=0.170$，公法线平均长度公差 $\delta L=0.080$，最后取 $L_2=60.721^{+0.170+0.080}_{+0.170}=60.721^{+0.250}_{+0.170}$

续表

$\tan\alpha_{x2}$ $=0.384625885219$ $\frac{\pi}{2z_2}=0.02708269529$ $\frac{2\xi_2\tan\alpha_0}{z_2}$ $=0.00439023365$ $\mathrm{inv}\alpha_P$： 19.39—0.0131401 19.38—0.0131185 216 $\mathrm{inv}\alpha'_P$： 19.31°—0.0133679 19.30°—0.0133465 214 $\cos\alpha'_P$： 19.30°—0.9438010 19.31°—0.9437433 577 $\sin\alpha'_P$： 19.31°—0.3306791 19.30°—0.3305144 1647	18. 内齿轮跨棒距 M $\alpha_P=\tan\alpha_{x2}-\mathrm{inv}\alpha_0-\frac{\pi}{2z_2}-\frac{2\xi_2\tan\alpha_0}{z_2}$ $=0.338248556628$（弧度） $=19.380239°$ $\mathrm{inv}\alpha_P=0.01351901624$ 圆棒直径 d_P $d_P=2\gamma_{02}\left(\mathrm{inv}\alpha_0+\frac{\pi}{z_{x2}}+\frac{2\xi_2\tan\alpha_0}{z_2}-\mathrm{inv}\alpha_P\right)$ $=163.5065124\times0.0328583127$ $=5.37254811292$ 取 $d_P=5.4$。 $\mathrm{inv}\alpha'_P=\mathrm{inv}\alpha_0+\frac{\pi}{2z_2}+\frac{2\xi_2\tan\alpha_0}{z_2}-\frac{d_P}{2r_{02}}=0.01335112148$ $\alpha'_P=19.3021595700934°$ $\cos\alpha'_P=0.94378853928$ $\sin\alpha'_P=0.33054996812$ $M=\frac{2r_{02}}{\cos\alpha'_P}-d_P=\frac{163.5065124}{0.94378853928}-5.4=167.844858985$ 取 $M=167.845$。 因为内齿轮齿数为偶数，则 $\Delta_m M=\frac{\Delta_m L}{\sin\alpha'_P}=\frac{0.170}{0.33054996812}=0.51429440748$ 取 $\Delta_m M=0.514$。 $\delta_m M=\frac{\delta L}{\sin\alpha'_P}=\frac{0.080}{0.33054996812}$ $=0.24202089764$ 取 $\delta_m M=0.242$。 M 的最小值为 $M_{min}=M+\Delta_m M$ M 的最大值为 $M_{max}=M+\Delta_m M+\delta M$ 故 $M=167.845^{+0.756}_{+0.514}$。

表 6.2 中各齿轮副的齿轮齿数 z_1/z_2、变位系数 ξ_1/ξ_2 和插齿刀齿数 z_c 为定值时：

（1）传动啮合角 α、齿廓重叠干涉验算值 Ω 与齿轮模数 m 无关。

（2）实际啮合中心距 A、齿轮半径 R_1/R_2 与模数 m 有关，其值是按“·”的模数计算的，如下图所示。

z_c	10	13	16	20	25	34	40	50
m	·2.5	·2	·6.5	1.25	1	1.5	1	1
	2.75	8		·2.5	2	2.25	1.25	1.5
				3.75	·3	·3	·2.5	·2
				5	4			
				8	5			
					6.5			
					8			

如拟改变其模数，可将表中齿轮半径 R_1/R_2 和啮合中心距 A 分别被该模数相除后，再与变动的模数相乘。

附录 A　渐开线少齿差内啮合齿轮副齿轮传动几何计算公式

A.1　插齿刀计算系统计算

1. 机床切削啮合角 α_c

$$\cos\alpha_{c1}=\frac{(z_1+z_c)\cos\alpha_0}{(z_1+z_c)+2\xi_1}\to\alpha_{c1}\to\mathrm{inv}\alpha_{c1}$$

$$\cos\alpha_{c2}=\frac{(z_2-z_c)\cos\alpha_0}{(z_2-z_c)+2\xi_2}\to\alpha_{c2}\to\mathrm{inv}\alpha_{c2}$$

2. 分度圆齿厚增量系数 Δ

$$\Delta_1=(z_1+z_c)(\mathrm{inv}\alpha_{c1}-\mathrm{inv}\alpha_0)$$

$$\Delta_2=(z_2-z_c)(\mathrm{inv}\alpha_0-\mathrm{inv}\alpha_{c2})$$

3. 标准中心距 A_0

$$A_0=\frac{m}{2}(z_2-z_1)$$

4. 传动啮合角 α

$$\mathrm{inv}\alpha=\mathrm{inv}\alpha_0-\frac{\Delta_1+\Delta_2}{z_2-z_1}\quad\to\alpha\to\cos\alpha\to\tan\alpha$$

5. 实际啮合中心距 A

$$A=A_0\ \frac{\cos\alpha_0}{\cos\alpha}$$

6. 中心距分离系数 λ

$$\lambda=\frac{A-A_0}{m}=\frac{(z_2-z_1)}{2}\left(\frac{\cos\alpha_0}{\cos\alpha}-1\right)$$

7. 齿顶高变动系数 γ

$$\gamma=\lambda-\xi_2+\xi_1$$

8. 齿顶高 h'

$$h_1'=m(f+\xi_1-\gamma)$$

$$h_2'=m(f-\xi_2-\gamma)$$

9. 分度圆半径 r

$$r_1=mz_1/2$$

$$r_2=mz_2/2$$

10. 齿顶圆半径 R

$$R_1=r_1+h_1'=\frac{mz_1}{2}+h_1'$$

$$R_2=r_2-h_2'=\frac{mz_2}{2}-h_2'$$

11. 齿根高 h''

$$h_1''=m(f+c_0-\xi_1)$$
$$h_2''=m(f+c_0+\xi_2)$$

12. 齿根圆半径 R''

$$R_1''=r_1-h_1''$$
$$R_2''=r_2+h_2''$$

13. 齿全高 h

$$h_1=h_1'+h_1''$$
$$h_2=h_2'+h_2''$$

14. 基圆半径 r_0

$$r_{01}=\frac{mz_1}{2}\cos\alpha_0$$

$$r_{02}=\frac{mz_2}{2}\cos\alpha_0$$

15. 齿顶圆压力角 α_e

$$\cos\alpha_{e1}=r_{01}/R_1\rightarrow\alpha_{e1}\rightarrow\mathrm{inv}\alpha_{e1}\rightarrow\tan\alpha_{e1}$$
$$\cos\alpha_{e2}=r_{02}/R_2\rightarrow\alpha_{e2}\rightarrow\mathrm{inv}\alpha_{e2}\rightarrow\tan\alpha_{e2}$$

16. 验算不产生齿廓重叠干涉 Ω 值

$$\cos\varphi_1=\frac{R_2^2-A^2-R_1^2}{2AR_1}\rightarrow\varphi_1(\text{弧度})$$

$$\cos\varphi_2=\frac{R_2^2+A^2-R_1^2}{2AR_2}\rightarrow\varphi_2(\text{弧度})$$

$$\Omega=z_1(\mathrm{inv}\alpha_{e1}+\varphi_1)-z_2(\mathrm{inv}\alpha_{e2}+\varphi_2)+(z_2-z_1)\mathrm{inv}\alpha\geqslant0$$

17. 验算重叠系数 ε

$$\varepsilon=\frac{1}{2\pi}[z_1(\tan\alpha_{e1}-\tan\alpha)-z_2(\tan\alpha_{e2}-\tan\alpha)]$$

18. 验算齿顶圆弧齿厚 S_a

$$S_{a1}=\frac{m\cos\alpha_0}{\cos\alpha_{e1}}\left[\frac{\pi}{2}+\Delta_1-z_1(\mathrm{inv}\alpha_{e1}-\mathrm{inv}\alpha_0)\right]$$

$$S_{a2}=\frac{m\cos\alpha_0}{\cos\alpha_{e2}}\left[\frac{\pi}{2}+\Delta_2+z_2(\mathrm{inv}\alpha_{e2}-\mathrm{inv}\alpha_0)\right]$$

19. 验算过渡曲线干涉

内齿轮齿顶与相啮合外齿轮齿根圆角产生的过渡曲线干涉：

$$z_2\tan\alpha_{e2}-(z_2-z_1)\tan\alpha\geqslant(z_1+z_c)\tan\alpha_{c1}-z_c\tan\alpha_{ec}$$

外齿轮齿顶与相啮合内齿轮齿根圆角产生的过渡曲线干涉：

$$z_1\tan\alpha_{e1}+(z_2-z_1)\tan\alpha\leqslant z_c\tan\alpha_{ec}+(z_2-z_c)\tan\alpha_{c2}$$

20. 验算内齿轮顶切

(1) 范成顶切：

$$\frac{z_c}{z_2} \geqslant 1 - \frac{\tan\alpha_{e2}}{\tan\alpha_{c2}}$$

（2）径向进刀顶切：

$$\sin^{-1}\sqrt{\frac{1-(\cos\alpha_{ec}/\cos\alpha_{e2})^2}{(z_2/z_c)^2-1}} + \mathrm{inv}\alpha_{ec} - \mathrm{inv}\alpha_{c2} - \frac{z_2}{z_c}\left[\sin^{-1}\sqrt{\frac{(\cos\alpha_{e2}/\cos\alpha_{ec})^2-1}{(z_2/z_c)^2-1}} + \mathrm{inv}\alpha_{e2} - \mathrm{inv}\alpha_{c2}\right] \geqslant 0$$

21. 不产生外齿轮顶切最小啮合角 α_{dmin}

$$\tan\alpha_{dmin} = \frac{2\sqrt{R_1^2 - r_{01}^2}}{m(z_1+z_c)\cos\alpha_0}$$

不产生外齿轮顶切的条件是

$$\mathrm{inv}\alpha_{dmin} \leqslant \mathrm{inv}\alpha_0 + \frac{\Delta_1 + \Delta_c}{z_1 + z_c}$$

其中

$$\Delta_c = 2\xi_c \tan\alpha_0$$

$$\Delta_1 = \frac{(z_1+z_c)\cos\alpha_0}{(z_1+z_c)+2\xi_1}$$

式中　R_1——外齿轮齿顶圆半径；

r_{01}——外齿轮基圆半径。

22. 公法线长度的计算

（1）外齿轮公法线长度的计算：

$$L_1 = \pi m\cos\alpha_0\left(n_1 - 0.5 + \frac{2\xi_1\tan\alpha_0}{\pi} + \frac{z_1\,\mathrm{inv}\alpha_0}{\pi}\right)$$

跨测齿数 n_1：

$$n_1 = \frac{\alpha_{x1}}{180^\circ}z_1 + 0.5$$

为使卡尺能卡在轮齿中部，由下式求出 α_{x1}：

$$\cos\alpha_{x1} = \frac{r_{01}}{R_1 - fm}$$

n_1 取整数，四舍五入。

$\pi m\cos\alpha_0$、$\frac{z_1\,\mathrm{inv}\alpha_0}{\pi}$之值分别见附录 C、附录 D。

（2）内齿轮公法线长度的计算：

$$L_2 = \pi m\cos\alpha_0\left(n_2 - 0.5 + \frac{2\xi_2\tan\alpha_0}{\pi} + \frac{z_2\,\mathrm{inv}\alpha_0}{\pi}\right)$$

跨测齿沟数 n_2：

$$n_2 = \frac{\alpha_{x2}}{180^\circ}z_2 + 0.5$$

为使卡尺能卡在轮齿的中部，由下式求 α_{x2}：

$$\cos\alpha_{x2} = \frac{r_{02}}{R_2 + fm}$$

n_2 取整数，四舍五入。

23. 内齿轮跨棒距 M 的计算

圆棒直径 d_p：

$$d_p=2r_{02}\left(\text{inv}\alpha_0+\frac{\pi}{2z_2}+\frac{2\xi_2\tan\alpha_0}{z_2}-\text{inv}\alpha_p\right)$$

其中
$$\alpha_p=\tan\alpha_{x2}-\text{inv}\alpha_0-\frac{\pi}{2z_2}-\frac{2\xi_2\tan\alpha_0}{z_2}$$

内齿轮齿数为偶数：

$$M=\frac{2r_{02}}{\cos\alpha_p}-d_p$$

内齿轮齿数为奇数：

$$M=\frac{2r_{02}}{\cos\alpha_p}\cos\frac{90^\circ}{z_2}-d_p$$

若对 d_p 进行修整，可根据修整后的 d_p 值再计算出 α_p'：

$$\text{inv}\alpha_p'=\text{inv}\alpha_0+\frac{\pi}{2z_2}+\frac{2\xi_2\tan\alpha_0}{z_2}-\frac{d_p}{2r_{02}}$$

M 值的最小偏差和公差的确定。

偶数齿数：

$$\Delta_m M=\frac{\Delta_m L}{\sin\alpha_p'}$$

$$\delta M=\frac{\delta L}{\sin\alpha_p'}$$

奇数齿数：

$$\Delta_m M=\frac{\Delta_m L}{\sin\alpha_p'}\cos\frac{90^\circ}{z_2}$$

$$\delta M=\frac{\delta L}{\sin\alpha_p'}\cos\frac{90^\circ}{z_2}$$

式中　$\Delta_m L$——公法线平均长度的最小偏差；

δL——公法线平均长度的公差。

内齿轮的 M_{min} 和 M_{max} 值由下式确定：

$$M_{min}=M+\Delta_m M$$

$$M_{max}=M+\Delta_m M+\delta M$$

外齿轮的 L_{min} 和 L_{max} 值可由下式确定：

$$L_{max}=L_1-\Delta_m L$$

$$L_{min}=L_1-(\Delta_m L+\delta L)$$

A.2　滚齿刀计算系统计算

1. 啮合角 α

$$\text{inv}\alpha=\text{inv}\alpha_0+\frac{\xi_2-\xi_1}{z_2-z_1}2\tan\alpha_0$$

2. 内齿轮变位系数 ξ_2

外齿轮变位系数 ξ_1 可设定为某一数值，内齿轮变位系数 ξ_2 为

$$\xi_2=\frac{z_2-z_1}{2\tan\alpha_0}(\text{inv}\alpha-\text{inv}\alpha_0)+\xi_1$$

3. 插齿刀和被切内齿轮的切割啮合角 α_{c2}

$$\text{inv}\alpha_{c2}=\text{inv}\alpha_0+\frac{\xi_2-\xi_c}{z_2-z_c}2\tan\alpha_0$$

式中　z_c——插齿刀齿数；

ξ_c——插齿刀变位系数，可取值 $\xi_c=0$。

4. 插齿刀和被切内齿轮间的中心分离系数 λ_{c2}

$$\lambda_{c2}=\frac{z_2-z_c}{2}\left(\frac{\cos\alpha_0}{\cos\alpha_{c2}}-1\right)$$

5. 标准中心距 A_0

$$A_0=\frac{m}{2}(z_2-z_1)$$

6. 实际啮合中心距 A

$$A=\frac{A_0\cos\alpha_0}{\cos\alpha}$$

7. 中心距分离系数 λ

$$\lambda=\frac{A-A_0}{m}$$

8. 齿顶高减低系数 σ

$$\sigma=\lambda-\lambda_{c2}+\xi_1$$

9. 齿顶高 h'

$$h_1'=(f+\xi_1-\sigma)m$$

$$h_2'=(f-\lambda_{c2}-\sigma)m$$

10. 分度圆直径 r

$$r_1=\frac{mz_1}{2}$$

$$r_2=\frac{mz_2}{2}$$

11. 齿顶圆半径 R

$$R_1=r_1+h_1'$$

$$R_2=r_2-h_2'$$

12. 基圆半径 r_0

$$r_{01}=\frac{mz_1}{2}\cos\alpha_0$$

$$r_{02}=\frac{mz_2}{2}\cos\alpha_0$$

13. 齿顶圆压力角 α_e

$$\cos\alpha_{e1}=\frac{r_{01}}{R_1}$$

$$\cos\alpha_{e2}=\frac{r_{02}}{R_2}$$

其他各项与插齿刀计算系统计算公式相同。

附录 B　直齿插齿刀部分产品规格（$\alpha=20^{\circ}$）

附表 B.1　　**盘形直齿插齿刀**

公称分度圆直径	$\phi75$													
模数 m	1	1.25	1.5	1.75	2	2.25	2.5	2.75	3	3.25	3.5	3.75	4	4.5
齿数 z_c	76	60	50	43	38	34	30	28	25	24	22	20	19	17
刀具上齿顶高系数 f_c	1.25							1.3						

公称分度圆直径	$\phi100$																			
模数 m	1	1.25	1.5	1.75	2	2.25	2.5	2.75	3	3.25	3.5	3.75	4	4.5	5	5.5	6	6.5	7	8
齿数 z_c	100	80	68	58	50	45	40	36	34	31	28	27	25	22	20	19	17	16	15	13
刀具上齿顶高系数 f_c	1.25							1.3												

公称分度圆直径	$\phi125$								$\phi160$						$\phi200$				
模数 m	4	4.5	5	(5.5)	6	(6.5)	7	(8)	6	(6.5)	7	8	9	10	8	9	10	(11)	12
齿数 z_c	31	28	25	23	21	19	18	16	27	25	23	20	18	16	25	22	20	18	17
刀具上齿顶高系数 f_c	1.3																		

公称分度圆直径	$\phi40$							$\phi63$						
模数 m	0.3	0.4	0.5	0.6	0.7	0.8	1	0.3	0.4	0.5	0.6	0.7	0.8	1
齿数 z_c	132	100	80	66	56	50	40	210	160	126	105	90	80	64
刀具上齿顶高系数 f_c	1.35													

附表 B.2　　**碗形直齿插齿刀**

公称分度圆直径	$\phi50$									$\phi75$									
模数 m	1	1.25	1.5	1.75	2	2.25	2.5	2.75	3	1	1.25	1.5	1.75	2	2.25	2.5	2.75	3	3.25
齿数 z_c	50	40	34	29	25	22	20	18	17	76	60	50	43	38	34	30	28	25	24
刀具上齿顶高系数 f_c	1.25																		

公称分度圆直径	$\phi75$			$\phi100$																		
模数 m	3.5	(3.75)	4	1	1.25	1.5	1.75	2	2.25	2.5	2.75	3	3.25	3.5	3.75	4	4.5	5	5.5	6	6.5	7
齿数 z_c	22	20	19	100	80	68	58	50	45	40	36	34	31	28	27	25	22	20	19	17	16	15
刀具上齿顶高系数 f_c	1.25										1.3											

公称分度圆直径	$\phi63$						
模数 m	0.3	0.4	0.5	0.6	0.7	0.8	1
齿数 z_c	210	160	126	105	90	80	64
刀具上齿顶高系数 f_c	1.35						

附表 B.3　　　　锥柄直齿插齿刀

公称分度圆直径	ϕ25							
模数 m	1	1.25	1.5	1.75	2	2.25	2.5	(2.75)
齿数 z_c	26	20	18	15	13	12	10	10
刀具上齿顶高系数 f_c	1.25							
公称分度圆直径	ϕ25							
模数 m	0.3	0.4	0.5	0.6	0.7	0.8	0.9	1
齿数 z_c	84	64	50	40	36	32	28	25
刀具上齿顶高系数 f_c	1.35							

附录C　基节 $t_0 = \pi m\cos\alpha_0$ 数值（$\alpha_0 = 20°$）

m	$\pi m\cos\alpha_0$	m	$\pi m\cos\alpha_0$	m	$\pi m\cos\alpha_0$	m	$\pi m\cos\alpha_0$
1	2.95213	2.5	7.38033	4	11.8085	7	20.6649
1.25	3.69016	2.75	8.11836	4.5	13.2846	8	23.6171
1.5	4.42820	3	8.85639	5	14.7607	9	26.5692
1.75	5.16623	3.25	9.59443	5.5	16.2367	10	29.52131
2	5.90426	3.5	10.3325	6	17.7128	11	32.47345
2.25	6.64230	3.75	11.0705	6.5	19.1889	12	35.42558

附录 D　$z\mathrm{inv}\alpha_0/\pi$、$\pi/2z$ 的数值（$\alpha_0=20°$）

z	$\frac{z\mathrm{inv}\alpha_0}{\pi}$	$\frac{\pi}{2z}$	z	$\frac{z\mathrm{inv}\alpha_0}{\pi}$	$\frac{\pi}{2z}$	z	$\frac{z\mathrm{inv}\alpha_0}{\pi}$	$\frac{\pi}{2z}$
25	0.118605	0.0628319	52	0.246699	0.0302076	79	0.374793	0.0198835
26	0.123349	0.0604153	53	0.251443	0.0296377	80	0.379537	0.0196350
27	0.128094	0.0581776	54	0.256187	0.0290888	81	0.384281	0.0193925
28	0.132838	0.0560999	55	0.260932	0.0285599	82	0.389025	0.0191561
29	0.137582	0.0541654	56	0.265676	0.0280499	83	0.393770	0.0189253
30	0.142326	0.0523599	57	0.270420	0.0275578	84	0.398514	0.0187000
31	0.147071	0.0506708	58	0.275164	0.0270827	85	0.403258	0.0184800
32	0.151815	0.0490874	59	0.279908	0.0266237	86	0.408002	0.0182651
33	0.156559	0.0475999	60	0.284653	0.0261799	87	0.412746	0.0180551
34	0.161303	0.0461999	61	0.289397	0.0257508	88	0.417491	0.0178500
35	0.166047	0.0448799	62	0.294141	0.0253354	89	0.422235	0.0176494
36	0.170792	0.0436332	63	0.298885	0.0249333	90	0.426979	0.0174533
37	0.175536	0.0424540	64	0.303630	0.0245437	91	0.431723	0.0172615
38	0.180280	0.0413367	65	0.308374	0.0241661	92	0.436467	0.0170739
39	0.185024	0.0402768	66	0.313118	0.0237999	93	0.441212	0.0168903
40	0.189768	0.0392699	67	0.317862	0.0234447	94	0.445956	0.0167106
41	0.194513	0.0383121	68	0.322606	0.0230999	95	0.450700	0.0165347
42	0.199257	0.0373999	69	0.327351	0.0227652	96	0.455444	0.0163625
43	0.204001	0.0365301	70	0.332095	0.0224399	97	0.460189	0.0161938
44	0.208745	0.0356999	71	0.336839	0.0221239	98	0.464933	0.0160285
45	0.213490	0.0349066	72	0.341583	0.0218166	99	0.469677	0.0158666
46	0.218234	0.0341477	73	0.346327	0.0215178	100	0.474421	0.0157080
47	0.222978	0.0334212	74	0.351072	0.0212270	101	0.479165	0.0155524
48	0.227722	0.0327249	75	0.355816	0.0209440	102	0.483910	0.0154000
49	0.232466	0.0320571	76	0.360560	0.0206684	103	0.488654	0.0152505
50	0.237211	0.0314159	77	0.365304	0.0204000	104	0.493398	0.0151038
51	0.241955	0.0307999	78	0.370048	0.0201384	105	0.498142	0.0149600

附录 E 公法线长度的最小偏差 $\Delta_m L$ 和公差 δL

精度等级	结合形式	长度/μm	法面模数/mm	齿轮直径/mm					
				≤50	>50~80	>80~120	>120~200	>200~320	>320~500
7	D_c	$\Delta_m L$	>1~2.5	85	105	130	150	170	220
			>2.5~6	85	105	130	150	190	220
			>6~10	—	110	130	160	190	240
			>10~16	—	—	130	160	190	240
		δL	>1~16	38	50	50	55	70	70
8	D_c	$\Delta_m L$	>1~2.5	95	115	140	170	200	240
			>2.5~6	100	115	140	170	200	240
			>6~10	—	120	140	170	210	240
			>10~16	—	—	150	180	210	240
		δL	>1~16	48	70	70	80	90	90

注 表中精度等级按工作平稳性精度。

附录F　特性曲线图和 $\xi_1 - z_1$ 限制图

少齿差内啮合齿轮副的特性曲线图（见附图 F.1）能反映出由齿轮副的变位系数 ξ、组合齿数和插齿刀齿数 z_c 组合成的曲线形状，以便分析和研究几何参数沿特性曲线的变化和同一齿数差不同齿数的各种干涉限制线分布情况。在上、下限制线（或点）间选择变位系数，除了验算不产生齿廓重叠干涉值 Ω 的大小外，一般不会出现其他干涉，因为特性曲线本身就是 $\Omega=0$ 的曲线。齿数差少时在特性曲线的重叠系数 $\varepsilon-\varepsilon$ 限制线（或点）下附近选取变位系数，有利于使传动啮合角 α 偏小。

少齿差内啮合齿轮副的 $\xi_1 - z_1$ 限制（线）图（见附图 F.2～附图 F.7）是根据特性曲线图转化成的，更能清晰、简单地描述各限制条件、干涉分布和参数间的内在关系。

由于特性曲线图的图面过大和内容烦琐，本书只刊入比较简单的一齿差特性曲线图。

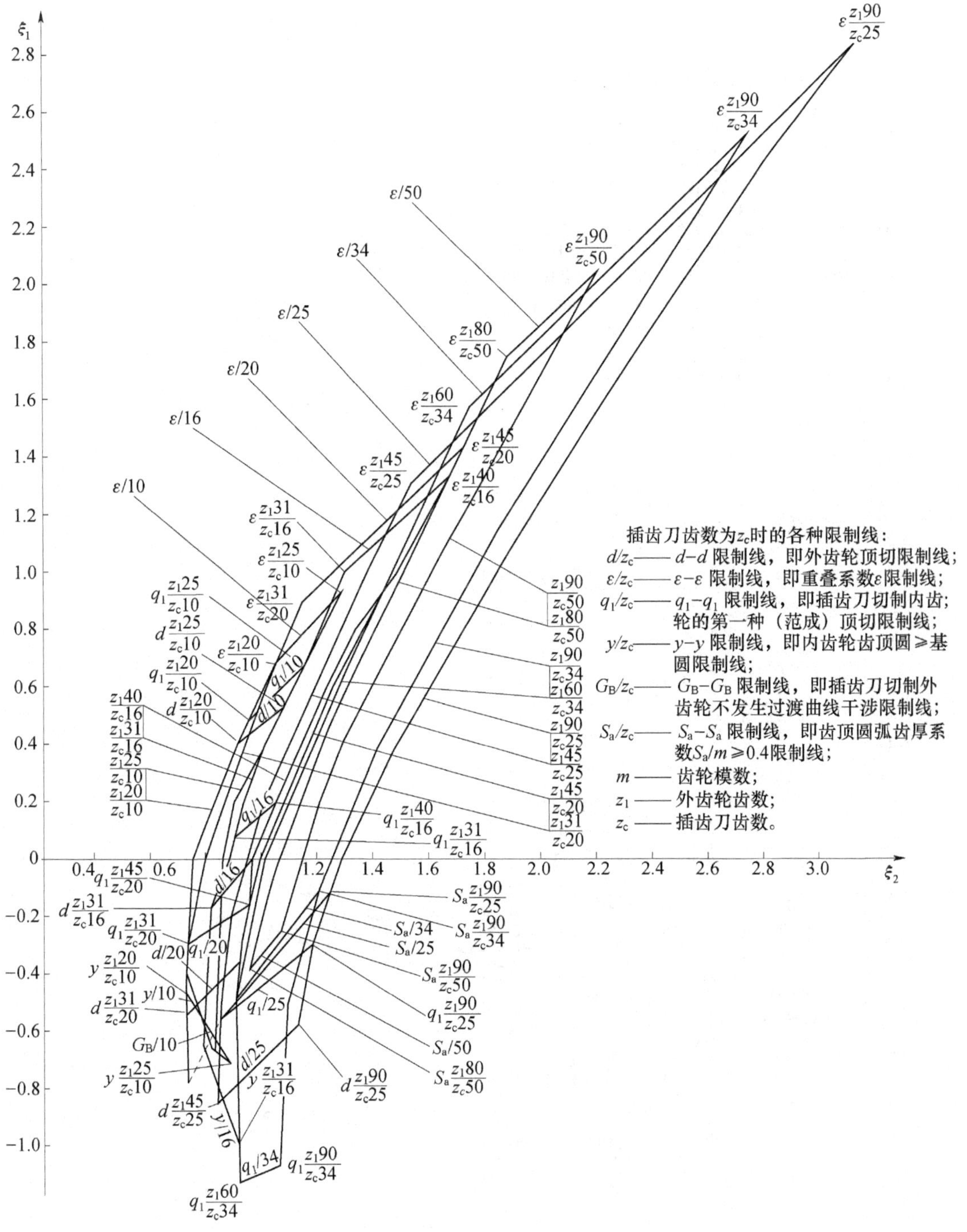

附图 F.1 $z_2-z_1=1$ 特性曲线图

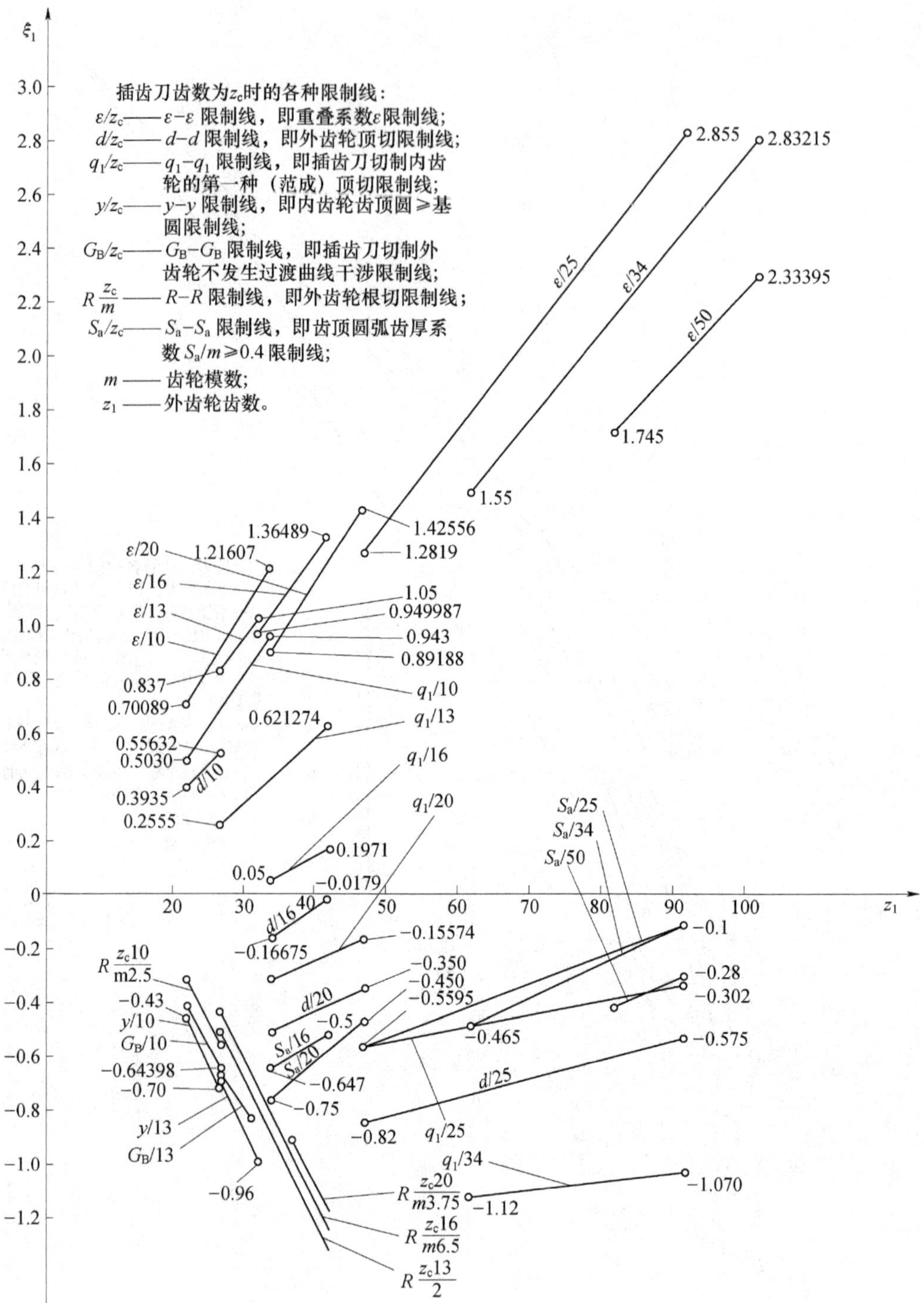

附图 F.2　ξ_1-z_1 限制（线）图（$z_2-z_1=1$）

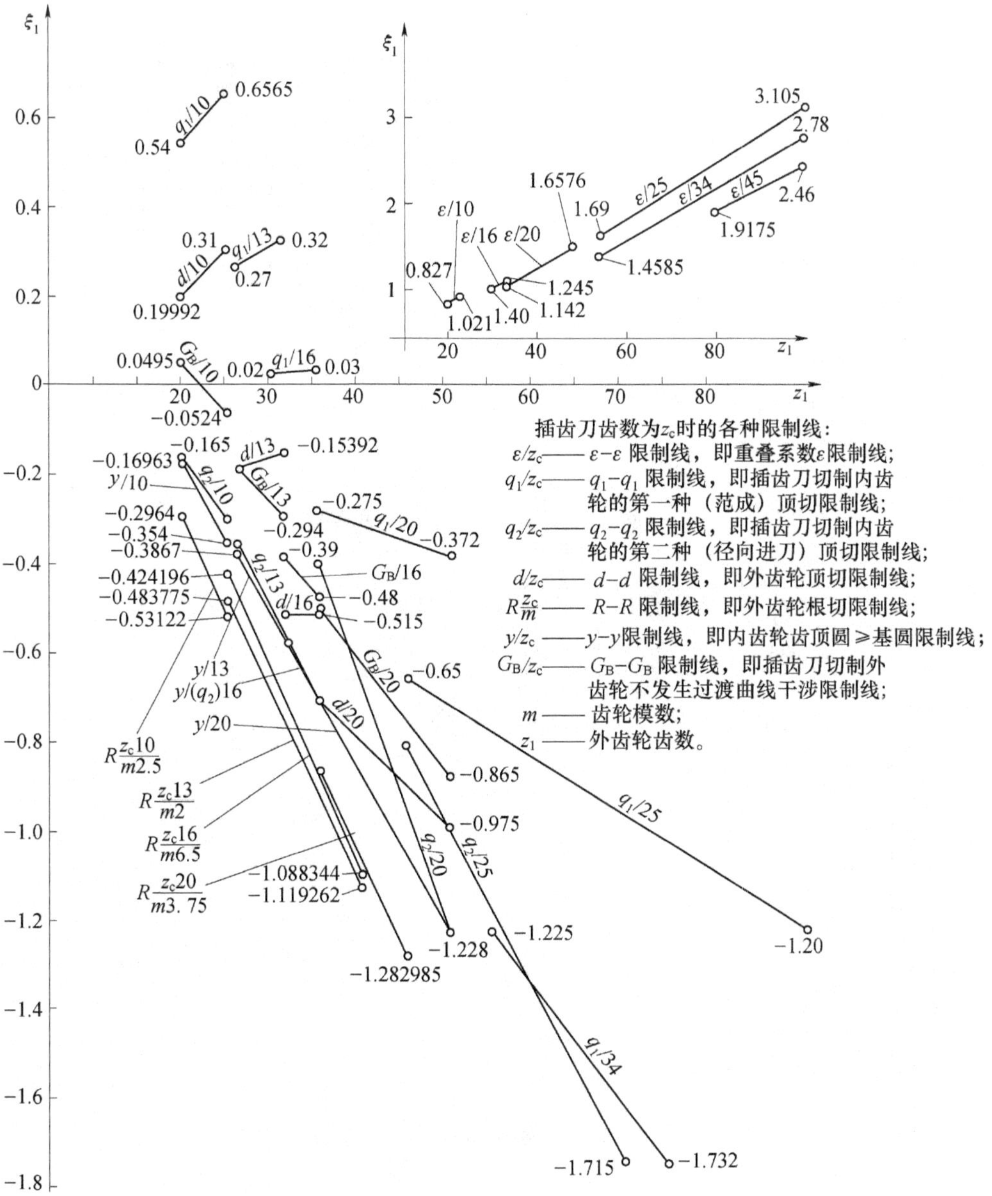

附图 F.3　ξ_1-z_1 限制（线）图（$z_2-z_1=2$）

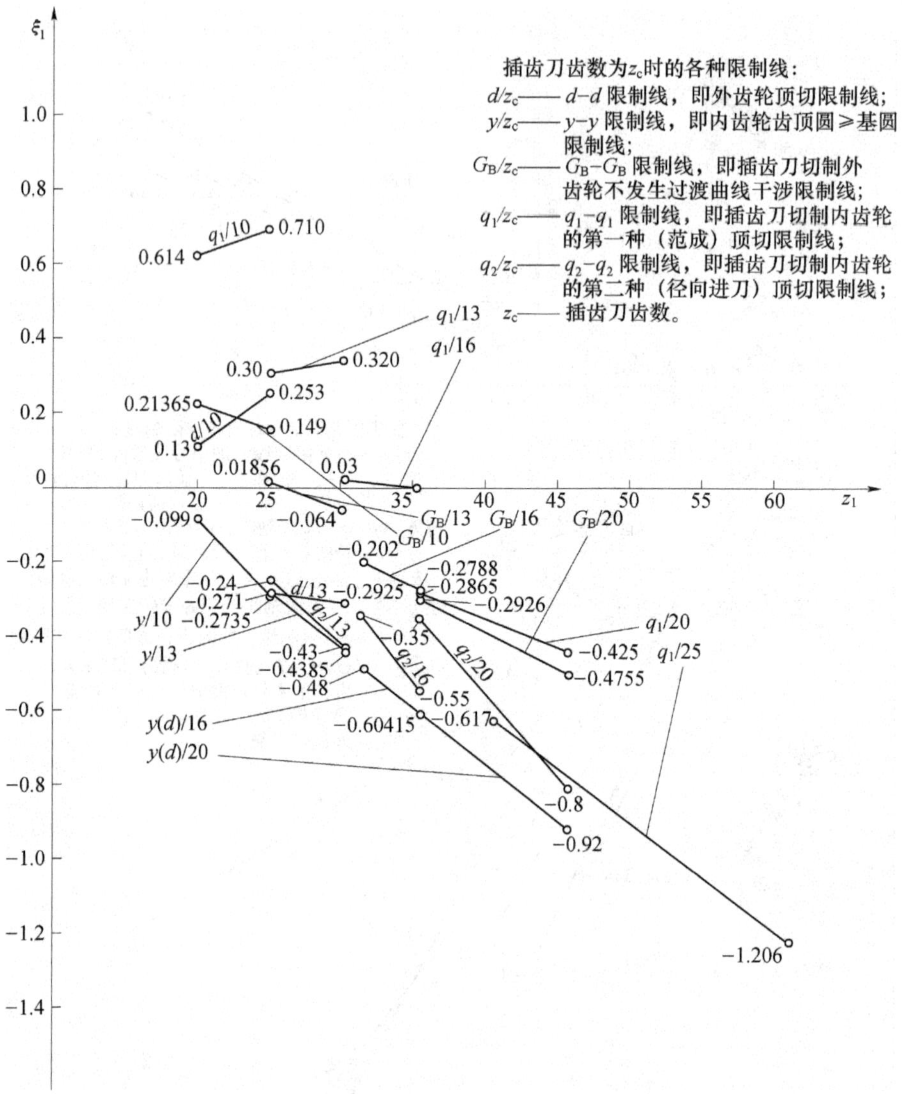

附图 F.4　ξ_1-z_1 限制（线）图（$z_2-z_1=3$）

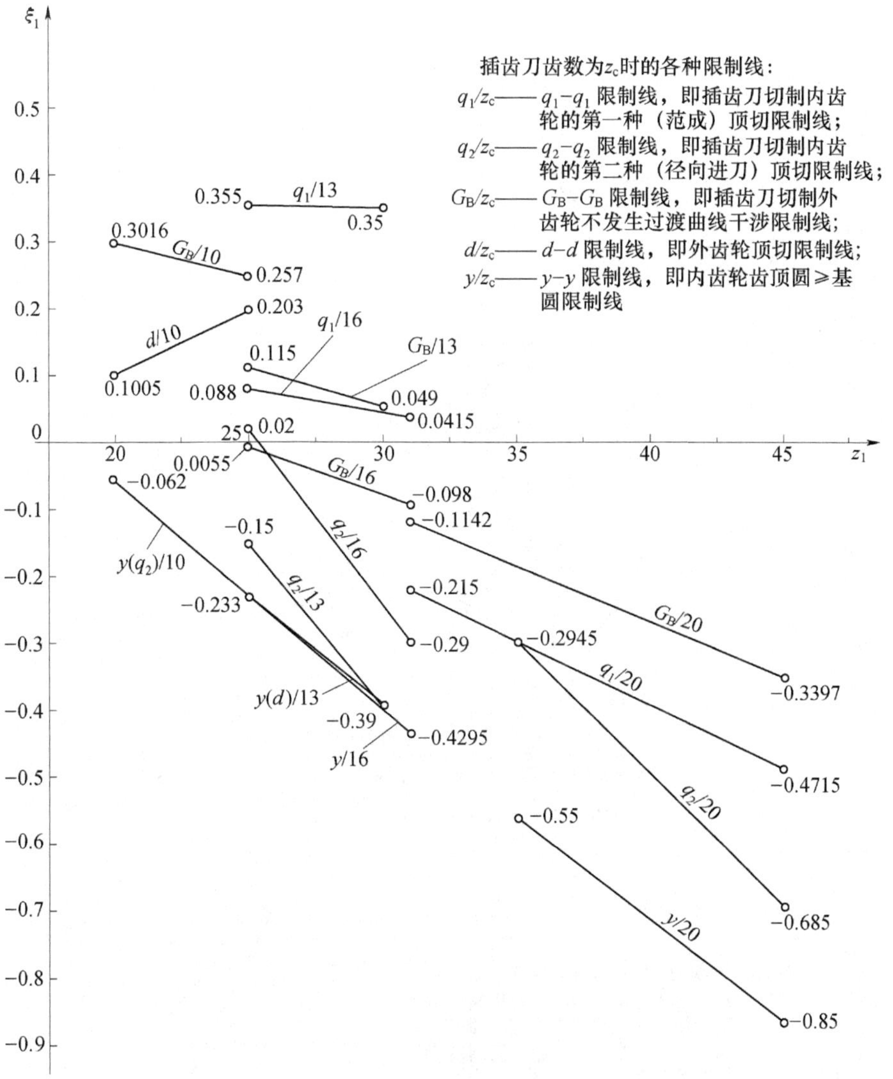

附图 F.5　ξ_1-z_1 限制（线）图（$z_2-z_1=4$）

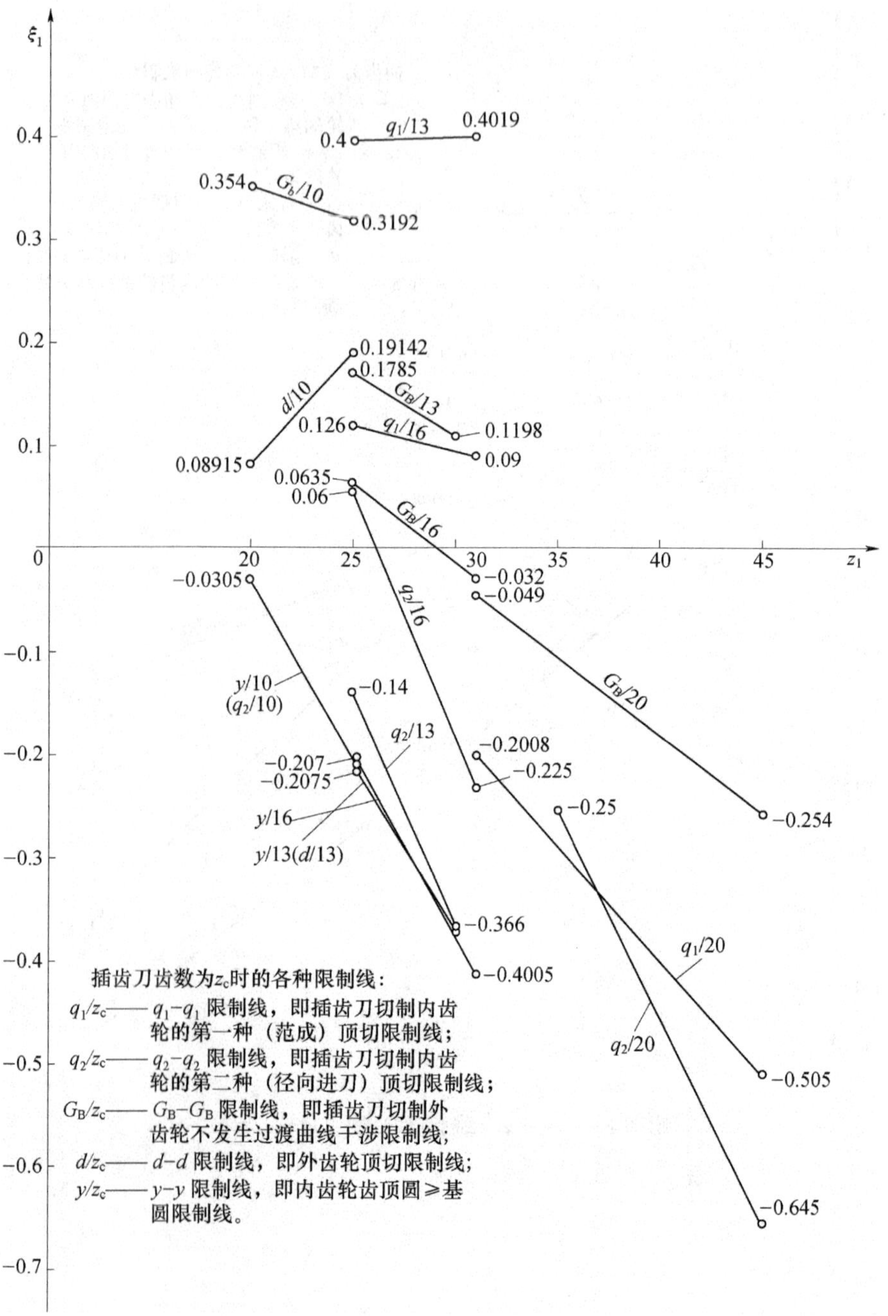

附图 F.6　ξ_1-z_1 限制（线）图（$z_2-z_1=5$）

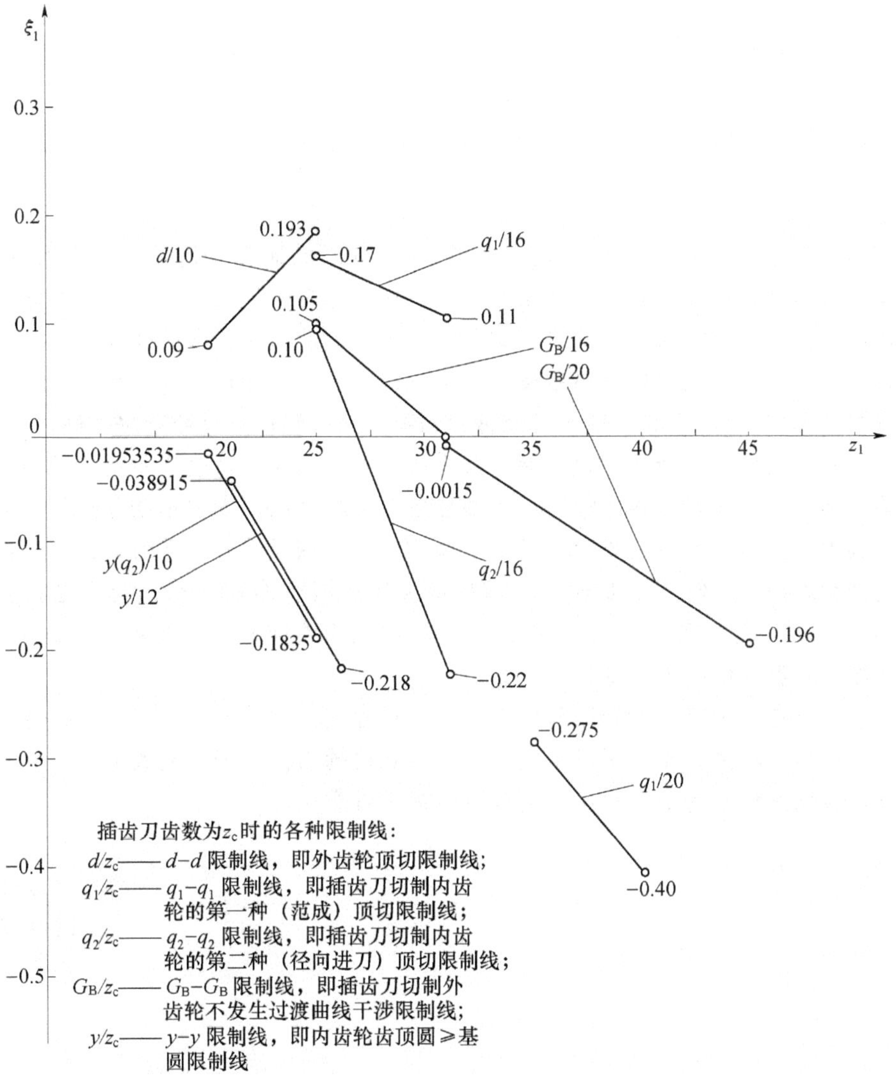

ξ1
0.3
0.2
0.1
0
−0.1
−0.2
−0.3
−0.4
−0.5
20
25
30
35
40
45
z1
0.193
d/10
0.17
q1/16
0.11
0.105
0.10
0.09
GB/16
GB/20
−0.01953535
−0.038915
−0.0015
y(q2)/10
y/12
q2/16
−0.1835
−0.218
−0.22
−0.196
−0.275
q1/20
−0.40
插齿刀齿数为zc时的各种限制线：
d/zc—— d-d 限制线，即外齿轮顶切限制线；
q1/zc—— q1-q1 限制线，即插齿刀切制内齿轮的第一种（范成）顶切限制线；
q2/zc—— q2-q2 限制线，即插齿刀切制内齿轮的第二种（径向进刀）顶切限制线；
GB/zc—— GB-GB 限制线，即插齿刀切制外齿轮不发生过渡曲线干涉限制线；
y/zc—— y-y 限制线，即内齿轮齿顶圆≥基圆限制线

附图 F.7　$\xi_1 - z_1$ 限制（线）图（$z_2 - z_1 = 6$）

后　　记

赵维丰老先生从 1974 年开始，用了整整 36 年的时间研究少齿差。他本人少言寡语、不善言谈，对他而言似乎没有什么业余时间、节假日休息时间。完全没有人委派给他课题任务，是他自己非要这么执着、认真、刻苦、知难而上地铸造这本著作。

退体后更甚，时间比他生命还重要。除了吃饭以外，就知道趴在方桌上，没日没夜地写啊、算啊、画啊。直到 2009 年 8 月他感觉到不舒服，经检查是结肠癌晚期。立即手术，一个月后出院，之后又不断地住院出院，共进行了八次化疗。就这样每次出院后他还在研究少齿差。到第九次住院准备化疗时，病情加重，又吐又泻，大夫不给化疗了，让出院回家服中药调理。这时他的少齿差著作已基本写完，并梳理了编号和前言。最后病情越来越重，中药已无力回天，吃不下东西，只好将他又送进医院输液生活。最终抢救无效，于 2010 年 9 月离开人世，享年 75 岁。不善言谈的他在临终前曾向我提起，他最大的遗憾，恐怕是不能亲眼看到他的书籍奉献给社会了。

他为了解开在少齿差设计理论和计算方法上的难题，可以说是付出了他一生的精力。我为了不辜负他的毕生心血，所以坚定信念要出版他的书籍，提供给大家参考。

本书内容仅是作者的个人观点，请读者多提宝贵意见。

许红　赵旸

2018 年 7 月